매트 리들리의
붉은 여왕

THE RED QUEEN
by Matt Ridley

Copyright © Matt Ridley, 1993
All rights reserved
including the rights of reproduction in whole or in part in any form.
Korean Translation Copyright © 2006 by Gimm-Young Publishers, Inc.

This Korean language edition is published by arrangement with
Felicity Bryan through Shinwon Agency, Seoul.

THE RED QUEEN

MATT RIDLEY

매트 리들리의

붉은 여왕

매트 리들리 지음 | 김윤택 옮김

김영사

붉은 여왕

1판 4쇄 발행_ 2003. 1. 20.
2판 1쇄 발행_ 2006. 11. 22.
2판 11쇄 발행_ 2025. 2. 3.

지은이_ 매트 리들리
옮긴이_ 김윤택

발행처_ 김영사
발행인_ 박강휘

등록번호_ 제406-2003-036호
등록일자_ 1979. 5. 17.

경기도 파주시 문발로 197(문발동) 우편번호 10881
마케팅부 031)955-3100, 편집부 031)955-3200, 팩스 031)955-3111

이 책의 한국어판 저작권은 신원 에이전시를 통한
Felicity Bryan과의 독점계약으로 김영사에 있습니다.
저작권법에 의해 한국 내에서 보호를 받는 저작물이므로 무단전재와 무단복제를 금합니다.

값은 표지에 있습니다.
ISBN 978-89-349-2357-2 03470

홈페이지_ www.gimmyoung.com   블로그_ blog.naver.com/gybook
인스타그램_ instagram.com/gimmyoung   이메일_ bestbook@gimmyoung.com

좋은 독자가 좋은 책을 만듭니다.
김영사는 독자 여러분의 의견에 항상 귀 기울이고 있습니다.

 추천사

　루이스 캐럴의 『이상한 나라의 앨리스』와 그의 속편 격인 『거울 나라의 앨리스』는 명사들이 추천하는 고전 목록에 단골로 끼어드는 소설들이다. 그런데 이 책들은 사실 솔직히 따지고 보면 완전 거짓말들을 적어놓은 게 아니던가? 물론 소설이란 다 거짓말이지만 이 두 작품은 정말 황당무계하기 이를 데 없는 거짓말들을 늘어놓는다. 그도 그럴 것이 이 작품들은 모두 캐럴이 친구의 어린 딸 앨리스를 앉혀놓고 풀어놓은 화려한 거짓말들을 묶어 책으로 펴낸 것들이다. 다만 즉흥적인 거짓 속에 담겨 있는 번뜩이는 상상력에 우리 모두 탄복하고 있을 뿐이다.
　1872년까지 붉은 여왕은 서양장기판 위에만 서 있었다. 그러다가 루이스 캐럴에게 손목을 붙들려 거울 나라로 들어가 앨리스의 손목을 잡고 제자리에 서 있기 위해 있는 힘을 다해 달렸다. 하지만 그로

붉은 여왕

부터 1백 년이 지난 1973년 어느 날 그는 또 한 번 시카고대학의 리 밴 베일런 교수에게 손목을 잡혀 생물학의 세계로 끌려 나왔다. 그 후 그는 진화생물학자들의 손을 잡고 수없이 많은 곳을 뛰어다녔다.

리 밴 베일런 교수는 사실 진화의 게임에서 살아남지 못하고 절멸해버린 생물들의 운명을 표현하기 위해 '붉은 여왕'의 개념을 고안해냈다. 우리는 흔히 생물의 진화에 영향을 미치는 환경으로 우선 기후 조건이나 서식지 등 이른바 '물리적 환경'을 떠올린다. 그러나 생물은 누구나 다른 생물들과 관계를 맺으며 살기 때문에 '생물 환경' 또한 중요하다. 생물 환경은 물리적 환경과 달라서 그 자체가 진화한다.

북미의 초원에서 가장 빨리 달리는 동물은 가지뿔영양이다. 부스럭거리는 작은 소리에도 놀라 시속 1백 킬로미터의 속력으로 내달린다. 아프리카라면 모를까 북미의 초원에는 가지뿔영양을 따라잡을 만한 치타 같은 동물이 없다. 그런데도 가지뿔영양은 오늘도 툭하면 시속 1백 킬로미터로 질주한다. 아무도 쫓아올 수 없다는 걸 인식하고 조금 천천히 달려도 되련만 일단 발동이 걸리면 스스로도 야속하리만치 전속력으로 달려댄다.

예전에는 북미 대륙에도 가지뿔영양을 잡아낼 만큼 빠른 포식 동물들이 있었다. 하지만 그들은 어느 순간 가쁜 숨을 어쩌지 못해 붉은 여왕의 손목을 놓아버렸다. 태초부터 지금까지 이 지구에 존재했다 사라져버린 그 많은 생물들, 즉 아마 지구상에 존재했던 모든 생물들의 90~99퍼센트는 죄다 붉은 여왕과 보조를 맞추지 못해 사라졌을 것이다. 자연선택에 의한 진화란 이처럼 철저하게 상대적이다. 생물이 미래지향적인 진보를 추구하는 게 아니라 다른 개체들에게 뒤처지면 멸종할 수밖에 없다는 사뭇 비관적인 개념이 진화의 기본 원리라는 걸 붉은 여왕은 우리에게 새삼스레 일러준다.

붉은 여왕이 가장 확실하게 잡은 손이 바로 성, 즉 섹스이다. 단기적으로 보면 수컷 없이 암컷이 암컷을 낳는 무성생식이 그 복잡하고 귀찮은 유성생식에 비해 절대적으로 유리해 보이는데 어째서 이 세상에는 아직도 성의 향연이 펼쳐지고 있는 것일까? 생물은 왜 대부분 셋이나 넷이 아닌 암수 두 개의 성으로 나뉘었을까? '덮치려는 수컷'과 '꼬리치는 암컷'의 전략, 일부다처제와 일부일처제 사이에서 밀고 당기는 암수 간의 줄다리기, 번식을 위해서는 궁극적으로 협동해야 하지만 마치 서로 다른 행성에서 온 동물들처럼 행동하는 암수 간의 갈등 등이 리 밴 베일런의 '붉은 여왕'과 손을 잡은 다윈의 '성선택론'으로 정연하게 설명된다.

저자는 옥스퍼드대학에서 동물행동학으로 박사 학위까지 하고 과학 저널리스트가 된 사람이다. 그의 형 마크 리들리는 계속 학계에 남아 미국 에모리대학의 교수를 거쳐 몇 년 전부터는 옥스퍼드대학에서 교편을 잡고 있는 동물행동학자이다. 그는 주로 대학 교재를 쓰고 있어서 이 책의 저자 매트 리들리보다는 일반인에게 덜 알려져 있다. 하지만 동물행동학계에서 이 두 형제는 막강한 존재들이다. 매트 리들리는 이 책 외에도 『게놈』과 『이타적 유전자』와 같은 걸출한 책으로 우리 독자들에게 이미 친숙한 저자이다.

교양 과학 서적의 생명은 무엇보다 '심입천출深入淺出'이다. 하지만 이는 우선 깊게 들어갈 수 있는 학문적 소양이 갖춰져야 가능하다. 이미 제대로 된 박사 학위를 갖고 있는 저자이지만 그는 이 책을 쓰기 위해 상당히 오랜 기간 학자들을 일일이 찾아다녔다. 1992년 가을 미시건대학에 조교수로 부임한 나는 그곳 동료들로부터 매트 리들리에 대해 많은 얘기를 들었다. 이 책에 소개된 리처드 알렉산더, 바비 로, 로라 벳지그, 바바라 스머츠, 데이비드 버스, 리처드 코너, 레이첼 스모커 등은 모두 몇 주씩이나 머물며, 끊임없는 질문으로 그들을 귀찮게 했던 그에 대해 훈훈한 추억들을 간직하고 있었다. 이렇게 쉽고도 깊이 있는 책이 거저 만들어지는 것은 결코 아니다.

물론 이 책은 서양의 일반 독자들을 대상으로 쓴 교양 과학 서적이다. 그러나 성의 생태와 진화를 공부하려는 학생에게 이보다 더 훌륭한 입문서를 찾기란 그리 쉽지 않다. 다윈의 성선택론을 이처럼 폭 넓고 조리 있게 설명한 책은 거의 없다. 내가 『여성시대에는 남자도 화장을 한다』를 집필할 때 가장 자주 뒤적거린 책이 바로 이 책이다. 이 책과 더불어 나는 우리 독자들에게 제프리 밀러의 『메이팅 마인드』를 권하고 싶다. 성과 남녀관계에 관한 우리 모두는 다 전문가를 자처한다. 하지만 실제로는 사소한 갈등에도 속수무책인 게 우리들이다. 이 책을 읽고 나면 거기에는 다 근본적인 진화적 원인이 있다는 사실을 깨닫게 될 것이다. 어차피 우리 삶에서 성보다 더 중요한 것은 없다. 성에 대한 올바른 이해는 우리 삶 전체를 밝게 해줄 것이다. 읽고 현명해지기 바란다.

최재천 (이화여자대학교 에코과학부 교수)

 서문

한때 내가 동물학자로 활동하던 시절, 내 친구들은 어떻게 단 한 종류의 새를 3년씩이나 연구할 수 있느냐고 묻고는 했다. 흔히 보는 꿩에 대해서 알아볼 것이 그렇게 많단 말인가? 억지스러울지는 모르지만, 이 질문에 나는 이렇게 대답하곤 했다. 인간은 단지 포유동물의 한 종일 뿐인데도, 인간의 본성을 캐고자 2,000여 년을 노력해도 아직 궁금증은 풀리지 않았다고. 비록 약간은 괴상한 종이지만, 우리는 그저 또 다른 종일 뿐이다. 인간의 본성이 어떻게 진화해왔는지 이해하지 못하고서는 결코 우리 자신을 알지 못할 것이다.

그러한 이유로, 이 책의 처음 3분의 1은 진화에 관해 썼고 나머지는 인간의 본성에 대해 다루었다. 진화학의 기초는 중요하다. 물론 유전자의 역할에 대해 별로 흥미를 느끼지 못하는 독자에게는 약간 어려운 일이 될 테지만 그렇다고 미루어서는 안 된다. 나는 자랄 때

붉은 여왕

버터 바른 빵을 다 먹기 전에는 초콜릿 케이크를 먹어서는 안 된다고 배웠다. 오늘날까지 나는 초콜릿 케이크를 먹을 때면 일말의 죄책감을 느낀다(이내 잊어버리긴 하지만). 그러나 이 책의 처음 부분보다 중간이나 나중 부분이 훨씬 더 읽기 수월하다고 어느 정도 건너뛰고 읽는다 해도 충분히 이해할 수 있다.

이 책은 독창적인 생각들로 가득 차 있다. 그중에서 내 자신의 생각들은 얼마 되지 않는다. 과학 저술가들은 스스로를, 너무 바쁜 나머지 자신들이 발견한 것에 대하여 세상에 이야기할 여유가 없는 사람들의 생각들을 수집하는 표절자쯤으로 여기는 데 익숙하다. 세상에는 내가 쓴 책의 장章 하나하나를 나보다 훨씬 더 잘 쓸 수 있는 사람들이 얼마든지 있다. 내가 위안받을 수 있는 것은 이 모든 장들을 다 쓸 수 있는 사람은 드물다는 점이다. 내 역할은 다른 사람들의 연구로 이루어져 있는 헝겊 조각들을 연결해서 조각보로 만드는 일이다.

그러나 나는 내가 섭렵한 이론들의 소유자들에게 많은 빚을 지고 있으며 또한 깊은 감사를 드린다. 이 책을 쓰는 동안 60명 이상의 사람들과 이야기를 나누었는데, 그들은 친절함과 참을성 그리고 세상에 대한 전파력 강한 호기심만으로 뭉친 사람들이었다. 그중 많은 이들이 나와 친구가 되었다. 그들의 마음을 거의 다 읽어낼 때까지 여러 번 장시간의 인터뷰를 했던 사람들에게 나는 특히 감사를 드린다. 그들은 로라 벳지그, 나폴레옹 섀그넌, 리다 코스미데스, 헬레나 크로닌, 빌 해밀턴, 로렌스 허스트, 바비 로우, 앤드루 포미안코프스키, 도널드 시먼스, 존 투비이다.

　직접 만나거나 전화를 통해 인터뷰에 응해준 분들에게도 감사를 드리고 싶다. 그분들은 리처드 알렉산더, 마이클 베일리, 알렉산드라 바솔로, 그레이엄 벨, 폴 블룸, 모니크 보거호프 멀더, 도널드 브라운, 짐 불, 오스틴 버트, 데이비드 버스, 팀 클러턴-브록, 브루스 엘리스, 존 엔들러, 바트 글레드힐, 데이비드 골드스타인, 앨런 그레픈, 팀 길퍼드, 데이비드 헤이그, 딘 해머, 크리스틴 호크스, 엘리자베스 힐, 킴 힐, 새라 허디, 윌리엄 아이언스, 윌리엄 제임스, 찰스 케클러, 마크 커크패트릭, 요헨 쿰, 커티스 라이블리, 애솔 맥라클란, 존 메이너드 스미스, 매튜 메셀슨, 제프리 밀러, 안더스 묄러, 제레미 네이선스, 매그너스 노드보그, 엘러너 오스트롬, 새라 오토, 케네스 오이, 마지 프로핏, 톰 레이, 폴 로머, 마이클 라이언, 데브싱, 로버트 스머츠, 랜디 손힐, 로버트 트리버스, 리 밴 베일런, 프레드 휘탐, 조지 윌리엄스, 마고 윌슨, 리처드 랭엄, 말린 저크이다.

　나와 의견을 나누었을 뿐 아니라 내게 자신의 저서나 논문을 보내준 크리스토퍼 배드콕, 로버트 폴리, 스티븐 프랭크, 밸러리 그랜트, 도시카즈 하세가와, 더그 존스, 에그버트 리, 다니엘 퍼루시, 펠리시아 프래토, 에드워드 테너에게도 심심한 사의를 표한다.

　나는 어떤 학자들을 미묘하게, 심지어는 은밀하게 공격하기도 했다. 수없이 많은 이야기를 나누는 동안 내 생각을 정리하는 데 도움을 주고 충고를 해준 이들은 앨런 앤더슨, 로빈 베이커, 호레이스 발로, 잭 벡스트롬, 로사 베딩턴, 마크 벨리스, 로저 빙엄, 마크 보이스, 존 브라우닝, 스티븐 부디안스키, 에드워드 카, 제프리 카, 제레

붉은 여왕

미 세르파스, 앨리스 클라크, 니코 콜체스터, 찰스 크로퍼드, 프랜시스 크릭, 마틴 데일리, 커트 다윈, 매리언 도킨스, 리처드 도킨스, 앤드루 돕슨, 에마 덩컨, 마크 플린, 아치 프레이저, 피터 가슨, 스티븐 골린, 찰스 고드프리, 앤소니 고틀리브, 존 하팅, 조엘 하이넨, 니젤라 힐가르트, 피터 허드슨, 애냐 헐버트, 마이클 킨즐리, 리처드 레이들, 리처드 매칼렉, 패트릭 매킴, 세스 마스터스, 그레엄 미치슨, 올리버 모턴, 랜돌프 네스, 폴 뉴버그, 폴 뉴턴, 린다 패트리지, 매리언 페트리, 스티브 핑커, 마이크 폴리오다키스, 진 레갈스키, 피터 리처슨, 마크 리들리(그의 성이 나와 같아서 내가 덕을 많이 보았다), 앨런 로저스, 빈센트 사리치, 테리 세즈노브스키, 미란다 시모어, 레이첼 스모커, 비벌리 스트라스만, 제레미 테일러, 낸시 손힐, 데이비드 윌슨, 에드워드 윌슨, 에이드리언 울드리지, 밥 라이트이다.

또 다른 몇몇 분들은 여러 장章의 원고를 읽고 평을 해주어 내게 큰 도움을 주었다. 그런 충고를 하는 일이 그분들에게는 시간이 많이 드는 일이었지만 내게는 엄청난 가치가 있는 일이었다. 로라 벳지그, 마크 보이스, 헬레나 크로닌, 리처드 도킨스, 로렌스 허스트, 제프리 밀러, 앤드루 포미안코프스키에게 감사를 드린다. 특히 빌 해밀턴에게는 큰 빚을 졌다. 이 집필 작업의 초기에 구상을 도와준 그에게는 두고두고 감사드릴 것이다.

나의 대리인인 펠리시티 브라이언과 피터 긴즈버그는 끊임없이 격려를 아끼지 않았으며 모든 면에서 건설적이었다. 펭귄출판사와 맥밀란출판사의 편집자 라비 머찬다니, 주디스 플랜더스, 빌 로젠, 그리고 특히 캐리 체이스는 효율적으로 일을 처리해주었으며 친절하고 열성적이었다.

　나의 아내 애냐 헐버트는 이 책을 처음부터 끝까지 읽어주었으며, 내가 책을 쓰는 동안 진심어린 충고와 지원을 아끼지 않았다.

　마지막으로, 내가 글을 쓰는 동안 간간이 내 방 창가에 와서 창틀을 긁어대던 붉은 다람쥐에게도 고마움을 전하고 싶다. 아직도 나는 그 녀석이 암컷인지 수컷인지 모른다.

 **역자서문**

성性이란 어쩌면 가장 보편적인 주제이며 모든 사람이 궁금해하는 질문일 것이다. 성은 우리가 살고 있는 지구상 어디에나 있고, 늘 우리들 마음속에 들어 있다. 최근에 나온 한 보고서에 의하면 인간은 하루에도 수십 번씩 섹스(성)를 생각한다고 한다.

그럼에도 불구하고 인류 최초의 인간인 아담과 이브를 그린 그림을 보면 넓은 무화과 잎이 신체의 앞부분을 가리고 있다. 이처럼 성에 관한 이야기는 항상 앞에서 이루어지지 못하고 뒤에서 숨겨진 채 조용히 이루어진다.

역자는 몇 년 전 해외 출장 중에 미국인 동료 교수로부터 미국 내 과학 에세이 부문 우수 저서로 선정된 『붉은 여왕The Red Queen』을 소개받아 알게 되었다. 동물학자에서 과학저술가로 전환한 매트 리들리는 이 책에서 유전과 함께 생명과학 분야에서 가장 관심을 끄는 주제 중 하나인 성에 대해 이야기한다. 그는 다양한 이론들을 이용하여 인간의 본성과 진화를 연결한다.

이 책은 인간의 본성을 이해하기 위해서는 인간의 본성이 어떻게 진화해왔는지 알아야 하며, 인간의 본성이 진화해온 과정을 알기 위해서는 인간의 성이 어떻게 진화해왔는지 이해해야 한다는 것을 전제로 한다. 결코 쉽지 않은 이야기를 명쾌하게 논리적으로 설명하면서, 매트 리들리는 인간 진화의 중심 주제는 성에 관한 것이라는 주장을 제기한다.

"인간의 본성은 생물학적 상수인가 아니면 사회학적 변수인가"라는 질문은 오랫동안 제기되어왔다. 저자는 이 질문이 마치 삼각형의 면적이 밑변에 의해서 결정되는지, 아니면 높이에 의해서 결정되는지를 묻는 것과 같다고 본다. 사람은 말할 것도 없이 생물학적 존재이며, 동시에 사회적 존재인 것이다.

리들리는 인간의 행동과 하등동물의 행동 사이에는 공통점이 많다고 주장한다. 어쨌든 인간은 하등동물로부터 진화해왔으므로 둘 사이에 공통점이 없다면 그것이 더 놀랄 만한 일일 것이다. 저자에 따르면 다른 동물들의 행동과 마찬가지로, 인간의 행동도 환경의 압박에 의해 진화해온 것이 아니라 유전자를 번식시키려는 필요성에 의해 진화해온 것이다. 이와 같은 관점을 중심으로 이 책에는 곤충, 어류, 조류, 포유류 등 여러 동물의 다양한 행동에 관한 놀라운 지식이 담겨 있다.

이 책의 처음 부분에서 저자는 왜 하나나 셋이 아닌 두 종류의 성

 붉은 여왕

이 존재해야만 하는지에 대한 답을 제시하려 한다.

두 개의 성이 있는 한, 한쪽 성은 자신의 유전자를 안전하게 보존하기 위해 다른 쪽 성을 유혹한다. 그런 일은 짝짓기를 보장하려는 행동에서 뚜렷이 나타나게 마련이다. 그렇기 때문에 공작새나 천인조의 수컷들은 개인적인 생존의 관점에서 보면 훨씬 불리함에도 불구하고 화려한 꼬리 깃털을 가지고 있는 것이다.

리들리는 인간 남자들의 마음도 사막을 건너고 정글을 헤치며 포식자를 물리치도록 발달해온 것이 아니라 수컷 공작새의 꼬리처럼 여자를 유혹하기 위해 발달해왔다고 한다. 여자들은 재치와 지성을 겸비한 남성에게 더 끌리는 반면에 남자들은 여자들의 신체적 아름다움에 더 끌리는데, 이것은 아름다움이 곧 건강이고 따라서 더 많은 자손을 낳을 수 있을 것이라고 생각하기 때문이다.

이상의 내용을 통해 이 책은 성이 무엇인지, 성이 왜 존재하게 되었는지, 여성과 남성이 각각 어떠한 이성을 선택하게 되는지 등을 포괄적이고 방대한 학술적 자료를 근거로 깊이 있게 다루고 있다.

전문가를 위한 어렵고 딱딱한 책이 아니므로 신문기사보다 조금 더 깊이 있는 이야기를 원하는 독자라면 어렵지 않게 읽을 수 있을 것이다. 또한 각 장이 거의 독립적으로 쓰여 있어서 주제에 따라 어느 장이든 먼저 읽어 들어갈 수 있다.

매트 리들리는 아주 까다롭고 다루기 어려운 주제에 대해 비교적 명확하게 저술하는 저자이다. 이 책은 수많은 과학자들의 이론과 연구 결과를 분석하고 종합한 결과이다. 저자의 놀라운 자료 수집과 분석, 논리적이고 명쾌한 내용 전개 등은 훌륭한 과학 서적이란 어

역자 서문

떻게 써야 하는지 그 방법을 제시해주는 좋은 보기가 되었다.

오랜 시간을 두고 번역하는 동안 교정과 편집 과정에서 김영사 편집부의 큰 도움을 받았다. 책의 여러 부분에서 내용상 오해의 소지가 있는 부분을 알려주고, 표현을 좀 더 자연스럽게 다듬어주었다.

이 책을 번역하며 역자는 아직 우리말로 정립되지 않은 많은 전문 용어와 학술적 이론을 우리말로 바꾸는 과정에서 적지 않은 시간과 노력을 기울였다. 그럼에도 불구하고 자연스럽지 못한 문장의 흐름이나 낯선 표현 등이 발견될 수도 있을 것이며, 그런 부분은 전적으로 역자의 부족함에 기인한 것임을 밝힌다.

마지막으로 이 책의 기획에서부터 도움을 준 김영사의 박은주 사장님, 그리고 이 책의 내용을 함께 이야기하고 들어준 서강대학교 신경생물학 연구실의 충실한 학생들에게 감사드린다.

2006년 11월
김윤택

THE RED QUEEN

추천사 5
서문 9
역자 서문 14

1. 인간의 본성

본성과 교육 28 | 사회 속의 개인 36 | '왜'라고 묻는 것 40 | 갈등과 협동 46 | 선택하기 50

2. 성의 수수께끼

사다리에서 쳇바퀴로 56 | 처녀임신 58 | 성의 자유무역 61 | 인간의 가장 큰 경쟁자는 인간이다 66 | 개체의 재발견 70 | 무지에 의한 도발 78 | 원본-복사 이론 81 | 카메라와 톱니바퀴 86

3. 기생생물의 힘

약간만 다를 수 있는 재주 99 | 뒤엉킨 강둑 103 | 붉은 여왕 110 | 기지의 싸움 115 | 인공 바이러스 117 | DNA 자물쇠 따기 121 | 성과 예방 접종의 유사점 125 | 빌 해밀턴과 기생생물의 힘 128 | 높은 지대의 성 132 | 성이 없는 달팽이 135 | 불안정성의 탐색 139 | 윤충의 수수께끼 140

4. 유전적 반란과 성

인간은 왜 암수한몸이 아닐까? 147 | 아벨의 후손은 없다 153 | 일방적인 무장 해제의 장점 158 | 정자에게 필요한 안전한 성교를 위한 정보 162 | 결정의 시간 165 | 순결한 칠면조의 경우 169 | 레밍 쥐들의 성염색체 다툼 172 | 성별을 결정하는 법 175 | 장자 상속과 영장류 동물학 179 | 지배적인 여자들이 아들을 낳는가? 184 | 성의 판매 187 | 이성은 어떤 결론으로 수렴하는가? 193

5. 공작새의 꼬리

사랑은 이성적인가? 202 | 몸치장과 까다로운 선택 204 | 싸워 이길 것인가, 사랑을 구걸할 것인가? 208 | 독재적 경향 212 | 유전자의 소진 215 | 몬터규가와 캐풀렛가 217 | 선택은 값싼 것인가? 220 | 몸치장에 따른 장애 225 | 지저분한 수컷들 229 | 대칭의 아름다움 233 | 정직한 멧닭 235 | 젊은 여자들의 허리는 왜 날씬한가? 243 | 꺽꺽거리는 개구리들 246 | 모차르트의 음악과 찌르레기의 노래 251 | 장애를 지닌 광고자들 254 | 인간 공작새 257

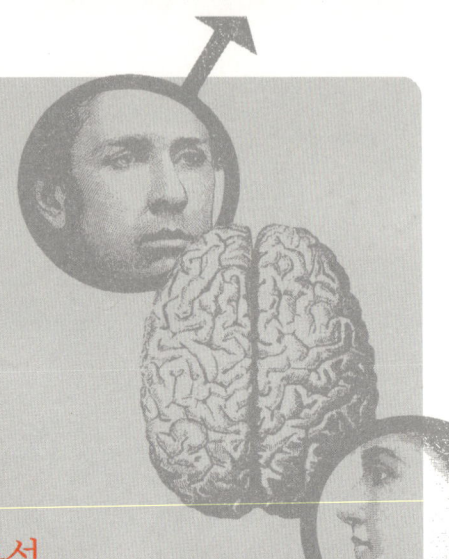

6. 일부다처제와 남자의 본성

수컷으로서의 남자 263 | 결혼의 관점 265 | 남자는 덮치고 여자는 꼬리친다 269 | 여권신장주의와 지느러미발도요새 272 | 동성애적 난교의 의미 275 | 하렘과 재산 278 | 왜 성을 독점하려 하는가? 283 | 수렵인인가, 채집인인가? 286 | 돈과 섹스 293 | 성적 활동이 강했던 황제들 299 | 폭력의 대가 306 | 일부일처적 민주주의자 312

7. 일부일처제와 여자의 본성

결혼에 대한 강박관념 318 | 헤롯 효과 320 | 새들의 사생아 328 | 보바리 부인과 암컷 제비 337 | 의처증 343 | 왜 리듬 조절법이 성공하지 못하는가? 348 | 참새의 결투 352 | 녹색 눈의 괴물-질투 357 | 품격 있는 사랑 362 | 진화론적 역사 368

8. 마음과 성

평등인가, 동일인가? 374 | 남자, 그리고 지도 읽기 378 | 본성과 대립하지 않는 교육 381 | 호르몬과 뇌 385 | 설탕과 향료 389 | 성차별과 키부츠 생활 393 | 여권신장주의와 결정론 397 | 남성 동성애의 원인 401 | 부유한 남자는 왜 미인과 결혼하는가? 404 | 까다로운 남자들 414 | 인종차별주의와 성차별주의 417

THE RED QUEEN

9. 아름다움의 쓰임새

보편적 아름다움 426 | 프로이트와 근친상간의 금기 428 | 늙은 되새에게 새로운 기술 가르치기 432 | 깡마른 여자들 437 | 사회적 지위에 대한 의식 440 | 왜 허리둘레가 문제인가? 443 | 젊음이 곧 아름다움인가? 447 | 1,000척의 배를 진수시킨 각선미 450 | 개성 453 | 패션 사업 459 | 어리석은 성적 완벽주의 463

10. 지능적인 체스 게임

성공한 유인원 472 | 학습의 진화 476 | 교육이 반드시 본성과 반대되는 것은 아니다 480 | 마음의 프로그램 487 | 도구 제작자의 신화 492 | 아기 유인원 496 | 소문의 지배력 500 | 재치와 성적 매력 513 | 젊음에 대한 집착 519 | 막다른 골목 523

에필로그 - 스스로 길들여진 원숭이 525
주 530
참고문헌 556
찾아보기(용어) 598
찾아보기(인명) 602

H u m a n   N a t u r e

① 인간의 본성

> 가장 이상한 점은 나무들과 그 주변의 것들이 결코 움직이지 않는 것이었다. 그들이 아무리 빨리 달려도 주변의 풍경은 그대로인 것처럼 보였다. 어리둥절해진 앨리스는 '모든 것들이 우리를 따라 움직이는 걸까?' 하고 생각했다. 그때 여왕은 앨리스의 그런 생각을 알아차리기나 한 듯이 이렇게 외쳤다.
> "더 빨리! 잡담하지 말고!"
>
> 루이스 캐럴, 「거울 나라의 앨리스」

붉은 여왕

THE RED QUEEN

외과 의사는 수술에 앞서 환자의 수술 부위에서 무엇을 보게 될지 이미 알고 있다. 예를 들어 위장을 수술하려 한다면 의사는 어느 환자의 경우든 같은 위치에서 위장을 찾을 것이다. 인간은 모두 위장을 가지고 있으며, 그 크기나 모양도 거의 같고 또한 몸의 같은 부위에 있다. 물론 차이는 있게 마련이다. 어떤 이는 병약한 위장을, 어떤 이는 작은 위장을, 또 어떤 이는 기형의 위장을 가지고 있다. 그러나 이런 차이는 그 유사함에 비하면 아무것도 아니다. 수의사나 푸줏간 주인쯤 되면, 의사에게 여러 종류의 위장에 대해서 잘 이야기해줄 수 있을 것이다. 여러 개의 방으로 나뉜 암소의 커다란 위장이라든지, 쥐의 조그마한 위장이라든지, 혹은 사람의 위장과 흡사한 돼지의 위장에 대해서 말이다. 좀 더 정확히 이야기하자면, 일반적인 사람의 위장은 다른 동물의 위장과는 전혀 다르다.

똑같은 방식으로 인간에게는 전형적인 본성이 존재한다는 것이 이 책에 설정된 가정이다. 이 책의 목표는 바로 인간의 본성을 찾는 것이다. 정신과 의사들도 침대에 누운 환자를 보면 내과 의사들과 마찬가지로 여러 가정을 하게 마련이다. 정신과 의사는 환자가 사랑하고, 질투하고, 믿고, 생각하고, 이야기하고, 두려워하고, 웃고, 흥정하고, 탐내고, 꿈꾸고, 기억하고, 노래하고, 말다툼하고, 거짓말하는 것이 어떤 것임을 알고 있다고 가정한다. 심지어 환자가 새로운 세계에서 온 사람이라고 할지라도 환자의 마음이나 본성에 대한 이러한 가정들은 똑같을 것이다. 1930년경까지 바깥 세상에 전혀 알려지지 않은 뉴기니의 원주민들이 처음 발견되었을 때, 공동의 조상들로부터 갈라져나온 지 10만 년이란 세월이 흘렀음에도 원주민들도 다른 서구 사람들과 다름없이 미소를 짓고 얼굴을 찌푸린다는 것이 관찰되었다. 개코원숭이의 '미소'는 위협을 나타낸다고 하지만, 인간의 미소는 늘 즐거움을 나타낸다. 이것은 세계 공통의 인간 본성이다.

그렇다고 문화 충격의 사실을 부정하려는 것은 아니다. 양의 눈을 끓인 수프, 긍정의 뜻으로 고개를 가로젓는 풍습, 서구식 사생활, 할례 의식, 낮잠, 종교, 언어, 그리고 레스토랑에서 일하는 미국 웨이터와 소련 웨이터의 미소짓는 빈도의 차이처럼, 인간에게는 보편적인 특성만큼 독특한 특성 역시 수없이 존재한다. 바로 이러한 인간의 문화적 차이를 연구하는 학문이 문화인류학이다. 그러나 여러 인종이 갖는 유사성의 기반, 즉 인간의 공통적인 특성들은 당연시하기가 쉽다.

이 책은 그러한 인간 본성의 본질에 대한 하나의 질문인 셈이다. 이 책의 주제는 인간의 본성이 어떻게 진화해왔는지 알지 못하고서는 인간의 본성을 이해할 수 없다는 것이다. 그리고 인간의 성性이 어떻게 진화해왔는지 이해하지 못하고서는 인간의 본성이 어떻게 진화해왔는지 알 수 없다는 것이다. 왜냐하면 인간 진화의 중심 주제는 성에 관한 것이기 때문이다.

왜 하필이면 성이란 말인가? 인간의 본성에는 너무 많이 알려지고 성가신 출산의 유희 말고 다른 특징도 있지 않은가? 그렇다 해도 자식을 낳는 것은 인간이 인간으로 만들어진 유일한 목표이다. 그 밖의 다른 것은 그 목표를 위한 수단일 뿐이다. 인간은 조상으로부터 살아남고, 먹고 마시며, 말하는 것 등의 성향을 이어받는다. 그러나 인간이 자식을 낳는 성향을 이어받았다는 점은 무엇보다도 중요하다. 자식을 낳은 조상들은 그 자손에게 자신들의 특성을 물려줄 수 있지만, 자식을 낳지 못한 조상들은 자신들의 특성을 물려줄 수 없다. 그러므로 한 사람이 성공적으로 자식을 낳을 수 있는 기회를 증가시키는 요소는 다른 모든 대가를 치르고도 전해진다. 인간의 본성은 모두 궁극적으로 번식의 성공에 기여하도록 주도면밀하게 선택되었다.

  이 말은 매우 오만한 주장처럼 들릴 것이다. 이는 마치 자유의지를 부정하고, 순결을 지키는 정숙한 사람을 무시하는 것처럼 보이며, 또한 인간을 오직 번식에만 치우치게 프로그램된 로봇처럼 묘사하는 듯하다. 마치 모차르트나 셰익스피어도 오로지 성에 의해서만 영향을 받았다고 의미하는 것 같다. 그러나 인간의 본성이 진화가 아닌 다른 어떤 방법에 의해서 발달해왔다고는 생각하지 않는다. 또한 경쟁적인 번식에 의하지 않고는 진화 과정을 설명할 수 없다는 증거들은 넘쳐흐를 만큼 많다. 번식하는 형질은 존속하며, 번식하지 못하는 형질은 소멸하고 만다. 번식력이야말로 생물체가 바위와 같은 무생물체와 다른 점이다. 생명을 이러한 관점에서 봤을 때, 자유의지나 심지어는 정숙함도 무리 없이 해석할 수 있다. 내 생각으로 인류는 개인의 능력을 독창적으로 행사함으로써 번성한다. 그러나 자유의지가 재미로 만들어진 것은 아니다. 진화 과정을 통해 인류 조상에게 독창력이 주어진 데에는 이유가 있다. 그것은 자유의지와 독창성이 욕망을 충족시키고, 다른 인간들과 경쟁하며, 생명의 위협에 대응하고, 번식하지 못하는 인간에 비해서 번식과 자식 양육 면에서 더 나은 지위를 확보하는 수단이기 때문이다. 그러므로 자유의지 그 자체는 궁극적으로 번식력에 기여할 수 있는 한도까지 효력이 있는 것이다.

이제 다른 방법으로 생각해보기로 하자. 어떤 학생이 똑똑하고 영리하지만 시험 성적은 엉망이라고 하자. 즉 시험 생각만 해도 소름이 끼치는 학생이라면, 그 학생의 영리함은 학기말에 한 번 시험을 치르는 수업에서는 아무런 빛도 발하지 못하고 쓸데없는 것이 되고 만다. 마찬가지로 어떤 동물이 생존력이 탁월하고, 경쟁자에 비해서 배우는 능력이 우수하며 오래 살 수 있다 하더라도, 생식력이 없다면 그 동물의 우수한 유전자들은 자손에게 전수되지 못하기 때문에 쓸모가 없다. 거의 모든 것이 자손에게 유전될 수 있지만, 불임을 일으키는 요소만은 유전되지 않는다. 따라서 인간의 본성이 어떻게 진화해왔는지 이해하려고 한다면, 질문의 핵심은 번식에 관한 것이어야 한다. 왜냐하면 인간의 유전자들이 자연선택에 의해 도태되지 않고 살아남으려면 번식의 성공이라는 시험을 통과해야 하기 때문이다. 따라서 나는 인간의 정신이나 본성에는 번식과 관련짓지 않고서 이해할 수 있는 면이 거의 없다는 점을 주장하고자 한다. 우선 성별에서 그 이야기를 시작해보자. 번식과 성은 동의어가 아니다. 생물계에는 무성생식의 방법도 많이 있다. 하지만 여태까지 성이 존속되는 것을 보면 유성생식이 개체의 생식 성공률을 향상시키는 것 같다. 그렇지 않으면 성은 존속하지 못하게 된다. 이제 어떤 특성보다도 가장 인간적인, 지능으로 끝을 맺겠다. 성적인 경쟁을 고려하지 않고 인간이 이처럼 영특해진 것을 이해하는 일은 갈수록 어려워지고 있다.

창세기에서 뱀이 이브에게 말한 비밀은 무엇인가? 그 비밀은 이브가 금단의 열매를 먹을 수 있다는 것인가? 천만의 말씀. 그것은 그저 완곡어법일 뿐이다. 금단의 열매는 성교를 의미하며 이것은 성 토마스 아퀴나스(13세기 이탈리아의 수도사이자 철학자, 신학자—옮긴이)로부터 존 밀턴(서사시 『실락원』을 쓴 영국의 시인—옮긴이)에 이르기까지 모든 사람이 다 아는 사실이다. 창세기에 금단의 열매는 죄악이고 죄악은 곧 성교라는 방정식에 대한 털끝만한 암시조차 없는데 이를 어떻게 알게 되었을까? 인간에게 이토록 중심적인 것은 오직 하나, 성이기 때문에 우리는 이 모두를 진실로 받아들이는 것이다.

본성과 교육

인간은 과거에 의해 형성된다는 생각은 찰스 다윈Charles Darwin의 중요한 통찰이었다. 다윈은 설계 논증Argument from design은 받아들이되 신에 의한 종의 창조 개념은 포기할 수 있다고 인식한 최초의 사람이다. 모든 생명체는 특별한 생활양식에 적응하기 위한 그들의 조상들의 선택적 생식을 통하여 상당히 무의식적으로 '설계' 되었다. 마치 잡식성인 아프리카 유인원에게 고기를 선호하는 위장이 설계된 것처럼, 원래는 아프리카 유인원이었던 인간에게 사회성과 두 발로 걷는 능력 역시 자연선택에 의해 용의주도하게 설계되었다.

이러한 출발점은 이미 두 종류의 사람들의 비위를 건드렸을 것이다. 세상은 수염이 긴 사람(신神)이 7일 만에 창조하였다고 믿는 사람들과 따라서 인간의 본성은 자연선택에 의해 결정된 것이 아니라 신에 의해서 결정되었다고 믿는 사람들에게 나는 '잘 가라'는 인사를 던질 뿐이다. 나는 그런 사람들의 가정을 거의 받아들일 수 없으므로 함께 토론할 이유가 없다. 인간의 본성이 진화해온 것이 아니라 '문화'라고 부르는 어떤 것에 의해 새로이 생겨난 것이라고 주장하는 사람들에게는 차라리 희망이 있다. 나는 그들에게 우리의 관점은 병존할 수 있다고 설득할 수 있을 것 같다. 인간의 본성은 문화의 산물이며, 문화는 또 인간 본성의 산물이고, 둘 다 진화의 산물이다.

그렇다고 내가 "모든 것이 우리 유전자 안에 있다"고 주장하려는 것은 아니다. 사실은 그것과는 상당한 거리가 있다. 나는 심리적인 것은 무엇이든지 유전에 의한 것이라는 개념에 강력히 도전하려 하며, 아울러 무엇이든지 보편적으로 인간적인 것은 유전자와 상관이 없다는 생각에도 강력하게 반박하고자 한다. 그러나 인류의 '문화'가 꼭 지금 그대로일 이유는 없다. 인류의 문화는 지금보다 좀 더 다양하고 경이적일 수도 있었다. 인간에 가장 가까운 동물인 침팬지의 경우, 암컷은 되도록 많은 수컷과 교미를 하고, 수컷은 자기와 교미하지 않은 암컷의 새끼는 다 죽이는 아주 뒤죽박죽인 사회를 이루며 산다. 어떠한 인간 사회도 이런 특이한 양상의 사회를 닮지 않는다. 왜 그런가? 그것은 인간의 본성이 침팬지와 다르기 때문이다.

만약 그렇다면 인간의 본성에 대한 연구는 역사학, 사회학, 심리학, 인류학, 그리고 정치학 연구에 분명 영향을 끼칠 것이다. 이러한 각각의 학문은 인간의 행동을 이해하려는 시도이다. 만약 인간 행동의 저변에 깔려 있는 보편성이 진화의 결과라면 진화의 압력이 무엇인지 이해하는 것은 매우 중요한 일이다. 더구나 나는 사회과학의 거의 모든 분야가 마치 『종의 기원 The Origin of Species』이 출간된 1859년이 결코 존재한 적이 없는 것처럼 나아가고 있음을 알게 되었다. 이런 일은 아주 의도적으로 일어나고 있다. 왜냐하면 이들은 인간의 문화가 바로 인간의 자유의지와 발명의 산물이라고 주장하기 때문이다. 사회가 인간 심리의 산물이 아니라, 인간 심리가 바로 사회의 산물이라는 것이다.

이는 그럴듯하게 들리고, 만약 그것이 사실이라면 사회공학을 믿는 이들에게는 아주 멋진 일이 될 것이다. 그러나 그것은 사실이 아니다. 물론 인류에게는 자신을 무한히 창조하고 개조할 수 있는 자유가 주어지지만, 우리는 이 자유를 잘 활용하지 못한다. 우리는 일을 처리할 때 늘 하던 대로 한다. 만약 인류가 좀 더 모험심이 많았다면, 사랑도 없고, 야망도 없고, 성욕도 없고, 결혼도 없고, 예술도 없고, 문법도, 음악도, 미소도 없는 사회가 되었을 것이다. 그리고 또 상상할 수도 없는 것들이 수없이 탄생했을 것이다. 어쩌면 남자보다 여자들끼리 더 자주 서로 살인을 하는 사회, 노인이 20대보다 훨씬 더 아름답다고 생각하는 사회, 사람들이 친구와 낯선 사람을 차별하지 않는 사회, 부모가 자식을 사랑하지 않는 사회가 되었을 수도 있다.

인간의 본성

"사람의 본성은 바꿀 수 없다"고 주장하는 사람들처럼, 인종박해는 인간의 본성 속에 존재하므로 인종박해를 금지하는 것은 쓸데없는 일이라고 말하려는 것은 아니다. 인종차별을 법으로 금하는 것은 정말 효력이 있다. 왜냐하면 인간의 본성에서 흥미를 끄는 점들 가운데 하나는 인간은 자신이 행한 행동의 결과를 계산한다는 것이기 때문이다. 그러나 나는 1,000년 동안이나 인종차별 금지법을 엄격히 시행한 후일지라도, 어느 날 갑자기 인종차별은 과거에만 있던 편견이므로 인종차별 금지법을 폐지하며, 인종차별 문제가 해소되었다고 선언할 수는 없음을 말하고자 한다. 우리는 두 세대 동안 전체주의의 압제 아래서 살아온 소련 사람이 전체주의 이전에 살던 그의 할아버지와 마찬가지로 인간적이리라 짐작하며 이는 맞다. 그렇다면 사회과학은 왜 이런 사례가 없는 것처럼, 그리고 인간의 본성을 그 사회의 산물처럼 여기면서 나아가고 있는가?

생물학자들도 역시 가끔 이러한 실수를 저지르곤 한다. 생물학자들은 개개인이 일생을 통하여 모아온 변화가 쌓여 진화가 진행되었다고 믿어왔다. 그러한 개념은 라마르크Jean-Baptiste Lamarck(18세기 프랑스의 생물학자, 진화론자—옮긴이)에 의해 명확히 정립되었지만 다윈도 이 이론을 가끔 언급하였다. 예를 들어, 대장장이의 아들은 틀림없이 태어날 때부터 아버지의 튼튼한 근육을 물려받는다는 것이다. 우리는 이제 더 이상 라마르크의 용불용설用不用說이 유효한 이론이 아님을 알고 있다. 왜냐하면 인간의 신체는 건축물처럼 설계도에 의해 만들어지는 것이 아니라 케이크처럼 조리법에 의해서 만들어지기 때문이다. 간단히 말하자면 케이크의 모양을 조금 바꾼다고

붉은 여왕

조리법이 덩달아 변하지 않는 것과 마찬가지이다.[1] 라마르크의 용불용설에 맨 먼저 체계적으로 도전한 사람은 독일 태생의 다윈 추종자인 아우구스트 바이스만August Weismann(19세기 독일의 생물학자로 자연 선택의 진화설을 주장함—옮긴이)으로, 그는 1880년대에 들어서 자신의 이론을 발표하기 시작하였다.[2] 바이스만은 성이 있는 대부분의 생물체에는 성세포, 즉 난자와 정자가 있고 출생할 때부터 몸의 다른 세포들과 분리되어 존재한다는 독특한 성질을 발견하였다. 그는 자신의 논문에서 아래와 같이 서술하였다.

> 나는 배아의 유효 물질 중 일부분인 생식질이 난자가 개체로 발생되는 과정에서 변하지 않고 그대로 있으며, 이 생식질을 바탕으로 새로운 개체의 생식세포가 만들어진다는 사실이 유전의 근거가 된다는 것을 믿는다. 그러므로 생식질은 한 세대에서 다음 세대로 전해 내려가는 영속성을 지니고 있다.[3]

다른 말로 표현하자면, 우리는 어머니가 아니라 어머니의 난소로부터 온 것이다. 사는 동안 어머니의 몸이나 정신이 겪은 어떤 일도 자식의 본성에는 직접 영향을 끼치지 못한다(물론 태아의 발달에 영향을 미치는 경우도 있다. 극단적인 한 예로서, 임신부가 마약이나 알코올에 중독되면 태아는 유전적 원인이 아닌 다른 원인으로 선천적 기형이 될 수 있다). 태아는 아무 죄 없이 태어난다. 바이스만은 이 때문에 생전에 비웃음을 샀으며 그의 말을 믿는 사람은 거의 없었다. 그러나 유전자의 발견과 유전자를 이루는 DNA의 발견, 그리고 DNA의 정보가 쓰인 암호의 발견으로 바이스만의 주장은 완벽하게 증명되었다. 생식질은 신체와는 분리되어 유지된다.

이 이론의 완전한 의미는 1970년대에 가서야 명확히 파악되었다. 영국 옥스퍼드대학의 리처드 도킨스Richard Dawkins가 이 개념을 잘 정리하였다. 즉 신체는 스스로 복제하지 못하지만 성장할 수 있으며, 반면에 유전자는 스스로 복제할 수 있다. 그러므로 신체는 단지 유전자의 진화적 전달 수단에 지나지 않으며, 유전자는 신체의 진화적 전달 수단이 아님이 필연적으로 따라나온다. 만약 유전자가 그 신체에게 유전자를 영속시킬 수 있는 일만 하게 한다면(먹고, 생존하고, 성교하고, 자식을 양육하는 등), 유전자는 영속할 것이다. 따라서 다른 종류의 신체는 사라지게 된다. 오직 유전자의 생존과 영속에 들어맞는 신체만이 살아남게 된다.

그 이후부터, 도킨스가 처음 주장한 이론은 생물학을 상상할 수 없을 정도로 바꾸어놓았다. 다윈의 업적에도 불구하고, 그때까지도 본질적으로는 기술記述과학이던 생물학이 기능을 연구하는 학문으로 바뀐 것이다. 그 차이는 엄청난 것이다. 마치 어떤 자동차 기술자도 바퀴를 움직이는 기능을 고려하지 않고는 자동차 엔진을 설명할 수 없는 것처럼, 음식물을 소화시키는 기능을 고려하지 않고 위장을 설명할 수 있는 생리학자는 없다. 말하자면, 1970년대 이전에는 대부분의 동물행동학자와 사실상 모든 인간행동학자가 기능은 전혀 고려하지 않고 자신들이 관찰한 바를 설명하는 데에 만족하였다. 이 세상을 유전자 중심으로 본 관점은 이러한 경향을 영원히 바꿔놓고 말았다. 1980년대에 이르자, 동물의 구애행동을 아무리 자세히 묘

붉은 여왕

사한다 해도 유전자의 선택적 경쟁 면에서 설명할 수 없으면 그것은 전혀 의미 없는 일이 되었다. 그리고 1990년대로 오면서, 인간만이 이러한 논리에서 유일하게 예외라는 개념은 이전보다 훨씬 불합리하게 여겨지기 시작했다. 인간이 진화의 명령을 무시할 수 있는 능력을 키워왔다면, 틀림없이 그렇게 함으로써 유전자에게 유리한 점이 있기 때문일 것이다. 따라서 인간은 진화로부터의 해방을 이미 성취했다고 생각하기 좋아하지만, 그 역시 유전자의 복제에 걸맞으므로 진행된 진화인 것이다.

내 머릿속에는 아프리카 사바나 들판의 여건을 이용하도록 300만 년 전부터 10만 년 전까지 설계된 뇌가 있다. 지금부터 약 10만 년 전에 내 조상들이 유럽으로 이주해왔을 때(나는 유럽 백인종의 후손이다), 그들은 이내 햇볕이 적은 북위도 지방의 기후에 알맞은 생리적 특징들을 갖도록 진화했다. 이러한 특징들은 구루병에 걸리지 않는 창백한 피부나 비교적 동상에 잘 견디는 순환계와 남성의 턱수염 같은 것을 말한다. 그러나 그 밖에 변한 것은 거의 없다. 두개골의 크기나 체형, 치아 등은 현대인이나 10만 년 전에 남아프리카에서 온 부족민이나 거의 똑같다. 두개골 안의 회백질 역시 변했다고 믿을 만한 이유가 없기는 마찬가지이다. 10만 년은 단지 3,000세대에 지나지 않으며 진화에서는 눈 한 번 깜짝할 사이로, 박테리아의 일생으로 계산해보면 하루하고 반나절밖에 안 되는 시간이다. 더욱이 아주 최근까지도 유럽 사람들이나 아프리카 사람들이나 생활방식은 본질적으로 거의 같았다. 유럽 사람들이나 아프리카 사람들이나 모두 사냥한 고기와 풀을 뜯어먹었다. 둘 다 사회 집단을 이루었으며,

아이들은 10대 후반에 이르기까지 부모에게 의지하며 살았다. 그들은 모두 돌이나 뼈, 나무, 그리고 섬유 등을 이용하여 도구를 만들어 썼다. 또한 복잡한 언어를 사용하여 생활의 지혜를 자식에게 전했다. 농경이나 철기, 글자 등 진화 과정에서 생긴 새로운 일들은 겨우 300세대 전에야 나타났는데, 이는 너무나 최근에 일어난 사건이라 나에게는 큰 인상을 남기지 못한다.

이와 같이 인간의 보편적인 본성처럼 모든 사람에게는 공통적인 것이 있다. 만약 호모 에렉투스의 후손이 100만 년 전처럼 아직도 중국에 살고 있다면, 그리고 현대 인류만큼 그들의 지능이 발달해 있다면, 그들의 본성이 우리와 다르다고 말할 수는 있지만 여전히 그것은 인간의 본성이다.[4] 그들에게는 우리가 결혼이라고 부르는 부부간의 지속적인 결합이나 낭만적인 사랑의 개념, 그리고 자녀 양육에서의 아버지의 참여 같은 것은 없을 것이다. 이러한 주제에 대해 우리는 그들과 매우 흥미로운 토론을 할 수도 있을 것이다. 그러나 그러한 사람들은 없다. 우리 현대인들은 모두 한 가족이며, 10만 년 전까지 아프리카에서 살던 현대 인류인 호모 사피엔스의 한 작은 종족이며, 모두 그때의 원시인이 가진 본성을 나눠 갖고 있다.

마치 인간의 본성이 어디에서나 똑같은 것처럼, 현재의 인간의 본성도 과거의 것과 똑같다. 셰익스피어의 희곡은 동기, 곤경, 감정, 그리고 금방 친숙해지는 인물들을 담고 있다. 폴스타프의 허풍, 이아고의 간악함, 레온테스의 질투, 로잘린드의 강인함과 말볼리오의 낭패 등은 400년 동안 변함이 없다. 셰익스피어는 오늘날 우리가 알고 있는 바로 그 인간의 본성에 대해 글을 쓴 것이다. 단지 셰

붉은 여왕

익스피어가 사용한 어휘만이(그 어휘도 타고난 것이 아니고 교육에 의한 것이지만) 오래되었을 뿐이다. 셰익스피어의 연극 〈안토니우스와 클레오파트라〉를 볼 때, 우리는 2,000년 전의 역사를 400년 전의 시각으로 해석한 것을 관람하는 것이다. 그런데도 당시의 사랑이 지금의 사랑과 전혀 다르게 느껴지지 않는다. 왜 안토니우스가 클레오파트라에게 매료되었는지는 설명할 필요도 없다. 공간이 지나가듯 세월이 흘러가도, 우리 인간 본성의 근본은 보편적이고 또한 특유하게 인간적이다.

사회 속의 개인

모든 인간은 같다고 주장하면서, 이 책에서는 인간의 공통된 본성에 대해서도 이야기한다. 이제 약간 그와 반대되는 이야기를 해야 할 것 같다. 그렇다고 앞뒤가 맞지 않는 이야기를 하겠다는 것은 아니다.

인간은 곧 개인이다. 모든 개인은 서로 조금씩 다르다. 사회 구성원 개개인을 마치 장기판에 놓인 졸처럼 똑같이 취급하는 사회는 곧 문제점에 도달하게 된다. 개인이 보통 개인 고유의 이익보다는 집단의 이익을 위해 행동한다고 믿고 있는 경제학자나 사회학자들은 금세 난처한 경우를 당하게 될 것이다('능력에 의한 개인에서 필요에 의한 개인으로'[5]와 '먼저 온 사람이 최고'라는 비교이다). 사회는 마치 시장에 나와 있는 경쟁 상품들처럼 서로 경쟁하는 개인들로 이루어져 있다.

경제 이론이나 사회 이론의 초점은 바로 개인이며, 또 그래야만 한다. 유전자는 복제할 수 있는 유일한 것이기 때문에, 사회가 아니라 바로 개인이 유전자의 운반체가 되는 것이다. 자식을 낳아야 하는 운명에 대해 인간 개인이 직면한 가장 큰 위협은 바로 다른 인간 개인으로부터 온다.

인류가 가장 두드러진 점 가운데 하나는 똑같은 사람이 하나도 없다는 것이다. 자신과 똑같은 아들을 가진 아버지도 없으며, 어머니와 똑같은 딸도 없다. 형과 똑같은 아우도 없으며, 언니와 같은 동생도 없다. 물론 드물지만 일란성 쌍둥이의 경우는 예외라고 할 수 있다. 천하의 바보라도 천재의 아버지나 어머니가 될 수 있으며, 그 어떤 천재라도 바보의 아버지나 어머니가 될 수 있다는 말이다. 모든 개인의 얼굴이나 지문은 실제로 유일하다. 사실 인간의 이러한 유일성은 다른 어떤 동물에 비교해보아도 매우 발달된 것이다. 사슴이나 참새들은 스스로의 의지대로 행동하면서도, 다른 모든 사슴이나 참새들과 같은 행동을 한다. 인간 남녀에게서는 결코 이러한 일이 일어나지 않으며, 수천 년 동안 그렇게 이어져왔다. 모든 개인은 그가 땜장이이든, 가정주부이든, 극작가이든, 혹은 창녀든 어떤 점에서는 전문가이다. 외모에서뿐 아니라 행동에서도 모든 인간 개개인은 유일하고 독특하다.

어떻게 그럴 수 있단 말인가? 모든 인간이 유일한 존재라면 어떻게 보편적이면서도 인간에게만 특이한 인간의 본성이 있을 수 있단 말인가? 이 역설의 해결점은 성이라는 과정에서 찾을 수 있다. 왜냐하면 성이야말로 두 남녀의 유전자를 함께 섞을 수 있으며, 섞인 유전자의 반을 버림으로써 어떤 자식도 어머니나 아버지 중 한쪽만을 꼭 닮을 수 없게 하기 때문이다. 또한 바로 성을 통한 유전자의 혼합에 의해 모든 유전자는 궁극적으로 인류의 유전자 군群에 들어가게 되는 것이다. 성에 의해 인간 개인 사이에 차이가 생기기는 하지만 그러한 차이점도 인류 전체의 공통적 특성에서 결코 벗어나지 않는다.

간단히 계산해보면 이러한 문제는 금방 명확해진다. 모든 개인은 2명의 부모와 4명의 조부모, 8명의 증조부모, 16명의 고조부모를 갖는다. 이렇게 계산해나가면, 단지 30세대만 올라가도 대략 1066년쯤 되는데, 이때는 10억(2^{30})명 이상의 직계 조상을 갖게 된다. 그 당시 지구의 인구가 10억 명이 안 되었기 때문에 많은 사람들이 두 번, 세 번 혹은 그 이상으로 중복되는 조상이 되었을 것이다. 만약 당신의 조상이 영국 사람이라면, 1066년 당시 영국에 살던 수백만 인구의 거의 전부가 직계 조상이 될 것이다. 물론 점잖은 수도승이나 정숙한 수녀는 해당이 안 되겠지만, 그 조상 중에는 해롤드 왕이나 정복자 윌리엄도 있을 수 있고, 마구 부리던 하녀나 야비한 종도 있을 수 있다. 이로써 당신은 최근에 이민 온 사람들의 아이들을 제외하고, 현재 영국에서 살고 있는 모든 사람들과 여러 번 중복된 먼 친척이 된다. 모든 영국 사람은 단지 30세대 전에 같이 살고 있던 사람들의 자손들인 셈이다. 인간에게, 그리고 성을 지닌 다른 모든 동물들에게도 어떤 정도의 균일성이 있다는 것은 놀랄 일이 아니다. 성은 끊임없는 유전자 공유를 통해 이러한 균일성을 유지한다.

조금 더 과거로 올라가 보면 서로 다른 인종들도 한 인종이었음을 알게 된다. 3,000여 세대 이전에 우리 인류의 조상들은 아프리카에서 살고 있었다. 수백만밖에 안 되는 단순한 수렵-채집인이었지만 생리적, 심리적으로는 완벽히 현대적이었다.[6] 그 결과 서로 다른 인종의 평균 구성원 사이의 유전적 차이는 사실상 아주 작으며, 그 차이도 대부분 피부색이나 관상, 체격 등을 결정하는 몇몇 유전자에 국한된다. 그런데도 같은 인종의 어떤 두 개인 또는 다른 인종의 두 개인 간에는 여전히 큰 차이가 있을 수 있다. 한 연구에 따르면, 두 개인 사이의 유전적 차이의 단지 7퍼센트로 그들은 서로 다른 인종이 된다. 유전적 차이의 85퍼센트는 오직 개인적 변이만을 결정한다고 한다. 나머지는 사소한 것들이다. 이러한 예로 두 과학자의 보고에 따르면, 한 페루 농부와 그의 이웃들과의 유전적 차이의 평균치나 한 스위스 농촌 사람과 그의 이웃들과의 유전적 차이의 평균치는 페루 인구의 '평균 유전형'과 스위스 인구의 '평균 유전형' 사이의 차이보다 무려 12배나 크다.[7]

포커 게임에 빗대어 이를 설명할 수도 있다. 카드 한 벌에는 에이스, 킹, 2, 3 등이 4장씩 있다. 운이 좋은 사람은 높은 점수를 딸 수 있지만 그가 가진 카드 중 유일한 것은 없다. 상대방 가운데 같은 종류의 카드를 가진 사람이 있게 마련이다. 비록 열세 종류의 카드밖에 없지만, 각자가 가진 카드는 서로 다르고, 그중 어떤 사람의 카드는 다른 사람의 카드보다 월등히 좋기도 하다. 성은 단지 카드 게임의 딜러와 같다. 전체 인류가 공유하는 평범한 한 벌의 유전적 카드를 돌려서 고유한 조합의 카드를 갖게 해준다.

그러나 개인의 고유성은 인간의 본성에 성이 관여하는 것 중 단지

 붉은 여왕

첫 번째에 지나지 않는다. 두 번째는 인간에게는 사실상 두 개의 본성이 있다는 것이다. 바로 남성과 여성이다. 성의 근본적인 비대칭성은 필연적으로 남녀의 서로 다른 성적 본성을 만든다. 이들 본성은 각각의 성이 지닌 독특한 역할에 잘 맞는다. 예를 들면, 수컷은 항상 암컷 곁에 가려고 경쟁하지만 암컷은 그렇지 않다. 여기에는 훌륭한 진화적 이유가 있으며, 또한 이는 명백한 진화의 결과이다. 이를테면 남성은 여성보다 더 적극적이다.

인간의 본성에 성이 관여하는 것 가운데 세 번째는 현존 인구의 절반이 우리 아이들의 유전자의 반을 제공할 수 있는 가능성을 지니고 있다는 것이다. 그리고 우리는 최상의 유전자를 찾던 조상의 자손이며 우리 또한 그런 습성을 물려받았다. 그러므로 만일 우리가 좋은 유전자들을 지닌 짝을 찾아 그 유전자들을 얻으려 한다면, 그것은 우리가 조상에게 물려받은 습성 때문이다. 조금 무미건조하게 이야기하자면, 사람들은 건강하거나 체격이 좋거나 힘이 센 사람, 즉 번식력이 좋거나 유전적 가능성이 높은 사람에게 이끌린다. 이러한 사실을 성性선택이라고 부르는데, 뒤에서 이야기하겠지만 이에 의한 결과는 아주 기묘하다.

'왜' 라고 묻는 것

성의 목적이나 어떤 개인의 행동이 지닌 기능을 알아듣기 쉽게 말하기는 힘들다. 내가 어떤 목적을 위한 목적을 찾거나 목표 지향적인 위대한 설계자의 존재를 마음에 두고 있다는 의미는 아니다. 더욱이 성 그 자체나 인간 자체에 대한 자각이나 예견을 의미하는 것도 아니다. 나는 단지 다윈은 인정했지만 현대 비평가들은 잘 이해하지 못하는 놀라운 적응력에 대해 언급할 뿐이다. 왜냐하면 나는 '적응론자'이고, 이는 동물과 식물, 그리고 그들 신체의 일부나 행동이 대부분 어떤 특별한 문제점을 해결하기 위한 설계에 의해 이루어졌다고 믿는 사람들에게는 무례한 말이 될 것이기 때문이다.[8]

좀 더 설명하겠다. 인간의 눈은 밖에 보이는 세계의 영상을 망막에 형성하도록 '설계'되어 있으며, 인간의 위장은 음식물을 소화하도록 '설계'되어 있다. 이러한 사실을 부정하는 것은 잘못이다. 이러한 것들이 어떻게 그런 일을 할 수 있도록 '설계'되었느냐 하는 것이 유일한 질문이다. 그리고 오랜 시간을 두고 자세히 검토해보아도 이에 대한 유일한 답변은 설계자가 따로 없다는 것이다. 현대인은 눈이나 위장의 기능이 다른 사람에 비해 훨씬 나은 조상에서 유래해온 자손들이다. 따라서 음식물을 소화하는 위장의 기능이나 사물을 보는 눈의 기능에 작고 무작위적인 진보라도 나타난다면 이는 유전되며, 그런 기능에 나타나는 작은 결점들은 유전되지 않는다. 그 이유는 빈약한 소화력이나 엉성한 시력을 지닌 개체는 오래 살지 못하거나 자식을 잘 낳지 못하기 때문이다.

우리 인간은 공학설계의 개념을 쉽게 파악할 줄 알며, 눈의 설계와 닮은꼴을 찾아내는 데 별 어려움이 없다. 그러나 '계획된' 행동의 의미를 파악하는 것은 더 어려운 일임을 알게 된다. 왜냐하면 우리는 의도적인 행동은 의식이 선택한 증거라고 짐작하기 때문이다.

보기를 하나 들면 내가 말하고자 하는 바가 무엇인지 명확해질 것이다. 작은 나나니벌의 한 종은 가루이의 애벌레에 알을 낳는데, 이 알들은 가루이의 몸속에서 부화하여 가루이를 갉아먹으면서 새로운 나나니벌로 자란다. 퍽 유쾌한 이야기는 아니지만, 이것은 사실이다. 만약 또 다른 나나니벌이 꼬리를 가루이에게 찔러넣었다가, 이미 그 속에 다른 새끼 나나니벌이 자라고 있음을 알게 되면, 이 나나니벌은 놀라울 정도로 지능적인 행동을 한다. 나나니벌은 이제 막 낳으려고 했던 알에서 정자를 제거하고, 가루이 속에 있는 나나니벌 유충 속에 수정되지 않은 알을 낳는다(수정된 알은 암컷이 되고, 수정되지 않은 알은 수컷이 되는 것은 나나니벌이나 개미의 특성 가운데 하나이다). 이 어미 나나니벌의 '지능적인' 행동은 이미 가루이의 내부에 자리를 잡은 새끼 나나니벌에 비해 그렇지 않은 자신의 새끼가 먹을 식량이 적다는 걸 알기 때문에 취한 것이다. 따라서 이 어미 나나니벌의 알들은 발육 부전의 작은 나나니벌로 자라게 된다. 나나니벌의 수컷은 작고 암컷은 크다. 어미 벌은 새끼들이 작을 수밖에 없음을 알고는 알들이 수컷으로 부화하도록 '선택'하는 '영리함'을 지니고 있다.

물론 이것은 말도 안 되는 소리이다. 어미 나나니벌은 '영리한' 것이 아니다. 어미 나나니벌은 무엇을 '선택'한 것도 아니고 무슨 행동을 하는지 '아는' 것도 아니다. 어미 벌은 몇 개의 뇌세포를 지닌 작은 나나니벌일 뿐이며 어떤 의식 있는 생각을 지녔을 가능성도 전혀 없다. 어미 나나니벌은 '가루이에 다른 나나니벌이 들어가 있으면 정자를 제거하라'는 신경 프로그램의 간단한 지시 사항을 수행하는 자동기계일 뿐이다. 이러한 프로그램은 수백만 년 동안의 자연선택에 의해 설계된 것이다. 가루이에 다른 나나니벌이 들어가 있으면 정자를 제거하는 성향을 물려받은 나나니벌은 그렇지 않은 나나니벌보다 훨씬 많은 자손을 낳게 된다. 사물을 보기 위한 '목적'을 위하여 자연선택에 의해 눈이 '설계'된 것과 똑같은 방법으로, 나나니벌의 행동은 자연선택에 의해 목적에 맞게 설계된 것이다.[9]

이러한 '의도적인 설계에 대한 강력한 환상'[10]은 아주 기본적인 개념이고 매우 간단해서 반복해 설명할 필요는 없을 것 같다. 이에 관해서는 도킨스의 『눈먼 시계공 The Blind Watchmaker』[11]이라는 훌륭한 책에 더 자세히 설명되어 있다. 이 책에서는 행동양식이나 유전적 메커니즘 또는 심리적 태도가 복잡하면 복잡할수록 기능에 대한 설계와 관련이 있음을 말할 것이다. 마치 눈의 복잡한 구조가 우리에게 보는 것을 위해 설계되었음을 인정하도록 하듯 성적 매력의 복잡성은 그것이 바로 유전적 교역을 위해 설계되었음을 의미한다.

다시 말해서 나는 항상 '왜'라는 질문을 하는 것이 가치 있는 일이라고 믿는다. 대부분의 과학은 우주는 어떻게 움직이고, 태양은 어떻게 빛나며, 식물은 어떻게 자라는지를 발견하는 메마른 일이다. 대부분의 과학자들은 '왜'라는 질문보다는 '어떻게'라는 질문 속에서 인생을 살아가고 있다. 그러나 '왜 남자는 사랑에 빠지는가'와 '어떻게 남자는 사랑에 빠지는가' 하는 질문의 차이에 대해 잠깐만 생각해보자. 두 번째 질문에 대한 답이 간단하고 쉽게 밝혀질 것은 분명하다. 남자들은 뇌세포의 호르몬 영향으로 사랑에 빠지며 그 반대이기도 하다. 또는 약간의 비슷한 생리적 영향으로 사랑에 빠지기도 한다. 언젠가는 어떤 과학자가 정확히 어떻게 한 젊은 남자의 뇌가 분자에 이르기까지 한 특정한 젊은 여자의 영상으로 꽉 차게 되는지를 밝히게 될 것이다. 그러나 내게는 '왜'라는 질문이 더 흥미롭다. 왜냐하면 이 질문에 대한 답은 인간의 본성이 어떻게 하여 오늘에 이르렀는지에 대한 핵심을 다루기 때문이다.

그 남자는 왜 그 여자와 사랑에 빠졌나? 그 여자가 아름답기 때문이다. 아름답다는 것은 왜 중요한가? 왜냐하면 인간은 대부분 일부일처를 하는 종으로, 남성은 짝을 고르는 데 까다롭기 때문이다(침팬지의 수컷은 그렇지 않다). 아름답다는 것은 젊고 건강하다는 표시이며 이는 또한 번식력의 표시이다. 남성은 왜 여성의 번식력에 관심을 갖는가? 그것은 관심을 가지지 않을 경우에 그 남성의 유전자가 관심을 가진 다른 남성의 유전자에 의해 잠식당하기 때문이다. 남성은 왜 여기에 관심을 갖는가? 남성이 아닌 남성의 유전자가 마치 남성이 관심을 갖는 것처럼 행동하기 때문이다. 불임인 여성을 맞이한 남성은 자손을 남기지 못한다. 그래서 모든 사람은 번식력이 좋은 여성을 선호했던 조상의 후예로서 똑같은 선호성을 물려받는다. 왜 남성은 유전자의 노예가 되는가? 남성은 유전자의 노예가 아니다. 남성에게는 자유의지가 있다. 그러나 좀 전에는 남성이 남성의 유전자에 유익하기 때문에 사랑에 빠진다고 했다. 남성에게는 자신의 유전자가 명령하는 바를 무시할 자유가 있다. 남성의 유전자는 왜 어떻게 해서든 여성의 유전자와 합치려고 하는가? 그것은 이 방법이야말로 그들이 다음 세대에 살아남을 수 있는 유일한 길이기 때

인간의 본성

문이다. 인간은 번식하기 위해서 유전자를 섞어야만 하는 자웅이체이다. 왜 인간은 자웅이체인가? 이동성을 띤 동물에게는 암컷과 수컷이 각자의 고유한 일을 하는 것이 자웅동체가 양성의 일을 한 번에 하는 것보다 더 낫기 때문이다. 그러므로 원시 자웅동체 동물들은 원시 자웅이체 동물들에게 밀려났다. 그렇다면 왜 양성뿐인가? 그것은 이 방법이 오랫동안 끌어온 유전자 쌍 사이의 유전적 논쟁을 잠재울 수 있는 유일한 길이기 때문이다. 이 점에 대해서는 다음에 설명하게 될 것이다. 그런데 여성은 왜 남성이 필요한가? 왜 여성 유전자는 남성 유전자가 들어올 때까지 기다려야 하며, 남성 유전자 없이 홀로 자손을 갖지 못하는가? 이것이 가장 근본적인 '왜'라는 질문이며 이에 관한 것은 다음 장에서 다루기로 한다.

　물리학에서는 '왜'라는 질문과 '어떻게'라는 질문 사이에 큰 차이가 없다. 즉 '지구는 어떻게 태양 주위를 도는가?' 하는 질문에 대한 답은 '중력에 의해서'이다. 마찬가지로 '지구는 왜 태양 주위를 도는가?'에 대한 답변 역시 '중력 때문'이다. 그러나 생물학의 경우는 다르다. 이는 진화 때문인데, 진화는 우연한 역사를 포함하기 때문이다. 인류학자인 라이오넬 타이거Lionel Tiger는 "우리는 어떤 면에서 보면 부추김을 당하며 몰리고 있거나, 적어도 수천 세대를 거쳐오면서 이루어진 선택적 결정이 축적한 충격에 영향받고 있다"고 말했다.[12] 어떠한 역사적 관점에서 보든 중력은 중력일 뿐이다. 공작새의 경우, 과거의 한때 암공작새의 조상이 실리적인 기준보다는 예쁜 자태를 지닌 수공작새를 선호하였기 때문에, 그 자손들은 보기 좋고 현란한 공작새가 되었다. 모든 살아 있는 생물은 그들의 과거의 소산물이다. 신新다윈론자 한 사람이 '왜'냐고 묻는다면 이는 사실 '어떻게 이 일이 일어났느냐?'고 묻는 것과 다름없다. 즉 그는 역사학자가 되는 것이다.

갈등과 협동

역사에서 특이한 일들 가운데 하나는 시간이 지남에 따라 장점들이 마모되어간다는 것이다. 모든 발명들은 조만간에 역발명으로 이어지고, 성공한 모든 것은 패배의 씨앗을 잉태하고 있으며, 모든 지배권에는 종말이 있게 마련이다. 진화의 역사 역시 다를 바 없다. 진보와 성공 사이에는 언제나 밀접한 관련이 있다. 육지에 아직 동물이 살지 않았을 때, 바다에서 뭍으로 올라온 최초의 양서류들은 어류와 매우 흡사했는데 적이나 경쟁자가 없었기 때문에 동작이 둔한데도 살아남을 수 있었다. 그러나 만약 오늘날 어류가 육지로 나온다면 그것들은 마치 몽골의 대군이 기관총에 의해 전멸되듯이 지나가던 여우에게 잡아먹히고 말 것이 틀림없다. 역사와 진화에서, 진보는 점점 더 어떤 일을 잘함으로써 상대적으로 같은 위치에 머물고자 애쓰는 시지푸스의 분투와 같이 항상 허무한 것이다. 런던의 혼잡한 거리를 지나가는 자동차들은 한 세기 전에 말이 끌던 마차보다 빠를 것이 없다. 컴퓨터는 생산성에 아무런 효과도 없는데, 그 이유는 사람들이 수행하기 쉬운 일들을 스스로 복잡하게 만드는 경향이 있기 때문이다.[13]

모든 진보가 상대적이라는 개념을 생물학에서는 '붉은 여왕Red Queen'이라고 부른다. 이는 『거울 나라의 앨리스』에서 앨리스가 거울 속에서 만난 체스판의 말로서, 주변 경치가 함께 움직이기 때문에 별로 멀리 가지는 못하면서 끊임없이 뛰어야 하는 그 말의 이름에서 따온 것이다. 이것은 진화학에서 점차 그 영향력이 커가고 있는 이론으로, 이 책의 전반에 걸쳐 여러 번 등장하는 개념이다. 더 빨리 뛰면 뛸수록 세상 또한 빨리 움직이므로 점점 더 진보가 둔화된다는 것이다. 인생은 마치 한 게임에 이긴 사람이 다음 게임에서는 졸 하나를 빼고 경기를 해야 하는 체스 게임과 같다.

　붉은 여왕이 모든 진화의 사건에 나타나는 것은 아니다. 하얀 털코트를 뒤집어쓴 것 같은 북극곰을 예로 들어보자. 북극곰의 조상들은 추위를 덜 탈수록 오래 생존하고 자식을 낳을 기회가 커지므로, 그에 따라 그것들의 털가죽은 두꺼워졌다. 여기에서 비교적 간단한 진화 과정을 생각해볼 수 있다. 즉 털가죽이 두꺼우면 두꺼울수록 북극곰은 더 따뜻했을 것이다. 북극곰의 털가죽이 두꺼워지자 이제 추위는 더 이상 불리한 조건이 되지 못한다. 그러나 북극곰의 털 색깔이 하얀 것은 위장이라는 다른 이유 때문이다. 갈색 곰에 비해 흰색 곰은 먹이가 되는 물개 가까이로 훨씬 더 수월하게 기어가 물개를 덮칠 수 있다. 오늘날의 남극 물개가 얼음 위에서 공격자에 대한 두려움이 전혀 없는 것처럼, 아마도 오래전에는 북극 물개도 얼음 위에서 두려움이 없어서, 곰이 물개를 덮치기 쉬웠을 것이다. 그때는 북극곰의 조상들이 물개를 잡아먹기가 쉽던 시절이었다. 그러나 금세 예민하고 겁이 많은 물개가 겁 없는 다른 물개보다 오래

붉은 여왕

살게 되면서, 물개들은 점점 조심성이 많아지게 되었다. 북극곰의 입장에서는 생존이 더 어려워지게 되었다. 북극곰은 물개에게 들키지 않도록 기어 올라와야 했지만, 물개는 북극곰이 접근해오면 금방 알아챌 수 있게 되었다. 어느 날(이처럼 갑자기 일어나는 것은 아니지만, 그 기본 원리는 같다) 우연히 북극곰 한 마리가 돌연변이를 일으켜서 갈색 털이 아닌 흰색 털을 가진 새끼를 낳게 되었다. 물개는 흰색 곰이 접근해오는 것을 눈치채지 못하므로 흰색 곰은 번성하게 되고 그 수는 증가하였다. 물개의 진화적 노력은 헛수고가 되고, 다시 원래의 출발점으로 돌아가고 말았다. 붉은 여왕의 원리가 작동한 것이다.

물개와 북극곰의 관계처럼, 붉은 여왕의 세계에서는 포식자가 생명이 있고, 먹이에 크게 의존하거나, 먹이가 번창하면 어려움을 겪는 한 어떠한 진화 과정도 상대적이다. 따라서 붉은 여왕의 원리는 특히 포식자와 먹이, 기생생물과 숙주, 동일 종 내에서의 암컷과 수컷의 관계에 적용된다. 지구의 모든 생물은 그들의 기생생물(혹은 숙주)이나 포식자(혹은 먹이), 그리고 무엇보다도 그들의 짝에 대항하여 붉은 여왕의 체스판 위에서 게임을 하고 있다.

기생생물이 숙주에게 의존하면서도 숙주를 괴롭히는 것과 마찬가지로, 그리고 동물들이 자기 짝을 필요로 하면서도 짝을 착취하는 것과 마찬가지로, 붉은 여왕은 뒤섞인 협동과 갈등이라는 또 다른 주제 없이는 결코 나타나는 법이 없다. 어머니와 자식의 관계는 아주 분명하다. 어머니나 자식 둘 다 자기 자신뿐만 아니라 어머니는 자식의, 자식은 어머니의 행복이라는 공동의 목표를 추구한다. 남편과 그 아내의 정부와의 관계라든지, 직장 여성과 그녀의 직장 라이벌과의 관계 같은 것도 역시 매우 명확한 관계이다. 두 경우 모두 상대방이 잘못되기를 바란다. 앞서 말한 두 경우는 협동의 관계이고, 뒤의 두 경우는 갈등과 경쟁의 관계이다. 그렇다면 아내와 남편은 어떤 관계인가? 둘 다 상대방의 행복을 빌어준다는 점에서는 협동의 관계이다. 그런데 왜 상대방의 행복을 빌어주는가? 그것은 서로가 상대방을 이용하려고 하기 때문이다. 남편은 아내를 이용하여 자신의 자식을 낳도록 한다. 반면 아내는 남편을 이용하여 자신의 자식을 양육하는 데 도움을 얻는다. 어느 이혼 전문 변호사에게 물어봐도, 한결같이 결혼은 협동적인 모험 상태와 상호 착취의 상태 사이를 오가는 것이라고 답할 것이다. 성공적인 결혼은 그 대가가 상호 이익 아래로 잠겨서 협동이 지배하는 상태이며, 성공적이지 않은 결혼은 그렇지 못한 상태이다.

협동과 갈등 사이의 균형, 이는 인류 역사에 반복해서 나타나는 테마이다. 그것은 정부와 가족 사이, 연인과 연적 사이의 강박관념이며, 경제학의 열쇠이다. 그리고 나중에 살펴보게 되겠지만, 이 테마는 생명의 역사에서 가장 오래된 테마이다. 왜냐하면 이것은 바로 유전자 단계까지 내려가면서 반복되는 문제이기 때문이다.

협동과 갈등의 균형의 주된 원인은 성이다. 성은 결혼처럼, 서로 라이벌인 두 유전자 덩어리의 협동적인 모험이다. 이 쉽지 않은 공존이 일어나는 현장이 바로 여러분의 몸이다.

붉은 여왕

선택하기

찰스 다윈의 매우 불명확한 아이디어 가운데 하나는 동물들이 일관되게 특정한 유형의 상대를 선택하고 그럼으로써 종을 변화시킨다는 점에서 마치 종마 사육자처럼 행동한다는 것이다. 성선택이라고 알려져 있는 이 이론은 다윈이 죽은 이후 오랫동안 무시되다가 최근에 들어와서야 다시 유행하게 되었다. 이 이론의 핵심적인 통찰은 동물의 목표가 단순한 생존이 아니라 번식이라는 점이다. 실제로 생존과 번식이 서로 상충되는 지점에서는 번식이 우선권을 차지하게 된다. 그 예로, 연어는 번식 기간에 굶어 죽는다. 암수가 있는 종에서 번식은 적절한 상대를 찾아내는 것과 그 상대에게 유전자 보따리를 지니고 참여하도록 설득하는 것으로 구성된다. 이 목표는 삶에 있어서 너무나 중심이 되었으므로, 신체뿐 아니라 정신의 설계에도 막대한 영향을 주었다. 간단히 말해서 무엇이든 번식의 성공을 증대시키는 것은 생존의 위협을 포함한 어떤 대가를 치르더라도 퍼져나간다.

성선택은 자연선택처럼 합목적적으로 '설계' 되었다. 마치 수사슴이 성선택으로 성적 라이벌과의 싸움에 적합하도록 설계된 것처럼, 공작은 유혹하도록 설계되었으며, 남자의 심리 역시 생존을 희생해서라도 한 명 또는 그 이상의 질 좋은 짝을 찾거나 유지하는 확률을 증대시키는 방향으로 설계되었다. 남성다움의 근본 물질인 테스토스테론 자체는 전염병에 걸릴 확률을 높인다. 남자들이 좀 더 경쟁 본성을 띠는 것은 성선택의 결과이다. 남자들은 위험하게 살도록 진화되었는데, 그것은 경쟁이나 전투에서의 성공이 더 많은 혹은 더 좋은 성적 정복과 더 많은 자손들의 생존을 가능하게 하기 때문이다. 위험하게 사는 여자들은 단지 그들이 이미 얻은 자손들을 위기에 처하게 할 따름이다. 이와 마찬가지로 여자의 아름다움과 번식 능력의 밀접한 관계(아름다운 여자는 정의상 대체로 늙은 여자에 비하여 젊고 건강하며, 따라서 생산 능력이 더 높고 앞으로도 더 오랜 기간 출산할 수 있다)는 남자의 심리와 여자의 몸에 동시에 작용한 성선택의 결과이다.

각각의 성은 서로 상대에게 영향을 미친다. 여자들이 모래시계와 비슷한 몸매를 갖는 이유는 남자들이 그 모습을 좋아하기 때문이다. 남자들이 공격적인 성격을 갖는 이유는 여자들이 그런 성격을 선호하기 때문이다(혹은 여자를 얻기 위한 남자들의 싸움에서 공격적인 남자가 다른 남자에게 승리하도록 여자들이 방치하기 때문이다). 사실 이 책은 인간의 지성 자체가 자연선택이 아니라 성선택의 소산물이라는 놀라운 가설로 끝맺을 것이다. 이제 대부분의 진화인류학자들은 큰 두뇌가 생식의 성공에 기여한 것은 남자가 상대방 남자보다 선수를 치고 계략을 더 잘 짤 수 있게 하거나(여자들에게도 역시 다른 여자들보다 선수를 치고 계략을 더 잘 짤 수 있게 하고), 처음부터 이성의 환심을 사고 유혹하는 데 이용되었다고 믿는다.

인간의 본성과 그것이 다른 동물의 본성과 어떻게 다른가에 대한 발견과 설명은 새로운 원자나 유전자, 그리고 우주의 기원을 찾는 과학이 당면하고 있는 다른 과제와 마찬가지로 흥미로운 과제이다. 그런데도 이 과제는 과학에서 늘 소외되어왔다. 인간의 본성이라는 주제와 관련하여 가장 위대한 '전문가'는 과학자나 철학가들이 아니고 바로 석가모니나 셰익스피어 같은 사람들이다. 생물학자들은 동물에만 집착한다. 하버드대학의 에드워드 윌슨Edward Wilson 교수가 1975년에 쓴 『사회생물학Sociobiology』에서 그랬던 것처럼 그 테두리를 벗어나려는 생물학자들은 정치적 동기를 지녔다는 비난을 받게 된다.[14] 한편 인문과학자들은 동물은 인간에 대한 연구와 관련성이 없으며 보편적인 인간의 본성 같은 것은 없다고 주장한다. 결론을 말하면, 과학은 빅뱅과 DNA를 냉철하게 분석하는 데는 성공했지만, 철학자 데이비드 흄이 가장 위대한 질문이라고 부른 '인간의 본성은 왜 그럴까?'를 공략하기에는 엄청나게 무능하다는 사실이 증명되었다.

The Enigma

❷ 성의 수수께끼

태어나고 또 태어나도 계보는 변함없이 흐르네,
아버지의 생애는 아들에게 전달되고, 해를 넘길 때마다 변하지
않는 것을 보며, 태도도 마음도 똑같아지네. 머지않아 새싹이 잇따라
썩을 때까지, 곤충 떼가 잇따라 죽을 때까지, 아이를 밴 부모는
여자아이를 원하는 마음이 점점 커감에 애를 태우고…….

에라스무스 다윈, 「자연의 성전, 또는 사회의 기원」

 붉은 여왕

화성인 여자 조그Zog는 우주선을 조심스레 조종하여 새로운 궤도로 진입한 뒤 지구에서는 한 번도 관측된 적이 없는 화성 뒷면의 동굴로 재진입할 준비를 하였다. 이전에도 수없이 해온 일이라 불안하지는 않았다. 집에 빨리 돌아가고 싶을 뿐이었다. 이번에 대부분의 화성인보다 지구에 오래 머문 조그는 장시간의 아르곤 목욕과 한 잔의 차가운 염소 드링크가 몹시 그리웠다. 동료들을 다시 만난다는 것은 즐거운 일이다. 그리고 그녀의 아이들과 남편을 만난다는 것도. 그러다가 남편 생각에 조그는 그만 웃고 말았다. 지구에 너무 오래 있다 보니 이제 생각도 지구인처럼 되어버렸다. 남편이라니! 화성인에게는 남편이라는 존재가 없음을 모든 화성인이 다 알고 있다. 화성에는 성性이 없다. 조그는 배낭 속에 든 자신의 보고서 「지구의 생명: 생식의 수수께끼가 풀리다」를 생각하며 뿌듯해했다. 이번 일은 지금까지 조그가 한 일 가운데서 가장 훌륭한 일이었다. 빅재그 Big Zag가 뭐라 말해도 승진은 이제 맡아놓은 당상이다.

 그로부터 1주일 후, 빅재그는 지구연구주식회사 위원회실의 문을 열며 비서에게 조그를 부르라고 지시하였다. 조그가 방에 들어와 자리에 앉아 목청을 가다듬고 이야기를 시작하자, 빅재그는 그녀의 눈길을 피했다.

 "조그, 우리 위원회는 당신의 보고서를 주의 깊게 읽어보았습니다. 우리는 당신의 완벽한 보고서에 감탄했습니다. 당신은 지구에서 일어나는 생식에 관해 철저히 조사했음이 분명합니다. 더구나 이 자리에 있는 미스 지그Zeeg는 예외일지 모르지만, 우리 위원 모두는

성의 수수께끼

당신이 당신의 가설을 뒷받침하는 엄청난 사례를 찾아왔다는 점에 동의합니다. 나도 이제 당신이 설명한 대로 지구 생명체들이 '성'이라는 이상한 수단을 통하여 번식한다는 것에 의심의 여지가 없다고 생각합니다. 그러나 위원회에 계신 몇몇 분들은 인간이라고 알려진 지구인이 지닌 여러 기묘한 면면들, 이를테면 질투심 많은 사랑, 미적 감각, 수컷의 공격성, 그리고 그들이 자랑스레 말하는 지성이라는 것조차도 바로 이러한 성의 결과라는 당신의 결론에는 다소 불만족스러워하고 있습니다."

위원들은 이 구태의연한 농담에 싱글거렸다.

"그리고."

갑자기 빅재그는 그녀의 앞에 놓인 서류에서 눈길을 거두면서 큰 소리로 말했다.

"우리 위원들이 보기에 당신의 보고에는 한 가지 큰 문제점이 있습니다. 당신은 무엇보다도 가장 흥미로운 문제에 전혀 접근하지 못했다고 생각합니다. 그 문제는 대단히 단순한 한마디입니다."

빅재그는 빈정거리듯 목소리를 낮추었다.

"왜?"

"왜라니요? 무얼 말하시는 겁니까?"

조그는 더듬거리며 되물었다.

"내 말인즉, 왜 지구인들에게는 성이란 게 있는가? 왜 지구인들은 우리처럼 복제를 하지 않는가? 왜 지구인들은 아기를 낳는 데 두 사람이 필요한가? 도대체 왜 남성이 존재하는가? 왜? 왜? 왜?"

"네, 저 역시 그 질문에 대해 답을 찾아보느라 애를 썼습니다만 어쩔 도리가 없었습니다."

조그가 바로 대답했다.

"저는 그 물음에 대해 수년 동안 연구해온 몇몇 지구인에게 물어보았습니다. 그러나 아무도 알지 못했습니다. 그들이 몇 가지 설명을 해주긴 했습니다만 사람마다 모두 달랐습니다. 어떤 사람은 성이 역사적인 우연이었다고 합니다. 어떤 사람은 성은 질병을 피하는 방어책이었다고 합니다. 어떤 사람은 성이 변화에 대한 적응이고, 더욱 빨리 진화하기 위한 방편이라고 합니다. 또 다른 사람들은 성이란 유전자를 수리하는 방법이라고 합니다. 그러나 근본적으로는 그들 모두 모릅니다."

"모른다고?"

빅재그가 웃음을 터뜨렸다.

"모른다? 지구인들의 존재에서 가장 중요한 특색에 대해, 지구의 생명에 대해 제기된 모든 질문 중에서도 가장 흥미로운 과학적 의문에 대해 그들 자신도 모른다? 맙소사!"

사다리에서 쳇바퀴로

성의 목적은 무엇인가? 언뜻 보기에 그 해답은 너무나 명확해보여서 진부할 정도이다. 그러나 다시 들여다보면 다른 생각을 하게 된다. 아기를 갖는 데 왜 꼭 두 사람이 필요한가? 한 사람만으로는 혹은 세 사람으로는 왜 안 되는가? 여기에는 어떤 이유가 있는가?

성의 수수께끼

지금부터 약 20년 전에 영향력 있는 소수의 생물학자들은 성에 대한 자신들의 견해를 바꾸었다. 성을 생식의 방편으로서 합리적이고 필연적이며 상식적인 것으로 보던 관점에서, 성이 완전히 사라지지 않고 존재하는 사실을 설명하기는 불가능하다는 쪽으로 하루아침에 선회하고 만 것이다. 성은 전혀 이치에 닿지 않는 것처럼 보인다. 그 이후 성의 목적은 미결 문제가 되었으며, 또한 진화 문제의 여왕으로까지 불린다![1]

그러나 혼란 속에서 희미하게나마 한 가지 답이 자리를 잡아가고 있다. 성을 이해하기 위해서는 보이는 것과 실재가 같지 않은 거울의 세계로 들어가야 한다. 성은 번식에 관한 것이 아니며, 성별 gender은 남성이나 여성에 관한 것이 아니며, 구애는 설득이 아니며, 유행은 아름다움에 관한 것이 아니며, 사랑은 애정에 관한 것이 아니다.

찰스 다윈과 알프레드 러셀 월리스Alfred Russel Wallace가 최초로 진화의 메커니즘에 관한 그럴 듯한 설명을 발표한 1858년에는 '진보'라고 알려진 빅토리아 시대판 낙관주의가 전성기를 누리고 있었다. 그러므로 다윈과 월리스가 진보의 신을 구조해줬다고 이해된 것은 놀랄 만한 일이 아니다. 진화론에 대한 즉각적인 인기(사실 진화론은 인기였다)는 진화론이 아메바에서 인간에 이르는 자기 개선의 사다리로, 점진적 진보의 이론으로 잘못 이해된 탓이 크다.

새로운 세기를 맞이한 요즈음 인간은 다른 분위기에 빠져 있다. 진보는 이제 인구 과잉과 온실효과와 자원 고갈을 일으키려 하고 있고, 아무리 빨리 달려도 인간은 어디에도 이르지 못할 것처럼 보인다. 산업혁명이 지구상의 평범한 인간들의 삶을 더 건강하고, 더 부유하고, 더 현명하게 해주었는가? 기분 나쁘게도(혹은 철학자들이 우리에게 믿게 하려는 것처럼) 진화과학은 그런 분위기에 맞아 들어가려 하고 있다. 요즘 진화과학의 유행은 진보를 비웃는 것이다. 진화의 과정은 사다리가 아니라 쳇바퀴와 같다고.

처녀임신

섹스는 인간이 아이를 갖는 유일한 방법이며, 아이를 갖는 것이 성의 목적임은 명명백백하다. 19세기 후반에 들어서야 비로소 사람들은 여기에 문제가 있음을 알게 되었다. 그 문제란 생식에 더 나은 방법이 있을 것 같다는 것이다. 현미경으로나 볼 수 있는 작은 동물들은 이분법으로 갈라져 번식한다. 버드나무는 잘린 가지에서도 싹이 돋는다. 민들레는 자기와 똑같은 씨를 만들어낸다. 진딧물의 암컷은 수컷 없이도 새끼를 낳는데 이 새끼들은 태어날 때 이미 배 속에 새끼를 배고 있다. 바이스만은 1889년에 이 사실을 알아낸 후 다음과 같이 서술하였다. "양성의 의의가 번식을 가능하게 하는 데 있을 리는 없다. 왜냐하면 번식은 양성의 결합 없이 단순히 몸을 둘이나 셋으로 나누거나, 씨눈을 내서 분열하거나, 심지어는 단세포 배를 만드는 등의 엄청나게 다양한 방법으로 이루어질 수 있기 때문이다."[2]

바이스만은 위대한 전통을 창시한 것이다. 그 이후 오늘날까지

성의 수수께끼

진화학자들은 성은 존재하지 말아야 할 사치이며, '존재 자체가 문제'라고 주기적으로 주장해오고 있다. 17세기 런던에서 왕도 참석한 왕립학회의 초창기 모임에 관한 일화가 하나 있다. 그 회의에서는 왜 금붕어가 들어 있는 어항의 무게와 금붕어가 들어 있지 않은 어항의 무게가 같은가에 대해 진지하게 토론하였다. 많은 설명들이 거론되고 또 퇴짜를 맞곤 하였다. 토론은 상당히 열기를 띠기 시작했다. 그때 갑자기 왕이 말했다. "짐은 이 토론의 전제 자체를 믿을 수 없다." 그러고 나서 왕은 어항과 금붕어와 저울을 가져와 실험을 해보게 하였다. 처음에 어항을 저울에 올려놓고, 그 다음 금붕어를 어항에 넣었더니 저울의 눈금은 정확히 금붕어의 무게만큼 늘었다.

물론 이 이야기는 가짜이다. 또 이 책에서 만나게 될 과학자들은 실제로 있지도 않은 어떤 의문이 존재하리라고 생각할 만큼 멍청하지 않다. 그러나 참고할 점은 있다. 한 그룹의 과학자들이 갑자기 성이 왜 존재하는지를 설명할 수가 없으며 지금까지 알려진 설명으로는 부족하다고 주장하자, 다른 과학자들은 이러한 지적 감수성을 터무니없다고 여겼다. 그들은 성은 존재하는 것이라고 하며, 유리한 점이 있으니까 존재하는 것 아니겠냐고 주장했다. 마치 기술자가 나서서 땅벌이 날 수 있을 리가 없다고 단언하는 것처럼 생물학자들은 동물이나 식물이 무성생식으로 번식하는 것이 훨씬 나을 것이라고 이야기한다. 미국 브라운대학의 리사 브룩스Lisa Brooks는 논문에서 "이 논증의 문제점은 성을 지닌 많은 생물들이 이 결론을 깨닫지 못한다는 데 있다"고 서술했다.[3] 현재의 이론에는 분명 몇

붉은 여왕

가지 문제점들이 있다. 그러나 그 문제점들을 해결한다 해도 노벨상이 주어지지는 않을 것이라고 비아냥거리는 사람들도 있다. 어쨌든 성이 왜 목적을 가져야 하는가? 마치 자동차가 도로의 한쪽 방향으로 통행하듯이 성은 생식이 어쩌다 이루어진 우연한 진화적 사고인지도 모른다.

그렇지만 성을 전혀 지니지 않은 생물들도 많으며, 어떤 생물들은 특정 세대에만 성을 지니기도 한다. 가령 늦은 여름에 나타날 처녀녹색진딧물의 증손녀의 손녀는 성을 띠게 되어서, 수컷과 교미하여 양친의 속성이 섞인 새끼를 낳을 것이다. 왜 이런 귀찮은 일을 해야 할까? 우연이라고 하기에는 놀라우리만큼 성은 끈기 있게 유지되어 왔다. 이러한 논쟁은 그칠 줄을 몰랐다. 해가 갈수록 새로운 설명들과 논문들이 나오고 새로운 실험과 모의실험들이 행해졌다. 지금 관련학자들을 조사해보면, 사실상 모두가 문제는 해결되었다고 동의할 것이다. 그러나 아무도 그 해답에는 동의하지 않을 것이다. 첫 번째 학자는 가설 A를, 두 번째 학자는 가설 B를, 세 번째 학자는 가설 C를, 네 번째 학자는 세 가설 전부를 주장할 것이다. 이 가설들과 동떨어진 다른 해답이 있을 수나 있을까? '왜 성이 있는가?'라는 의문을 제기한 최초의 학자 가운데 한 사람인 존 메이너드 스미스 John Maynard Smith는 아직도 새로운 설명이 필요하다고 생각하느냐는 질문에 아니라고 대답하였다.

"우리는 여러 해답을 가지고 있습니다. 단지 어느 쪽으로 의견 일치를 보지 못하고 있을 뿐입니다."[4]

성의 자유무역

앞으로 이야기를 더 해나가려면 다음과 같은 간단한 유전학 용어 풀이가 필요하다. 유전자는 DNA라 부르는, 네 글자의 알파벳으로 쓰인 생화학적 조리법이라 할 수 있는데, 이 조리법은 신체를 어떻게 만들고 운용하는가를 적어놓은 것이다. 정상적인 보통 사람은 몸에 있는 모든 세포 속에 각각 75,000개의 유전자(인간게놈프로젝트 팀과 셀레라지노믹스 사가 2001년 2월 12일 발표한 결과에 의하면 인간의 유전자 수는 약 4만 개로 예상된다—옮긴이)로 이루어진 염색체를 한 쌍씩 지니고 있다. 사람이 지닌 이 15만 개의 유전자를 통틀어 유전체 genome라고 부르며, 유전자는 다시 23쌍의 리본처럼 생긴 염색체 위에 놓여 있다. 남자가 여자를 임신시킬 때, 정자 하나하나에는 23개의 염색체 위에 있는 75,000개의 유전자가 들어 있다. 이 유전자들은 난자 속의 23개의 염색체에 있는 다른 75,000개의 유전자와 합쳐져서 23쌍의 염색체와 75,000쌍의 유전자를 지닌 완전한 태아를 만들게 된다.

필수적인 학술용어가 하나 더 있다. 그것은 감수분열로, 남성이 정자로 들어갈 유전자를 고르고 여성이 난자로 들어갈 유전자를 고르는 과정이다. 남자는 아버지에게 물려받은 75,000개의 유전자를 그대로 고를 수도 있고, 아니면 어머니에게 받은 75,000개의 유전자를 그대로 고를 수도 있지만, 어버이 양쪽의 유전자를 섞어서 고를 가능성이 가장 높다. 감수분열을 하는 동안에는 특이한 일들이 일어난다. 23쌍의 염색체들은 각각 상대편 염색체들과 나란히 마주 놓이게 된다. 한 염색체의 일부분과 상대편 염색체의 일부분의 교환이 이루어지는데, 이 과정을 재조합이라고 부른다. 그리고 완전한 한 세트의 염색체가 다른 쪽 부모로부터 온 한 세트의 염색체와 짝을 이루어 자손에게 전해진다. 이 과정을 우리는 이종교배異種交配라고 한다.

성은 재조합에 이종교배가 더해진 것이다. 즉 유전자의 혼합이야말로 성의 주요한 특징이다. 결과적으로 어머니와 아버지에 의해(이종교배를 통해서) 양가 할머니, 할아버지 네 사람의 유전자가 섞여서 (재조합을 통해서) 아기가 태어난다. 그들 사이의 재조합과 이종교배는 성의 필수 과정이다. 성에 관한 그 밖의 다른 모든 것들, 이를테면 성별, 짝 선택, 근친상간 기피, 일부다처, 사랑, 질투 등은 모두 이종교배와 재조합을 더욱더 효과적이고 신중하게 수행하기 위한 방법이다.

이렇게 보면 어느새 성을 생식과 떼어 생각하게 된다. 한 개체가 다른 개체의 유전자를 일생의 어느 단계에서든지 빌려오는 방법도 있을 수 있다. 사실 박테리아에게는 분명하게 이런 일이 일어나고 있다. 폭격기가 공중에서 파이프를 통해 급유기로부터 연료를 재공급받듯이, 박테리아 역시 파이프 같은 것으로 서로 연결하여 유전자를 몇 개 넘겨주고는 제각기 자기의 길을 간다. 생식 과정은 나중에 몸이 반으로 나뉘면서 겪게 된다.[5]

따라서 성은 유전자 혼합과 같다. 의견의 불일치가 생기는 것은 유전자 혼합이 왜 좋은가를 이해하려 할 때다. 지난 1세기 동안 전해내려온 통설은 유전자 혼합이 다양성을 창조하여 자연선택의 여지를 만들어주므로 진화에 좋다는 것이었다. 유전자 혼합은 유전자를 바꾸는 것이 아니라 유전자들의 새로운 조합을 이끌어내는 것이다. 유전자에 대해서 깨닫지 못하고 단지 어렴풋이 유전기질 정도만 알았던 바이스만도 이러한 사실은 깨닫고 있었다. 성은 훌륭한 유전적 발명품에 대한 자유무역인 셈이다. 좋은 발명품이 종에 전파될 확률을 증가시키고 그 종을 진화시킨다. 바이스만은 "자연선택의 작동에 필요한 재료를 공급하는 개체의 다양성의 근원"을 성이라고 불렀다.[6] 성은 진화를 가속시킨다.

캐나다의 몬트리올에서 연구하던 영국의 생물학자 그레이엄 벨 Graham Bell은 16세기의 한 가상의 성직자가 종교적 유행에 약삭빠르게 대응하여 지배 군주가 바뀔 때마다 잽싸게 신교와 구교 사이를 오갔다는 이야기를 인용하여, 그동안 전해오던 이 이론을 '변절자 Vicar of Bray' 가설이라고 불렀다. 자주 변절하는 성직자처럼 성을 지닌 동물들이 변화에 재빠르게 적응한다는 의미이다. 변절자 가설은 거의 한 세기 동안 정설로 여겨졌고 아직도 생물학 교과서에 그대로 남아 있다. 이 가설에 처음 의문이 제기된 것이 정확히 언제인지는 이야기하기 어렵다. 오래전 1920년대쯤에도 이 가설에 대한 의문이 제기되었다. 바이스만의 논리에 심각한 오류가 있다는 사실은 현대 생물학자들에게 아주 서서히 알려지기 시작했다. 마치 진화가 생물종의 존재 목적인 것처럼, 바이스만의 이론은 진화를 일종의 피할 수 없는 임무로 여겼다.[7]

물론 이것은 말도 안 되는 이야기이다. 진화는 생명체에서 일어나는 어떤 현상에 불과하다. 동물의 자손들이 어떤 경우에는 더 복잡

붉은 여왕

해지고, 어떤 경우에는 더욱 단순해지기도 하며, 때로는 전혀 변하지 않는 것처럼, 진화는 방향성을 지니지 않은 과정이다. 우리가 이 이론을 이상할 정도로 받아들이기 어려운 것은 진보나 자기 개선이란 개념에 깊이 빠져 있기 때문이다. 그러나 마다가스카르 근해에 살며 3억 년 전에 살던 조상과 형태가 똑같은 물고기인 실러캔스를 놓고 진화하지 않았으니 법칙을 위반했다고 탓하는 사람은 없다. 진화가 원하는 만큼 빨리 진행될 수 없다는 생각이나, 실러캔스가 진화해서 인간이 되지 못했기 때문에 실패작이라는 생각은 모두 잘못이다. 다윈이 발견했듯이 인간은 진화 과정에 개입하여 진화 속도를 가속시켜왔다. 진화의 역사로 보면 인간은 눈 깜짝할 사이에 치와와에서 세인트 버나드에 이르기까지 수백 품종의 개를 만들어냈다. 이것만 봐도 진화가 속도를 낼 능력이 없어 느리게 진행되어온 것은 아님을 알 수 있다. 실러캔스는 절대로 진화의 실패작이 아니며 오히려 성공의 결과이다. 실러캔스는 오랫동안 한 디자인만 고수해온 폴크스바겐 자동차처럼 처음의 형태를 그대로 유지해왔다. 혁신하지 않아도 훌륭한 디자인이기 때문이다. 진화는 목표가 아니라 문제점을 해결하는 하나의 수단이다.

바이스만의 추종자들, 특히 로널드 피셔Ronald Fisher 경과 헤르만 뮐러Hermann Müller는 진화가 결정된 운명은 아닐지라도 적어도 필수 과정이라고 주장함으로써 목적론적 함정에서 벗어난 채 바이스만의 주장을 이었다. 성을 지니지 못한 생물들은 그만큼 불리하고 성을 가진 생물들과의 경쟁에서 지게 된다는 것이다. 1930년에 피셔가 쓴 책[8]과 1932년에 나온 뮐러의 책[9]은 유전자의 개념을 바이스만의 주장과 연결하여 성의 유리한 점에 대해 완벽해보이는 주장을 내세웠다. 더구나 뮐러는 당시로서는 새로운 과학인 유전학으로 문제점이 확실하게 풀렸다고 주장하는 데까지 나아갔다. 유성생물들은 새로 발명된 유전자를 개체들 모두가 나누어 가졌지만 무성생물들은 그렇지 못했다. 따라서 유성생물들은 마치 자원을 공유하는 발명가들과 같다. 한 사람은 증기기관을 발명하고 다른 한 사람은 철로를 발명하면, 두 사람은 함께 철도 교통을 이룩해낼 수 있다. 무성생물들은 자신이 가진 지식을 결코 동료들과 나누어가지지 않아 증기기관이 시골길을 달리고 철로 위로는 말이 마차를 끌고 가게 하는, 시기심 많은 발명가들과 다를 바가 없다.

    1965년 제임스 크로James Crow와 모투 기무라Motoo Kimura는 어떻게 해서 유성생물은 드문 돌연변이가 합쳐질 수 있고 무성생물은 그렇지 못한가를 수학적 모델을 써서 보여줌으로써 피셔와 뮐러의 논리를 현대화시켰다. 유성생물의 종은 동일한 개체에서 두 개의 드문 사건이 동시에 일어나기를 기다릴 필요가 없다. 대신에 서로 다른 개체들에 있는 돌연변이들을 서로 합치면 된다. 유성생물의 개체 수가 1,000개 이상만 된다면 무성생물에 비해 확실히 유리할 것이 분명하다. 모든 것이 다 만족스러워졌다. 성은 진화를 돕는다고 설명되었고, 현대 수학은 정확함까지 더해주었다. 사건은 종결되었다고 할 수도 있었다.[10]

 붉은 여왕

인간의 가장 큰 경쟁자는 인간이다

크로와 기무라의 증명이 발표되기 3년 전인 1962년에 스코틀랜드의 생물학자 윈-에드워스V. C. Wynne-Edwards가 두툼하고도 영향력 있는 책을 써내지 않았다면 사건은 종결 상태로 남았을 것이다. 윈-에드워스는 다윈 이래 진화론의 핵심에 체계적으로 침투해 있던 어마어마한 오류를 들춰냄으로써 생물학에 크게 기여하였다. 애초에 그는 오류를 없애기 위해서가 아니라 그것이 진실이며 중요하다고 믿었기 때문에 파고들었다. 그러나 그 과정에서 처음으로 그 오류가 명확하게 드러났다.[11]

요즘도 진화에 대해 잘 모르는 많은 문외한들은 그 오류를 사실인 양 믿고 말한다. 사람들은 진화란 종의 생존에 대한 문제라고 착각한다. 서로 경쟁하는 것은 종들이며, 다윈의 '생존경쟁'은 공룡과 포유류 사이, 토끼와 여우 사이, 혹은 인류와 네안데르탈인 사이의 경쟁이라고 생각한다. 나라 이름이나 축구 팀에 비유하자면 독일과 프랑스, 홈 팀과 라이벌 팀 사이와 같은 것이다.

찰스 다윈 역시 때때로 이런 식의 사고에 빠지곤 하였다. 『종의 기원』의 부제는 바로 '우수한 종의 보전'이다.[12] 그러나 그의 주안점은 개체 수준이었지 종 수준이 아니었다. 모든 개체는 다른 개체와 다르다. 어떤 개체는 다른 개체보다 더 오래 살고 더 번성하며 더 많은 자손을 낳는다. 만약 이러한 차이가 유전되면, 점차적으로 변화가 일어나게 된다. 다윈의 생각은 나중에 그레고르 멘델Gregor Mendel의 발견과 합쳐져 유전자에 있는 새로운 돌연변이가 어떻게 전체 종으로 퍼져나가는지 설명하는 이론의 실체를 이루게 되었다. 멘델은 유전적 특징은 유전자라고 알려진 구체적 실체로 전달된다는 것을 증명하였다.

그러나 이 이야기의 이면에는 검증되지 않은 이분법이 묻혀 있다. 적자가 생존하기 위해 애쓸 때 이들은 누구와 경쟁하는 것인가? 같은 종 안의 다른 개체들인가? 아니면 다른 종의 개체들인가?

아프리카의 사바나 초원에 사는 영양은 치타에게 잡아먹히지 않으려고 노력하지만, 일단 치타가 공격해올 때에는 다른 영양보다 더 빨리 도망치려고 애쓴다. 아프리카 영양에게 중요한 것은 치타보다 더 빨리 뛰는 것이 아니라 다른 영양보다 더 빨리 뛰는 것이다(옛날 이야기를 한 토막 하겠다. 한 철학자와 그 친구가 길을 가다가 곰에게 쫓기게 되었다. 논리정연한 친구가 "뛰어봤자야. 곰보다 더 빨리 뛸 수는 없잖아"라고 말하자, "그럴 필요는 없지. 나는 단지 너보다만 빨리 뛰면 되니까" 하고 철학자가 응답하였다). 마찬가지로, 인간의 지능이 형성되던 원시 시대의 인간에게는 아무짝에도 쓸모없던 능력, 이를테면 미적분을 이해한다거나 햄릿의 희곡 구절을 외울 수 있는 능력이 왜 인간에게 주어졌는지 심리학자들은 때때로 의문에 빠진다. 어떻게 하면 털난 코뿔소를 잡을 수 있을까 궁리하는 문제라면, 아인슈타인이라도 별수 없이 절망에 빠질 것이다. 영국 케임브리지대학의 심리학자 니콜라스 험프리 Nicholas Humphrey는 이 문제에 대한 해답을 처음으로 명확하게 제기했다. 사람은 실제의 문제를 해결하기 위해 지능을 이용하는 것이 아니라 상대방보다 한 술 더 뜨기 위해 지능을 이용한다. 사람 속이기, 속임수 알아채기, 타인의 동기 알아내기, 사

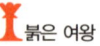 붉은 여왕

람 이용해 먹기 등과 같은 것들이 바로 지성을 이용해서 하는 일들이다. 따라서 중요한 점은 내가 얼마나 영리하고 재주가 있는가가 아니고 내가 다른 사람들보다 얼마나 더 영리하고 더 재주가 많은가이다. 지성의 가치는 무한하다. 같은 종 안에서 이루어지는 선택은 언제나 종 사이에서 이루어지는 선택보다 더 중요해진다.[13]

지금 이것은 잘못된 이분법처럼 보인다. 어쨌든 각각의 동물들이 자기 종을 위해 할 수 있는 최선의 일은 살아남아 번식하는 일이다. 그러나 종종 이 두 가지는 서로 상충한다. 최근에 자신의 세력권이 다른 호랑이에게 침범당한 한 마리의 호랑이를 예로 들어보자. 원래 있던 호랑이가 침입자를 환영하고 자기 세력권 안에서 같이 살자고 협상하고 먹이도 나누어 가질 것인가? 천만에. 결코 그렇지 않다. 호랑이는 죽을 때까지 침입자와 싸운다. 이것은 호랑이라는 종의 입장에서 보면 결코 득이 되는 일이 아니다. 다른 예로 그 동물이 자연보호론자들이 그렇게 애태우며 보존하려는 희귀종의 독수리라고 가정해보자. 독수리는 종종 같은 둥지에 있는 어린 형제나 자매 독수리를 죽이곤 한다. 자신에게는 좋은 일이지만 독수리 종에게는 나쁜 일이다.

동물의 세계를 보면 개체는 같은 종이거나 다른 종이거나 모두 다른 개체와 투쟁을 벌인다. 사실, 한 생물이 마주치게 되는 가장 가까운 경쟁자는 바로 같은 종의 일원이다. 자연선택은 아프리카 영양이 한 종으로서 살아남을 수 있도록 도와주는 유전자가 아니라 개개의 영양들의 생존을 위협하는 유전자를 고른다. 그러한 유전자는 유전자의 이점을 보여주기 훨씬 전에 벌써 사라져버릴 것이기 때문이다.

종은 한 국가가 다른 국가와 싸우는 것처럼 다른 종과 투쟁하지 않는다.

윈-에드워스는 동물들이 자기 종을 위한 일을 하거나, 적어도 자기가 속하는 집단을 위한 일을 한다고 굳게 믿었다. 한 예로 그는 바다새들은 수가 많아지면 식량 공급에 문제가 생기는 것을 막기 위해 번식을 하지 않는다고 생각했다. 그가 쓴 책의 결과로 두 분파가 생겼다. 하나는 동물의 행동은 대부분 개체의 이익이 아니라 집단의 이익에 의해 형성된다고 주장하는 집단선택론자들이고, 다른 하나는 개체의 이익이 언제나 앞선다고 주장하는 개체선택론자들이다. 집단선택론자들의 주장은 본질적으로 호소력이 있다. 사람들은 단체 정신이나 자비심이 도덕적이라는 분위기에 젖어 있기 때문이다. 또한 그들의 주장은 동물들에서 관찰되는 이타주의를 설명할 수 있다. 꿀벌은 동료 벌들을 구하기 위해 적에게 침을 쏘고 죽는다. 새들은 적이 나타나면 동료에게 경고 신호를 보내고 동료의 어린 새끼에게 젖을 먹인다. 인간 사회에서도 다른 사람의 목숨을 구하기 위해 희생적인 영웅심으로 기꺼이 목숨을 버리는 사람들이 있다. 그러나 곧 알게 되겠지만 이것들은 다 잘못 본 것이다. 동물의 이타주의는 꾸며낸 이야기이다. 가장 훌륭한 희생의 경우라도, 동물들은 사실 그들 자신의 유전자의 이기적 이익을 위해 봉사한다는 사실이 밝혀진 것이다. 설사 동물들이 몸을 희생하는 경우가 있다고 할지라도 그러하다.

 붉은 여왕

개체의 재발견

 미국 어디에서인가 열린 진화생물학회에 참석하여, 에이브러햄 링컨을 닮은 허연 구레나룻의 키 큰 사람이 청중들의 뒤에 수줍은 듯이 서서 미소짓고 있는 모습을 보았다면 당신은 운이 좋은 사람이다. 그는 그의 말 한 마디 한 마디에 감탄하는 한 무리의 사람들에 둘러싸여 있을 것이다. 워낙 말수가 적은 사람이기 때문이다. 방 안 곳곳에서는 "조지가 왔던데" 하고 수근댈 것이다. 사람들의 반응으로 그가 유명한 사람임은 금세 알 것이다.
 그가 바로 조지 윌리엄스George Williams로, 경력의 대부분을 뉴욕 롱아일랜드의 스토니 브룩에 위치한 뉴욕주립대학 생물학 교수로 지낸 학구적이고 조용한 사람이다. 그는 기록에 남을 만한 실험이나 놀랄 만한 발견을 한 사람은 아니다. 그런데도 그는 다윈만큼 해박한 진화생물학 혁명의 선구자로 꼽힌다. 윈-에드워즈와 몇몇 이름이 알려진 집단선택론자들에게 자극을 받은 그는 1966년 여름 휴가를 이용해 진화가 어떻게 이루어지는가에 관한 자신의 의견을 책으로 썼다. 『적응과 자연선택Adaptation and Natural Selection』이라는 그 책은 아직도 생물학 가운데에 히말라야 봉우리처럼 우뚝 서 있다. 그 책이 생물학에 끼친 영향은 애덤 스미스가 경제학에 미친 영향에 필적한다. 그의 이론은 자기 이익에만 관심 있는 개체들의 행동에서 어떻게 집단적인 효과가 생겨나는지 설명해주었다.[14]
 윌리엄스는 자신의 책에서 집단선택론자들의 논리적 오류를 아주 간단한 방법으로 밝혀냈다. 한결같이 개체선택론을 믿어온 로널드 피셔 경, 홀데인J. B. S. Haldane, 시월 라이트Sewall Wright 같은 학자들은 명예를 회복했지만,[15] 종과 개체를 혼동한 줄리안 헉슬리 Julian Huxley 같은 사람들은 빛을 잃고 말았다.[16] 윌리엄스의 책이 나오고 수년이 지나지 않아 윈-에드워스는 완전히 패배하고 말았으며, 거의 모든 생물학자가 자신을 희생하면서까지 자기 종에 유리한 능력을 진화시킬 생물은 있을 수 없다는 점에 동의하였다. 이기적이지 않은 행동을 하는 것은 단지 두 이익이 우연히 일치할 때뿐이다.

이것은 혼란스러운 일이었다. 처음에는 우리가 도달하기에는 너무 잔인하고 무정한 결론처럼 보였다. 경제학자들이 사회를 돕는다는 이상理想으로 국민들을 설득하여, 사회복지를 지원하기 위한 세금을 많이 내도록 설득할 수 있다는 사실을 발견하고 자축하는 경향이 있던 10여 년 동안에는 특히 더 그랬다. 사회는 개인의 욕망을 감소시키기보다는 개인들의 선심에 호소해야 한다고 경제학자들은 말했다. 이런 상황에서 생물학자들은 동물에 대해 정확히 반대 결론에 도달했던 것이다. 그들은 그 어떤 동물도 자기 팀이나 집단의 요구를 위하여 자신의 욕망을 희생해본 적이 없는 몹쓸 세상을 살고 있다고 이야기하였다. 악어는 멸종하려는 순간에도 자기 동료의 새끼를 잡아먹을 것이다.

그러나 윌리엄스가 말한 바는 그것이 아니다. 개개의 동물들도 때로는 협동을 하며, 인간 사회가 누구에게나 가차 없는 전쟁터가 아니라는 사실을 그는 완벽하게 알고 있었다. 그러나 그는 협동이란 거의 항상 어머니와 아이들, 그리고 일벌들처럼 가까운 혈족관계에서 일어나거나, 직접 또는 궁극적으로 개인에게 이익이 되도록 일어

붉은 여왕

난다는 것도 알았다. 여기에 예외는 거의 없다. 왜냐하면 이기주의는 이타주의보다 보상이 커서, 이기적인 개체는 자손을 더 많이 낳게 되고 결국 이타적인 개체는 멸종할 수밖에 없기 때문이다. 반면에 이타적인 개체가 친척을 돕는다면, 자신의 유전자를 나눈 개체들을 돕는 셈이다. 그들이 공유한 유전자 어딘가에 이타성이 있었을 것이다. 이타적인 개체는 전혀 의도하지 않았다. 그러나 그들의 유전자는 널리 퍼지게 된다.[17]

그러나 윌리엄스는 이러한 양상에 골치 아픈 예외가 있음을 알아냈다. 그것은 바로 성이었다. 성에 대한 전통적인 해석은 바로 변절자 이론으로, 본질적으로는 집단선택론자의 입장이었다. 개체는 교배를 하게 되면 이타적으로 그들의 유전자를 다른 개체의 유전자와 함께 공유하게 된다. 그렇게 하지 않으면 종은 혁신적으로 변하지 못하며, 수십만 년 후에는 유전자 공유를 통해 혁신을 이룬 다른 종에 의해 추월당하고 말 것이다. 변절자 이론은 유성생물이 무성생물보다 더 잘살아간다고 설명한다.

그렇다면 유성생물 개체가 무성생물 개체보다 훨씬 우월하단 말인가? 그렇지 않다면, 윌리엄스의 '이기주의' 학파의 시각으로는 성을 설명할 수 없다. 따라서 이기적 이론에 무언가 잘못이 있었거나, 진정한 이타주의가 실제로 나타났거나, 혹은 성에 대한 전통적인 설명에 오류가 있었을 것이다. 윌리엄스와 그의 학파가 연구를 계속해나갈수록 성은 종의 경우와는 반대로 개체에 대해서는 덜 이치에 맞는 것처럼 보였다.

샌프란시스코에 있는 캘리포니아과학원의 마이클 기즐린Michael

Ghiselin은 당시 다윈의 업적에 관한 공부를 하고 있었다. 그는 다윈이 무리들 사이의 경쟁보다는 개체 간의 경쟁에 중점을 둔 것에 감명을 받았다. 그러나 기즐린 역시 이 이론에서 어떻게 성이 예외가 되었는지를 생각하기 시작하였다. 기즐린은 다음과 같은 질문을 던졌다. 유성생식에 관련된 유전자가 어떻게 무성생식의 유전자를 이용해서 퍼져나갈 수 있는가? 어떤 동물의 구성원 모두가 성이 없었는데 어느 날 그들 중 한 쌍이 성을 만들어냈다고 가정해보자. 어떤 유리한 점이 생길 것인가? 만약 유리한 점이 전혀 없다면 성은 왜 널리 퍼지는가? 만약 성이 널리 퍼질 수 없었다면 어떻게 이렇게 많은 생물들이 성을 지니고 있겠는가? 기즐린은 새로 나타난 유성생물이 어떻게 예전의 무성생물보다 더 많은 자손을 낳을 수 있었는지 알 수 없었다. 실제로 유성생물은 서로 짝을 찾느라고 시간을 소비하고, 그들 가운데 절반인 수컷은 전혀 새끼를 낳지 못하므로 경쟁자인 무성생물에 비해 더 적은 자손을 남기게 된다.[18]

한때 공학자였다가 유전학으로 전공을 바꾼 영국 서섹스대학의 존 메이너드 스미스는 뛰어난 통찰력과 쾌활한 성격을 지닌 사람으로, 유명한 신다윈론자인 홀데인에게 배운 적이 있다. 메이너드 스미스는 기즐린의 딜레마를 풀지 않고서도 기즐린의 의문에 답했다. 그는 유성생식 유전자는 개체가 자손의 수를 2배로 늘릴 수 있을 때에만 퍼져나갈 수 있다고 주장했다. 기즐린의 생각으로 되돌아가, 어떤 유성생물이 어느 날 성을 포기하기로 결정하고, 배우자의 유전자는 전혀 쓰지 않고 자기가 가진 모든 유전자를 자식에게 전부 주었다고 가정해보자. 이렇게 되면 그 생물은 성을 지닌 경쟁자에 비해 두 배나 많은 유전자를 다음 세대로 물려주게 된다. 말할 것도 없이 이 생물은 엄청난 이득을 보게 되는 것이다. 다음 세대에게 두 배나 많이 공헌하게 될 것이고 그 생물종의 유전형질을 독점적으로 소유하게 될 것이다.[19]

 석기 시대의 동굴 속에 남자 2명과 처녀 1명을 포함한 여자 2명이 같이 살고 있다고 상상해보자. 어느 날 그 처녀가 '무성생식'으로 본질적으로 그녀의 일란성 쌍둥이 자매인 아이(말하자면 처녀생식으로 태어난 사람이 되는 것이다)를 하나 낳는다. 이런 일은 몇 가지 방법으로 일어날 수 있다. 예를 들면, 자가접합自家接合이라는 과정에 의해서 일어날 수도 있는데, 간단히 말해서 하나의 난자가 다른 난자에 의해 수정이 되는 것이다. 그 처녀는 2년 뒤에 같은 방법으로 딸 하나를 더 낳는다. 그러는 동안 이 그 처녀의 언니는 정상적인 방법으로 아들 하나와 딸 하나를 낳았다. 이제 동굴 안에는 8명이 살게 되었다. 시간이 얼마 흐른 후, 3명의 젊은 여자는 각각 2명의 자녀를 두게 되었고, 1세대는 모두 죽었다. 이제 동굴에는 10명이 살고 그들 중 6명은 처녀생식으로 태어난 사람이다. 두 세대 만에 처녀생식 유전자는 전체 유전자 집단의 4분의 1에서 2분의 1로 증가하였다. 얼마 지나지 않아 남자는 멸종되고 말 것이다.

 이것이 바로 윌리엄스가 말한 감수분열의 대가이고, 메이너드 스미스가 말한 남성의 대가이다. 왜냐하면 동굴에 살던 유성생식 인간을 전멸하게 한 것은 단순히 그들 중 절반이 남자이고 남자는 아기를 낳지 못하기 때문이다. 때때로 남자가 자식의 양육을 도와주기도 하고 저녁 식사거리로 털난 코뿔소를 잡아오기도 하는 것은 사실이지만, 그렇다고 해도 그런 사실들이 왜 남자가 필요한 존재인지를 정말로 설명해주는 것은 아니다. 무성생식하는 여자들이 처음에는 성교를 했을 때에만 아기를 낳았다고 가정해보자. 여기에는 물론 전례가 있다. 초본류들 중에는 근연종近緣種의 꽃가루에 의해 수정되었을 때에만 씨를 퍼뜨리는 것이 있는데, 그 씨는 전혀 꽃가루의 유전자를 물려받지 않는다. 이런 현상을 위수정僞受精이라 부른다.[20] 이러한 방식이라면, 동굴 속에 살던 남자들은 그들이 유전적으로 제외되었음을 전혀 알 리가 없고, 무성생식으로 태어난 아이들이 자기 자식인 줄 알고 키울 것이며, 자기 자식들에게 먹이듯이 털난 코뿔소 고기를 먹일 것이다.

  이 사고 실험思考實驗은 유전자가 생물체를 무성생식하게 만들면 어마어마한 수치적 이점이 있다는 사실을 잘 보여준다. 그래서 메이너드 스미스나 기즐린, 윌리엄스 같은 사람들은 고민에 빠졌다. 그럼에도 불구하고 모든 포유류와 조류, 무척추동물의 대부분, 대다수의 식물과 곰팡이류, 상당수의 원생동물들이 유성생식을 한다고 할 때, 성의 이점을 보상할 수 있는 그 무엇인가가 존재하는 게 아닐까?

  '성의 대가'를 이야기한다고 해서 우리가 금전의 노예가 되어버렸다고 개탄하는 사람들이나, 이런 논쟁을 외양만 그럴듯한 것이라고 아예 거부하는 사람들이 있다면 나는 이렇게 말하고 싶다. 그렇다면 어디 벌새에 대해 설명해보시라. 벌새가 살아가는 방법이 아니라, 도대체 벌새가 왜 존재하는가를 설명해보라. 만약 성의 대가가 없다면 벌새는 존재하지도 않았을 것이다. 벌새는 꽃들이 곤충이나 새들을 유혹하여 수분하기 위해 만들어내는 꿀을 먹고 산다. 식물은 어렵게 얻은 설탕으로 꿀을 만들어 벌새에게 선물로 준다. 이 선물을 주는 것은 벌새가 몸에 꽃가루를 묻혀서 다른 꽃으로 날라주기 때문이다. 다른 꽃과 사랑을 나누기 위해, 첫 번째 꽃은 꽃가루 전달자에게 꿀이라는 뇌물을 바치는 것이다. 따라서 꿀은 바로 식물이 성을 찾고자 할 때 생겨나는 순수하고 때묻지 않은 대가이다. 성에 대한 대가를 지불할 필요가 없었다면 벌새도 존재하지 못했을 것이다.[21]

윌리엄스는 성에 대가가 따른다는 자신의 논리가 옳지만, 인간 같은 동물 종에게는 실제적인 문제들이 너무 커서 효율을 따르지 못할 뿐이라고 결론짓는 듯하다. 다른 말로 이야기하자면, 유성생물에서 무성생물로 바뀌는 데는 실제로 이점이 있다. 그러나 단지 너무 어려워서 이루어질 수가 없다는 것이다. 이때쯤이면 사회생물학자들은 '적응론자' 논증에 쉽게 매혹되기 시작할 것이다. 하버드대학의 스티븐 제이 굴드 Stephen Jay Gould는 이를 '그럴듯한 이야기 Just-so stories'라고 칭하였다. 그는 때때로 상황은 순전히 우연에 의해 만들어진다고 지적하였다. 굴드가 보기로 든 것은 가톨릭 성당에서 두 개의 아치가 만날 때 만들어지는 삼각형의 공간으로, 삼각소간三角小間이라고 알려져 있다. 삼각소간은 어떤 기능이 있는 것이 아니라, 단순히 네 개의 아치 위에 돔을 얹을 때 생기는 부산물이다. 베니스에 있는 산 마르코 성당의 아치 사이에 있는 삼각소간은 누군가가 그 자리에 삼각소간을 두려고 해서 생긴 것이 아니다. 두 개의 아치 사이에 빈 공간을 두지 않고 아치를 서로서로 이웃해서 놓을 수 있는 방법이 없었기 때문에 삼각소간이 생긴 것이다. 인간의 턱이 그러한 삼각소간과 같다. 턱은 아무 기능도 하지 못하지만 턱뼈를 갖추기 위해서 불가피하게 생기게 되었다. 마찬가지로 혈액이 빨간 것은 말할 것도 없이 광화학적 사건이지 모양을 내기 위한 것이 아니다. 성도 아마 삼각소간 같아서, 어떤 목적을 가지고 활동하던 한 시대의 진화적 유물일 것이다. 마치 턱이나 새끼발가락, 맹장처럼 이제는 무슨 목적을 가지고 활동하는 것이 아니라 그저 쉽사리 없어지지 않는 것일 뿐이다.[22]

그러나 이러한 논증은 설득력이 떨어진다. 왜냐하면 상당수의 동식물이 성을 포기했거나 또는 일생 중 어느 시기에만 가끔씩 성을 지니는 예가 있기 때문이다. 평범한 잔디밭을 예로 들어보자. 잔디는 우리가 잔디 깎기를 잊어버리지 않는 한 결코 성을 가지지 않는다. 만약 잔디 깎기를 잊어버리면 잔디는 그때야 꽃머리를 키운다. 물벼룩은 또 어떠한가? 물벼룩은 여러 세대 동안 연이어 무성생식을 한다. 물벼룩은 암컷뿐이며, 암컷만을 낳는다. 이때의 물벼룩은 결코 짝짓기를 하는 법이 없다. 그러다가 연못이 물벼룩으로 가득 차게 되면 몇몇 물벼룩이 수컷을 낳기 시작한다. 이 수컷은 암컷과 짝짓기하여 '겨울알'을 만드는데, 이 알들은 연못 바닥에서 겨울을 나고 이듬해 연못에 물이 넘쳐나게 되면 부화한다. 물벼룩은 성의 스위치를 껐다가 켰다가 할 수 있고, 이것은 진화가 일어나는 것을 도와주는 일 이상의 어떤 직접적인 목적이 있음을 증명하는 것 같다. 자손을 남기고자 하는 물벼룩에게, 개개의 물벼룩이 적어도 어떤 계절에 잠시나마 성을 가진다는 것은 가치 있는 일이다.

그래서 우리는 여전히 성의 수수께끼를 풀지 못했다. 성은 종에게는 유익하지만 개체에게는 희생이 뒤따른다. 개체는 성을 포기할 수 있고, 그렇게 함으로써 성을 지닌 경쟁자를 수적으로 재빨리 능가할 수도 있다. 그러나 그렇게 하지 않는다. 따라서 성은 어떤 신비한 방법으로 종뿐 아니라 개체에게도 '수지가 맞는' 것이 틀림없다. 어떻게 그러한가?

무지에 의한 도발

윌리엄스가 시작한 논쟁은 1970년대 중반까지 이해하기 어렵고 애매모호한 것으로 남아 있었다. 그리고 논쟁의 주창자들은 이 딜레마를 해결하려는 자신들의 시도에 대해 상당한 확신을 가지고 있었다. 그러나 1970년대 중반에 결정적인 책 두 권이 나와 다른 생물학자들도 받아들이지 않을 수 없는 도전장을 던짐으로써 상황은 바뀌었다. 그중 하나는 윌리엄스 자신이 쓴 것이고 다른 한 권은 메이너드 스미스가 쓴 것이다.[23] 윌리엄스는 "진화생물학의 앞날에 위기가 놓여 있다"고 통속적으로 서술하였다. 그러나 윌리엄스가 『성과 진화Sex and Evolution』에서 그러한 위기를 없애보려는 의도로 성에 대한 몇 가지 가능한 이론을 독창적으로 서술한 데 비하여, 메이너드 스미스는 『성의 진화The Evolution of Sex』에서 궁지에 몰린 사람의 당황을 솔직하게 보여주었다. 메이너드 스미스는 성의 대가 문제를 묻어버릴 수 없었다. (처녀생식을 하는 두 처녀는 한 여자와 한 남자가 만나 낳을 수 있는 아이들보다 두 배나 많은 수의 아이를 낳을 수 있기 때문에) 성에는 두 배의 불이익이 있는 것이다. 메이너드 스미스는 거듭해서 현재 알려진 이론들로는 성의 대가를 설명해낼 수 없다고 단정했다. "나는 독자들이 이 여러 이론들을 비현실적이고 불만족스러운 것으로 생각할까봐 두렵다. 그러나 이것이 우리가 아는 최선이다." 또 다른 논문에서 그는 "사태의 어떤 본질적인 측면을 간과한 것이 아닌가 하는 느낌을 갖게 된다"고도 했다.[24] 메이너드 스미스의 책은 그 문제가 단연코 해결된 것이 아니라고 주장함으로써 전율할 만한 충격을 가져다주었다. 그것은 이례적으로 겸손하고도 정직한 의사 표현이었다.

그 후 성을 설명하려는 시도는 마치 생식력 좋은 토끼가 번식하듯이 빠른 속도로 증가하였고, 과학자가 아닌 일반인들에게 이례적인 볼거리를 제공하였다. 과학자들은 무지의 항아리 주변에 둘러앉아 이전에 아무도 본 적이 없는 어떤 사실이나 이론, 혹은 경향을 찾기 위해 대부분의 시간을 보내고 있었다. 이것은 아주 색다른 게임이었다. 성 그 자체는 너무나 잘 알려져 있었지만 성을 갖는 것에 이점이 있다는 설명은 충분하지 못했다. 제시되는 설명은 다른 설명들보다 나아야 했다. 마치 치타에게 쫓기는 영양이 치타가 아닌 다른 영양보다 더 빨리 달리기만 하면 되는 것과 같다. 성에 관한 이론들은 흔하고 또 대부분의 이론은 논리적으로 별 오류가 없다. 그렇지만 대체 어떤 이론이 가장 옳은 이론인가?[25]

앞으로 몇 쪽에 걸쳐 여러분은 세 부류의 과학자에 대해 보게 될 것이다. 첫 번째 부류의 과학자는 분자생물학자인데, 늘 효소가 어떠하고 핵산 분해가 어떠하다며 웅얼거리는 사람이다. 분자생물학

붉은 여왕

자는 유전자를 이루고 있는 DNA에서 무슨 일이 일어나는지 알고 싶어 한다. 그는 성이 단지 DNA를 수리하는 일이거나 그와 비슷한 분자생물학적 공학 같은 것이라고 확신한다. 분자생물학자는 방정식 같은 것은 이해하지 못하지만, 자기 자신이나 동료들이 만들어낸 긴 단어들을 좋아한다. 두 번째 부류의 과학자는 유전학자인데, 돌연변이나 멘델의 유전법칙에 대해서만 이야기한다. 유전학자는 성교하는 동안에 유전자에 무슨 일이 일어나는지를 설명하는 데 몰두한다. 유전학자는 생물체로부터 수세대 동안 성을 제거하면 무슨 일이 일어나는지를 알아내는 실험 같은 것을 요구할 것이다. 누가 말리지 않으면 방정식을 쓰기 시작할 것이고, '연관 불평형linkage disequilibria' 같은 이야기를 하려 들 것이다. 세 번째 부류의 과학자는 생태학자인데, 모두 기생생물이나 배수체倍數體를 이야기한다. 생태학자는 증거 비교를 좋아한다. 즉 어떤 생물이 성을 가지고 어떤 생물이 성을 가지지 못했는지 등을 비교한다. 그는 북극과 열대지방에 대해서 별 관계도 없는 사실들을 지나치리만큼 많이 알고 있다. 다른 사람에 비해 그의 사고방식은 덜 엄격하고, 말씨도 다소 화려하다. 생태학자는 주로 도표를 사용하고 컴퓨터 모의 실험을 통하여 작업한다.

이 세 부류의 과학자들은 성에 대한 설명에서 나름대로 일가를 이루고 있다. 분자생물학자는 근본적으로 성이 왜 생겨났는지에 관해 이야기하는데, 이것은 오늘날 성의 용도가 무엇인가 하는 유전학자의 질문과는 차이가 있다. 한편 생태학자들은 약간 다른 질문을 던진다. 어떤 환경에서 성을 지니는 것이 성을 가지지 않는 것보다 유리한가? 마치 컴퓨터 발명의 이유를 논하는 것과 비슷하다. 분자생물학자와 마찬가지로 역사학자는 컴퓨터가 제2차 세계대전 중에 독일 잠수함에서 쓰던 암호를 풀기 위해 발명되었다고 고집할 것이다. 그러나 오늘날 컴퓨터는 그런 목적으로 쓰이지 않는다. 컴퓨터는 반복적인 작업을 사람이 하는 것보다 더 효율적이고 신속하게 처리하기 위해 사용된다(유전학자의 답과 같다). 생태학자는 말하자면 컴퓨터가 전화 교환수를 대신할 수 있으면서, 왜 요리사는 대신할 수는 없는가에 흥미를 가진다. 이 세 부류의 과학자들은 서로 다른 수준에서 모두 옳을지도 모른다.

원본 – 복사 이론

분자생물학자들의 선도자는 미국 애리조나대학의 해리스 번스타인Harris Bernstein 교수이다. 그는 성이 유전자를 복구하기 위해 창조되었다고 주장하였다. 그의 주장에 대한 첫 번째 단서는 유전자를 복구하지 못하는 돌연변이 초파리는 유전자를 재조합하지도 못한다는 발견에서 찾을 수 있다. 재조합은 성의 필수 과정으로, 친할아버지와 외할아버지의 정자에서 온 유전자와 친할머니와 외할머니의 난자에서 온 유전자를 함께 섞는 일이다. 유전자 복구를 없애면 성도 멈춘다.

번스타인은 세포가 성을 위해 쓰는 도구와 유전자를 복구하는 데 쓰는 도구가 같다는 사실에 주목했다. 그러나 그는 유전학자들

붉은 여왕

이나 생태학자들에게 성이 사용하는 도구가 원래 과거에는 유전자 복구에 쓰이던 도구일뿐더러 유전자 복구와 성의 관계는 밀접하다는 주장을 확신시키지는 못했다. 유전학자들은 성의 메커니즘이 유전자 복구의 메커니즘에서 진화한 것이 사실이기는 하지만, 그렇다고 오늘날 성이 유전자 복구를 위해 존재한다고 말할 수는 없다고 한다. 인간의 다리는 물고기의 지느러미에서 유래하였다. 그러나 오늘날 사람의 다리는 걷도록 만들어졌지 헤엄치도록 만들어지지는 않았다.[26]

이쯤에서 잠깐 옆길로 벗어나 분자의 이야기를 할 필요가 있다. 유전자를 이루는 물질인 DNA는 네 가지 화학물질 '염기'라는 간단한 알파벳으로, 마치 두 개의 점과 두 개의 짧은 선으로 이루어진 모스 부호처럼 정보를 전달하는 가늘고 긴 분자이다. 이 네 개의 염기를 각각 A, C, G, T의 영문 알파벳으로 부르자. DNA의 묘미는 각각의 글자가 다른 특정 글자와 상보적이라는 것인데, 이 말은 곧 각 글자가 특정 글자하고만 짝을 이룬다는 뜻이다. A는 T와, T는 A와 짝을 이루며, C는 G와, G는 C와 짝을 이룬다. 이는 곧 DNA를 복제하는 데는 자동적인 방법이 있음을 의미한다. 즉 DNA 분자 가닥을 따라 내려가면서 상보적인 글자를 하나씩 맞춰가는 복제 방법이다. AAGTTC라는 염기서열은 상보적 DNA 가닥에서는 TTCAAG가 된다. 이 염기서열을 한 번 더 복제하면 원래의 서열을 다시 얻을 수 있다. 각 유전자는 DNA 가닥으로 이루어져 있으며, 상보적 서열은 그 유명한 DNA 이중나선에 함께 꼬여 있다. 특수효소가 DNA 가닥을 오르내리며 이동하다가 끊어진 부분을 발견하면, 상보적 가닥을

성의 수수께끼

참조로 하여 회복시킨다. DNA는 햇빛이나 화학물질에 의해 끊임없이 손상된다. 만약 복구효소가 없었다면 DNA는 무의미한 글자덩어리로 빠르게 전락했을 것이다.

그렇다면 DNA의 두 가닥이 같은 곳에서 함께 손상되는 경우는 어떻게 되겠는가? 이런 일은 아주 흔한데, 예를 들자면 채워진 지퍼 위에 접착제 한 방울이 떨어진 것처럼 DNA의 두 가닥이 함께 붙어 버린 경우이다. 이렇게 되면 DNA 복구효소들은 DNA의 무엇을 복구해야 할지 전혀 알 수가 없다. DNA 복구효소가 유전자가 어떤 모양이었는지 알기 위해서는 주형鑄型이 필요하다. 성은 이러한 주형을 제공해준다. 성은 다른 개체로부터 동일한 유전자의 복사본을 가져오거나(이종교배), 같은 개체 내의 다른 염색체로부터 유전자의 복사본을 얻게 된다(재조합). 이제 새로운 주형을 참조하여 DNA의 복구가 진행된다.

물론 새로운 주형 역시 같은 위치에 손상을 입었는지도 모른다. 그러나 그럴 확률은 매우 낮다. 상점 주인이 자신의 계산을 확인하는 방법은 그저 가격 목록을 더하는 일을 여러 차례 반복하는 것이다. 자신이 똑같은 실수를 두 번 저지르지는 않으리라고 생각하기 때문이다.

복구 이론을 뒷받침할 만한 몇 가지 훌륭한 정황 증거가 있다. 예를 들어 어떤 생명체를 해로운 자외선에 노출시킬 경우, 그 생명체가 재조합을 일으킬 수 있다면 그렇지 못한 경우보다 훨씬 잘 살아가게 될 것이다. 만약 그 생명체의 세포 속에 염색체가 두 개 있다면 한층 더 잘 살아남게 된다. 그리고 만약 재조합을 피하는 돌연변이

붉은 여왕

유전자 가닥이 나타난다면, 그 유전자 가닥은 특히 자외선에 의한 손상을 잘 입게 될 것이다. 더구나 번스타인은 자신의 경쟁자들이 하지 못한 세세한 설명을 할 수 있었다. 예를 들면 세포는 난자를 만들기 위해 염색체 쌍들을 둘로 나누기 전에 우선 염색체의 수를 배로 늘린 뒤 그 4분의 3을 버린다는 사실을 설명할 수 있다. 복구 이론에서 이것은 유전자의 오류를 쉽게 찾아내 이를 복구한 뒤 가장 일반적인 답을 택하도록 하는 일이다.[27]

그럼에도 불구하고, 복구 이론은 애초에 해결하고자 했던 과제에 부적합한 채로 남아 있다. 이 이론은 이종교배에 대해 침묵하고 있다. 실제로 성이 유전자의 여분의 복사본을 얻는 것이라면, 그것을 혈연관계도 없는 남에게서 찾기보다는 친척에게 얻는 편이 훨씬 더 나을 것이다. 번스타인은 이종교배가 돌연변이를 방지하는 방법이라고 말했지만, 이 주장은 근친교배가 왜 나쁜가에 대한 대답을 차용한 것에 지나지 않는다. 성은 근친교배의 원인이지 결과가 아니듯 이종교배의 결과도 아니다.

더구나 복구 이론자들이 재조합에 관해 주장하는 사실은 모두 유전자의 보조 복사본을 보유하자는 주장에 지나지 않는다. 이런 일을 하는 데는 염색체들 사이에서 유전자를 무작위적으로 교환하는 것보다 더욱 간단한 방법이 있다. 이를 이배성二倍性이라고 한다.[28] 난자와 정자는 반수체半數體이다. 이들은 남녀 유전자의 복사본을 하나씩 지니고 있다. 박테리아나 이끼와 같은 하등식물도 반수체이다. 그러나 대부분의 식물과 거의 모든 동물들은 이배체二倍體이다. 즉 이들은 모든 유전자를 둘씩 가지고 있는데, 각각 부모에게 하나씩 받은 것이다. 몇몇 생물, 특히 자연잡종에서 유래한 식물들이나 크기가 커서 사람들에게 선택된 식물들은 배수체이다. 예를 들면, 대부분의 잡종 밀은 6배체이므로 모든 유전자의 복사본을 여섯 개씩 가지고 있다. 고구마의 자성雌性 식물은 8배체나 6배체인데, 웅성雄性 식물은 4배체이다. 이 불일치는 고구마의 씨 없음을 일으킨다. 무지개송어의 어떤 종이나 닭의 어떤 종은 3배체이다. 몇 년 전에는 3배체인 앵무새 한 마리가 알려지기도 했다.[29] 생태학자들은 식물에서 나타나는 배수성倍數性이 일종의 성의 대체물이 아닌가 생각하기 시작했다. 고도가 높은 지역이나 위도가 높은 지역에 사는 많은 식물들이 성을 택하는 대신 무성생식의 배수성을 택한 듯하다.[30]

생태학자들까지 언급하다니 너무 앞서갔다. 쟁점은 유전자 복구이다. 만약 이배체 생물이 성장하면서 세포가 분열할 때마다 염색체 사이에 재조합을 조금씩 일으킨다면 유전자 복구의 기회는 풍부해질 것이다. 그러나 그런 일은 일어나지 않는다. 유전자들 사이의 재조합은 마지막의 독특한 단계, 즉 난자와 정자를 형성하는 감수분열에서만 일어난다.

번스타인은 이에 대한 답을 가지고 있다. 번스타인은 보통의 세포 분열 과정에 경제적으로 유전자의 손상 부위를 복구하는 다른 방법이 있다고 했다. 즉 가장 잘 적응하는 세포만을 살려두는 것이다. 그렇게만 하면 손상받지 않은 세포가 손상받은 세포를 곧 앞질러 자라기 때문에 복구할 필요가 없다. 반면 이제 바깥 세상에 홀로 나가야 할 생식세포를 생산해낼 때에는 유전자에 실수가 생겼는지 점검할 필요가 있다.[31]

그렇다면 복구 이론에 대한 평결은 무엇인가? 이에 대해 입증된 것이 없다. 성의 도구는 확실히 복구의 도구에서 유래한 듯하며, 재조합은 확실히 어떤 종류의 유전자 복구를 이루어낸다. 그러나 유전자 복구가 성의 목적인가? 아마도 그렇지는 않을 것이다.

카메라와 톱니바퀴

유전학자들도 역시 손상된 DNA에 집착한다. 그러나 번스타인이 복구되는 손상에 관심을 집중한 반면 유전학자들은 복구될 수 없는 손상에 대해서 이야기한다. 유전학자들은 이것을 돌연변이라고 부른다.

과학자들은 돌연변이가 드물게 나타나는 일이라고 생각한다. 그러나 최근 몇 년 사이에 과학자들은 돌연변이가 얼마나 많이 일어나는지 점차 깨닫게 되었다. 포유류의 경우, 돌연변이는 한 세대에 염색체 한 개당 100개 정도의 비율로 축적된다. 즉 아기의 유전자는 어머니나 아버지의 유전자와 100여 군데가 다른데, 이는 부모의 효소가 유전자 복제에 오류를 일으킨 결과이거나 우주선 Cosmic rays에 의해 어머니의 난소나 아버지의 정소에서 일어난 돌연변이의 결과이다. 이들 100개의 돌연변이 가운데 약 99개는 심각하지 않다. 이들은 이른바 잠재성 돌연변이 또는 중립 돌연변이라 하는데, 유전자 발현에 전혀 영향을 끼치지 않는다. 사람이 75,000쌍의 유전자를 가졌다고 할 때 100개는 별로 많아 보이지 않으며, 많은 변화들은 사소하고 무해하거나 혹은 유전자 사이에 있는 잠재성 DNA에서 일어난다. 그러나 이 정도면 결함이 꾸준히 축적될 만큼으로는 충분하다. 물론 새로운 아이디어 개발이 꾸준히 일어날 만큼의 조건도 된다.[32]

돌연변이에서 얻은 지식은, 대부분의 돌연변이가 나쁜 것이고 상당수의 돌연변이는 그것을 보유하고 있는 개체를 죽음에 이르게 하지만(암은 하나 이상의 돌연변이로 일어난다) 가끔은 나쁜 돌연변이들 사이에 진정한 개선을 가져다주는 좋은 돌연변이가 끼어 있기도 하다는 것이다. 예를 들면, 겸상鎌狀적혈구빈혈증 돌연변이는 이 유전자를 두 개 가지고 있는 사람에게는 치명적이다. 그러나 실제로 일부 아프리카에서는 이 돌연변이가 증가하였는데, 그것은 이 돌연변이가 말라리아에 대한 면역을 생성하기 때문이다.

유전학자들은 수년 동안 좋은 돌연변이에 관심을 집중해왔으며, 마치 대학과 산업체가 좋은 아이디어를 '교차수정'하는 것처럼, 성이 집단 안에 좋은 돌연변이를 퍼뜨리는 방법이라고 여겼다. 밖에서 새로운 기술 혁신을 끌어오기 위해서 기술에 '성'이 필요하듯이, 단지 자신의 발명에만 의존하고 있는 동물이나 식물은 혁신이 느릴 것이다. 이에 대한 해결책은 다른 동물이나 식물의 발명을 구걸하거나 훔치거나 빌려와 서로의 발명품의 복사본을 자신의 유전자와 함께 지니는 것이다. 벼에서 높은 수확과 짧은 줄기, 그리고 병충해에 대한 내성을 함께 얻고자 하는 식물육종가들은 마치 다량의 서로 다른 발명품을 다루는 생산자처럼 행동한다. 무성식물을 다루는 육종가는 동일 계열 안에서 서서히 축적되는 새로운 발명을 기다려야 한다. 흔히 아는 보통 버섯이 지난 300여 년 동안 양식되어오면서 거의 변하지 않은 이유는 버섯에 성이 없어서 선택적 육종이 가능하지 않았기 때문이다.[33]

유전자를 빌리는 가장 명백한 이유는 자신뿐 아니라 다른 개체로부터 유익한 점을 얻을 수 있기 때문이다. 성은 여러 돌연변이를 끌어모아 우연히 일어나는 상승 효과를 얻을 때까지 끊임없이 유전자를 재배열시켜 새로운 조합을 이뤄낸다. 예를 들면 기린의 어떤 조상은 긴 목을 만들어냈고 또 다른 조상은 긴 다리를 만들었을 것이다. 이 두 조상이 함께 어울리면 각각 혼자일 때보다 훨씬 더 나아진다.

그러나 이러한 주장은 결과와 원인을 혼동한 것이다. 이로써 얻게 될 장점은 너무나 요원한 것이다. 즉 장점은 몇 세대 이후에나 나타날 것이고 그때쯤이면 이미 오래전에 무성생식을 하는 경쟁자들이 유성생식을 하는 상대를 수적으로 능가하였을 것이다. 더구나 성이 좋은 유전자 조합을 이루는 데 능하다면 그 조합을 파괴하는 데는 더욱 능숙할 것이다. 유성생물에 대해 확신할 수 있는 한 가지 일은 로마의 카이사르나, 프랑스의 부르봉 왕가 사람들, 그리고 중세 영국의 플랜태저넷 왕가 사람들이 알아내고는 절망한 것처럼, 자손들이 어버이와는 다를 것이라는 점이다. 식물육종가들은 웅성불임이어서 성을 가지지 않은 종자를 만들어내는 옥수수나 밀의 변종들을 좋아한다. 왜냐하면 성을 가지지 않은 종자를 이용하면 좋은 변종들을 순종으로 유지할 수 있기 때문이다.

성의 유전자 조합의 파괴는 거의 성의 정의라고까지 할 수 있다.

유전학자들이 가장 강력하게 주장하는 것은 성이 '연관 불평형'을 감소시킨다는 것이다. 이 말은 만약 재조합이 일어나지 않는다면 파란 눈과 금발의 유전자처럼 서로 연관된 유전자들은 언제나 함께 붙어다닐 것이기 때문에, 파란 눈과 갈색 머리를 지닌 사람이나 갈색 눈과 금발을 지닌 사람이 전혀 존재하지 않게 된다는 뜻이다. 성 덕분에 연관된 것끼리 끊임없이 상승 효과를 일으키는 일은 좀처럼 없다. 성은 '부서진 것이 아니면 손대지 말라'는 지엄한 명령을 따르지 않는다. 성은 무작위성을 증가시킨다.[34]

1980년대 후반에 '좋은' 돌연변이 이론에 대한 관심이 마지막으로 한 번 더 되살아났다. 미국 텍사스대학의 마크 커크패트릭Mark Kirkpatrick과 셰럴 젠킨스Cheryl Jenkins는 두 개의 독립된 발명품이 아니라 같은 발명품을 두 번 발명해낼 수 있는 능력에 관심을 가졌다. 예를 들어 파란 눈의 번식력이 두 배만큼 크다고 가정하면 파란 눈을 가진 사람들은 갈색 눈을 지닌 사람들에 비해 자손이 두 배만큼 많을 것이다. 그러나 맨 처음에 모든 사람들이 갈색 눈을 가졌다고 가정해보자. 갈색 눈을 가진 사람에게 나타난 파란 눈의 첫 돌연변이는 파란 눈이 열성 유전자인데다 다른 염색체 위에 있는 우성의 갈색 눈 유전자에 가려지기 때문에 눈 색깔에는 변화를 가져오지 못한다. 처음 돌연변이를 가진 사람의 자손 중 두 사람이 함께 결혼하여 그들 두 사람의 파란 눈 유전자가 만날 때에만 파란 눈의 훌륭한 장점(두 배의 번식력)이 나타나게 될 것이다. 오직 성만이 사람들이 결혼하여 유전자들이 서로 만나도록 할 수 있다. 이른바 성의 분리 이론Segregation theory of sex이라는 이 이론은 논리적이며 논쟁의 여지가 없다. 사실 이것은 성의 유리한 점 가운데 하나이다. 그러나 불행하게도 이 이론은 너무 효과가 약해서 성이 왜 널리 퍼져 있는가를 근본적으로 설명해주지는 못한다. 수학적 모델에 의하면 좋은 결과를 얻기까지는 5,000세대 정도가 걸릴 것이라고 하는데, 그때쯤이면 무성생물이 이미 오래전에 승부에서 이긴 상태일 것이다.[35]

최근 몇 년 사이에 유전학자들은 좋은 돌연변이에 대한 생각을 바꾸고 나쁜 돌연변이에 대해 생각하기 시작했다. 유전학자들은 성이 나쁜 돌연변이를 없애는 방법이라고 제안한다. 이 개념 역시 그 기원은 1960년대 변절자 가설의 창시자 가운데 한 사람인 헤르만 뮐러에게서 유래한다. 인디애나대학에서 대부분의 경력을 쌓은 뮐러는 유전자에 관한 자신의 첫번째 과학 논문을 1911년에 발표하였다. 그 후 수십 년에 걸쳐 엄청난 양의 아이디어와 실험이 봇물처럼 잇따랐다. 1964년에 그는 위대한 통찰력을 발휘하였는데, 그것은 '뮐러의 톱니바퀴Müller's Ratchet'로 알려지게 되었다.

그의 이론에 대한 간단한 예는 다음과 같다. 어항에 열 마리의 물벼룩이 있다고 하자. 그중 한 마리만 완전하게 돌연변이와 무관하고 나머지 다른 물벼룩들은 하나 혹은 두서너 개의 작은 결함을 지니고 있다. 평균적으로 각 세대에서 다섯 마리만이 물고기에게 잡아먹히지 않고 자손을 낳는다. 결함이 없는 물벼룩이 자손을 낳을 수 없는 확률은 50퍼센트다. 마찬가지로 가장 결함이 많은 물벼룩도 같은 확률을 가지지만 한 가지 다른 점이 있다. 결함이 없는 물벼룩이 일단 죽고 나면 어항 내에 다시 결함이 없는 물벼룩이 생기는 유일한 방법은, 매우 가능성이 희박한 일이지만, 결함이 하나 있는 물벼룩이 돌연변이를 교정할 수 있는 다른 돌연변이를 일으키는 것이다. 자신의 유전자 어디엔가 하나의 결함을 가지고 있는 물벼룩이 유전자 다른 곳에 돌연변이를 또 일으키면 도리어 두 개의 결함을 지닌 물벼룩이 쉽게 만들어진다. 다른 말로 하면, 어떤 혈통들을 무작위로 잃게 되면 집단 내의 결함 평균 수치는 점점 증가하게 된다. 마치 한쪽 방향으로는 잘 돌아가지만 다른 방향으로는 잘 돌지 않는 톱니바퀴마냥 유전적 결함도 불가피하게 축적되는 것이다. 톱니바퀴가 도는 것을 막는 유일한 방법은 완벽한 물벼룩이 성을 가지는 것이며, 결함이 없는 자신의 유전자를 죽기 전에 다른 물벼룩에게 물려주는 길뿐이다.[36]

뮐러의 톱니바퀴 이론은 복사기를 이용하여 어떤 서류의 복사본의 복사본의 복사본을 만들 때 적용된다. 단계적으로 연속하여 복사할 때마다 복사본의 질은 점점 떨어지게 된다. 때묻지 않은 원본을 잘 지키고 있어야만 깨끗한 복사본을 얻을 수 있다. 그러나 원본을 복사본들과 함께 파일에 보관하는데, 파일에 복사본이 한 장밖에 없을 경우에만 복사본을 더 만든다고 가정해보자. 복사를 위해 파일에 있는 복사본을 쓸 수도 있고 원본을 쓸 수도 있다. 일단 원본을 잃고 나면, 최선의 복사본이라도 이전의 복사본만큼 좋지 않다. 그러나 최악의 복사본을 가지고 있을 경우에는 그것을 복사하게 되면 언제나 그보다 더 나쁜 복사본을 만들게 된다.

20세기 초에 캐나다 맥길대학의 교수 그레이엄 벨은 성이 좋은 쪽으로 개선하는 효과를 가졌는가 하는 흥미로운 논쟁을 생물학자

붉은 여왕

들 사이에 불러일으켰다. 그 시절의 생물학자들이 흥미를 가진 것은 수조에 넣어둔 원생동물 집단에게 양분은 충분히 주지만 성을 가질 기회를 주지 않자, 결국에는 점차적으로 크기도 줄고 활력도 떨어지며, (무성생식에 의한) 번식률도 떨어지더라도 사실과 왜 그런가 하는 점이었다. 벨은 이 실험을 다시 분석한 후, 뮐러의 톱니바퀴 이론이 맞아떨어지는 명확한 예를 찾아냈다. 성을 갖지 못한 원생동물에게는 나쁜 돌연변이가 점점 누적되어갔다. 이런 과정은 원생동물의 일종인 섬모충류의 생활습관 때문에 가속되었다. 섬모충류는 원래 유전자를 한곳에 보관해두고, 일상생활에서는 그 복사본들만 사용한다. 복사본을 복제하는 일은 거칠고 부정확하여 그 과정에 결함이 빠른 속도로 누적된다. 반면 유성생식을 하는 동안 섬모충류가 하는 일의 하나는 복사본을 떼버리고 유전자의 원본에서 새 복사본을 만들어내는 일이다. 벨은 이런 일을 자신이 바로 앞서 만든 의자를 본떠 새 의자를 만드는 목수에 비유하였다. 작업 중의 오차나 그 밖의 모든 것은 누적되기 마련이라 새 의자가 맨 처음 의자 형태로 만들어지기는 힘들다. 따라서 성은 실제로 다시 좋아지게 하는 효과가 있다. 성은 이처럼 작은 동물에서도 유성생식을 할 때 성급한 무성생식에 의해 누적된 오차나 실수를 없애준다.[37]

벨의 결론은 흥미로웠다. 만약 개체수가 적거나(100억 이하) 생물체의 유전자 수가 매우 클 경우, 뮐러의 톱니바퀴는 무성생식 혈통에 심각한 영향을 끼칠 것이다. 그 이유는 개체수가 적으면 결함이 없는 층이 훨씬 빨리 소실되기 때문이다. 따라서 유전자군(게놈)이 크고 개체수가 비교적 적은 생물체는 아주 빨리 어려움에 처하게 된다(100억이라면 전체 지구 인구의 두 배 가까이 된다). 그러나 유전자를 몇 개 지니지 않고 개체수가 어마어마하게 많은 생물체는 문제가 없다. 성을 가진다는 것은 몸이 커지기 위한 필요조건이며(따라서 개체수는 적을 것이며), 달리 이야기하면, 몸이 작은 채로 있으려면 성은 불필요하다는 것이 벨의 생각이다.[38]

벨은 뮐러의 톱니바퀴를 멈추게 하는 데 필요한 성의 양 혹은 재조합의 양을 계산해보았다. 몸이 작은 생물일수록 성은 덜 필요하다. 물벼룩은 여러 세대 중 단지 한 세대 동안만 성을 가져도 괜찮았다. 인간은 세대마다 성을 가져야 한다. 더구나 미국 위스콘신대학 매디슨캠퍼스의 제임스 크로 교수가 제안했듯이, 뮐러의 톱니바퀴는 왜 출아법이 특히 동물들에서 비교적 드문 생식법인지 설명해줄지도 모른다. 대부분의 무성생물들은 여전히 단세포인 알에서 자손을 키워내는 어려움을 자청한다. 왜 그런가? 그것은 단세포에 치명적일 수 있는 결함을 싹눈 속에 쉽게 밀어 넘겨버릴 수 있기 때문이라고 크로는 이야기한다.[39]

만약 뮐러의 톱니바퀴가 큰 생물에게만 문제가 된다면, 왜 그렇게 많은 작은 생물들이 성을 지니고 있는가? 더구나 톱니바퀴를 멈추게 하는 데는 단지 간헐적으로 성을 지니기만 하면 되는데 말이다. 톱니바퀴를 멈추기 위해서라면 그렇게 많은 동물들이 하나같이 무성생식을 포기할 필요는 없다. 이러한 어려움을 알고 있던 모스크바 근교 포스치노에 있는 컴퓨터연구센터의 알렉세이 콘드라쇼프 Alexey Kondrashov는 1982년에 뮐러의 톱니바퀴 이론에 반대되는 이론을 찾아냈다. 콘드라쇼프는 무성생식 생물 집단에서는 생물체

 붉은 여왕

가 돌연변이 때문에 죽게 될 때마다 그 하나의 개체가 사라질 뿐임을 지적했다. 그런데 유성생물 집단에서 어떤 개체는 돌연변이를 많이 가지고 태어나며, 어떤 개체는 거의 돌연변이를 가지지 않은 채 태어난다. 이때 돌연변이를 많이 지닌 개체가 죽게 되면, 성은 톱니바퀴를 거꾸로 돌리면서 돌연변이를 제거하는 셈이다. 대부분의 돌연변이는 해로운 것이니, 이것은 크나큰 이점이라 할 수 있다.[40]

그렇다면 왜 이런 방법으로 돌연변이를 없애는가? 그냥 교정을 잘 봐서 돌연변이가 생기지 않게 하는 게 낫지 않을까? 콘드라쇼프는 왜 이런 방법이 이치에 맞는지 기발한 설명을 제안했다. 교정을 완벽하게 하려면 완벽에 가까워질수록 비용이 급격하게 높아진다. 마치 수익체감의 법칙과 같다. 실수를 약간 허용하는 대신 성을 가짐으로써 돌연변이를 제거하는 것이 아마도 더 싸게 들 것이다.

그 후 하버드대학의 분자생물학자 매튜 메셀슨Matthew Meselson은 콘드라쇼프의 아이디어를 연장하는 또 다른 설명을 발표하였다. 메셀슨은 유전 암호의 한 글자를 다른 글자로 바꾸는 '보통' 돌연변이들은 쉽게 복구될 수 있기 때문에 아주 해롭지는 않다고 말한다. 그러나 DNA 덩어리가 유전자들의 중간에 끼여 들어가는 DNA 삽입은 쉽게 고쳐지지 않는다고 한다. 이러한 '이기적인' 삽입은 전염병처럼 번지려는 경향이 있다. 그러나 성은 삽입된 부분을 특정 개체에게 분리하여 넣음으로써 그 개체가 죽으면 삽입된 부분이 집단에서 사라지게 해준다.[41]

콘드라쇼프는 자신의 아이디어를 실험적으로 검증해볼 준비가 되어 있다. 그는 해로운 돌연변이가 세대당 하나 이상의 개체에서 생겨난다면 좋겠다고 말한다. 만약 돌연변이가 하나 이하로 생겨난다면 그의 아이디어에는 문제가 있는 것이다. 현재까지의 증거로는 해로운 돌연변이의 발생률이 그 경계 안팎을 넘나든다고 한다. 대부분의 생물에서는 그 발생률이 세대당 한 개체 정도이다. 그러나 발생률이 충분히 높다고 가정해도, 증명된 것은 성이 아마도 돌연변이를 쫓아내는 역할을 할 수 있을 것이라는 사실뿐이다. 그것이 성이 존속하는 이유를 말해주지는 않는다.[42]

한편 이 이론에도 허점은 있다. 이 이론은 가끔만 성을 가지거나 전혀 성을 가지지 않는 종이 태반인 박테리아가 여전히 아주 낮은 돌연변이 발생률을 나타내고, DNA를 복제할 때 아주 적은 실수밖에 저지르지 않는 이유를 설명하지 못한다. 콘드라쇼프의 이론에 비판적인 사람이 이야기한 것처럼 성은 '단지 허드레 기능을 수행하려고 진화되어온 성가시고 낯선 도구'이다.[43]

그리고 모든 유전자 복구 이론과 변절자 가설이 지니고 있는 결점을 콘드라쇼프의 이론도 갖고 있다. 그 결점은 너무 천천히 작동한다는 것이다. 무성생식 개체의 클론과 싸우는 유성생식 집단은 클론의 유전적 결함이 제때에 나타나지 않는 한, 그 엄청난 생산력에 밀려 불가피하게 멸종할 수밖에 없다. 그것은 시간과의 경주이다. 얼마나 오랫동안인가? 인디애나대학의 커티스 라이블리Curtis Lively는 개체수가 10배 증가하는 동안 유성생식이 무성생식보다 6세대 더 성의 이점을 보여줄 수 있어야 하며, 그렇지 않으면 성은 경주에서 지게 될 것이라고 예측하였다. 만약 개체수가 100만이라면, 성이 멸종하는 데는 40세대가 걸린다. 만약 10억이라면 80세대가 걸린

붉은 여왕

다. 그러나 유전자 복구 이론이 작동하려면 수천 세대가 필요하다. 콘드라쇼프의 이론은 가장 빠른 이론이지만, 충분히 빠른 것은 아닐 것이다.[44]

성을 설명하는 순전히 유전적인 이론으로서 널리 호응을 받고 있는 이론은 아직 없다. 그래서인지 성의 위대한 수수께끼에 대한 해답은 유전학이 아니라 생태학 안에 있다고 믿는 진화학도들의 수가 점차 증가하고 있다.

The Power of Parasites

③ 기생생물의 힘

체스판은 세계이다. 체스판의 말은 우주의 현상이다. 체스판의 법칙을 우리는 자연의 법칙이라 부른다. 체스판의 상대방을 우리는 알 수가 없다. 우리는 상대방이 항상 공정하고, 정당하며, 참을성이 있다는 것을 안다. 그러나 상대방이 결코 하나의 실수도 간과하지 않는다거나 한 치의 무지도 용납하지 않는다는 것을 우리는 대가를 치르고서야 안다.

토머스 헨리 헉슬리, 「일반 교양 교육」

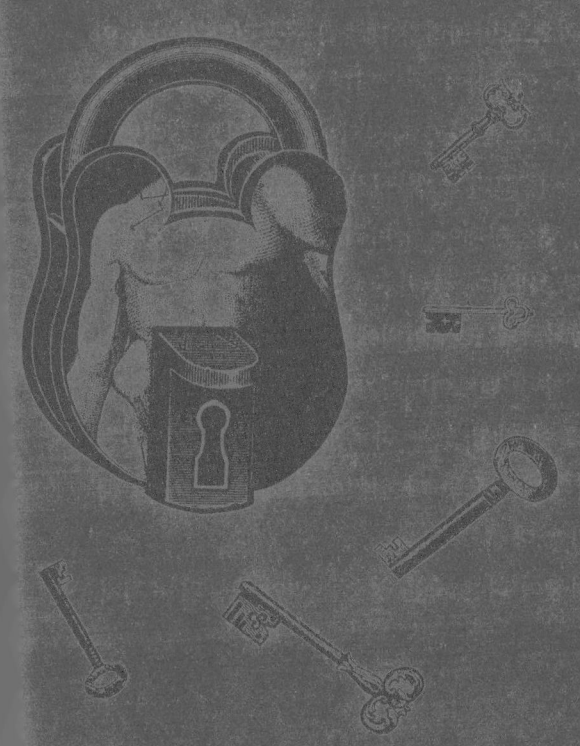

붉은 여왕

THE RED QUEEN

현미경으로나 겨우 보이는 미세한 동물이지만 윤충輪蟲의 일종인 델로이데아는 독특하다. 델로이데아는 민물이면 어디에서나 산다. 하수구의 물웅덩이에서도 사해死海 근처의 온천과 잠깐 동안 생기는 남극 대륙의 물웅덩이에서도 살고 있다. 델로이데아는 몸의 앞쪽에 있는 작은 물레방아와 같은 것을 움직여 이동하며, 마치 쉼표처럼 생겼다. 델로이데아는 수중 서식지가 마르거나 얼면 작은따옴표 형태로 변한 후 수면을 취한다. 이 작은따옴표는 '큰 술통'이라고 불리며, 외부의 충격에 대하여 놀라운 저항성을 나타낸다. 1시간 동안 끓는 물에 넣거나 절대 영도에서 1도가 모자라는 섭씨 영하 272도에서 1시간 동안 얼려도 이 술통은 분해되지 않을 뿐 아니라 죽지도 않는다. 델로이데아는 정기적으로 아메리카 대륙과 아프리카 사이를 이동할 만큼 먼지처럼 쉽게 지구상을 떠다닌다. 언 상태에서 녹으면 이 술통들은 빠르게 윤충으로 변하고 자신의 바퀴로 연못을 이동하며 박테리아를 잡아먹는다. 그리고 몇 시간이 지나지 않아 새로운 윤충이 될 알을 낳는다. 델로이데아 한 마리가 중간 크기의 호수를 자손으로 메우는 데는 딱 2개월이 걸린다.

그렇지만 내구력과 생식력의 묘기 이외에도 델로이데아에게는 신기한 점이 또 하나 있다. 수컷 델로이데아가 한 번도 발견된 적이 없다는 것이다. 생물학자들이 알고 있는 바로는 지구상에 살고 있는 500종이나 되는 델로이데아는 모두 다 암컷이다. 델로이데아의 레퍼토리에는 성이란 것이 없다.

물론 델로이데아의 성충이 다른 죽은 성충을 먹어 그들의 유전자를 자신의 유전자와 섞을 수도 있고 이와 비슷한 괴상한 과정을 거칠 수도 있지만,[1] 매튜 메셀슨과 데이비드 웰치David Welch의 최근 연구는 이 생물들이 전혀 성을 가지고 있지 않음을 시사하고 있다. 그들은 서로 다른 두 개체의 동일 유전자가 기능에 영향을 미치지 않는 한도에서 30퍼센트까지 다를 수 있음을 발견했다. 개체 간 유전자 차이가 그 정도라는 것은 델로이데아가 4천만 년 전에서 8천만 년 전 사이에 성을 포기했음을 암시한다.[2]

세상에는 민들레와 도마뱀에서부터 박테리아와 아메바에 이르기까지 종 차원에서 성을 가지지 않은 생물들이 많지만, 목目 차원에서 완전히 성이 없는 생물은 델로이데아가 유일하다. 아마도 그 때문이겠지만 델로이데아들은 대체로 비슷하게 생겼다. 반면에, 델로이데아의 친척쯤 되며 단성생식하는 윤충은 여러 종류의 구두점 형태를 모두 다 보여줄 만큼 그 형태가 다양하다. 델로이데아는 성을 가지지 않고는 진화가 거의 불가능하고 생물은 환경의 변화에 적응하지 못한다는, 생물학 교과서의 전통적인 지식에 대한 살아 있는 반례이다. 델로이데아의 존재는 존 메이너드 스미스의 말을 빌리자면 '진화의 한 추문'이다.[3]

약간만 다를 수 있는 재주

유전적 착오가 발생하지 않는 한, 새끼 델로이데아는 어미와 똑같이 생겼다. 사람의 아이는 생김새가 어머니와 똑같지는 않다. 이것

붉은 여왕

이 성의 첫 번째 결과이다. 대부분의 생태학자들에 의하면 실제로 이것이 성의 목적이다.

1966년 조지 윌리엄스는 성에 대한 교과서적 해석의 중심에 존재하는 논리적 오류를 들추어냈다. 전통적 해석에 따르면 성은 자기 종족의 생존과 진화를 더 진척시키기 위해 동물들에게 단기적인 이익을 포기하도록 한다. 이런 자기 억제는 매우 특수한 조건에서 진화했을 것임이 분명하다. 윌리엄스는 어떤 조건인지 확실히 말할 수는 없었지만, 성과 종의 분산이 대체로 관련되어 있는 데 주목했다. 무성생식을 통해서는 주변 지역으로만 번식하지만, 유성생식을 통해 생산한 씨앗은 바람을 통해 더 멀리 퍼진다. 유성생식하는 진디는 날개가 있지만 무성생식을 하는 것은 그렇지 않다. 결국 결론은 자손이 멀리 이동해야 한다면, 유성생식을 통해 다양성을 증진하는 게 바람직하다는 것이다. 세상은 고향의 환경과는 사뭇 다를 수 있기 때문이다.[4]

1970년대에 성에 관심이 있던 생태학자들은 이 개념에 천착했다. 1971년에 존 메이너드 스미스는 이 문제를 처음으로 연구하면서, 서로 다른 두 동물이 새로운 서식지로 이동하여 새 환경에 적응하는 데 서로의 특성을 합치는 것이 도움이 될 때, 성이 필요할 것이라고 했다.[5] 2년 후에 윌리엄스는 이 논쟁에 다시 개입하면서 의견을 제시했다. 그에 따르면 만약 새끼들이 운에 맡기고 사는 나그네처럼 죽는다면 가장 적응을 잘한 새끼들만이 살아남을 것이다. 그러므로 한 마리의 동물이 아무리 많은 새끼를 낳아도 그들이 평범한 자질만을 갖추었다면 이는 소용이 없다. 중요한 것은 얼마 되지 않더라도 특출한 자손을 낳아야 한다는 점이다. 만약 아들이 교황이 되기를 원한다면 닮은꼴인 아들을 여럿 낳기보다는, 서로 다른 아들을 많이 낳아 그 가운데 한 명이 충분히 선하고 똑똑하며, 신앙심 깊기를 바라는 것이 가장 좋은 방법이다.[6]

  윌리엄스가 설명하는 방식은 복권추첨과 비슷하다. 무성생식을 하는 것은 번호가 같은 복권을 많이 갖고 있는 것과 같다. 당첨 확률을 높이려면 번호가 다른 복권을 여러 장 갖고 있어야 한다. 따라서 후손이 변형되거나 색다른 환경에 처하기 쉬울 때, 성은 종뿐 아니라 개체에게도 유리하다.

  윌리엄스는 특히 진디나 단성생식을 하는 윤충에 관심을 가졌다. 이들은 수세대에 걸쳐 단 한 번 성을 가진다. 진디는 여름에 장미 덤불 속에서 번식하고, 단성생식을 하는 윤충은 거리의 웅덩이에서 번식한다. 그러나 여름이 가면 진디나 단성생식을 하는 윤충의 마지막 세대는 완전히 유성생식을 하게 된다. 그들은 암컷과 수컷을 낳고 새끼들은 서로의 짝을 찾아 교미하여, 튼튼한 자손이 더 좋은 조건이 돌아올 때까지 딱딱한 포낭에 싸여 겨울이나 가뭄을 이겨내도록 한다. 윌리엄스가 볼 때 이것은 복권추첨 이론Lottery theory과 맞아떨어졌다. 주변 조건이 우호적이고 예측 가능할 때는 되도록 빨리 생식하는 것이 좋다. 무성생식의 방법으로. 그러나 이런 아늑한 세계가 파괴되어, 다음 세대의 진디나 윤충들이 새로운 거주지를 찾거나 예전의 거주지가 원상태로 돌아오기를 기다려야 할 때에는, 서로 다른 다양한 자손들을 낳고 그중 하나가 적자로 살아남기를 바라는 것이 유리했다.

윌리엄스는 '진디-윤충' 모델을 다른 두 모델과 대조하였다. 바로 '딸기-산호' 모델과 '느릅나무-굴' 모델이다. 딸기와 산호를 형성하는 생물들은 평생을 한 곳에서 보내면서 포복 줄기나 산호 가지를 뻗어 개체와 그 클론들이 주위 공간으로 점점 퍼지도록 한다. 그렇지만 새로운 처녀지를 찾아 자손을 멀리 보내야 할 때에는, 딸기는 유성생식으로 이룬 씨를, 그리고 산호초는 플라눌라planula라는 성을 지닌 유생幼生을 생산한다. 씨는 새를 통해 멀리 운반되고, 플라눌라는 해류를 따라 며칠이고 둥둥 떠다닌다. 윌리엄스에게는 이것이 공간의 개념을 이용한 복권추첨 같았다. 개체들은 더 멀리 이동할수록 더 새로운 환경에 도달할 것이다. 이를 고려할 때 개체들이 다양해야만 비록 한두 개체이더라도 도착한 곳에 적응할 확률도 커진다. 유성생식을 하는 느릅나무나 굴은 수백만 개의 작은 개체를 생산하는데, 이들은 바람이나 해류를 타고 이동한다. 이들 중 몇몇 개체는 운이 좋으면 적절한 장소에 내려앉아 새로운 삶을 시작한다.

왜 이런 일을 하는 것일까? 윌리엄스는 그것은 느릅나무나 굴이 자신들의 서식지에서 포화 상태에 도달했기 때문이라고 말한다. 굴 서식지나 느릅나무 숲에는 빈 공간이 거의 없다. 빈 공간이 생기기만 하면 새로운 유생이나 씨앗이 수천의 경쟁자가 되어 몰려들 것이다. 그렇기 때문에 자손이 생존할 능력이 있는가는 중요한 일이 아니다. 중요한 것은 자손들이 최상의 조건을 지니고 있는가이다. 성은 다양성을 제공해주기 때문에, 무성이 모든 자손을 평균적으로 만드는 대신에 유성은 자손 가운데 몇몇을 뛰어나게 만들고 몇몇을 의미심장한 존재로 만들어준다.[7]

뒤엉킨 강둑

 월리엄스의 주장은 세월이 흐르면서 수없이 많은 변형을 거쳐 수많은 모습과 수많은 이름으로 다시 등장하였다. 그러나 수학적으로 볼 때 이 복권추첨 모델은 1등 당첨의 대가가 엄청나게 클 경우에만 제대로 기능할 것이다. 수많은 떠돌이 개체 중 살아남은 극소수가 눈부시게 잘 번식할 수 있을 경우에만 성을 가지는 게 유리하다. 그렇지 않으면 성은 수지가 맞지 않는다.[8]

 이런 제약 때문에, 그리고 대부분의 종들이 다른 곳으로 이동하는 새끼를 생산하는 것은 아니기 때문에, 복권추첨 이론을 진정으로 수용하는 생태학자는 드물다. 이론의 붕괴에 가장 큰 기여를 한 것은 몬트리올의 그레이엄 벨이었다. 그는 앞서 본 왕과 금붕어의 예처럼, 복권추첨 모델이 실제 증거가 있는 현상인지 확인해보았다. 벨은 생태와 성별에 따라 종들을 분류하기 시작했다. 벨은 월리엄스와 메이너드 스미스가 존재한다고 믿은 생태학적 불안정성과 성 사이의 상호관계를 찾으려고 한 것이다. 그래서 벨은 동물과 식물이 위도와 경도가 높을수록(기후가 잘 변하고 조건이 열악해서), 바다보다는 민물에서(민물은 홍수·가뭄, 여름의 고온과 겨울 냉온 등 항상 변하지만 바다는 대체로 일정하므로), 파괴된 서식지의 잡초에서, 덩치가 큰 생물보다는 작은 생물의 경우에 유성생식을 할 가능성이 크리라고 예상했다. 그러나 벨은 정확히 그 반대의 사실을 발견했다. 무성생식 생물들은 주로 크기가 작고, 위도와 경도가 높은 곳이나 민물 또는 파괴된 서식지에서 생활하는 경향이 있다. 이들은 혹독하고 예측하기 어려운 환경으로 개체수가 과밀하게 증가하지 않아 포화 상태에 이르지 않은 서식지에서 산다. 실제로 진디와 윤충에게 보이는 성과 어려운 환경의 관계마저도 거짓으로 밝혀졌다. 진디와 윤충은 겨울이 오거나 가뭄의 위협이 닥칠 때가 아니라, 인구 과다가 식량 공급을 위협할 때 유성생식을 하는 것이다. 진디와 윤충을 실험실에서 과밀하게 키우기만 하면 이들에게서 유성생식을 일으킬 수 있다.

복권추첨 모델에 대한 벨의 비판은 가차없었다.

> 이 모델은 성의 역할을 고찰한 최고의 지성들에게 적어도 개념적 기초로서 인정은 받았지만, 비교 분석 시험에서는 완전히 실패한 것 같다.[9]

복권추첨 모델은 성이 실제로는 가장 희귀한 곳에서 오히려 가장 보편적일 것이라고 잘못 예측했다. 유동적인 환경에서 높은 번식력을 지닌 작은 동물들 사이에서 말이다. 그러나 그와는 반대로 이 경우에는 성이 예외이다. 오히려 안정된 환경에서 사는 덩치가 크고, 오래 살며, 천천히 번식하는 동물들 사이에서 성이 지배적이다.

윌리엄스에게 이 비판은 약간 불공평했다. 그의 '느릅나무-굴' 모델은 최소한 묘목 사이의 공간을 차지하려는 치열한 경쟁이 느릅나무에게 성을 가지게 한 이유라고 예측했다. 1974년에 마이클 기즐린은 이 개념을 더욱 발전시켜 경제의 흐름과 유사한 형태를 지닌 효과적인 모델을 제시했다. 기즐린은 "포화된 경제에서는 다양함이 유리하다"고 말했다. 기즐린은 개체들이 대부분 자신의 형제자매와 경쟁하기 때문에, 자신의 형제자매와 약간씩이라도 다르면 더 많은 개체가 살아남을 수 있다고 했다. 부모가 한 가지 일을 통해 번창했다는 사실은 다른 일을 하는 것이 더 이로울 것임을 알 수 있게 해준다. 왜냐하면 거주지 주변에는 부모와 같은 일을 하는 친척들과 부모 친구들이 가득할 것이기 때문이다.[10]

그레이엄 벨은 이것을 찰스 다윈의 『종의 기원』 중 유명한 마지막 문단을 인용해 '뒤엉킨 강둑Tangled bank' 이론이라고 불렀다.

> 여러 종류의 많은 식물로 뒤덮여 있고, 새들은 덤불에서 노래하며, 여러 곤충들이 나돌아다니고, 축축한 대지를 지렁이가 기어다니는 뒤엉킨 강둑을 상상하는 것은 아주 흥미로운 일이다. 서로 너무나도 다르지만 복잡한 방식으로 서로에게 의존하고 있는, 이렇게 정교하게 만들어진 개체들이 우리 주위에 작용하는 법칙에 의해 만들어졌다는 것 또한 놀랍다.[11]

벨은 경쟁자 없이 근처 시장의 대부분에 단추를 공급해주는 단추 제조공의 비유를 사용했다. 단추 제조공은 무슨 일을 하는가? 그는 새 단추를 계속 공급할 수도 있고 단추의 종류를 다양화하여 소비자들에게 다양한 단추를 사게 함으로써 시장을 넓힐 수도 있다. 마찬가지로 밀집된 공간 속의 유성생식 생명체는 동일한 자손을 생산해내기보다는, 새로운 환경에 적응하여 경쟁에서 벗어날 수 있는 개체를 생산한다는 희망 속에서 서로 다른 자손을 생산하는 것이 유리하다. 벨은 동물계의 성과 무성에 대한 철저한 조사를 거쳐 뒤엉킨 강둑 이론이 성에 대한 생태학적 이론 가운데 가장 가능성이 있다고 결론지었다.[12]

뒤엉킨 강둑 이론의 지지자들은 밀과 보리 재배에서 얻은 간접 증거를 가지고 있다. 서로 다른 변종들의 혼합은 한 종류의 변종보다 더 많은 수확량을 낸다. 작물을 원산지 이외의 곳에 심으면, 마치 유전적으로 고향의 환경에만 맞게 설계된 것처럼 원산지에서보다 산출이 나쁘다. 새로운 경작지 환경에서 서로 경쟁하게 하면, 삽목이나 휘묻이로 키운 식물이 유성생식의 씨앗에서 나온 식물보다 산출이 더 나빠 마치 성이 다양한 이점을 제공하는 것처럼 보인다.[13]

문제는 이런 결과들이 반대 이론에 의해서도 그럴 듯하게 예측될 수 있다는 것이다. 윌리엄스는 "만약 한 이론으로부터의 추론이 다른 이론을 반증한다면 운이 좋은 것이다"라고 했다.[14] 이는 논쟁에서 특히 민감한 주제이다. 일례로, 집 앞 진입로가 왜 젖었는지 고민하는 사람의 경우를 상상해보자. 그는 아마 비나 살수 장치나 부근 강의 범람을 생각할 것이다. 그러나 살수 장치를 켜서 진입로가 젖는 것을 관찰하거나 빗물이 진입로를 적시는 것을 관찰하는 것은 소용없다.[15] 이런 관찰을 통해서 결론을 내리면 철학자들이 '당연한 결과를 확인하는 오류'라고 부르는 함정에 빠지게 되는 것이다. 살수 장치가 진입로를 적실 수 있다고 실제로 살수 장치가 그랬다는 것은 아니다. 뒤엉킨 강둑 이론이 사실과 부합한다고 해서 사실의 원인이 된다고는 할 수 없다.

요즘에는 뒤엉킨 강둑 이론을 열성적으로 지지하는 것을 보기가 어렵다. 이유는 간단하다. 아무 이상도 없는데, 성이 개입할 필요가 있을까? 굴의 입장에서 본다면 번식할 수 있을 정도로 성장하면 성공한 셈이다. 대부분의 형제들은 살아남지 못한다. 만약 뒤엉킨 강둑 이론자들의 예상대로 유전자가 여기에 관여했다면, 왜 이번 세대에서 성공한 유전자가 다음 세대에서는 실패하리라 당연시하는 것일까? 뒤엉킨 강둑 이론자들은 여러 가지 변명을 하지만, 그저 탄원처럼 들린다. 성이 이롭게 작용하는 독립된 경우를 찾기는 아주 쉽다. 그렇지만 이것을 모든 포유류와 조류의 모든 서식지, 모든 침엽수에 적용되는 일반적인 원칙으로 승화시켜 무성생식이 유성생식보다 두 배나 번식력이 우수하다는 사실을 뒤엎는 이론으로 제시하기는 어렵다.

뒤엉킨 강둑 이론에 대한 반대 의견 중에는 경험적 근거에 따른 것도 있다. 뒤엉킨 강둑 이론은 덩치가 큰 새끼를 적게 낳는 동식물보다 작은 새끼들을 많이 낳아 서로 경쟁하게 하는 동식물 사이에서 성이 더 큰 이익이 된다고 예측한다. 그러나 척 보면 알 수 있는 것처럼, 성에 투자하는 노력은 자손의 크기가 얼마나 작은지와는 별 상관이 없다. 가장 큰 동물인 흰긴수염고래는 5톤이 넘는 덩치 큰 새끼를 낳는다. 가장 큰 식물인 세쿼이아는 씨앗의 무게와 나무의 무게 비율이 나무의 무게와 지구의 무게 비율과 비슷할 정도로 작은 씨앗을 만든다.[16] 그렇지만 긴수염고래나 세쿼이아 둘 다 유성생식을 한다. 대조적으로, 생식할 때에 자신의 몸을 반으로 자르는 아메바는 자신과 크기가 거의 같은 새끼를 만들지만 성은 결코 갖지 않는다.

붉은 여왕

그레이엄 벨의 제자인 오스틴 버트Austin Burt는 뒤엉킨 강둑 이론이 사실과 부합하는지 알아보고자 현실 세계를 살펴보았다. 그는 포유동물들이 성을 가지고 있는지 없는지를 본 것이 아니라 그들의 유전자 사이에서 어느 정도의 재조합이 일어나는지를 관찰하였는데, 염색체에 '교차점'의 수가 얼마나 많은지 세는 방법을 썼다. 교차점이란 한 염색체가 다른 염색체와 유전자를 바꾸는 지점이기 때문이다. 버트가 발견한 것은 포유류에서는 재조합의 정도가 자손의 수와 체구와는 거의 관계없이 성숙기를 이루는 나이와 관련이 있다는 것이다. 다시 말해, 오래 살며 늦게 성숙하는 포유동물들은 체구와 다산력에 관계없이, 짧게 살고 일찍 성숙하는 동물들보다 유전자 사이에서 재조합이 더욱 자주 일어난다. 버트의 계산에 따르면 인간에서는 30회, 토끼에서는 10회, 그리고 쥐에서는 3회의 교차가 일어난다. 뒤엉킨 강둑 이론대로라면 그 반대였을 것이다.[17]

뒤엉킨 강둑 이론은 또한 화석의 증거와도 맞지 않았다. 1970년대 진화생물학자들은 생물종들이 많이 변화하지 않음을 알게 되었다. 그들은 수천 세대 동안을 변하지 않고 그대로 지내다가 다른 형태의 생명체에 의해 갑자기 자리를 빼앗기고 만다. 뒤엉킨 강둑 이론은 단계론적 개념이다. 만약 이 이론이 맞다면 종들은 수백만 세대 동안 한 형태로만 존재하는 것이 아니라 각 세대마다 조금씩 변하여 환경에 점차적으로 적응해나갈 것이다. 그러나 현실을 보자면 점진적인 형태의 진화는 작은 섬이나 인구가 적은 개체군에서만 일어난다. 밀러의 톱니바퀴와 비슷한 효과, 즉 어떤 형태의 우연한 멸종과 어떤 돌연변이 형태의 우연한 번성 때문이다. 좀 더 큰 개체군에서는 이를 방해하는 요소가 바로 성 그 자체이다. 혁신이 이루어지더라도 나머지 종에게로 퍼져버리고, 집단 속으로 사라져버리기 때문이다. 섬의 개체군에서는 근친교배가 너무나도 성행하기 때문에 성이 이런 영향을 줄 수는 없어서 돌연변이가 유지된다.[18]

진화에 관한 가장 인기 있는 해석의 핵심에 과거나 지금이나 여전히 엄청나게 잘못된 가정이 숨어 있음을 밝힌 것은 윌리엄스이다. 진보의 사다리라는 낡은 개념이 아직도 목적론의 형태로 남아 있다는 말이다. 진화는 종들에게 이롭기 때문에 종들은 진화가 더 빨리 진행되도록 노력한다는 것이다. 그렇지만 진화의 특징은 변화가 아닌 안정이다. 성, 유전자 수리, 후세에게 결점 없는 정자와 난자를 남겨주기 위해 고등동물들이 지닌 선별 메커니즘과 같은 이 모든 것들이 변화를 막기 위한 수단이다. 인간이 아니라 실러캔스가 유전자 체계의 승리자이다. 실러캔스는 유전형질을 이루는 화학물질에 가해지는 끊임없는 공격에도 불구하고 수백만 세대 동안 원래 형태를 계속 유지해왔기 때문이다. 성에 대해 낡은 변절자 가설은 성이 진화를 가속화하는 작용을 한다고 했다. 이 모델은 돌연변이가 다양성의 근원이기 때문에 생명체들이 돌연변이 발생률을 꽤 높게 유지하려 할 것이고, 나쁜 돌연변이를 아주 잘 골라낸다고 했다. 그렇지만 윌리엄스는 어떤 생물이라도 돌연변이 발생률을 되도록 최소화하려는 행동 이외의 짓을 한다는 증거는 발견된 적이 없다고 했다. 모든 생물은 돌연변이 발생률을 0으로 만들려고 노력한다. 진화는 돌연변이 방지의 실패에 달려 있다.[19]

수학적으로 뒤엉킨 강둑 이론은 색다른 개체가 됨으로써 충분한 이익이 있을 때에만 설명이 가능하다. 이 모든 것은 하나의 도박이다. 한 세대에서 유리했던 것은 다음 세대에서는 그렇지 않으며, 더 이상 이점이 되지 않는다. 그리고 이런 현상은 세대가 길수록 더 심하다. 이는 바로 환경이 계속 변한다는 사실을 의미한다.

붉은 여왕

이제 붉은 여왕의 세계에 들어가 보자. 이 괴상한 왕족은 20년 전에 생물학 이론의 일부가 되었고 그 후로 계속 중요성이 커져왔다. 나를 따라 시카고대학 한 사무실의 어두운 미로로 들어가 보자. 두 개의 서류 캐비닛 사이를 비집고 들어가면 대걸레 창고만한 어둠의 공간이 보일 것이다. 그곳에는 하느님의 수염보다는 길지만 찰스 다윈의 수염보다는 길지 않은 회색 수염에 체크 무늬 셔츠를 입은 노인이 한 사람 앉아 있을 것이다. 그가 바로 붉은 여왕의 첫 예언자인 리 밴 베일런Leigh Van Valen으로, 진화의 철저한 지지자이다. 그의 수염이 회색이 되기 전인 1973년 어느 날 반 발렌은 해양 화석을 연구하면서 새로 발견한 것을 설명할 수 있는 문구를 찾고자 애쓰고 있었다. 이 발견은 한 과의 동물들이 멸종될 가능성은 그 과가 얼마나 존재했는지와는 상관이 없다는 것이다. 달리 말하자면 시간에 따라 종의 생존 능력이 향상되는 것은 아니라는 것이다(그렇다고 해서 개체가 그러하듯 존재 기간이 길어진다고 약해지는 것도 아니다). 그들의 멸종 가능성은 무작위적이다.

반 발렌은 이 발견의 중요성을 놓치지 않았다. 왜냐하면 이 발견은 다윈이 완전히 이해하지는 못했던 진화에 대한 결정적 진실을 다시 제시하고 있었기 때문이다. 생존을 위한 투쟁은 결코 쉬워지지 않는다. 환경에 아무리 잘 적응한다 하더라도 좋은 방심할 수 없다. 경쟁자와 적들 역시 자신들의 서식 환경에 적응하기 때문이다. 생존은 제로섬 게임이다. 한 종의 성공은 경쟁 종에게 더 좋은 목표를 제공할 뿐이다. 반 발렌은 어린 시절의 기억 속에서 앨리스가 거울 속에서 살아 있는 체스판의 말들을 만난 일을 떠올렸다. 붉은 여왕은 바람처럼 움직이지만 어디에도 도착하지 않는 아주 무서운 여인이다.

앨리스는 여전히 조금씩 헐떡이며 말했다.
"음, 우리 세상에서는 지금처럼 오랫동안 빨리 뛰었다면 보통 어디엔가 도착하게 돼요."
여왕은 말했다.
"느릿느릿한 세상이군. 그렇지만 보다시피 이곳에서는 같은 자리에 있으려면 최선을 다해 뛰어야 해. 어딘가에 가고 싶다면 적어도 그 두 배 이상 빨리 뛰어야 한단다."[20]

반 발렌은 「새로운 진화 법칙 A New Evolutionary Law」이라는 논문을 써서 가장 명성이 있다는 과학 잡지에 차례로 투고하였지만 번번이 거절당했다. 그렇지만 그의 주장은 인정받았다. 붉은 여왕은 생물학의 궁전에서 아주 중요한 인물이 되었다. 성과 관련된 이론들에

 붉은 여왕

서보다 그녀가 더 유명해진 곳은 없다.[21]

붉은 여왕 이론은 세상이 필사적인 경쟁으로 이루어져 있다고 주장한다. 세상은 정말로 계속 변화한다. 그렇지만 방금 전에는 종들이 몇 세대 동안 안정적이며 좀처럼 변화를 겪지 않는다고 하지 않았는가? 그렇다. 붉은 여왕 이론의 핵심은 그녀가 계속 달리고 있지만 항상 같은 장소에 머물러 있다는 것이다. 세상은 결국 시작한 지점으로 되돌아온다. 변화는 있지만 발전은 없다.

붉은 여왕 이론에 따르면 성은 더 커지거나, 더 잘 위장하거나, 더 추위를 잘 견디거나, 더 잘 나는 것과 마찬가지로 무생물의 세계에 적응하는 것과 아무 관계가 없다. 성의 존재 이유는 반격하는 적과 싸우는 것이 전부이다.

생물학자들은 너무 이른 죽음에 대한 물리적 원인만을 과대평가했지, 생물학적 원인에 대해서는 신경 쓰지 않았다. 진화를 설명하는 대부분의 글에서 가뭄, 서리, 바람, 기근은 생존의 거대한 적으로 나타난다. 우리는 우리가 해야 할 일은 바로 이런 환경에 적응하는 것이라고 믿어왔다. 낙타의 혹, 북극곰의 털, 술통 같은 윤형輪形동물의 고온저항성 몸 등과 같은 물리적인 적응의 신비는 진화의 위대한 성과 중 하나로 여겨진다. 성에 대한 최초의 생태학 이론들은 모두 물리적 환경에 대한 이러한 적응력에 초점을 맞추고 있었다. 그렇지만 뒤엉킨 강둑 이론과 함께 다른 주제가 들려오기 시작했다. 붉은 여왕의 행군에서 이는 압도적인 음색을 갖는다. 사실 동물을 죽이거나 생식을 억제하는 요소가 물리적 요인일 경우는 극히 드물다는 것이다. 대부분은 기생동물, 경쟁자, 그리고 육식동물 같은 다른 동물이다. 포화된 연못에서 굶고 있는 물벼룩은 경쟁의 희생양이지 식량 부족의 희생양은 아니다. 대체로 육식동물과 기생동물은 직접적으로나 간접적으로 세상 대부분의 죽음을 일으킨다. 숲에서 나무가 쓰러지는 것은 보통 곰팡이로 인해 약화되었기 때문이다. 청어가 죽음을 맞이하는 것은 보통 더 큰 물고기에게 잡아먹히거나 그물에 걸려서이다. 무엇이 몇 세기 전에 당신 조상들을 죽였는가? 천연두, 결핵, 폐렴, 전염병, 성홍열, 설사 등이었다. 사고나 기근이 사람들을 약화시켰지만, 감염은 그들을 죽인다. 부유층의 사람들 중 노령이나, 암, 심장마비 등으로 죽은 이들도 있었지만 그 수는 적었다.[22]

1914년에서 1918년 사이의 제1차 세계대전은 4년 동안 2,500만 명을 죽였다. 그 뒤를 이어 나타난 유행성 독감은 단 4개월 동안에 2,500만 명을 죽였다.[23] 이것은 문명의 개벽 이후 인류에게 닥친 무시무시한 전염병들 중 가장 최근에 일어난 일일 뿐이다. 유럽은 165년의 홍역, 251년의 천연두, 1348년의 선腺페스트, 1492년의 매독, 1800년의 결핵으로 황폐화되었다.[24] 이 전염병의 예만 들었는데도 그렇다. 풍토병 또한 무수히 많은 사람을 죽였다. 모든 식물이 곤충의 공격을 지속적으로 받듯이, 모든 동물은 나갈 구멍을 기다리며 들끓고 있는 굶주린 박테리아의 덩어리이다. 당신이 '당신의' 육체라고 자랑스레 부르는 물체에는 인간의 세포보다 박테리아가 더 많을 수 있다. 지금 이 책을 읽는 이 순간 지상에 존재하는 사람보다 더 많은 박테리아가 당신 몸의 속과 겉에 있을 수 있다.

최근 몇 년간 진화생물학자들은 기생생물의 주제로 계속 되돌아가고 있다. 최근에 리처드 도킨스가 다음과 같이 논문에 발표했듯이.

붉은 여왕

오늘날 진화론을 다루는 큰 연구기관에서 모닝커피를 마시며 하는 소리를 엿들어보라. 그러면 '기생생물'이 가장 흔하게 쓰이는 말임을 알게 될 것이다. 기생생물은 성을 진화하게 만든 최초의 동인으로 추켜올려지고 있으며, 바로 그 문제 중의 문제에 대한 최종 해답의 희망을 약속해준다.[25]

기생생물은 육식동물보다 두 가지 이유에서 더 파괴적인 효과를 나타낸다. 하나는 그들이 수적으로 우세하다는 것이다. 인간들은 자신들과 거대한 백상어 외에는 포식자를 가지고 있지 않지만 아주 많은 기생생물을 가지고 있다. 토끼가 담비, 족제비, 여우, 매, 개와 사람 등에게 잡아먹히는 것은 사실이지만 더 많은 토끼가 이, 벼룩, 모기, 촌충, 점액종 바이러스에게 죽는다. 두 번째 이유는 첫 번째 이유의 원인이다. 바로 포식자는 먹이보다 덩치가 크지만, 기생생물은 대체로 숙주보다 작다는 것이다. 이것은 기생생물의 생존기간이 짧아서 주어진 시간 동안 숙주보다 더 많은 세대를 거친다는 의미이다. 내장 속의 박테리아는 우리가 살아 있는 동안 인류가 유인원에서부터 진화해온 전체 세대의 6배를 거친다.[26] 그 결과 숙주보다 더 빨리 번식하여 숙주의 개체수를 감소시키거나 조절할 수 있다. 포식자는 단지 먹이가 풍부한가에 따라 많아졌다 적어졌다 할 뿐이다.

기생생물과 숙주는 아주 친밀한 진화관계를 맺고 있다. 기생생물의 공격이 더 효과적일수록(더 많은 숙주를 침범하거나 하나의 숙주로부터 더 많은 자원을 얻을수록), 숙주의 생존 기회는 방어책을 구축할 수 있는가에 따라 달라진다. 숙주가 잘 방어할수록 이 방어책을 이

견뎌 낼 수 있는 기생생물이 자연선택될 것이다. 그렇기에 이익은 항상 한쪽에서 다른 쪽 사이를 오간다. 위기가 닥치면 닥칠수록 숙주와 기생생물 둘 다 힘을 다해서 싸울 것이다. 이것이 바로 결코 승리 없이 일시적인 휴식만을 얻는 진정한 붉은 여왕의 세계이다.

기지의 싸움

또한 변화가 가득한 게 성의 세계이기도 하다. 성은 매 세대 유전자를 바꿔야 할 훌륭한 동기로 작용하는데, 그것이야말로 성의 역할이다. 이전 세대에서 특정 유전자들이 기생생물의 공격을 잘 방어해 냈다면, 그것이야말로 다음 세대에서 동일한 유전자 조합을 피해야 하는 가장 좋은 이유이다. 다음 세대가 돌아올 때쯤이면, 기생생물들은 전 세대에서 가장 우수했던 방어에 대한 해답을 알아낼 것이기 때문이다. 마치 운동과 같다. 체스나 축구에서 가장 효과적인 전술이라도 상대방이 그 해법을 터득하면 더 이상 효과를 거두지 못한다. 공격의 모든 혁신은 곧 방어의 혁신에 의해 무마된다.

가장 비슷한 예는 무기 경쟁이다. 미국이 원자폭탄을 개발하면 소련도 만들었다. 미국이 미사일을 만들면 당연히 소련도 만들었다. 탱크 대 탱크, 헬리콥터 대 헬리콥터, 폭격기 대 폭격기, 잠수함 대 잠수함 등 두 국가는 서로 경쟁했지만 계속 같은 자리를 유지했다. 20년 전에는 무적이었을 무기들에도 이제는 약점이 드러났고, 쓸모없게 되었다. 한 초강대국이 앞질러 나가면 나갈수록, 상대방의 추

붉은 여왕

격전은 더욱 가속된다. 이런 무기 경쟁을 해낼 재력이 있는 한 아무도 이 경쟁에서 벗어나지 못한다. 러시아의 경제가 몰락한 뒤에야 이 무기 경쟁이 끝났다(혹은 일시 중지됐다).[27]

이런 무기 경쟁 비유를 너무 심각하게 받아들이면 안 되지만, 이것은 매우 흥미로운 통찰을 제공해준다. 리처드 도킨스와 존 크렙스 John Krebs는 무기 경쟁에서 출발한 논쟁을 '원리'의 수준까지 끌어올렸다. 바로 '사느냐 먹히느냐의 원리 Life-dinner principle'이다. 여우로부터 도망치는 토끼는 살기 위해서 뛰는 것이기에 빠르고자 하는 진화적인 자극이 더 크게 작용한다. 여우는 단지 한 끼 식사거리를 잡기 위해 뛴다. 그렇지만 치타에게서 도망치는 영양은 어떤가? 여우는 토끼 이외의 것도 먹는 데 비해 치타는 영양만을 먹기 때문에 느린 치타는 아무것도 잡아먹지 못하여 죽게 된다. 영양은 느리다 해도 치타를 만나는 불운을 겪지 않고 평생을 살 수도 있다. 그러므로 충격은 치타에게 더욱 크게 작용한다. 도킨스와 크렙스가 말했듯이 대체로 전문가가 진화의 경주에서 이긴다.[28]

기생생물은 고도의 전문가들이지만 무기 경쟁 비유는 이들에게 적절하지 못하다. 치타의 귀에 사는 벼룩은 경제학자들이 말하는 '이익의 일치 Identity of interest'를 갖는다. 치타가 죽으면 벼룩도 죽는다는 것이다. 개리 라슨 Gary Larson(「Far Side」라는 한 컷짜리 만화를 신문에 연재해서 유명해진 미국의 만화가—옮긴이)은 한때 '개의 종말이 곧 오리라'라는 플래카드를 들고 개의 등에 난 털 사이를 걷는 벼룩을 만화로 그린 적이 있다. 자신이 유발했지만 벼룩에게 개의 죽음은 나쁜 소식이다. 기생생물이 숙주를 해침으로써 이익을 얻는

가는 수년 동안 기생생물학자들의 고민거리였다. 기생생물은 새로운 숙주를 만나면(유럽 토끼에게는 점액종이, 인간에게는 AIDS가, 그리고 14세기 유럽에는 흑사병이) 대체로 아주 극악스럽게 시작하다 점차로 온순해진다. 그렇지만 몇몇 병은 거의 무해해지는 반면 어떤 병들은 치명적인 상태를 유지한다. 이에 대한 설명은 쉽다. 병의 전염성이 강할수록 저항성이 강한 숙주가 근처에 있을 확률은 줄어들고 새 숙주를 찾기는 쉬워진다. 그래서 내성이 없는 개체군의 전염병은 숙주를 죽이는 것을 걱정하지 않아도 된다. 벌써 옮겨갔기 때문이다. 그렇지만 가장 적합한 숙주들이 대부분 감염되거나 내성을 지녀서 숙주를 옮겨다니기가 어려워지면, 기생생물은 자신의 터전을 죽이지 않도록 조심해야 한다. 이와 똑같이 노동자들에게 다른 직장 제의가 있을 때보다 취직률이 낮을 때에, 사업주가 노동자들에게 '제발 파업하지 마세요. 아니면 회사가 부도납니다'라고 애원하는 것이 더 설득력이 있다. 그렇지만 독성이 줄어든다 해도 숙주는 여전히 기생생물에 의해 피해를 입고 있고 자신의 방어력을 높이도록 강요받는다. 이에 비해 기생생물은 그런 방어체를 부수려 하고 숙주의 희생 속에서 더 많은 자원을 독차지하려고 한다.[29]

인공 바이러스

기생생물과 숙주가 진화의 무기 경쟁에 참여하고 있다는 사실에 대한 놀라운 증거는 매우 흥미롭게도 컴퓨터가 제공해주었다. 1980

붉은 여왕

년대 후반 진화생물학자들은 컴퓨터에 능숙한 동료들 사이에 '인공생명'이라는 새로운 개념이 있음을 주시하였다. 인공생명은 진짜 생명체와 마찬가지로 복제, 경쟁, 그리고 선택이라는 과정을 통해 발전하도록 만들어진 컴퓨터 프로그램에 붙은 재미있는 이름이다. 인공생명은 궁극적으로 생명이 바로 정보의 문제임을 증명해준다. 복잡함은 목적 없는 경쟁의 결과이고, 설계 또한 우연의 결과라는 결정적인 증거이다.

만약 생명이 정보이고 기생생물에게 무수히 침범받고 있다면, 정보도 기생체의 위협을 받을 것이다. 컴퓨터의 역사가 기록된다면, 아마도 '인공적으로 살아 있다'는 명칭을 받을 최초의 프로그램은 1983년에 프레드 코언Fred Cohen이라는 캘리포니아공대 대학원생이 만든 200줄짜리 프로그램일 것이다. 이 프로그램은 '바이러스'로, 진짜 바이러스가 다른 숙주 속에 자신의 복제본을 침투시키듯 다른 컴퓨터 프로그램에 자신의 복제본을 삽입시킨다. 그 이후로 컴퓨터 바이러스는 전세계적인 문제가 되고 있다. 기생생물은 어떠한 생명 체계에서도 피할 수 없는 것처럼 보인다.[30]

그렇지만 코언의 바이러스와 그 성가신 후계자들은 인간에 의해 만들어졌다. 델라웨어대학의 생물학자인 토머스 레이Thomas Ray가 인공생명에 관심을 갖기 시작하면서 최초의 컴퓨터 기생체가 자연 발생적으로 생겨났다. 레이는 티에라라고 하는 체계를 구축했다. 이 것은 작은 오류가 포함되는 돌연변이로 서로 경쟁적으로 계속 채워지는 여러 프로그램으로 구성되어 있다. 다른 것의 희생 속에서 프로그램은 성공적으로 번성했다.

효과는 엄청났다. 티에라 내부에서 프로그램들은 자신보다 단축된 모습으로 진화하기 시작했다. 79개의 명령을 가지는 프로그램이 80개의 명령을 가지는 원본 프로그램을 대체하기 시작했다. 그러다가 갑자기 45개의 명령만을 지닌 프로그램이 나타나기 시작했다. 이것은 필요한 명령의 반을 긴 프로그램에서 빌려 썼다. 이것들은 진정한 기생체였다. 곧 몇몇 긴 프로그램들이 레이가 기생체에 대한 면역이라 부르는 것을 개발해냈다. 어떤 프로그램은 자신의 일부를 숨김으로써 기생체 한 종류의 침투를 막아낼 수 있었다. 그렇지만 기생체들에게도 대응책이 있었다. 이런 감춰진 부위를 찾을 수 있는 돌연변이 기생체가 생긴 것이다.[31]

이렇게 해서 무기 경쟁은 점점 가속되었다. 레이가 가끔 컴퓨터를 작동시킬 때 그는 자연발생적으로 나타나는 초기생체hyper-parasite와 사회적 초기생체와 반칙을 하는 초상기생체hyper-hyper-parasite를 보게 되었다. 이것은 모두 처음에는 우스울 정도로 단순한 진화 체계에서 출발했다. 그는 숙주 대 기생체의 무기 경쟁 개념이 가장 초보적이지만 피할 수 없는 진화의 결과임을 발견했다.[32]

그렇지만 무기 경쟁 비유에도 문제가 있다. 진짜 무기 경쟁에서는 낡은 무기가 우위를 차지하는 경우가 거의 없다. 큰 활을 쓰는 시대가 다시 오지는 않을 것이다. 기생체와 숙주의 경쟁에서는 상대방이 방어법을 잊은 지 오래된 무기가 가장 효과적일 수도 있다. 그러므로 붉은 여왕은 한곳에 머물러 있기보다는 계속 앞으로 전진하는 듯하지만, 결국은 원점으로 돌아온다. 마치 영원히 언덕 밑으로 굴러 떨어지는 바위를 계속해서 언덕 위로 올리도록 벌을 받은 시지푸스

붉은 여왕

와 같다.

동물들이 기생생물로부터 스스로를 보호하는 방법에는 세 가지가 있다. 첫 번째는 기생생물을 뒤처지게 할 만큼 빠르게 성장하고 분열하는 것이다. 이것은 식물 육종가들에게는 잘 알려져 있다. 예를 들어 식물이 자신의 모든 자원을 총동원하여 자라나는 새싹의 끝에는 대체로 기생생물이 없다. 한 발 더 나아간 기발한 이론에 의하면, 정자는 난자를 감염시키는 박테리아가 살 수 있는 공간을 최소화하기 위해서 특별히 작다고 한다.[33] 인간의 배아는 수정 후 미친 듯이 세포분열을 하는데 어쩌면 구획 중 하나에 숨어 있을 박테리아나 바이러스를 제거하기 위해서일 것이다. 두 번째 방어법은 성인데, 앞으로 더 자세히 설명할 것이다. 세 번째 방법은 면역체계로, 파충류의 후예들만이 가진 방법이다. 식물과 많은 곤충, 그리고 양서류는 여기에 추가로 화학적인 방법도 사용한다. 그들은 자신들의 해충에게 유독한 화학물질을 만들고, 몇 종의 해충들은 이런 유독물질을 파괴하는 방법을 개발하는 관계가 계속 반복되며 무기 경쟁은 시작된다.

항생제는 곰팡이가 경쟁자인 박테리아를 죽이기 위해 자연적으로 생산하는 화학물질이다. 그렇지만 사람들은 항생제를 쓰기 시작하며 박테리아가 이런 항생제에 대한 저항성을 갖도록 진화한다는 사실을 알게 되었다. 그 속도도 우리 인간의 입장에선 실망스러우리만치 빨랐다. 항생제에 대한 병원성 박테리아의 저항성은 두 가지 놀라운 점을 갖고 있다. 첫째로 저항성에 대한 유전자가 성과 유사한 방식을 통해서 한 종에서 다른 종으로, 무해한 장腸 박테리아에서 병원균으로 옮겨간다는 것이다. 두 번째는 많은 미생물들이 이미 저항성 유전자를 염색체 내에 지니고 있다는 것이다. 단지 이를 작동시키는 방법을 다시 개발하기만 하면 되었다. 곰팡이와 박테리아 간의 무기 경쟁은 박테리아에게 항생제에 대한 저항성을 갖춰주었다. 인간의 내장 속에서는 더 이상 필요 없으리라 생각했던 기능이다.

  숙주에 비해 생명이 짧기 때문에, 기생생물은 적응하고 진화하는 속도가 더 빠르다. 10년 동안에 에이즈 바이러스의 유전자는 인간의 유전자가 100만 년 동안 겪은 변화를 겪을 것이다. 박테리아에게는 30분이 평생일 수도 있다. 한 세대가 30년이나 되는 인간은 진화에서는 느림보다.

DNA 자물쇠 따기

  그렇지만 진화에서는 진화 속도가 느린것들이 빠른 것들보다 유전자를 더 많이 섞는다. 세대의 길이와 재조합 정도의 연관성에 대한 오스틴 버트의 발견은 붉은 여왕이 작용한다는 증거이다. 기생생물이 대항할 것을 염두에 두면 세대가 길수록 유전자의 재조합이 많이 일어나는 편이 좋다.[34] 또 벨과 버트는 단순히 B-염색체라는 변이형 기생 염색체가 존재하기만 하면, 종에서 재조합(더 많은 유전적 조합)이 더 많이 일어난다는 것을 발견하였다.[35] 성은 기생생물과 투쟁하는 데 필수적인 요소로 보인다. 그렇지만 어떻게 하는 것일까?

  벼룩이나 모기 같은 것은 잠시 무시하고 대부분의 병을 일으키는

붉은 여왕

바이러스, 박테리아와 곰팡이에 주목해보자. 이들은 주로 세포 안으로 침투하는 데 전문가이다. 곰팡이나 박테리아는 세포를 먹어버리려 하고 바이러스는 세포의 유전적 체계를 사용해 새로운 바이러스를 만들려고 한다. 두 경우 모두 일단 세포에 침투해야 한다. 이를 위해 그들은 세포 표면의 다른 분자에 딱 들어맞는 단백질 분자를 동원하는데, 쉬운 말로는 단백질 분자가 결합한다고 한다. 숙주와 기생생물 간의 무기 경쟁은 이런 결합 단백질과 연관되어 있다. 기생생물은 새로운 열쇠를 만들고, 숙주는 자물쇠를 바꾼다. 여기에서 성에 대한 집단선택론자의 논쟁이 존재한다. 어느 순간에라도 유성생식 종은 수많은 다양한 자물쇠를 지니겠지만 무성생식 종은 동일한 자물쇠만을 지닐 것이다. 따라서 맞는 열쇠를 지닌 기생생물은 무성생식 종은 빨리 파괴시킬 수 있어도 유성생식 종은 그렇게 할 수 없다. 그러므로 농지에 자가수분만 이루어진 보리와 밀을 재배하게 되면, 살충제의 양을 점점 늘리는 것 이외에는 퇴치 방법이 없는 전염병을 불러들이게 된다는 사실은 이미 잘 알려져 있다.[36]

그렇지만 붉은 여왕의 경우는 이보다 더 신비스럽고 강력하다. 성교를 거쳐 태어난 자손이 자신의 클론보다 더 생존할 가능성이 크다. 성의 이점은 단일 세대에서도 나타날 수 있다. 이는 한 세대에 공통적인 어떠한 자물쇠라도 이에 맞는 열쇠가 기생생물 사이에서 만들어지기 때문이다. 그렇기 몇 세대 후에는 반드시 피해야 할 자물쇠가 되는 것이다. 그때쯤이면 이에 맞는 열쇠가 흔할 테니 말이다. 독특한 모양의 자물쇠가 매우 유리하게 된다.

유성생식을 하는 종은 무성생식 종에게는 불가능한 자물쇠의 도서관에 의존할 수 있다. 이 도서관을 다른 말로 하면 이형접합체異型接合體, 혹은 다형多型 현상인데, 거의 비슷한 뜻이다. 이것은 근친교배를 거듭하면 잃게 되는 자원이다. 즉 대부분의 개체군(다형현상)과 모든 개체(이형접합체)에게서 한순간에 동일 유전자의 다양한 형태가 발견된다는 의미이다. 서양인의 '다형화' 된 푸른색과 갈색 눈동자는 좋은 예이다. 갈색 눈을 가진 많은 사람들이 푸른 눈동자의 열성 유전자도 지니므로, 이들은 이형접합체이다. 이런 다형현상은 순수 다윈론자들에게는 성만큼이나 의문을 일으킨다. 왜냐하면 이는 한 유전자가 다른 유전자와 동등하다는 것을 보여주기 때문이다. 실제로 갈색 눈이 푸른 눈보다 조금이라도 우성이면(더 정확히 말해서 정상 유전자가 겸상적혈구빈혈증 유전자보다 우성이라면), 갈색 눈은 푸른 눈을 멸종시켰을 것이다. 그러면 우리는 왜 이런 다양한 형태의 유전자로 가득 채워져 있는 것일까? 왜 이렇게 이형접합체가 다양한 것일까? 겸상적혈구빈혈증의 경우에는 이 유전자가 말라리아를 퇴치시킬 수 있기 때문이다. 그래서 이형접합체(정상 유전자 하나와 겸상적혈구 유전자 하나를 지닌 개체)들은 말라리아가 만연한 곳에서 정상 유전자를 지닌 개체들보다 더 유리하다. 하지만 동형접합체들(두 개의 정상 유전자나 겸상적혈구 유전자를 지닌 개체들)은 각각 말라리아나 겸상적혈구빈혈증에 시달린다.[37]

  이 예는 생물학 교재에서 너무나 많이 쓰였기 때문에 오히려 하나의 단순한 일화가 아니라 매우 중요한 공통 주제임을 인식하기가 어렵다. 혈액형, 조직 적합성 항원 등과 같은 악명 높은 다형 유전자들이 바로 질병에 대한 저항성에 영향을 주는 유전자, 즉 자물쇠를 의

♟ 붉은 여왕

미하는 유전자이다. 게다가 이런 다형 현상 중 일부는 놀라울 정도로 오래되었다. 즉, 오랫동안 견뎌왔다는 것이다. 한 예로 인류에게 여러 형태로 나타나는 유전자들이 있는데, 이러한 유전자들이 소에게도 여러 형태로 존재한다. 사람이 가진 유전자의 어떤 형태를 소가 그대로 지니고 있는 것이다. 여러분의 유전자가 여러분의 배우자가 가진 동등한 유전자보다 어떤 소가 지닌 유전자에 더 가까울 수도 있다는 것이다. 각 유전자의 형태들이 대부분 계속 살아남고 이 형태들이 크게 변하지 않도록 작용하는 어떤 힘이 있는 것이다.[38]

  이 힘은 아마도 질병일 것이다. 자물쇠 유전자가 희귀해지는 순간부터 여기에 들어맞는 기생생물의 열쇠 유전자 또한 희귀해질 것이고, 이 자물쇠 유전자는 이익을 보게 된다. 희귀함이 이롭게 작용하는 경우에, 우월함은 한 유전자에서 다른 유전자로 계속 전달되고 어떤 유전자도 없어지지 않는다. 정확히 말해서 다형 현상에 우호적인 다른 메커니즘들도 있다. 이것은 보통 유전자보다 희귀한 유전자에게 선택적인 이익을 준다. 포식자들은 희귀 형태를 무시하고 일반적인 형태만을 고르는 것으로 이런 행동을 한다. 새장 속의 새에게 대부분 붉은색인데 간혹 녹색으로 칠한 먹이를 슬쩍 주면, 새는 붉은 것이 먹을 수 있는 먹이라고 생각하고 녹색은 무시한다. 홀데인은 포식성보다 기생성이 다형 현상을 유지하는 데 더 중요하게 작용함을 가장 먼저 알아낸 사람이다. 특히 새로운 숙주를 공격할 수 있는 기생생물의 능력이 증가하고 오래된 숙주를 공격할 수 있는 기생생물의 능력이 약간 감소한다면 말이다. 이는 바로 자물쇠와 열쇠의 한 형태이다.[39]

자물쇠와 열쇠라는 은유는 좀 더 조사해볼 필요가 있다. 한 예로 아마亞麻에는 부식 곰팡이에 대한 저항성을 부여하는 다섯 종류의 다른 유전자가 27가지 형태로 존재한다. 각 자물쇠는 곰팡이가 지니는 한 유전자 열쇠의 여러 형태에 의해서 열린다. 곰팡이 균의 침투에 의한 독성은 곰팡이의 열쇠 다섯 개가 아마의 자물쇠 다섯 개와 얼마나 잘 맞느냐에 달려 있다. 진짜 열쇠와 자물쇠의 경우와는 달리, 둘이 꼭 맞지 않더라도 일은 벌어진다. 곰팡이가 아마를 감염시키기 위해 모든 자물쇠를 열 필요는 없다는 것이다. 그렇지만 더 많은 자물쇠를 열수록 그 독성은 더 강해진다.[40]

성과 예방 접종의 유사점

이 시점에서 눈치 빠른 독자들은 내가 면역체계를 무시한다고 매우 기분 나빠하고 있을 것이다. 질병과 싸우는 일반적인 방법은 성교를 하는 것이 아니라, 예방 접종 같은 방식을 통해서 항체를 만드는 것이라고 지적할 이들이 있을 것이다. 진화적 관점에서 보면 면역체계는 최근에 만들어진 것으로 약 3억 년 전에 파충류에게서 시작되었다. 개구리, 물고기, 곤충, 가재, 달팽이와 물벼룩은 면역체계가 없다. 그런데 절대적으로 군림하는 붉은 여왕 가설 속에서 성과 면역체계를 접목시키려 한 기발한 이론이 있다. 버클리 소재 캘리포니아대학의 한스 브레머만Hans Bremermann이 이 이론의 창시자인데, 그는 이 둘 사이의 상호 의존성에 대해 설명하고 있다. 그에 따

 붉은 여왕

르면 성 없이는 면역체계가 작용할 수 없다.[41]

면역체계는 약 1,000만 종류의 백혈구로 이루어져 있다. 각 종류는 항원이라 부르는 박테리아의 열쇠와 맞는, 항체라는 단백질 자물쇠를 지닌다. 열쇠가 이런 자물쇠에 들어맞게 되면 백혈구는 이 열쇠를 지닌 침입자를 파괴하기 위해, 엄청난 속도로 분열해서 백혈구 군단을 만들어낸다. 침입자가 감기 바이러스, 결핵 박테리아나 심지어는 이식된 심장의 세포라고 해도 말이다. 그렇지만 신체는 문제점을 안게 되었다. 한 종류의 세포 수백만 개나 수백만 종류의 세포 한 개를 수용할 공간은 있지만, 수만 종류의 세포 수만 개를 수용할 수는 없기 때문에 모든 종류의 열쇠를 봉쇄할 수 있는 각각의 항체 자물쇠를 모두 보유할 수는 없다. 그래서 각 백혈구를 몇 개씩만 지니고 있는 것이다. 자신의 자물쇠에 맞는 항원과 접한 백혈구는 곧바로 분열하기 시작한다. 이에 따라 감기의 감염과 병을 낫게 해주는 면역 반응 사이에 공백이 생긴다.

각 자물쇠는 아직 찾지 못한 열쇠들에 대해서라도 자물쇠를 지니는 등 되도록 방대한 종류의 자물쇠를 가지려 하는 어떤 무작위적인 조립 작용에 의해 만들어진다. 숙주의 변화하는 자물쇠에 맞도록 기생생물이 계속 자신의 열쇠를 바꾸기 때문이다. 그렇기 때문에 면역체계는 만반의 준비를 하고 있다. 그러나 이 무작위성은 숙주가 스스로의 세포들을 공격할 수 있는 백혈구를 만들 수도 있음을 시사한다. 이것을 피하기 위해 숙주의 세포들은 주요조직적합항원major histocompatibility antigen이라는 암호를 가지고 있다. 이것이 자가 공격을 예방하는 것이다(열쇠, 자물쇠, 암호와 같이 혼란스러운 은유에 대해 이해해주길 바란다).

그렇다면 승리하기 위해서 기생체는 독감 바이러스처럼 면역 반응이 일어나기 전에 숙주를 옮기거나, 에이즈 바이러스처럼 숙주 세포 속에 자신을 감추거나, 말라리아 병원충처럼 자신의 열쇠를 빈번히 바꾸거나, 주의를 따돌릴 수 있게 숙주 세포가 지니는 암호를 흉내내야 한다. 한 예로 주혈흡충은 숙주의 암호 분자를 잡아서 표면 곳곳에 부착시켜 백혈구로부터 자신을 보호한다. 수면병을 일으키는 트리파노소마는 유전자를 차례로 작동시켜 열쇠를 계속 바꾼다. 에이즈 바이러스는 이 가운데 가장 수완이 좋다. 어떤 이론에 따르면 계속 변이를 일으켜 각 세대가 독특한 열쇠를 지니는 것으로 보인다. 그러면 숙주 또한 이런 열쇠와 맞는 자물쇠를 계속 생산해서 이 바이러스를 억제시킨다. 그렇지만 결국에는 바이러스의 무작위적 변이가 숙주가 지니지 않은 자물쇠에 대한 열쇠를 만들어낸다. 바이러스가 이긴 것이다. 면역체계의 자물쇠 목록 중 공백을 찾아서 폭동을 일으키는 것이다. 이 이론에 의하면 본질적으로 에이즈 바이러스는 계속 진화하여 숙주의 방어 면역체계 속의 틈새를 찾는다.[42]

다른 기생생물은 숙주가 지니는 암호 체계를 흉내내려고 한다. 숙주의 암호를 흉내내려는 모든 병원체에는 선택에 대한 압력이 작용한다. 암호를 바꾸려고 노력하는 모든 숙주도 선택에 대한 압력을 느낀다. 브레머만에 따르면 이때 성이 필요하다.

조직적합성 유전자는 암호만을 지정하는 것이 아니고 질병에 민감해야 하는 책임을 안고 있다. 또한 다형 현상이 아주 심하기도 하다. 보통 쥐의 개체군에는 각 조직적합성 유전자의 형태가 100가지 이상 존재하며 인류에게는 더 많다. 일란성 쌍생아가 아닌 모든 개인은 각기 독특한 조합을 지니므로 특수 약물을 복용하기 전에는 조직 이식을 할 때 거부 반응이 일어난다. 그리고 유성적인 이종교배를 하지 않고 이런 다형 현상을 유지하기는 불가능하다.

이것이 추측일 뿐일까, 증거가 있을까? 1991년에 옥스퍼드대학의 에이드리언 힐Adrian Hill과 동료들은 조직적합성 유전자의 다양성이 질병에 자극 받은 것임을 입증할 만한 최초의 유효한 증거를 발견했다. 그들은 HLA-Bw53이라는 조직적합성 유전자가 말라리아가 만연한 곳에서는 빈번하게 보이지만 다른 곳에서는 드물다는 것을 발견했다. 그리고 말라리아를 앓고 있는 아이들은 대체로 HLA-Bw53을 갖고 있지 않다. 그렇기 때문에 앓고 있는지도 모른다.[43] 그리고 게인즈빌에 있는 플로리다대학의 웨인 포츠Wayne Potts는 한 연구를 통해 집쥐들이 자신과 다른 조직적합성 유전자를 지닌 집쥐만을 배우자로 선택한다는 놀라운 사실을 발견하였다. 그 방법으로 쥐들은 후각을 사용하였다. 이런 선호도가 쥐의 유전자의 다양성을 최대로 하고, 새끼 쥐들이 질병에 대해 더 잘 저항할 수 있게 한다.[44]

빌 해밀턴과 기생생물의 힘

성과 다형 현상과 기생생물이 서로 연관이 있다는 이론은 많은 지지를 받았다. 홀데인은 독특한 예지력을 통해서 이 이론을 거의 완성했다.

나는 이형접합체가 부분적으로나마 질병의 저항에 기여한다고 말하고자 한다. 특정한 종류의 박테리아나 바이러스는 어떤 생화학적 구성의 범위를 지닌 개체에는 적응할 수 있지만, 다른 구성을 지닌 개체에서는 상대적으로 저항에 부딪히기도 한다.

홀데인은 DNA의 구조가 밝혀지기 4년 전인 1949년에 위와 같이 서술하였다.[45] 수레시 제이야커Suresh Jayaker라는 홀데인의 인도인 동료는 몇 년 후에 이보다 더 많은 사실을 알아냈다.[46] 이후 이런 생각들은 수년 사이에 독립적으로 같은 결론에 도달한 다섯 명의 학자들이 등장한 1970년대 후반까지 별로 연구되지 않았다. 이들은 로체스터의 존 재니키John Jaenike, 몬트리올의 그레이엄 벨, 버클리의 한스 브레만, 하버드의 존 투비John Tooby와 옥스퍼드의 빌 해밀턴Bill Hamilton이다.[47]

하지만 성과 질병 사이의 관계에 대해 가장 적극적으로 연구하고, 이와 가장 밀접한 사람으로 알려진 것은 해밀턴이다. 언뜻 보기에 해밀턴은 얼빠진 듯한 교수의 전형이다. 끈을 매서 목에 두른 안경을 쓰고 생각에 깊이 잠겨 길바닥만 보면서 옥스퍼드 거리를 걷는 모습을 보면 정말로 그렇게 여겨진다. 그러나 그의 겸손한 행동, 차분한 문체와 이야기 솜씨는 외형과 전혀 딴판이다. 해밀턴에게는 그야말로 운이 늘 따라다녔다. 1960년대에 그는 친족선택Kin selection이라는 이론을 만들었다. 이것은 동물의 협동과 이타주의는 동물들이 같은 유전자를 많이 공유한 가까운 친족을 돌보게 된다는 유전자의 성공 이론이다. 그리고 그는 1967년에 다음 장에서 보게 될 유전자의 기괴하고도 치명적인 전쟁을 우연히 발견했다. 1980년대에 그는 인간의 협동 핵심이 상호성임을 단언함으로써, 동료 대부분을 앞질렀다. 우리는 이 책에서 우리가 해밀턴의 업적을 계속해서 뒤따르고 있음을 알게 될 것이다.[48]

해밀턴은 미시간대학의 두 동료의 도움을 받아 성과 질병에 대한 컴퓨터 모델, 즉 하나의 인공생명을 만들었다. 이 가상의 인공생명 개체군은 200마리로 시작하였으며, 인간과 비슷하게 행동했다. 14세에 교미를 시작해 대략 35세까지 계속해서 매년 자식을 하나씩 낳았다. 그러나 인공생명의 일부는 유성생식으로(두 부모가 한 자식을 낳고 기른다는 의미), 또 일부는 무성생식을 통해서 만들었다. 죽음은 무작위적으로 일어났다. 예상한 대로 유성생식 종은 컴퓨터를 돌릴 때마다 멸종하였다. 다른 조건이 동등하다면 무성생식과 유성생식의 대결에서는 무성생식이 항상 승리한다.[49]

그 후에 그들은 숙주의 '저항 유전자'에 대항하는 '독성 유전자'를 가진 여러 종류의 기생체를 각각 200개씩 만들어냈다. 가장 저항성이 작은 숙주와 가장 독성이 작은 기생체는 각 세대마다 제거되었다. 이렇게 되자 무성생식 종이 더 이상 자동적인 우위를 차지하지 못하게 되었다. 유성은 종종 이 경쟁에서 승리하였다. 유성은 각 개체에 저항성과 독성을 지정하는 유전자가 많을수록 더 많이 승리하였다.

예상대로 이 모델에서 일어난 일은 다음과 같다. 유용한 저항 유전자가 흔해지면 이런 저항성을 파괴하는 독성 유전자가 다시 생겨나고, 이 저항 유전자가 거의 없어지면 독성 유전자도 뒤따라 없어졌다. 해밀턴이 말한 대로 "반反기생성 적응은 끊임없는 퇴화이다." 무성생식 종에서는 불리한 유전자가 멸종해버리지만, 유성생식 종에서는 그저 희귀해질 뿐이고, 그랬다가 다시 살아날 수 있다. 해밀턴은 "우리 이론에서 성의 핵심은 지금은 쓸모없지만 나중에는 유용하리라 예상되는 유전자를 저장한다는 데 있다. 성은 끊임없이 유전자를 조합하려 하고, 불필요한 것이 필요하게 될 때까지 기다린다"고 적었다. 질병 저항성에는 영구적인 이상 상황이 존재할 수 없다. 비영구적인 퇴화 현상이 돌고 돌 뿐이다.[50]

해밀턴이 이런 모의 실험을 행할 때 그의 컴퓨터 화면에는 붉고 투명한 정육면체가 하나 커다랗게 등장한다. 이 안에 푸른 줄과 녹색 줄이 각각 하나씩 있는데 이들은 마치 저속 노출 사진에 불꽃놀이가 찍힌 것처럼 서로 쫓고 쫓긴다. 이것은 기생체가 유전적 '공간' 속에서 숙주를 쫓는 것이다. 더 정확히 말하자면 정육면체의 각 축은 동일 유전자의 여러 형태를 의미하고, 숙주와 기생체는 자신들의 유전적 조합을 계속 변화시킨다. 대체로 절반 정도의 경우에는, 유전적 조합을 더 이상 변화시킬 수 없어지고, 결국에는 숙주가 정육면체의 한쪽 구석으로 몰려 거기에 계속 머무르게 된다. 돌연변이적인 오류는 이것을 방지하는 데에 아주 효과적이지만 이것 없이도 임의적으로 이런 작용이 일어난다. 무슨 일이 일어나는지 예측하기는 불가능하다. 우연이라고는 없이, 시작 조건이 가차없이 결정론적인데도 말이다. 때때로 두 선은 이 정육면체 주위를 똑같이 안정된 길로 따라간다. 한 유전자를 50세대에 걸쳐서 변형시키고 그 뒤로도 하나씩 바꾸면서 말이다. 가끔 이상한 파동과 주기도 나타난다.

붉은 여왕

어떤 때는 두 줄이 정육면체를 색색의 국수발로 채운 것 같은 혼돈을 일으키기도 한다.[51]

물론 실제의 세계와는 차이가 많다. 전함의 모형이 진짜 전함이 물에 뜨는 것의 증거가 될 수 없는 것과 마찬가지이다. 그렇지만 이것은 붉은 여왕이 영원히 작용할 수 있는 조건을 파악할 수 있게 해준다. 엄청나게 단순화한 인간의 모형과 역시 기괴할 정도로 단순화한 기생생물의 모형은 그들의 유전자를 주기적이고 무작위적인 방식으로 끊임없이 바꿀 것이다. 인간과 기생생물이 유성생식을 하는 한, 한 형태로 머무르지 않고 언제나 움직이지만 어디에도 가지 않고, 결국에는 출발점으로 되돌아오는 것이다.[52]

높은 지대의 성

해밀턴의 질병 이론이 내놓은 예측들은 앞 장에서 본 알렉세이 콘드라쇼프의 돌연변이 이론의 예측들과 거의 비슷하다. 살수기와 폭우의 비유로 돌아가면 살수기와 폭우는 둘 다 진입로가 젖은 이유를 설명해줄 수 있다. 그렇지만 어느 쪽이 정답일까? 최근의 생태학적 증거들은 해밀턴에게 유리하다. 어떤 서식지에서는 돌연변이가 흔하고 질병은 희귀할 때가 있다. 가령 산 정상에는 유전자를 파괴하여 돌연변이를 일으키는 자외선이 많다. 따라서 콘드라쇼프가 옳다면 성은 산 정상에서 더 빈번할 것이다. 그렇지만 이는 사실과 다르다. 고산성 꽃은 무성생식을 하는 경우가 더 많다. 어떤 종류의 꽃은 산의 정상에 살 때는 무성생식을, 밑에서 자생할 때는 유성생식을 한다. 고산에 사는 데이지인 타운센디아의 5종 중에서 무성생식을 하는 것은 유성생식 개체들보다 항상 더 높은 곳에서 발견된다. 그들의 하나인 타운센디아 콘덴사타는 매우 높은 곳에서만 발견되는데, 유성생식 개체군은 단 한 개가 발견되었고 그것도 해수면에 가장 가까운 곳에서였다.[53]

물론 기생생물과 상관없이 이 현상을 설명하는 방법은 다양하다. 높이 올라갈수록 기온은 내려가서 유성생식하는 꽃은 곤충에 의존해 수정하기가 더욱 어려워진다. 그렇지만 만약에 콘드라쇼프가 옳았다면, 이런 요소들은 돌연변이 퇴치의 필요성에 압도되어야 한다. 그리고 고도의 영향은 위도의 영향을 반영한다. 한 교과서의 설명을 빌리자면, "진드기, 이, 빈대, 파리, 나방, 딱정벌레, 메뚜기, 노래기 등은 극지방에서 열대지방으로 내려올수록 수컷이 사라진다".[54]

기생생물 이론에 맞는 또 하나의 경향은 무성생식 식물들이 대부분 일년초라는 것이다. 수명이 긴 나무들은 한 가지 문제에 부딪히는데, 나무들이 오래 살면 살수록 그들의 기생생물은 나무들의 유전적 방어에 적응할 시간을 갖고 진화한다는 것이다. 한 예로 깍지벌레(동물로는 보이지 않는 무정형의 곤충 덩어리)에는 미송나무 중 늙은 미송나무가 어린 나무보다 더 심하게 감염된다. 두 명의 과학자는 한 나무에서 다른 나무로 이 깍지벌레를 옮김으로써 그것이 늙고 약한 나무 탓이 아니라 적응력을 기른 벌레 때문임을 증명할 수 있었다. 이런 나무들이 동일한 자손을 가질 경우, 벌레들은 이미 침투하는 법을 터득했으므로 나무의 후손에게는 이득이 없다. 따라서 이와

붉은 여왕

 반대로 나무들은 유성생식을 하고 서로 다른 자손을 생산한다.[55]

 질병은 수명의 한계를 정하는 데 영향을 미칠지도 모른다. 기생생물이 적응하는 시간보다 더 오래 살 이유가 없는 것이다. 주목朱木이나 브리슬콘 잣나무, 그리고 거목 세쿼이아가 어떻게 수천 년 동안 살아가는지는 알 수 없지만, 그 목재와 껍질의 화학적 특성을 통해서 부패에 상당히 강하다는 것을 알 수 있다. 미국 캘리포니아의 시에라네바다에 있는 쓰러진 세쿼이아의 줄기 일부는 수백 년 된 큰 소나무 뿌리로 뒤덮여 있지만 여전히 딱딱하고 단단하다.[56]

 같은 맥락에서 대나무가 기이하게 한꺼번에 개화하는 것이 성과 질병과 관련 있다고 생각해보는 것은 흥미로운 일이다. 어떤 대나무는 121년에 한 번씩 꽃이 피는데 전세계의 모든 개체들이 동시에 개화했다가 죽는다. 이것은 자손에게 무수한 이익을 남겨준다. 살아 있다면 경쟁 상대가 될 부모가 없고 부모인 대나무들이 죽으면서 기생생물 또한 전멸한다는 이익 말이다(포식자 또한 문제를 겪는데 개화는 팬더에게는 위기로 작용한다).[57]

 더욱이 엄청난 불편함이 따르는데도 기생생물 자신들 역시 유성생식을 한다는 흥미로운 사실이 있다. 인간의 혈관 속에 있는 주혈흡충은 배우자를 찾기 위해 밖으로 이동할 수가 없다. 그렇지만 다른 장소에서 온 유전적으로 다른 주혈흡충과 마주치면 교미를 한다. 유성생식을 하는 숙주들과 경쟁하기 위해서 기생생물들에게도 성이 필요한 것이다.

성이 없는 달팽이

　그렇지만 이런 것들은 단지 자연의 역사에서 얻은 단서일 뿐 정교한 과학 실험은 아니다. 성의 기생생물 이론을 지지하는 좀 더 직접적인 증거가 몇 가지 더 있다. 붉은 여왕에 대한 가장 철저한 조사는 뉴질랜드에서 커티스 라이블리라는 차분한 목소리를 지닌 미국 생물학자에 의해 이루어졌다. 그는 학생 때에 이미 성의 진화에 매료되었는데, 그 주제에 대한 보고서를 쓴 것이 계기가 되었다. 그는 곧 다른 분야의 연구를 포기하고 성의 문제를 푸는 데에만 전념했다. 라이블리는 뉴질랜드로 가서 개울과 호수의 민물 달팽이를 조사하여, 어떤 개체군에서는 수컷이 없고 암컷이 처녀생식으로 자손을 늘리는 데에 비해 어떤 개체군에서는 암컷과 수컷이 짝짓기를 하여 유성생식으로 자손을 늘리는 것을 발견하였다. 그래서 이 달팽이들을 채집하여 수컷의 개체수를 셈으로써 성의 우월성을 확인할 대략적인 자료를 얻었다. 그는 변절자 가설이 옳아서 달팽이가 변화에 적응하기 위해 성을 필요로 한다면 호수보다는 유동적인 서식지인 개울로 갈수록 수컷이 많이 잡힐 것이고, 뒤엉킨 강둑 이론이 옳아서 달팽이들 사이의 경쟁이 성의 원인이 된다면 개울보다는 안정되고 밀집된 서식지인 호수에 수컷이 더 많을 것이며, 붉은 여왕이 옳다면 기생생물이 많은 곳에 수컷이 더 많을 것이라고 예상했다.[58]

　수컷은 호수에 더 많았다. 보통 개울의 달팽이 가운데 2퍼센트만이 수컷인 데 비해서 호수에서는 수컷이 12퍼센트나 되었다. 따라서 변절자 가설은 기각되었다. 그렇지만 호수에 기생생물이 더 많으

붉은 여왕

므로 붉은 여왕 이론은 기각할 수 없었다. 실제로 더 면밀히 관찰할수록 붉은 여왕이 더 적합한 듯했다. 고도의 유성생식 개체군이 존재하는 데에는 항상 기생생물이 있었다.[59]

그렇지만 라이블리는 뒤엉킨 강둑 이론을 버릴 수 없었다. 그래서 뉴질랜드로 돌아가서 달팽이와 기생생물이 서로에게 유전적으로 적응되어 있는지를 밝히려고 조사를 시작했다. 그는 한 호수에서 기생생물을 채집하고 남알프스 산맥 반대편의 다른 호수에서 채집한 달팽이를 이것에 감염시키려고 하였다. 모든 경우에서 기생생물은 자신이 사는 호수의 달팽이를 더 쉽게 감염시켰다. 처음에는 이것이 붉은 여왕 이론에 불리하게 보였지만 라이블리는 그렇지 않음을 알아차렸다. 서식지인 호수에서 더 저항이 강할 것이라는 예상은 대단히 숙주 중심적인 관점이다. 기생생물은 꾸준히 달팽이의 방어를 부수려고 노력하므로, 달팽이의 자물쇠에 맞는 열쇠를 만드는 데 달팽이보다 한 분자 수준 정도만 처져 있다. 다른 연못의 달팽이는 완전히 다른 자물쇠를 갖고 있다. 그렇지만 작은 생물체인 마이크로팰러스라는 이 기생생물이 실제로 달팽이들을 거세시키기 때문에, 새로운 자물쇠를 지닌 달팽이들은 상대적으로 어마어마한 성공이 보장된 셈이다. 라이블리는 연구실에서 정말로 기생생물 때문에 유성생식 달팽이가 무성생식 달팽이로 대체되지 못하는지를 알아보기 위한 결정적인 실험을 하고 있다.[60]

뉴질랜드 달팽이의 사례가 붉은 여왕 이론의 비판자들을 다소 설득시켰다면, 멕시코의 톱미노라는 피라미류의 작은 물고기에 대한 라이블리의 또 다른 연구는 그들에게 더욱 큰 인상을 남겼다. 톱미노는 비슷한 다른 물고기와 접합하여 3배체 잡종을 만들기도 한다(즉, 여러 벌의 서류를 만들기 좋아하는 관리들처럼 유전자를 세 벌씩 저장하는 물고기이다). 이런 잡종은 유성생식을 할 수 없지만, 각 암컷은 정상적인 물고기에게 정자를 받을 수만 있다면 처녀생식을 할 수 있다. 라이블리와 뉴저지 럿거스대학의 로버트 브라이언후크Robert Vrijenhoek는 세 개의 각각 다른 연못에서 톱미노를 잡아서 벌레 전염병의 일종인 검은 반점병으로 생긴 포낭의 수를 세었다. 큰 물고기일수록 검은 반점이 더 많았다. 그렇지만 로그 연못이라는 첫 번째 연못에서는, 특히 큰 놈의 경우에 유성의 톱미노보다 잡종이 더 많은 반점을 지니고 있었다. 두 번째 연못인 샌달 연못에서는 두 종류의 무성생식 클론이 존재했는데 좀 더 흔한 클론의 개체들이 기생생물에게 더 많이 침범당했고, 드물게 보이는 클론과 유성 톱미노들은 대체로 면역이 있었다. 이것은 라이블리가 예측한 사실이었다. 그는 이 병충들이 연못에서 가장 흔한 자물쇠에 맞도록 열쇠를 개조했을 것이며 그 자물쇠는 바로 가장 흔한 클론의 것이라고 설명했다. 왜 그럴까? 병충들이 다른 어떤 자물쇠보다 가장 흔한 자물쇠에 접할 기회가 많을 것이기 때문이다. 유성 톱미노처럼 드문 클론은 안전할 것이다. 왜냐하면 각각 색다른 자물쇠를 갖고 있기 때문이다.

그렇지만 가장 흥미로운 것은 세 번째 연못인 하트 연못이었다. 이 연못은 1976년에 가뭄으로 말라버렸는데 2년 후에 몇 마리의 톱미노가 다시 번식하게 되었다. 그래서 1983년쯤에는 상당히 많은 톱미노의 동종번식이 이루어졌고, 유성생식 개체들은 같은 연못의 클론에 비해서 검은 반점에 더 잘 감염되었다. 곧 하트 연못의 톱미

붉은 여왕

노의 95퍼센트 이상이 무성 클론이 되었다. 이것 역시 붉은 여왕 이론에 들어맞는데, 유전적 다양성이 없으면 성은 쓸모없기 때문이다. 한 종류의 자물쇠가 있을 뿐인데 자물쇠를 바꾸려는 것은 쓸모가 없다. 라이블리와 브라이언후크는 유성 톱미노 암컷 몇 마리를 새로운 자물쇠의 공급원으로 투입시켰다. 2년 내에, 잡종 클론만을 공격하기 시작한 검은 반점에 대해서 유성 톱미노들이 면역되기 시작했다. 이 연못에서 톱미노의 80퍼센트 이상이 다시 유성이 되었다. 성이 2배체의 단점을 극복하는 데는 약간의 유전적 다양성이 필요했을 뿐이다.[61]

톱미노에 대한 연구는 성이 숙주로 하여금 기생생물을 궁지로 몰아넣는 것을 아주 멋지게 설명하였다. 존 투비가 지적했듯이, 기생생물은 선택의 폭을 넓힐 수 없다. 그들은 반드시 '선택을 해야만' 한다. 서로의 경쟁 속에서 가장 흔한 종류의 숙주를 끊임없이 쫓아내야 하고 따라서 좀 덜 흔한 종류의 숙주를 자극하여 자신을 망치고 만다. 숙주의 자물쇠에 기생생물의 열쇠가 잘 들어맞을수록 숙주들은 더 빠르게 자물쇠를 바꾸기 때문이다.[62]

성은 기생생물들이 계속 추측하도록 만든다. 칠레에서는 외래종인 유럽산 들장미들이 유해물로 작용하자 산화 곰팡이를 이용하여 이를 막았다. 이 방법은 들장미의 무성생식 종에게는 효과가 있었지만 유성생식 종에게는 실패했다. 그리고 밀이나 보리의 혼합종들이 한 종류로 핀 순종들보다 수확량이 더 많을 때(실제로 이렇다), 이런 이득의 약 3분의 2는 곰팡이가 혼합종보다 순종을 더 쉽게 감염시킨다는 사실 때문이라고 할 수 있다.[63]

불안정성의 탐색

성에 대한 붉은 여왕식 설명의 역사는 한 문제에 대해 다양한 접근 방식을 종합하는 과학의 방법에 관한 아주 좋은 예이다. 해밀턴과 다른 사람들의 기생생물과 성에 대한 생각은 갑자기 만들어진 것이 아니다. 그들은 이제야 나타나기 시작한 독립된 세 연구의 수혜자들이다. 첫째는 기생생물들이 개체군을 조절하고 개체군의 주기를 설정할 수 있다는 사실의 발견이었다. 이것은 1920년대에 알프레드 로트카Alfred Lotka와 비토 볼테라Vito Volterra가 제시하였고, 1970년대에 런던에서 로버트 메이Robert May와 로이 앤더슨Roy Anderson이 다시 언급하였다. 둘째는 1940년대에 홀데인 등에 의한 풍부한 다형 현상의 발견이었다. 이것은 대부분의 유전자는 다양한 형태를 지니고, 한 형태가 다른 형태를 제거하지 못하게 작용한다는 흥미로운 현상이었다. 셋째는 월터 보드머Walter Bodmer와 다른 의학자들이 발견한 기생생물에 대한 방어 방식이었다. 그것은 방어 유전자가 자물쇠와 열쇠 체계 같은 것을 제공해준다는 생각이었다. 해밀턴은 이 세 가지 물음을 합쳐, 기생생물은 저항 유전자를 계속 바꿔나가는 숙주와 꾸준히 싸우는데, 이때 유전자의 형태에 변화가 생기는 것이며 이 모든 것은 성을 통해서 이루어진다고 말했다.[64]

이 세 분야의 동일한 돌파구는 안정에 대한 생각을 버리는 데 있었다. 로트카와 볼테라는 기생생물이 숙주의 개체군을 무난하게 조절할 수 있는지에 관심이 있었고, 홀데인은 다형 현상을 오랫동안 안정되게 유지하는 것에 관심이 있었다. 해밀턴은 이들과 달리 "다른 이들이 안정을 원했을 때, 나는 성에 대한 내 생각의 정당성을 위해 되도록 최대한의 변화와 변동을 찾기를 원했다"고 말했다.[65]

이 이론의 주된 약점은 민감성과 저항성의 주기가 필요하다는 사실에 있었다. 반드시 규칙적이지는 않더라도 우위는 언제나 추처럼 왔다갔다 해야 했다.[66] 실제로 자연에는 규칙적인 주기에 대한 예들이 있다. 레밍 쥐와 어떤 설치류들은 흔히 3년에 한 번씩 개체수가 폭발적으로 늘어나는데 그 사이에는 개체수가 적다. 스코틀랜드 늪지대의 뇌조는 극점 사이가 4년인 풍요와 궁핍의 주기를 계속 도는데, 이는 기생성 벌레 때문이다. 그렇지만 메뚜기떼의 습격 같은 혼란스런 폭증이나 인구 변화와 같은 일정한 증감이 더욱 일반적이다. 질병 저항 유전자 때문에 풍요와 궁핍의 주기가 생겨날 가능성은 충분하다. 아직 아무도 확인해보지 않았을 뿐이다.[67]

윤충의 수수께끼

성이 왜 존재하는지를 설명했으니 이제 성을 절대 가지지 않는 작은 민물 생명체인 델로이데아의 경우로 돌아가야겠다. 이 사실을 존 메이너드 스미스는 '추문'이라고 했다. 붉은 여왕 이론이 옳으려면 델로이데아는 질병에 대해서 어떤 형태로든 면역력을 가져야 하며, 성 대신에 기생생물에 대항할 무엇이 있어야 한다. 그래야만 이들은 규칙을 망가뜨리지 않고 규칙을 증명하는 하나의 예외로 간주될 수 있다.

마침 윤충의 추문은 해결의 기미가 보인다. 그렇지만 성에 관한 과학의 전통이 그렇듯이 해결 가능한 방향이 두 가지나 된다. 델로이데아의 무성생식에 대해 설명하려는 새로운 이론은 두 가지인데 각각 다른 설명을 하고 있다.

첫째는 매튜 메셀슨의 설명이다. 그는 유전자 삽입(있지 말아야 할 부분에 자신의 복사체를 삽입하는 도약 유전자jumping gene)이 무슨 이유에선지 윤충에게는 별 문제가 되지 않는다고 했다. 그래서 윤충은 그 유전자에서 벗어나기 위해 성을 가질 필요가 없다. 이것은 해밀턴의 생각이 약간 가미된 콘드라쇼프식 설명이다(메셀슨은 삽입을 성교에 의한 유전적 감염의 형태라고 한다).[68] 둘째는 좀 더 전통적인 해밀턴식 개념이다. 옥스퍼드대학의 리처드 레이들Richard Ladle은 자신의 수분을 90퍼센트 정도 잃는 식으로 죽지 않으면서도 건조해지는 동물들이 있음을 발견했다. 이것은 엄청난 생화학적 기술을 요구한다. 그리고 이 동물들은 성을 가지지 않는다. 이들은 완보緩步동물, 선충, 그리고 윤충인 델로이데아이다. 어떤 윤충들은 작은 나무 술통 모양으로 만들어져, 세상을 먼지처럼 떠돌아다닌다. 이것은 유성생식을 하는 단성 윤형동물에게는 불가능하다(그들의 알은 가능하지만). 레이들은 자신을 건조시키는 것이 몸에서 기생생물을 분리시키는 방식으로 아주 효과적이며, 이것이 반反기생생물 전략이라고 생각했다. 레이들은 왜 기생생물들이 숙주보다 건조해지는 것을 싫어하는지 아직 정확히 설명하지 못한다. 바이러스는 분자 조각만큼 작아서 건조를 충분히 견뎌낼 수 있을 것 같은데 말이다. 그렇지만 그는 중요한 무엇인가를 포착한 것 같다. 건조되지 않는 선충이나 완

 붉은 여왕

보통 동물 종들은 유성이다. 건조되는 것들은 모두 암컷이다.[69]

붉은 여왕 이론이 다른 경쟁 상대들을 모두 제거한 것은 결코 아니다. 아직도 저항이 곳곳에 남아 있다. 유전자 복구를 신봉하는 이들이 애리조나, 위스콘신, 그리고 텍사스 같은 곳에 아직도 건재하다. 콘드라쇼프의 이론은 아직도 새로운 추종자들을 얻고 있다. 뒤엉킨 강둑 이론을 지지하는 소수는 실험실에 숨어 반격을 계획하고 있다. 존 메이너드 스미스는 여전히 자신을 다원론자라고 분명하게 말하고 있다. 그레이엄 벨은 『자연의 걸작품 The Masterpiece of Nature』이라는 책의 밑바탕인 (뒤엉킨 강둑 이론의) '획일적인 믿음'을 버렸지만, 그렇다고 해서 붉은 여왕 이론을 완전히 지지하는 것은 아니라고 말한다. 조지 윌리엄스는 여전히 성을 하나의 우연적 양태로 본다. 조 펠젠스타인Joe Felsenstein은 이 전체 논쟁이 왜 금붕어를 어항에 넣었을 때 금붕어의 무게가 물의 무게에 더해지지 않는지에 대한 논의처럼 오인되었다고 주장하고 있다. 오스틴 버트는 붉은 여왕 이론과 콘드라쇼프의 돌연변이 이론이 성이 진화를 촉진시키는 데 필요한 다양성을 제공한다는 바이스만의 이론을 잘 설명한 예일 뿐이라는 놀랄 만한 관점을 가지고 있다. 심지어 빌 해밀턴조차도 순수한 붉은 여왕 이론을 적용하기 위해서는 시간적으로 공간적으로 어느 정도의 변화가 필요하다고 주장한다. 해밀턴과 콘드라쇼프는 1992년 7월 오하이오에서 처음 만나, 증거가 더 모이기 전까지 서로의 다른 의견을 받아들이자는 데 사이좋게 동의했다. 하지만 두 사람의 친목은 오래 유지되지 못할 것이다. 왜냐하면 과학자들은 자신이 옹호하는 가설을 절대로 포기하지 않기 때문이다. 즉,

패배를 인정하지 않는다. 나는 100년 후에는 생물학자들이 과거를 회상하며 변절자가 뒤엉킨 강둑에서 떨어져 붉은 여왕에게 살해되었다고 말할 것이라고 생각한다.[70]

성과 질병은 깊은 연관이 있다. 기생생물의 위협을 물리치기 위해서는 성이 필요하다. 기생생물보다 자신들의 유전자가 한 걸음 앞서 가게 하기 위해 생명체에게는 성이 필요한 것이다. 결국 수컷은 쓸모없는 잉여가 아니다. 그들은 독감이나 홍역 등으로 자손이 몰살되는 것을 방지하기 위한 암컷의 보험 증서이다(이것으로 위안이 된다면). 암컷은 자신의 난자에 정자를 추가시키는데, 만약 이런 행위를 하지 않는다면, 그 결과로 생기는 자손들은 그들의 유전적 자물쇠를 열려고 오는 첫 기생생물의 공격에 모두 똑같이 취약할 것이기 때문이다.

그렇지만 남성들이 자신들의 새 역할을 축복하기 전에, 모닥불가에 둘러앉아 북을 치며 병원체에 대한 노래를 부르기 전에, 그들 존재의 목적에 대한 새로운 위협이 있다는 사실을 알려줘야겠다. 곰팡이를 고려해보도록 하자. 많은 곰팡이들이 유성이지만 웅성을 띠고 있지는 않다. 곰팡이들은 수만 개의 다른 성을 지니고 있으며, 구조적으로 동일하고 동등한 조건으로 번식할 수는 있지만 자가교배는 못한다.[71] 심지어는 동물 가운데에도 지렁이같이 자웅동체인 동물들이 많다. 유성이 다양한 성별의 필요성, 단 두 성별의 필요성 또는 그 두 성별이 암수처럼 동떨어져 있을 필요성을 의미하지는 않는다. 실로 처음 본 순간에 가장 멍청하게 보이는 것이 양성 체계이다. 만나는 사람 중 족히 50퍼센트는 배우자로 부적합하기 때문이다. 우

▌붉은 여왕

리가 자웅동체라면 모든 사람이 배우자의 가능성을 지닐 것이다. 우리가 수천 종류의 성별을 갖는다면, 보통 독버섯처럼 만나는 사람의 99퍼센트가 배우자의 가능성을 지닌다. 만약 세 종류의 성별을 갖는다면 3분의 2가 가능성을 가진 배우자가 된다. 왜 사람들이 성을 갖는가에 대한 붉은 여왕의 풀이는 단지 길고 긴 이야기의 시작임이 밝혀지고 있다.

Genetic Mutiny and Gender

④
유전적 반란과 성

거북은 교묘하게도 자신의 성을 감추는 두꺼운 갑옷을 입고 잘도 사는구나.
그런 어려움 속에서도 번식하는 걸 보면 거북은 참으로 영리한 동물이구나.

오그덴 내시

붉은 여왕

THE RED QUEEN

중세 시대에 영국의 전형적인 농촌에는 소가 풀을 뜯어먹을 수 있는 마을의 공유지가 있었다. 마을 사람 모두가 공유지의 주인이었으며 자기가 원하는 만큼 많은 소를 공유지에서 목축할 수 있었다. 그 결과 목축량이 초과하였고 공유지는 간혹 아주 적은 몇 마리 소만을 기를 수 있을 정도가 되곤 했다. 마을 사람들이 조금만 자제하였다면 훨씬 더 많은 소를 공유지에서 키울 수 있었을 것이다.

이 '공유지의 비극'[1]은 인간관계의 역사에서도 계속 반복되고 있다. 개발된 모든 양어장에서는 이내 어획량이 많아지고 어부들은 빈곤해진다. 고래, 산림, 그리고 양식어가 이렇게 다루어져왔다. 공유지의 비극은 경제학자들의 입장에서는 소유권의 문제이다. 공유지나 양어장이 개인 소유가 아니므로, 소나 물고기를 무리하게 많이 기르는 데에 대한 책임은 모두가 동등하게 지게 된다. 하지만 무리하게 많은 소를 기르는 농부나 물고기를 너무 많이 잡는 어부는 계속 소나 물고기의 가격을 제대로 받는다. 그래서 그들은 이득은 개인적으로 챙기고 거기에 드는 비용은 모두와 함께 부담한다. 이것은 개인에게는 부의 지름길이지만, 그 마을로서는 가난으로 가는 지름길이다. 개인적으로 합리적인 행동이 모여서 비합리적인 결과를 낳는 것이다. 불로소득자는 선량한 시민의 희생을 딛고 번성한다.

이와 똑같은 문제가 유전자의 세계에서도 일어난다. 이상하긴 해도 이것이 사내애들이 여자애들과 다른 이유이다.

유전적 반란과 성

인간은 왜 암수한몸이 아닐까?

여지껏 거론된 이론들은 왜 두 개의 독립된 성이 따로 존재하는지 설명하지 않았다.[2] 사람은 왜 자웅동체가 아닐까? 사람이 남녀의 유전자를 모두 섞어서 갖춘다면 훨씬 간단할 텐데. 왜 많은 대가를 치르면서 남녀가 따로따로 있는 것일까? 거기에다 왜 자웅동체에도 성별이 있는 것일까? 왜 동일한 입장에서 유전자 뭉치를 교환하지는 않는가? '왜 성sex이 존재하는가?' 하는 질문은 '왜 성별sexes이 있는가?' 하는 질문 없이는 무의미하다. 다행히 여기에는 해답이 있다. 이 장은 '게놈 내의 분쟁'이라는 좋지 않은 인상을 주는 이름을 지닌, 붉은 여왕 이론 가운데 가장 이상한 것을 주제로 삼고 있다. 쉽게 말해서 조화와 이기심, 몸 안에서 일어나는 유전자 간의 이익을 차지하기 위한 분쟁, 불로소득 유전자free-rider gene와 무법자 유전자outlaw gene에 관해 이야기하고자 한다. 그리고 이 이론은 유성 동물의 여러 특성이 이 분쟁으로 생겨난 것이지, 개인의 사용을 위해 생겨난 것은 아니라고 한다. 이 이론은 '진화 과정에 불안정하고 상호작용적이며 역사적인 특성을 부과하였다'[3].

인간의 육체를 구성하고 활동하게 하는 75,000쌍의 유전자는 작은 마을에 함께 사는 75,000명의 사람과 같은 입장에 있다. (2003년 4월에 발표된 인간게놈프로젝트의 결과, 인간의 유전자 수는 30,000~40,000개 정도이다. - 옮긴이)인간 사회가 자유기업과 사회적 협동의 불안정한 공존이듯이, 체내의 유전자 활동도 마찬가지이다. 마을은 협동 없이는 공동 사회가 될 수 없다. 모든 사람들은 타인에게 불이익을 끼치며 속이고, 비열한 행동을 통해 자신의 이익만을 챙기려 할 것이며, 모든 사회적 활동(상업, 정치, 교육, 스포츠)은 서로 불신하는 가운데 멈추게 될 것이다. 유전자 사이의 협동이 없다면 인간에게는 후손도 없을 것이다.

한 세대 전에는 대부분의 생물학자들이 이와 같은 이야기에 대해 당혹스러워했을 것이다. 유전자는 의식이 없고, 서로 협동하려고 하지 않는다. 그것들은 화학적 신호에 의해 켜지거나 꺼지는 생명력이 없는 분자이다. 그들을 올바른 순서로 작동하게 해서 인간의 육체를 만들도록 하는 것은 신비스러운 생화학적 계획이지 민주주의적인 결정이 아니다. 그렇지만 지난 수년간 윌리엄스, 해밀턴 등에 의해 시작된 혁명으로 점점 더 많은 생물학자들이 유전자를 활발하고 약삭빠른 개체로 생각하게 되었다. 그렇다고 유전자가 의식이 있거나 어떤 목적을 향해 작용한다는 것은 아니다. 진지한 생물학자는 그렇게 믿지 않는다. 그렇지만 뚜렷한 목적론적인 사실은 진화가 자연선택에 의해서 이루어지고, 자연선택은 자신의 생존 능력을 높여주는 유전자의 강화된 생존이라는 것이다. 즉, 유전자는 다음 세대로 잘 전달되는 유전자의 후손이라고 할 수 있다. 그러므로 목적론적으로 말한다면, 자신의 생존을 향상시키는 작용을 수행하는 유전자는 자신의 생존기회를 높여주기 때문에 그 일을 한다고 할 수 있다. 인간이 협동하여 촌락을 형성하는 것이 효과적인 사회 전략이듯이, 유전자에게는 협동하여 신체를 만드는 것이 효과적인 생존 전략이다.

그렇지만 사회가 모두 협동으로만 이루어지는 것은 아니다. 경쟁적인 자유기업도 반드시 필요하다. 러시아라는 실험실에서 벌어진

공산주의라는 거대한 실험이 이를 증명해주었다. 사회가 '능력에 따라 일하고 필요에 따라 받는다'는 원칙에 의해 조절되어야 한다는 단순하고 아름다운 제의는 비참할 정도로 비현실적이었다. 그 원인은 개개인이 자신의 노동 결과를 더 열심히 일한 만큼 보상해주지 않는 조직과 나눠야 하는 이유를 이해하지 못했기 때문이다. 공산주의자들의 강요된 협동 같은 것은 모두에게 공짜인 경우와 마찬가지로 개인의 이기적인 야망에 의해 퇴색되기 쉽다. 마찬가지로 유전자에게 자신이 거주하는 육체의 생존을 향상시키는 능력은 있더라도, 생식률이 억제되거나 자신이 생식을 통해 후대에게 전해지지 않는다면, 그 유전자는 멸종할 것이고 그 능력은 사라질 것이다.

협동과 경쟁 사이의 이상적인 균형의 추구는 수세기 동안 서구 정치의 목적이자 파멸의 원인으로 작용했다. 애덤 스미스는 개인의 경제적 욕구는 그 요구를 미리 충족시키려 하기보다 개개인의 야망을 제약하지 않음으로써 더 쉽게 충족시킬 수 있음을 알았다. 하지만 그도 자유시장이 유토피아를 만들 것이라고는 주장하지 못했다. 현대의 가장 자유주의적인 정치가도 야심 있는 개인의 노력을 제약하고 감독하고 과세하여, 타인의 희생으로 자신의 야망을 충족시키지는 못하게 해야 한다는 것의 필요성을 인정하고 있다. 스미스소니언 열대연구소의 생물학자인 에그버트 리Egbert Leigh의 말을 인용하자면, "인간의 지능은 아직 구성원 사이의 자유경쟁이 전체의 이익에 이바지하는 사회를 만들지 못했다".[4] 유전자의 사회 또한 똑같은 문제점을 안고 있다. 각 유전자는 다음 세대로 전달되기 위해 가능한 모든 방법을 동원하여 무의식 중에 노력해온 유전자의 후손이다.

붉은 여왕

유전자들 사이의 협동은 뚜렷하며, 경쟁 또한 마찬가지이다. 그 경쟁으로 성의 구분이 생긴 것이다.

수십억 년 전에 생명체가 원시 대양에서 나온 이후 다른 분자를 사용하여 자신을 복제하는 분자의 수는 증가했다. 그러다 그 몇몇 분자들은 협동과 분화의 이점을 알게 되었고, 염색체라는 그룹을 만들었으며 세포라는 기계를 작동하여 효과적으로 염색체를 복제할 수 있었다. 마치 작은 농부 집단이 목수와 대장장이를 만나 촌락이라는 작은 협동 조직을 형성하듯이. 그리고 촌락 부족을 이룬 것처럼, 염색체는 몇몇 세포를 합쳐서 초세포Super cell를 만들 수 있음을 알게 되었다. 지금의 세포는 이렇게 여러 종류의 박테리아가 모여서 형성되었다. 부족에서 국가로, 그리고 제국이 되어가듯이, 세포들은 뭉쳐서 유전자 집합체의 거대한 집합체인 동식물과 균류를 만들었다.[5]

인간 사회에서 이러한 과정은 개인적이고 이기적인 욕망에 앞서 사회적 이익을 강요하는 법이 시행되지 않고는 불가능했을 것이다. 유전자들 사이에서도 마찬가지이다. 후세들이 유전자를 평가하는 데는 한 가지 기준만이 있다. 바로 다른 유전자들의 조상이 되는가 이다. 대체로 다른 유전자의 희생을 통해서만 이것을 이룰 수 있다. 이것은 인간이 부를 축적할 때 합법적이건 불법적이건 타인을 설득해 그의 부를 빼앗는 것과 마찬가지이다. 유전자가 독립하면 그때는 다른 모든 유전자는 적이 되어 모두 자신의 이익만을 챙기게 된다. 만약 유전자가 연합체의 일부라면 경쟁 연합을 패배시키는 데 똑같은 관심을 보일 것이다. 마치 보잉사의 직원들이 에어버스사의 희생 속에서 성공하는 데에 관심을 갖는 것처럼.

이것이 바이러스와 박테리아의 세계를 대략적으로 설명한다. 바이러스와 박테리아는 내부에서는 조화롭지만 대외적으로는 굉장히 경쟁적인 유전자 집합을 위해 쓰고 버릴 수 있는 전달체이다. 이제 곧 밝혀질 이유 때문에, 이 박테리아가 세포가 되고 세포가 생명체로 변할 때 조화는 깨진다. 법률과 관료제에 따라 새롭게 변해야 하기 때문이다.

박테리아 입장에서도 이것이 전적으로 좋다고 할 수는 없다. 엄청난 잠재력을 지닌 새로운 돌연변이 유전자가 한 박테리아에게 생겼다고 생각해보라. 그 돌연변이 유전자는 같은 형태의 다른 유전자들에 비해 우수하다 해도 자신이 속한 집단의 자질에 따라 그 운명이 결정된다. 이것은 우수한 기술자가 작고 잠재성 없는 기업에 고용되거나, 우수한 운동 선수가 하위 팀에 소속된 것과 비슷하다. 그러한 기술자나 운동 선수가 다른 직장을 찾듯이, 박테리아의 유전자도 한 개체에서 다른 개체로 이동하는 방법을 모색했으리라 생각할 수 있다.

그리고 박테리아는 그 방법을 이룩해냈다. 그것은 접합이라 불리며 성교의 한 형태라고 널리 알려져 있다. 두 개의 박테리아가 가느다란 관으로 서로 연결되어 몇 개의 유전자를 옮기는 것이다. 성교와 달리 이것은 생식과는 별 관계가 없으며 비교적 드문 현상이다. 그렇지만 다른 모든 점에서 이것은 성교와 같다. 그리고 이것은 유전자를 교환하는 방식이다.

오타와대학의 도널 히키Donal Hickey와 어바인 소재 캘리포니아대학의 마이클 로즈Michael Rose는 1980년대 초에 박테리아의 '성'이 박테리아 자신을 위해서라기보다는 유전자를 위해서 만들어졌다고 주장한 최초의 사람들이다. 그것은 팀보다는 선수들을 위한 방식과 같으며,[6] 유전자가 팀 동료의 희생 속에서 이기적인 욕심을 채우는 현상이다. 바로 더 좋은 팀을 위해서 동료들을 버리는 것이다. 이 두 과학자의 이론은 왜 동식물계에 성이 흔한지를 충분히 설명하지 못하며, 지금까지 거론된 이론들과 견줄 만하지도 못하다. 그렇지만 전체적인 과정이 어떻게 생겨났는지에 대한 통찰을 제시해준다. 바로 성의 기원에 대한 이론을 제시해주는 것이다.

개개의 유전자 차원에서 보면, 유전자는 성을 통해 수직적으로뿐 아니라 수평적으로도 퍼져나가는 것이 가능하다. 그러므로 유전자가 자신이 거주하는 전달체에 성을 갖도록 했다면, 설령 개체에게 불이익이 가더라도 유전자의 이익을 위해 뭔가를 하도록 만들 수도 있었을 것이다(가능하다면 후손을 남길 수 있는 쪽으로). 광견병 바이러스가 다른 개로 퍼지기 위해 개를 조종하여 무엇이든 물게 하듯이, 유전자는 다른 가계를 이룰 수 있도록 자신의 숙주가 성교하도록 만든다.

히키와 로즈는 특히 한 염색체에서 자신을 분리시켜 다른 염색체로 옮겨가는 전이인자transposon 혹은 도약 유전자라는 유전자에 흥미를 느꼈다. 1980년 같은 시기에 두 그룹의 과학자들은 전이인자가 다른 유전자의 희생을 통해서 자신의 복제만을 퍼뜨리는 '이기적인' 기생 DNA라는 결론을 내렸다. 그들은 과거의 과학자들처럼 전이인자가 개체의 이익을 위해서 존재하는 이유를 찾기보다는, 전이인자가 개체에게는 나쁘지만 전이인자 자신에게는 이익이 된다는 점을 간파했다.[7] 강도와 무법자는 사회에 이익을 주기보다는 손해를 끼치기 위해, 그리고 자신의 이익을 위해 존재한다. 리처드 도킨스에 따르면 아마도 전이인자는 '무법자 유전자'이리라. 또한 히키는 전이인자가 근친교배나 무성교배하는 생물보다는 이계교배하는 유성생식 생물에서 더 흔하게 발견되는 것을 알아내었다. 그는 수학적 모델을 이용하여 기생적인 유전자가 숙주에 악영향을 주더라도 잘 살아남을 수 있음을 보였다. 그리고 히키는 유성생식 종에서는 빠르게 퍼지지만 무성생식 종에서는 느리게 퍼지는 효모의 기생성 유전자를 찾았다. 그러한 유전자는 '플라스미드plasmid' 혹은 독립된 작은 DNA 고리에 위치하며, 박테리아에서는 이런 플라스미드가 유전자들이 퍼지는 수단인 접합을 유도한다는 것이 밝혀졌다. 그들은 개들이 서로를 물어뜯게 하는 광견병 바이러스와 같다. 나쁜 유전자와 전염성 바이러스의 경계선은 모호하다.[8]

아벨의 후손은 없다

이런 반역에도 불구하고, 박테리아 집단의 생활은 대체로 조화롭다. 좀 더 복잡한 생물, 가령 과거 어느 시기에 원시 박테리아들이 뭉쳐 이뤄진 아메바 같은 경우에도[9] 개인과 집단의 이익 차이는 크지 않다. 그렇지만 그보다 고등한 생물 내에서는 유전자가 동료의 희생 속에서 번성할 수 있는 기회가 더욱 많아진다.

동물과 식물의 유전자에는 사회적 조화에 대해 반쯤 억제된 반란이 수두룩하다. 어떤 밀가루벌레의 암컷은 미디어Medea라는 유전

붉은 여왕

자를 지니는데 이 유전자가 없는 자손은 죽게 된다.[10] 마치 유전자가 암컷의 새끼를 모두 함정에 빠뜨리고 나서 자신이 들어간 새끼만 구제하는 것처럼 보인다. 곤충의 모든 알에 침입하여 자신의 유전을 확립하는 작용만 하는 B염색체라는 전체가 이기적인 염색체도 존재한다.[11] 깍지벌레에는 더 기이한 유전적 기생 현상이 있다. 깍지벌레는 알이 수정될 때 한 개 이상의 정자가 난자에 침입하기도 하는데 이런 일이 일어나면 정자 하나는 정상적으로 난자의 핵과 결합한다. 그리고 다른 여분의 정자는 주변에 있다가 알이 분열할 때 같이 분열하기 시작한다. 이 개체가 성숙해질 때, 기생하는 정자 세포는 생식소를 제거하고 그 자리를 차지한다. 그래서 이 곤충은 자신과는 거의 관련이 없는 정자 혹은 난자를 만든다. 이것은 놀라운 유전적 간통 현상이다.[12]

이기적 유전자에게 가장 큰 기회는 성교시에 온다. 대부분의 동식물은 이배성으로 유전자가 쌍으로 존재한다. 그렇지만 이배성은 두 종류의 유전자의 불편한 동반관계라서 이 동반관계가 끝나면 간혹 싸늘해지기도 한다. 이 동반관계는 성교와 함께 끝난다. 성의 유전적 과정의 중심인 감수분열 도중에 쌍을 이룬 유전자는 분리되어 반수성의 정자와 난자를 만든다. 각각의 유전자는 동료의 희생 속에서 갑자기 이기적이 될 기회를 얻게 된다. 만약 난자나 정자를 독점하면 동료를 제거하고 자신은 번성하게 된다.[13]

이 기회에 대한 연구는 최근 젊은 생물학자들에 의해서 이루어지고 있다. 이들 중 어바인 소재 캘리포니아대학의 스티브 프랭크 Steve Frank, 옥스퍼드대학의 로렌스 허스트 Laurence Hurst, 앤드루 포미안코프스키Andrew Pomiankowski, 데이비드 헤이그David Haig 와 앨런 그레픈Alan Grafen 등이 유명하다. 그들의 논리는 다음과 같다. 여성이 임신하면 배아는 어머니가 지닌 유전자의 반만을 받는다. 이 유전자들은 운이 좋은 것이다. 운이 없는 다른 반쪽은 다음 기회를 기다린다. 요점을 말하자면 사람은 23쌍의 유전자를 지니는데, 23개는 어머니의 것이고 23개는 아버지의 것이기 때문이다. 인간은 난자나 정자를 만들 때 각 쌍으로부터 하나씩 채택해서 최종적으로 23개의 염색체를 갖게 된다. 어머니에게 받은 것만을 그대로 주거나 아버지의 것만을 주거나, 아니면 두 가지가 혼합된 상태로 줄 수 있다. 이때 확률을 조작해서 배아에 들어갈 확률을 50퍼센트 이상으로 증가시킨 이기적인 유전자는 훨씬 유리해질 것이다. 이 유전자가 단순히 배아의 다른 쪽 조부모에서 온 유전자를 제거한다고 가정해보자.

 실제로 그런 유전자가 있다. 어떤 초파리의 2번 염색체에는 '분리 교란자segregation distorter'라는 유전자가 존재한다. 이 유전자는 단순히 다른 2번 염색체를 지닌 모든 정자만을 제거한다. 그래서 이 초파리는 정상 개체의 절반 분량의 정자만을 생산한다. 그렇지만 모든 정자는 분리 교란자 유전자를 포함하고 있기 때문에 이 초파리의 후손에 대해 독점을 확보하게 된다.[14]

 이러한 유전자를 카인이라고 하자. 그런데 카인은 아벨의 일란성 쌍둥이이므로 자신을 죽이지 않고는 그의 형제를 죽일 수 없다. 아벨에게 사용할 무기가 세포 내로 방출되는 파괴 효소이기 때문이다. 이것은 화학 무기와 같다. 이때 카인의 방어책은 자신을 보호해주는 방독면 같은 기구에 의존하는 것뿐이다(이것은 파괴 효소를 물리치는 유전자로 구성되어 있다). '카인의 방독면'은 카인이 아벨에게 사용하는 가스로부터 카인 자신을 보호해준다. 카인은 인류의 조상이 되고 아벨은 죽는다. 이렇게 해서 형제 살인을 행하는 유전자는 살인자가 대지를 상속하듯 자손을 퍼뜨릴 것이다. 분리 교란자와 형제를 죽이는 유전자들을 속칭해서 '감수분열 추진자 meiotic drive'라고 부른다. 그 이유는 이들이 동반관계가 깨지는 감수분열 과정에서 편협한 결과가 나오도록 추진하기 때문이다.[15]

　감수분열 추진자 유전자는 초파리와 생쥐, 그리고 몇몇 다른 생물에서도 관찰되기는 하지만 매우 드문 현상이다. 왜 그런가? 이것은 살인이 드문 이유와 같다. 다른 유전자들의 이익이 법에 의해 재배치된 것이다. 유전자는 사람과 마찬가지로 서로 죽이는 것 외에도 할 일이 많다. 아벨의 염색체에 있었기 때문에 아벨과 함께 죽은 유전자들은 카인을 물리칠 방안만 만들었어도 살아남았을 것이다. 다른 말로 하자면 감수분열 추진자를 물리친 유전자들은 감수분열 추진자가 번성하듯 자손을 만들 수 있을 것이다. 그 결과는 붉은 여왕적 경쟁이다.

　데이비드 헤이그와 앨런 그레픈은 이런 반응은 흔한 것이며 염색체 덩어리를 맞바꾸는 유전적 재배열의 형태로 이루어진다고 믿는다. 만약 아벨 옆에 있는 염색체 덩어리가 카인 옆에 있는 염색체 덩어리와 갑자기 자리를 바꾼다면, 카인의 방독면은 대번에 카인의 염색체에서 떨어져 나와 아벨의 염색체로 들어갈 것이다. 그 결과 카인은 자살을 한 셈이 되고 아벨은 행복하게 살게 된다.[16]

이 교환이 '교차crossing over'이다. 이것은 대부분의 동식물 염색체의 모든 쌍에서 일어난다. 그 현상은 유전자 재조합을 더 철저히 해주는 것 이외에는 의미가 없다. 그래서 사람들은 그냥 그게 교차의 목적이라고 여겨왔는데, 이때 헤이그와 그레픈이 한 가지 의견을 제시했다. 헤이그와 그레픈은 교차가 어떤 특별한 작용을 수행하는 것이 아니라 세포 내에서 이루어지는 법률 시행의 한 형태일 뿐이라고 주장했다. 완벽한 세상에서는 아무도 살인하지 않기 때문에 경찰이 필요없다. 경찰은 사회를 돋보이게 하려고 있는 것이 아니라 사회의 분열을 막기 위해 존재한다. 그래서 헤이그-그레픈의 이론에 따르면 교차는 염색체의 분리가 정당하게 일어나도록 관리한다.

이것은 본질적으로 쉽게 확인할 수 있는 이론이 아니다. 헤이그가 무미건조하게 오스트레일리아식으로 말하듯, 교차는 코끼리 퇴치제와 같다. 코끼리가 보이지 않으니까 효과적이겠거니 한다.[17]

생쥐와 초파리의 경우, 카인 유전자는 자신의 방독면을 꼭 껴안음으로써 교차가 일어날 때 떨어지지 않아 살아남는다. 그렇지만 특별히 카인 유전자의 침입을 많이 받는 염색체 한 쌍이 있는데, 이는 교차가 일어나지 않는 '성염색체'이다. 사람을 비롯해 다른 많은 동물에서 성별은 유전자 추첨으로 결정된다. 부모로부터 한 쌍의 X염색체를 물려받으면 여성이 되고, 하나의 X와 하나의 Y를 받으면 남성이 된다(새, 나비, 또는 거미의 경우에는 반대이다). Y염색체에는 남성의 특성을 결정하는 유전자가 있으므로, Y는 X와 양립하지 않고 서로 교차되지도 않는다. 결과적으로 X염색체의 카인 유전자는 자살의 위험 부담 없이 Y염색체를 소멸시킬 수 있다. 이 유전자는 다음 세대에서 성비性比를 여성 쪽으로 기울게 하여 전체 인구가 대가를 치르도록 유도하지만, 후손을 독점하는 이익은 카인 유전자 자신이 얻는다. 마치 불로소득자가 공유지의 비극을 유발하는 경우와 같다.[18]

일방적인 무장 해제의 장점

그렇지만 대체로 유전자의 공동 이익이 무법자의 야망보다 앞에 온다. 에그버트 리가 말했듯이 '유전자의 의회'가 자신의 의지를 주장하는 것이다.[19] 그러나 독자들은 조급함을 느끼고, '세포적 관료주의에 대한 이런 작은 탐방은 비록 흥미롭기는 해도 이 장의 도입부에서 던진 왜 두 성별이 있는가라는 질문에 대한 답에는 도달하지 못했다'고 할 것이다.

인내심을 가지시길. 우리가 유전자 쌍들 사이에서 벌어지는 분쟁을 알아보기 위해 택한 이 방법이 그 답을 제시해주리라. 왜냐하면 성별 그 자체가 세포적 관료주의의 한 형태일 수 있기 때문이다. 웅성의 성은 다수의 작고 운동성 있는 배우자인 정자나 꽃가루를 만든다. 자성은 소수의 크고 운동성이 없는 배우자인 난자를 만든다. 그렇지만 웅성 배우자와 자성 배우자 사이의 차이는 크기뿐만이 아니다. 훨씬 더 중대한 차이는 어떤 유전자들의 경우는 오로지 어머니부터만 온다는 점이다. 이 책에서 그 탁월함이 계속 언급될 하버드 대학의 두 과학자 리다 코스미데스Leda Cosmides와 존 투비는 1981

년에 유전자의 의회에 대해 더 야심찬 유전적 반란이 있었음을 제시했다. 이 유전적 반란을 통해 동식물의 진화는 낯설고 새로운 방향으로 나아가게 됐으며, 그 결과 두 종류의 성별이 생겨났을 것이라고 주장했다.[20]

나는 지금까지 모든 유전자들이 비슷한 방식으로 유전된다고 여겨왔다. 그렇지만 이것은 그리 정확하지 않다. 정자는 난자를 수정시킬 때 난자에게 핵이라고 불리는, 유전자로 가득 찬 봉지만을 건네줄 뿐이다. 정자의 나머지는 난자에 들어가지 못한다. 그런데 핵 속에 존재하지 않는 유전자도 있으므로 결국 아버지의 유전자들 중 몇몇 유전자는 밖에 남는 셈이다. 이 유전자들은 세포 내 소기관 organelle이라는 구조물 속에 존재한다. 소기관에는 크게 두 종류가 있다. 산소를 이용하여 음식물에서 에너지를 뽑아내는 미토콘드리아와 태양빛을 이용하여 공기와 물로 양분을 만드는 엽록체(식물 속에 존재함)이다. 이 두 소기관은 세포 속에서 살던 박테리아의 후손임에 틀림없다. 그들의 생화학적 능력이 숙주 세포에게 쓸모가 있었기 때문에 숙주의 체내에서 길들여졌을 것이다. 자유생활을 하던 박테리아의 후손이었으므로 자신의 유전자를 지니고 있으며, 아직도 그 대부분을 지니고 있다. 예컨대 인간의 미토콘드리아는 자신의 유전자를 37개 지니고 있다. '왜 두 가지 성별이 있느냐'고 묻는 것은 '왜 소기관의 유전자는 모계로 유전이 되느냐'고 묻는 것이다.[21]

왜 정자의 소기관도 난자로 들어가게 하지 않는가? 진화는 부계 소기관을 배제하기 위해 부단히 노력한 듯이 보인다. 식물의 좁은 수축 부위는 부계의 소기관이 꽃가루관으로 들어가지 못하게 막는다. 동물에서는 정자가 난자로 침투하기 전에 소기관을 제거하기 위해 수색 같은 것이 일어나는 듯하다. 왜 그럴까?

그 해답은 위 법칙의 예외에서 찾을 수 있다. 클라미도모나스라는 녹조류는 성별을 지니지만 암수가 아니라 음양으로 나뉜다. 이 녹조류에서는 두 부모의 엽록체가 자신들을 95퍼센트나 소멸시키는 소모전을 벌인다. 살아남은 5퍼센트는 오로지 양의 부모의 것으로, 양이 숫자로 음을 압도한 것이다.[22] 이 전쟁이 세포를 불모지로 만든다. 핵 유전자는 『로미오와 줄리엣』에서 왕자가 두 신하의 분쟁을 달갑지 않게 보듯이 이 전쟁을 그리 좋게 보지 않는다.

> 평화의 적인 그대 반란하는 신하들이여.
> 이웃을 찌른 칼을 든 불경한 자들이여.
> 내 말을 듣지 않겠는가? 너희들, 짐승 같은 사람들이여,
> 너의 핏줄에서 솟아나는 자줏빛 샘물로
> 파멸로 이르는 너의 분노의 불을 가라앉혀라.
> 고문의 고통으로, 피묻은 그대의 손에서
> 사악한 무기를 저 땅 위에 팽개쳐버려라.
> 그리고 감격한 그대들의 왕자의 말을 들어라.
> 너희 두 집안, 캐풀렛과 몬터규의
> 젠체하던 말들이 빚어낸 세 번의 싸움이,
> 조용한 우리의 거리를 몹시도 어지럽혔으니
> …… 우리의 저잣거리를 다시 한 번 소란하게 한다면,
> 평온을 빼앗은 죄로 너희 목숨을 내놓아야 하리라.

유전적 반란과 성

『로미오와 줄리엣』 1막 1장

곧 알게 되지만 왕자의 이 엄중한 경고조차도 그 다툼을 잠재우지 못했다. 만약 왕자가 핵 유전자의 방식을 따랐다면 아예 몬터규 가문을 몰살시켰을 것이다. 부계와 모계의 핵 유전자는 부계의 소기관을 몰살하기로 합의를 본다. 소기관을 소멸시켜도 좋다고 허락하면 평화롭게 생존력 있는 후손을 낳을 수 있는 것이 유리하기 때문이다(웅성 소기관이 아니라 웅성 핵에게 유리하다). 그래서 (음의 성에서) 유순하고 스스로 소멸하는 소기관을 가진 쪽이 번성하게 된다. 살해자 대 피해자의 비율이 50대 50을 벗어나는 순간 소수 쪽이 유리해질 것이고, 그러면서 비율은 조정을 거쳐 늘 50대 50에 머물게 될 것이다. 소기관을 공급하는 살해자와 그렇지 못한 피해자의 두 성별이 생기는 것이다.

옥스퍼드대학의 로렌스 허스트는 이 논점을 이용하여 성별은 융합성교fusion sex의 결과라고 예측했다. 즉, 클라미도모나스와 대부분의 동식물에서처럼 성교가 두 세포의 융합 형태로 일어나는 경우에 두 종류의 성별을 찾을 수 있다는 것이다. 두 세포 사이에 관이 형성되어 핵 유전자가 이것을 통해 전달되는 접합의 형태에서는 세포의 융합이 없고 그래서 분쟁이 없으므로 살인자와 피해자의 성별은 필요 없다. 섬모성 원생동물과 버섯같이 접합성교conjugation sex를 하는 종들에게는 수십 종류의 성별이 있다. 융합성교를 하는 종들에게는 대체로 두 종류의 성별이 나타난다. 특히 두 방식 모두로 성교를 하는 '하모류下毛類' 섬모충은 좋은 예이다. 하모류가 융합

붉은 여왕

성교를 할 때에는 두 종류의 성별이 보이고, 접합성교를 할 때에는 많은 성별이 나타난다.

1991년 이 이야기를 정리하고 있을 때, 마침 허스트는 이와 상반되는 경우를 찾았다. 융합생식을 하는데도 13종류의 성별이 관찰되는 변형균이 있었다. 그렇지만 허스트는 계속 파고들어 13개의 성별이 위계에 따라 배열된다는 것을 발견하였다. 어느 것과 결합하든 성별 13은 언제나 소기관을 제공한다. 성별 12는 성별 11이나 그 이하의 개체와 결합할 때에만 소기관을 제공한다. 계속 이런 식으로 진행된다. 이것이 훨씬 더 복잡하기는 하지만, 두 종류의 성별을 갖는 것과 큰 차이가 없다.[23]

정자에게 필요한 안전한 성교를 위한 정보

대부분의 동식물과 마찬가지로 사람도 융합성교를 하며 두 가지 성별을 가진다. 그렇지만 이것은 상당한 변형이 일어난 융합성교이다. 남성은 자신의 소기관이 몰살당하지 않게 하려고 경계 부위에 남겨둔다. 정자는 핵이라는 화물과 미토콘드리아라는 엔진, 그리고 편모鞭毛라는 프로펠러를 지닌다. 정자를 만드는 세포들은 정자가 완성되기 전에 엄청난 노력을 쏟아 나머지 세포질을 제거하고 일정 경비를 들여 다시 분해한다. 정자는 난자를 만나면 엔진과 프로펠러마저도 떨쳐버린다. 핵만이 더 안쪽으로 이동한다.

허스트는 다시 전염병의 문제를 들어 이를 설명한다.[24] 소기관만이 세포 내의 유일한 유전적 반군은 아니다. 박테리아와 바이러스도 있다. 그리고 소기관에게 적용되는 논리가 여기에도 적용된다. 세포가 융합할 때 각 세포 안에 있는 경쟁 박테리아는 사활을 건 투쟁을 벌인다. 난자 안에서 평화로이 살고 있던 박테리아는 정자가 운반해 온 경쟁자의 침입을 받으면 경쟁을 해야 하므로, 잠복을 포기하고 질병으로서 자신을 드러내게 된다.

  질병이 다른 경쟁자의 감염으로 재발한다는 증거는 많다. 예컨대 에이즈를 일으키는 HIV 바이러스는 사람의 뇌세포에 감염되어도 발병하지 않고 가만히 있는다. 하지만 전혀 다른 종류의 바이러스인 사이토메갈로 바이러스가 이미 HIV로 감염된 뇌세포에 침투하면, 잠자고 있던 HIV 바이러스는 깨어나 급속히 증식한다. 이것이 HIV에 감염된 사람이 또 다른 병에 복합 감염될 때 HIV가 에이즈를 일으키는 이유로 보인다. 그리고 에이즈의 특성 중 하나는 우리 몸속에서 별 탈 없이 존재하는 뉴모시스티스 폐렴균, 사이토메갈로 바이러스나 포진처럼 대체적으로 무해한 박테리아나 바이러스가 에이즈가 진행되는 중에 갑자기 독성을 띠게 되고 위해한 작용을 한다는 것이다. 이 점은 에이즈가 면역계 질병이라서 이런 병에 관한 면역 체계의 감시가 풀리는 데도 이유가 있지만, 진화적 관점에서도 이해할 수 있다. 만약 숙주가 죽어가고 있다면 바이러스의 최선은 아주 빠르게 번식하는 것이다. 그래서 이른바 기회성 감염은 대체로 아프거나 신체 기능이 저하되었을 때 기세를 부린다. 또 한 과학자는 면역계의 교차반응(한 종류의 병원균에 감염되었을 때 같은 종의 다른 형질의 병원균에 대해서 면역 반응을 일으키는 것)은 이미 침입한 기생생

 붉은 여왕

물이 자신의 경쟁자가 침입하지 못하게 문을 닫는 것일 수도 있다는 의견을 제시했다.[25]

경쟁자가 나타났을 때 끝장을 보는 것이 기생생물에게 이롭다면, 숙주로서는 두 형질의 기생생물들에 의한 교차 감염을 방지하는 것이 이로울 것이다. 그리고 성교보다 교차 감염의 위험률이 높은 것은 없다. 난자와 융합하는 정자는 박테리아와 바이러스를 안고 들어올 위험이 있다. 이것들이 침입하게 되면 난자 내의 기생생물들을 깨워 난자를 병들게 하거나 죽일 수 있는 쟁취의 전쟁을 벌일 것이다. 그러므로 이를 방지하기 위해서 정자는 바이러스나 박테리아를 묻혀올 수 있는 물질을 난자 안으로 가져가는 것을 피하려 한다. 그래서 오로지 핵만을 난자에게 전달한다. 이것이 바로 안전한 성교가 아닌가?

이 이론에 대한 직접적인 증거를 얻기는 어렵다. 그러나 가느다란 관으로 여분의 핵을 전달하는 접합생식을 하는 짚신벌레는 이 이론을 간접적으로 뒷받침한다. 이 과정은 관을 통해 핵만 이동한다는 점에서 위생적이다. 두 마리의 짚신벌레는 이렇게 2분 정도만 붙어 있는데, 이 시간이 넘으면 관을 통해 세포질이 이동한다. 이 관은 너무 좁아서 핵도 간신히 비집고 통과한다. 따라서 짚신벌레와 유사 종들만이 그렇게 작은 핵을 갖는 것은 우연이 아닐 것이다. 그 작은 핵은 유전자를 저장하고 있어서 '암호 저장고'라고 불리며 작은 핵에서 일상생활에 쓰이는 큰 핵이 만들어진다.[26]

결정의 시간

그렇다면 성은 두 부모의 세포질 유전자 사이에 생긴 분쟁을 해소하기 위한 수단으로 만들어졌다고 할 수 있다. 이러한 분쟁을 통해 후손이 멸망한다는 결론보다는 이성적인 결론이 도출되었는데, 그것은 모든 세포질 유전자는 모계 것만을 쓰고 부계 것은 전달되지 않도록 하는 것이다. 이렇게 하여 부계 배우자를 작게 만들었기 때문에 부계 배우자들은 난자를 찾기 쉽도록 수가 많고 운동성도 있게 분화될 수 있었다. 성별은 반사회적 습관에 대한 관료주의적인 해결책이다.

이것이 한 성은 작은 배우자를 갖고 다른 성은 큰 배우자를 갖는 두 개의 성별 차이를 설명한다. 그렇지만 왜 두 성별을 한꺼번에 공유할 수 없는지는 설명하지 못한다. 왜 사람은 자웅동체가 아닐까? 내가 만약 식물이라면 이런 질문을 하지 않을 것이다. 식물은 자웅동체이기 때문이다. 운동성 있는 생물은 자웅이체(성이 따로 존재함)이고 식물과 따개비 같은 고착생물은 자웅동체라는 것은 일반적인 경향이다. 이 경향은 생태학적인 관점에서 봤을 때 일리가 있다. 씨보다 꽃가루가 가볍다는 점을 생각해볼 때 씨만 만드는 꽃은 자신의 주변에만 자손을 번식시킬 수 있다. 꽃가루도 만드는 꽃은 더 넓게 퍼지는 식물의 조상이 될 수 있다. 수익 체감의 법칙은 씨에는 해당되지만 꽃가루에는 적용되지 않는다.

그러나 동물들이 왜 다른 경로를 택했는지는 설명하지 못한다. 그 해답은 정자가 난자 안으로 들어갈 때 문 밖에 남아 버림받는 불운

한 소기관들이 갖고 있다. 웅성의 소기관에 있는 모든 유전자는 전부 밖에 버려지기 때문에 막다른 골목에 몰리게 된다. 몸 안의 모든 소기관과 그 안에 있는 유전자는 전부 어머니 것이며 아버지 것은 없다. 이것은 후대에 자신을 전달하는 것이 필생의 목표인 유전자에게 매우 나쁜 소식이다. 소기관 유전자에게 모든 남성들은 다 막다른 길이다. 그리 놀라운 것도 아니지만 이러한 유전자들은 자신들의 어려움을 극복하고자 하는 욕망을 지닌다(이 문제를 해결한 것들은 그렇지 못한 것들을 희생시키며 번식한다). 자웅동체의 소기관 유전자의 경우 가장 흥미로운 해답은 개체의 모든 자원을 웅성이 전혀 없는 자성 생식 과정으로 바꾸는 데 있다.

이것은 단순한 상상이 아니다. 자웅동체는 자신의 웅성 부분을 파괴하고자 하는 반항적인 소기관과 항상 투쟁하고 있다. 웅성 파괴 유전자는 140종 이상의 식물에서 발견되었다. 이 유전자는 꽃을 형성하지만 수술이 휘거나 시들어 꽃가루가 형성되지 않는다. 이 생식 불능의 원인은 언제나 핵 속의 유전자가 아니라 소기관 내 유전자이다. 수술을 파괴함으로써 식물은 자원을 자성인 씨로 돌려서 자신이 유전될 수 있게 한다. 핵은 자성에 이런 선호가 없다. 실제로 반란군이 같은 종의 여러 개체에게서 그들의 목표를 달성하면, 핵은 유일하게 꽃가루를 만드는 식물이 되어 많은 이익을 얻는다. 그래서 웅성 생식 불능 유전자가 발현되면 곧 언제나 핵의 생식 능력 복구 기능이 가동된다. 예컨대 옥수수에는 웅성 생식 불능을 일으키는 소기관 유전자가 두 종류 있는데, 서로 다른 핵의 생식 복구 기능이 이들을 억압한다. 담배에는 이런 유전자가 적어도 여덟 쌍 이상 있다. 식물육종가는 서로 다른 종류의 옥수수를 교배함으로써, 웅성 생식 불능 유전자를 핵의 억압에서 풀어준다. 그러면 한쪽 부모의 억제 요소는 다른 부모 쪽의 반란군을 인식하지 못하기 때문이다. 그들이 이렇게 웅성 생식 불능을 조장하는 이유는 웅성 생식 불능인 옥수수밭은 스스로 수정할 수 없기 때문이다. 그중에 정상인 웅성의 형질 개체를 도입하면 혼혈종을 얻을 수 있다. 그리고 혼혈종 활력이라는 신비로운 힘에 의해서 혼혈종 씨앗은 양쪽 부모보다 더 많은 자손을 낳는다. 웅성은 생식 불능이고 자성은 생식 가능한 해바라기, 양배추, 토마토, 옥수수와 다른 작물들은 전세계 농부들의 주요 생산 작물이다.[27]

웅성 생식 불능 유전자가 작용하는지 알아보기 쉽다. 이 식물들은 자웅동체와 자성의 두 가지로 분류된다. 이러한 식물의 군체는 자성 자웅동체라고 알려져 있다. 웅성과 자웅동체가 있는 웅성 자웅동체는 거의 알려져 있지 않다. 한 예로 야생 백리향은 반 정도가 자성이고 나머지는 자웅동체이다. 그런 군체들이 자성으로 향하는 일방통행로의 중간에 정지했다는 것은 소기관의 웅성 파괴 유전자와 핵의 생식 복구 유전자 사이에 투쟁이 계속되고 있다고 가정해야만 설명할 수 있다. 어떤 조건에서는 투쟁이 임계에 다다라 한쪽의 과도한 진전이 상대편에게 이롭게 작용하는 때가 올 것이고, 그러면 상대편은 반격이 가능해진다. 웅성 파괴 유전자가 흔해지면 복구 유전자가 더 선호될 것이며, 반대의 경우도 마찬가지이다.[28]

이 같은 논리는 자웅동체가 아닌 대부분의 동물들에는 해당하지 않는다. 만약에 웅성의 파괴를 통해 자성 개체에게 더 유리한 조건이

붉은 여왕

주어진다면 소기관의 유전자가 작동하겠지만, 실제로는 그렇지 않기 때문에 웅성 파괴는 드물다. 자웅동체의 식물은 웅성 기관이 파괴되면 자성 기관이 급격히 성장하거나 씨를 많이 생산한다. 하지만 쥐에게 웅성 파괴 유전자가 있다고 할 때, 이 유전자가 동족의 수컷을 죽여도 암컷에게는 이득이 없다. 소기관에게 웅성은 진화상의 막다른 골목이므로, 웅성을 죽이는 것은 순전히 악의로 일어날 것이다.[29]

따라서 동물에게 이 분쟁은 색다르게 해소된다. 행복한 자웅동체인 쥐의 집단이 있다고 상상해보자. 집단 안에서 돌연변이가 일어나 웅성 생식소(정소精巢)를 파괴한다고 생각해보자. 이 유전자를 지닌 암컷은 이 유전자가 유리하기 때문에 널리 확산된다. 그들은 정자를 만드는 데 별 노력을 기울이지 않기 때문에 두 배의 새끼를 낳는다. 곧 그 개체군은 자웅동체와 웅성 파괴 유전자를 지닌 암컷으로 구성될 것이다. 많은 식물들처럼 웅성 파괴 유전자를 억제하여 자웅동체로 돌아갈 수도 있다. 그렇지만 이 억제를 가능하게 하는 변이가 작용하기 전에 무슨 일이 일어날 확률 또한 높다.

이 시기에 웅성은 아주 드물다. 이때는 적은 수의 자웅동체로 남아 있는 쥐들이 귀한 대접을 받게 되는데, 그들만이 여전히 완전 자성인 쥐들이 요구하는 정자를 만들 수 있기 때문이다. 수가 더욱 적어질수록 그들은 유리해진다. 더 이상 웅성 파괴 돌연변이가 이롭게 작용하지 못한다. 그 반대가 더 이롭다. 핵 유전자에게 진정으로 이익이 되는 것은 자웅동체의 개체가 자성 기능을 포기하고 다른 개체들에게 정자를 공급하는 데 주력할 수 있게 해주는 자성 파괴 유전자이다. 그렇지만 그런 자성 파괴 유전자가 나타나면 자성 파괴 유전자와 웅성 파괴 유전자가 모두 없는 자웅동체의 개체는 더 이상 귀해지지 않는다. 그들은 순수 암컷·수컷과 경쟁한다. 공급되는 대부분의 정자는 자성 파괴 유전자를 내포하고 있으며, 수정 가능한 대부분의 난자는 웅성 파괴 유전자를 지녀서 후손이 언제나 분화되도록 강제된다. 성별이 나뉘게 되는 것이다.[30]

'자웅동체가 되어서 웅성이 되는 불편을 피할 것인가'라는 질문의 답은 '예'일 것이다. 하지만 지금 상태에서는 그렇게 될 방법이 없다. 두 개의 성별만이 존재할 뿐이다.

순결한 칠면조의 경우

성별을 나눔으로써 동물들은 소기관의 첫 반란을 진압했다. 하지만 일시적인 승리였을 뿐이다. 소기관의 유전자들은 새로운 반란을 시작했고 이번에는 모든 수컷을 멸종시키고 암컷만을 남기려는 목표를 세웠다. 이것은 자멸적인 야망으로 보일 것이다. 웅성 없는 유성 종들이 모든 유전자를 가진 채로 한 세대 안에 멸종될 것 같기 때문이다. 그러나 소기관이 별 상관을 하지 않는 데는 두 가지 이유가 있다. 첫째, 이들은 그 종을 정자 없이 생식하는 처녀생식으로 바꿀 수 있고, 또 실제로 그렇게 하기 때문이다. 요컨대 이들은 성별을 없애려 한다. 둘째, 그들은 고래잡이나 대구잡이 어부 또는 공유지의 목축자처럼 행동하기 때문이다. 그들은 결과적으로 자멸을 초래하더라도 단기적인 경쟁 이득을 취하려 한다. 합리적인 고래잡이는 마

붉은 여왕

지막 고래 한 쌍이 번식할 수 있도록 남겨두는 일은 하지 않는다. 이와 마찬가지로 소기관은 자신이 남성에 있으면 어쨌든 소멸될 것이므로, 종이 멸종하지 않도록 마지막 웅성을 살려두는 일을 하지 않는다.

무당벌레 새끼를 보자. 만약 수컷 알이 죽으면 한 배의 암컷 알이 그것을 먹어 양분으로 삼는다. 별로 놀랄 일도 아니지만, 무당벌레, 파리, 나비, 말벌, 그리고 지금까지 연구된 약 30종의 곤충에서, 무리의 유생들이 서로 경쟁할 경우에는 웅성 파괴 유전자가 활동하는 것이 관찰되었다. 그렇지만 이 웅성 파괴 유전자는 소기관에 있는 것이 아니라 곤충의 세포 속에 존재하는 박테리아에 있다. 이 박테리아들은 소기관과 마찬가지로 정자에는 없고 난자에만 있다.[31]

동물의 이러한 유전자를 성비性比 교란자 sex-ratio distorter 라고 부른다. 알벌이라는 작은 기생성 말벌 가운데 적어도 12종의 암컷은 박테리아에 감염되면 미수정란으로도 오로지 암컷만을 만든다. 모든 말벌은 미수정란이 수컷이 되는 매우 독특한 성 결정 체계를 지니고 있기 때문에, 이러한 감염으로 종이 말살되지는 않으며, 박테리아는 난자의 세포질을 통해 후대에 전해진다. 전체 종은 박테리아가 없어질 때까지 여러 세대를 내려가면서 처녀생식을 수행한다. 이 말벌에 항생제를 주입하면 그 자손에게서 다시 두 성별이 관찰된다. 페니실린은 처녀생식을 치유한다.[32]

1950년에 메릴랜드 주 벨츠빌의 농업연구소의 과학자들은 어떤 칠면조 몇 마리의 난자가 수정되지 않은 채로 발생 과정을 거치는 것에 주목하였다. 이 과학자들의 끝없는 노력에도 불구하고 이 처녀생식의 결과물들은 배아의 단계를 넘기지 못했다. 그러나 이 칠면조들에게 가금류 수두증을 예방하기 위해 살아 있는 바이러스를 접종했을 때, 정자 없이 발생을 시작하는 난자가 1~2퍼센트에서 3~16퍼센트로 증가하였다. 선택적 교배와 세 종류의 살아 있는 바이러스를 사용하여 과학자들은 정자 없이 발생을 시작하는 난자가 전체의 반을 넘는 포조 그레이라는 칠면조 품종을 만들었다.[33]

칠면조에게는 가능했지만 사람의 경우는 어떨까? 로렌스 허스트는 사람에게 성전환 기생생물이 존재하는가에 대해 연구했다. 1946년 프랑스의 작은 과학 잡지에, 낭시라는 곳에서 의사의 주의를 끈 한 여자의 이야기가 실렸다. 그녀는 그때 두 번째 아이를 가졌는데, 그녀의 첫아이는 여자아이로 유아기에 사망했다. 그녀는 자신의 둘째 아이가 여자아이라는 것에 놀라지 않았다. 그녀는 자기 집안에서는 남자아이가 태어나지 않는다고 했다.

그녀의 이야기는 이렇다. 그녀는 여섯째 딸인 자기 어머니의 아홉째 딸이었다. 그녀의 어머니는 남자 형제가 없었고 그녀도 마찬가지였다. 그녀의 자매 8명은 아들 없이 딸만 37명 낳았다. 그녀의 이모 5명도 아들 없이 18명의 딸을 낳았다. 결과를 살피자면, 그녀 가족은 2대에 걸쳐 여자만 72명이고 남자는 없다.[34]

이런 일은 우연이라고 할 수는 있지만 매우 드문 일이다. 가능성이 매우 희박한 것이다. 이 일을 보고한 린하르트R. Lienhart와 버멜랭H. Vermelin이라는 두 프랑스 과학자 역시 아무런 증거가 없기 때문에 유독 남아만 자연 유산되었다는 가능성을 배제했다. 실제로 이들 대부분은 비정상적으로 다산하였다. 한 사람은 12명, 두 사람은 9

명, 그리고 다른 한 사람은 8명의 딸을 낳았다. 그래서 그들은 이 여자와 가족들이 성염색체에 상관없이 자신이 들어가 있는 모든 배를 여성화하는 세포질 유전자를 지녔다고 추측했다(첨언하자면, 처녀생식이라는 증거는 없었다. 이 여인의 큰언니는 수녀였고 아이가 없었다).

마담 B(이 여인은 이렇게 불렸다)는 극단적으로 관심을 끄는 경우이다. 그녀의 딸들과 질녀들이 딸만을 낳았을까? 그녀의 사촌들은? 아직도 낭시에는 곧 그 도시의 성비를 불균형하게 할 정도로 커지는 여인 왕국이 있을까? 이 의사들이 제시한 설명이 맞는 것일까? 만약 그렇다면 이 유전자의 정체와 위치는? 어쩌면 기생생물에 있거나 소기관에 있을 수도 있다. 어떻게 작용하는 것일까? 우리는 어쩌면 영원히 모를 수도 있다.

레밍 쥐들의 성염색체 다툼

낭시의 몇몇 여성 거주자를 제외하고는 인간의 성별은 성염색체에 의해 결정된다. 수태될 때 어머니의 난자는 각각 X염색체와 Y염색체를 지닌 두 종류의 정자의 추적을 받는다. 둘 중 먼저 도착하는 것이 성을 결정한다. 포유류, 조류, 대부분의 동물과 식물에서 성별은 성염색체에 의해 유전적으로 결정된다. X와 Y로 구성되면 남성이고, 두 개의 X를 지니면 여성이다.

그렇지만 성염색체의 개발과 성공적인 세포질 유전자의 반란 진압도 유전자 사회의 조화로운 생활을 성사시키지는 못했다. 성염색체들이 자기 소유주의 자손의 성별에 관심을 갖기 시작했기 때문이다. 예를 들어 남자의 성별을 결정하는 유전자는 Y염색체 위에 존재한다. 남성의 정자 반은 X를 지니고 나머지 반은 Y를 지닌다. 여아를 낳기 위해 남자는 자신의 배우자에게 X수용정자를 건네주어야 한다. 그렇게 할 때 그는 배우자에게 Y유전자는 전해주지 않는다. Y의 관점에서 보자면 그 여아는 그와 아무런 관계가 없다. 그래서 Y유전자는 그 남성의 X수용정자를 파괴하고 다른 Y유전자를 희생하여 그 남성의 자손에 대한 독점을 보증하며 번성할 것이다. 모든 자손이 아들이 되고, 따라서 종족이 멸종하게 된다는 것은 Y에게 아무런 의미가 없다. Y는 미래를 내다보지 못하기 때문이다.

이런 '추진하는 Y driving Y' 현상은 1967년에 해밀턴이 처음으로 예견하였다.**35** 그는 이것을 조용하고 급작스럽게 종족을 멸종시킬 수 있는 가능성을 지닌 커다란 위협으로 보았고, 이것을 막는 방법이 있는지에 대해서 생각하였다. 한 가지 방법은 Y염색체를 묶어두어, 성을 결정하는 역할 이외의 모든 것을 제거하는 것이다. 실제로 Y염색체는 대부분의 시간을 가택연금 상태로 보낸다. 즉 소수의 유전자만 활동하고 나머지 유전자는 전적으로 조용히 지낸다. 종의 상당수는 성별이 Y염색체에 의해서 결정되지 않고, 정상염색체 수 대 X염색체 수의 비율에 의해 결정된다. 하나의 X로는 새를 수컷으로 만드는 데 실패하지만, 두 개로는 성공한다. 그리고 대부분의 조류에서 Y염색체는 완전히 소멸하였다.

붉은 여왕이 작용하고 있는 것이다. 성별을 결정하는 정당하고 합리적인 방법과는 상관없이 자연은 무수한 단계의 반란을 겪는다. 하

붉은 여왕

나를 진압하고 나면 다른 것이 또 시작된다. 이러한 이유로 성 결정은 코스미데스와 투비의 말을 빌리자면, '무의미하고 복잡하며, 명백한 신뢰성의 부족과 착오와 (개인적인 입장에서는) 낭비'로 가득찬 메커니즘이다.[36]

그렇지만 Y염색체가 추진력을 발휘할 수 있다면 X염색체도 마찬가지이다. 레밍은 만화가에게는 절벽에서 무리를 지어 몸을 내던지는 것으로 잘 알려진 통통한 북극 쥐이다. 생물학자에게는 갑작스럽게 수가 증가하다가, 지나치게 개체들이 불어나 식량원이 훼손되면 그 수가 감소하는 경향으로 유명하다. 그렇지만 다른 이유로도 유명한데, 바로 자손의 성별을 결정하는 특이한 방법 때문이다. 이 동물은 W, X, Y 세 종류의 성염색체를 지닌다. XY는 수컷이고, XX, WX와 WY는 모두 암컷이다. YY는 살아남지도 못한다. 여기서는 추진력 있는 X염색체의 돌연변이형인 W가 생겨나서 Y의 남성화 능력을 억누르는 일이 일어난다. 그 결과 암컷의 과잉 증가가 나타난다(이것은 우연히도 마담 B 가족의 경우를 설명할 수 있는 한 가지 방법이다). 이 현상은 수컷을 귀하게 만듦으로써 수컷이 X수용정자보다 Y수용정자를 더 많이 생산하는 능력을 개발하게 했을 것으로 보이지만, 그렇지 않다. 왜일까? 생물학자들은 초기에 자성의 과잉이, 인구 폭증이 일어나는 가운데 생태계가 딸만 출산하게 한 것과 관련이 있다고 생각했지만, 최근에는 그렇지 않다는 결론을 내렸다. 성비가 자성으로 치우친 이유는 유전적인 것과 관련이 있지 생태적인 것과는 관련이 없다는 것이다.[37]

Y수용정자만 생산하는 수컷은 XX 암컷과 교미해서 수컷(XY)만

을 낳을 수 있으며, WX 암컷과는 수컷과 암컷을 반반씩 낳고, WY 암컷과도 교미할 수 있다. 마지막 경우에는 YY 수컷이 모두 죽으므로 WY인 암컷만을 낳게 된다. 그러므로 최종 결과는 이 수컷이 각 경우의 암컷과 각각 교미하면 같은 수의 수컷과 암컷을 낳으며, 이 때 암컷들은 모두 WY 암컷으로 암컷만을 낳을 수 있게 된다. 그래서 Y수용정자만 생산하는 수컷은 Y 정자만을 생산하여 성비의 균형을 회복하는 것이 아니라 여성으로 치우치게 한다. 이런 레밍의 경우는 성염색체의 개발마저도 반란적인 염색체가 성비를 교란시키는 것을 막지 못했음을 보여준다.[38]

성별을 결정하는 법

모든 동물이 성염색체를 지니는 것은 아니다. 사실, 왜 이렇게 많은 동물들이 성염색체를 지니는지는 이해하기 어렵다. 성염색체는 성비를 50대 50으로 유지하려는 일방적인 규칙의 지배를 받아, 완전히 제비뽑기 식으로 성을 만든다. 어머니의 난자에 먼저 도달한 정자가 Y염색체를 지녔으면 남자이고, X염색체를 지녔으면 여자이다. 성을 결정하는 데는 더 나은 방법이 최소한 세 가지는 있다.

첫 번째는 고착성 생물일 경우, 성적인 기회에 맞추어 성별을 고르는 것이다. 예를 들면 이웃과 성별을 달리하는 것인데, 이 이웃이 배우자가 될 확률이 높기 때문이다. 학명이 크레피둘라 포르니카타인 배고둥은 생애를 수컷으로 시작했다가, 유랑을 멈추고 바위에 정착하면 암컷이 된다. 다른 수컷이 그 위에 정착하여 점차 암컷이 되어가고 세 번째 수컷이 또 정착하는 과정이 계속되면서 10여 마리 이상으로 구성된 탑이 형성된다. 밑에 있는 것들은 암컷이고 위쪽의 것들은 수컷이다. 산호초에 사는 한 물고기가 이와 비슷한 성 결정 방식을 채택하고 있다. 이 무리는 한 마리의 큰 수컷과 여러 마리의 암컷으로 구성되어 있다. 이 수컷이 죽게 되면 가장 큰 암컷이 수컷으로 바뀐다. 푸른머리양놀래기는 일정한 크기가 되면 암컷에서 수컷으로 성을 바꾼다.[39]

이런 성전환은 물고기의 관점에서는 무척 합리적인데, 암컷 또는 수컷이 되는 위험과 이익에는 기본적인 차이가 있기 때문이다. 큰 암컷은 작은 암컷보다 일정한 수만큼의 알만 더 낳을 수 있지만, 큰 수컷은 싸워서 암컷을 많이 거느림으로써 작은 수컷보다 자손을 훨씬 많이 낳을 수 있다. 역으로 작은 수컷은 배우자를 얻지 못하기 때문에 작은 암컷만큼도 성공적이지도 못하다. 그래서 일부다처제 생물들에게는 작으면 여성이, 크면 남성이 되는 현상이 나타난다.[40]

이런 전략이 생겨난 데에는 충분한 이유가 있다. 자랄 때는 암컷이 되어 몇 번 교미하다가 크기가 어느 정도 커져서 하렘harem을 만들 정도가 되면, 성을 바꾸어 일부다처의 수컷이 되어 횡재를 하는 것이 이득이다. 실제로 더 많은 포유류와 조류가 이 방법을 사용하지 않는 것이 놀랍다. 절반 정도 자란 수사슴이 교미 기회를 기다리며 몇 년을 독신으로 보낼 때, 그의 암컷 형제들은 매년 한 마리씩 새끼를 낳는다.

성별을 결정하는 두 번째의 방법은 환경에 맡기는 것이다. 몇몇 물고기, 새우와 파충류는 알을 품은 온도에 따라 성별이 결정된다. 거북의 경우 따뜻했던 알은 암컷이 되지만, 미국산 악어는 따뜻했던 알이 수컷이 된다. 악어는 따뜻하거나 차가운 알들은 암컷이 되고, 중간대의 알들은 수컷이 된다(파충류는 성별 결정에서 가장 모험적인 종이다. 물론 도마뱀들과 뱀들도 유전적 방법을 쓰는데, 이구아나는 XY가 수컷이 되고 XX는 암컷이 되는 데 비해, 뱀은 XY가 암컷이고 XX는 수컷이 된다). 대서양숭어는 훨씬 더 특이하다. 북대서양에서 사는 것은 사람처럼 유전자를 통해서 성별을 결정하고, 남대서양에서 사는 것들은 수온에 따라 알의 성별을 결정한다.[41]

이런 환경적인 방법은 매우 괴상하게 보인다. 이 방법에 따르면, 환경이 더워질 경우에 미국산 악어는 암컷이 너무 적어지고 수컷이 너무 많아지게 된다. 이것은 암컷도 수컷도 아닌 '간성間性'의 형성을 유발한다.[42] 사실 어떤 생물학자도 왜 미국산 악어와 아프리카 악어, 거북 등이 이 방식을 택하는지를 완벽하게 설명하지 못한다. 가장 좋은 설명은 모두 크기와 관련이 있다는 것이다. 따뜻한 알은 차가운 알에 비해서 큰 개체로 태어난다. 크기가 큰 것이 암컷보다 수컷에게 유리하거나(악어의 경우처럼 수컷이 암컷을 두고 경쟁해서 큰 것들이 이길 때) 그 반대이면(거북처럼 크기가 작은 수컷도 큰 것과 동등하게 암컷과 교미할 수 있고, 크기가 큰 암컷이 작은 것보다 알을 많이 낳을 때), 따뜻한 알이 크기가 커서 더 유리한 성별로 태어나게 되는 것이 이롭다.[43] 대표적인 예는 곤충의 유충 속에서 사는 선충류 벌레이다. 이 벌레의 크기는 곤충의 크기에 의해 결정된다. 즉 자신의 거주지이자 숙주인 유충을 모두 먹으면 더 이상 성장하지 못한다. 그러나

붉은 여왕

큰 암컷이 알을 더 많이 낳는 데 비해, 큰 수컷이 더 많은 암컷과 교미하지는 못한다. 그래서 크기가 큰 벌레는 암컷이 되고 작은 것은 수컷이 된다.[44]

세 번째 방법은 어머니가 각 자식의 성별을 결정하는 것이다. 이 경우의 가장 인상적인 방식은 벌과 말벌, 그리고 윤충에서 나타난다. 이들의 알은 수정을 해야만 암컷이 된다. 미수정란은 수컷이 된다(이는 수컷은 반수체이고 암컷의 한 쌍에 비해 한 짝의 유전자만을 지니는 것을 의미한다). 이 방법도 어느 정도는 합리적이다. 이는 수컷을 만나지 못하더라도 암컷이 혼자서 자손을 낳을 수 있음을 의미한다. 대부분의 말벌들이 다른 곤충 속에서 사는 기생성이므로, 곤충 숙주에 혼자 존재하는 암컷이 수컷을 기다리지 않고도 혼자서 군체를 형성할 수 있도록 하는 것이다. 그렇지만 반수성은 특정한 유전적 반란의 경우에는 약하다. 예를 들면 말벌에는 나소니아라는 종이 있는데, 이들에게는 PSR이라는 희귀한 여분의 염색체가 있다. 이것은 부계로 유전되며 자신 이외의 모든 부계 염색체를 제거하는 방법으로 자신이 들어가는 모든 암컷 알을 수컷으로 바꾼다. 이 알은 모계의 유전자를 절반만 지닌 상태로 감소되면서 수컷이 된다. PSR은 암컷이 주권을 지배하는 사회에서 발견되며 희소가치가 높은 곳에서 이점을 갖는다.[45]

이것이 대략적인 성별 배치 이론이다. 동물들은 성염색체의 유전적 추첨에 의지하도록 강제되지 않으면 자신의 환경에 적절한 성별을 택한다. 하지만 최근에 생물학자들은 성염색체의 유전적 추첨이 성별 결정과 대치되지 않음을 알아냈다. 만약 X와 Y수용정자를 구별할 수 있다면, 조류와 포유류마저도 자기 자손의 성별을 택할 수 있을 것이다. 그리고 선충류와 악어의 경우처럼 새끼가 클 것 같으면, 그 크기에 유리한 성별의 개체를 낳을 것이다.[46]

장자 상속과 영장류 동물학

1960~1970년대의 신다윈주의 변혁의 시기에, 영국과 미국에서는 각각 존 메이너드 스미스와 조지 윌리엄스라는 위대한 과학자 두 명이 배출되어 지금까지도 영향력을 미치고 있다. 또한 이 두 나라는 생물학계에서 불꽃처럼 조숙한 지성을 불태운 우수하고 반항적인 젊은이를 한 사람씩 배출했다. 영국의 천재는 이미 앞에서 소개한 해밀턴이다. 미국의 천재는 로버트 트리버스Robert Trivers로, 1970년대 초 하버드대학 시절에 시대를 앞선 이론들을 만들어냈다. 트리버스는 최초로 정교한 증명을 선보임으로써 생물학계에서는 전설적 인물이 되었다. 기이할 정도로 인습에 얽매이지 않는 그는 자메이카에서 도마뱀을 관찰하고, 캘리포니아 산타크루즈 근처의 레드우드 숲에서 사색하며 시간을 보냈다. 1973년 동료 댄 윌러드Dan Willard와 함께 제시한 그의 가장 도발적인 생각의 하나는, 인류가 아직도 묻고 있는 단순하지만 여전히 풀기 어려운 질문의 하나를 이해하는 데 결정적일 것으로 보인다. '남자아이인가, 여자아이인가?'[47]

매우 흥미로운 통계학적 결과인데, 미국의 42명의 대통령이 90명의 아들과 61명의 딸을 낳았다. 이처럼 큰 집단에서 60퍼센트가 남성이라는 성비는 일반 인구와는 차이가 확연하다. 어쩌면 우연일 수도 있지만, 아무도 이 결과를 이해하지 못하고 있다. 그렇지만 대통령만이 이런 것은 아니다. 왕족, 귀족, 그리고 부유했던 미국 정착민들은 모두 여아보다는 남아를 좀 더 많이 낳았다. 영양 섭취를 잘 한 주머니쥐, 햄스터, 남미산 물쥐와 거미원숭이의 지배층도 마찬가지이다. 트리버스-윌러드 이론은 이런 다양한 사실들을 연관시킨다.[48]

트리버스와 윌러드는 선충류와 물고기의 성별을 결정하는 일반적인 원리가 자신의 성별을 바꾸지는 못하지만 새끼를 돌볼 수는 있는 동물들에게도 적용된다는 것을 알게 되었다. 그들은 동물이 자신의 새끼들의 성비를 어느 정도 조절할 수 있을 것이라고 예상했다. 가장 많은 손주를 보려는 경쟁으로 생각해보라. 일부다처제이면 능력 있는 아들은 능력 있는 딸보다 더 많은 손주를 낳을 수 있지만, 능력이 없는 아들은 능력이 없는 딸보다 더 나쁜 상황에 놓이게 되는데, 능력 없는 아들은 배우자를 전혀 얻지 못할 것이기 때문이다. 생식 면에서 본다면 아들은 딸보다 위험 부담이 크지만 성공의 보장도 훨씬 높다. 좋은 조건의 어머니는 자식들에게 이로운 조건을 제공하여, 아들들이 많은 암컷을 거느릴 확률을 높여준다. 그리 좋지 않은 조건의 암컷은 교미를 하지 못하는 약한 수컷을 낳겠지만, 그 딸들은 최상의 조건이 아니라도 하렘에 들어가서 교미할 수 있다. 그래서 그 집단의 다른 개체들과 비교해서 더 잘 살아갈 듯 보이면 수컷을 낳고 그리 나을 것 같지 않으면 암컷을 낳아야 한다.[49]

따라서 트리버스와 윌러드는 특히 일부다처성의 동물들 사이에서는 좋은 조건의 부모가 주로 수컷을 낳고, 그리 좋지 못한 조건의 부모들이 암컷을 많이 낳는다고 하였다. 처음에는 말도 안 되는 억측이라는 비난을 받았지만 점차 인정을 받으면서 경험적 지지도 얻고 있다.

굴에 사는 큰 쥐처럼 생긴 유대류인 베네수엘라산 주머니쥐의 경우를 생각해보자. 하버드대학의 스티브 오스터드Steve Austad와 멜 선퀴스트Mel Sunquist는 트리버스-윌러드 이론을 논박하고자 하였다. 그들은 베네수엘라에서 교배하지 않은 암컷 주머니쥐 40마리를 잡아서 표시를 하였다. 그리고 그 가운데 20마리의 굴 앞에 이틀에 한 번씩 125그램의 정어리를 놓아두었다. 이것은 주머니쥐에게는 아주 놀랍고도 즐거운 일임에 틀림없다. 그러고 나서 매달 이 주머니쥐가 낳은 새끼의 성별을 분류했다. 정어리를 먹이지 않은 암컷의 새끼 256마리의 암수 비율은 정확히 1대 1이었다. 정어리를 먹인 암컷의 새끼 270마리는 암수 비율이 1대 1.4였다. 영양 상태가 좋은 주머니쥐가 그렇지 못한 쥐보다 수컷을 많이 낳는다는 것이 확연하게 드러났다.[50]

그 이유는 무엇일까? 영양 상태가 좋은 주머니쥐는 크기가 큰 새끼를 낳았다. 크기가 작은 수컷보다 크기가 큰 수컷이 후에 많은 암컷을 거느릴 확률이 높다. 큰 암컷은 작은 암컷보다 새끼를 많이 낳지 않는다. 그 어미쥐들은 더 많은 손주를 안겨줄 수 있는 성별에 더 투자하는 것이다.

주머니쥐만 그런 것이 아니다. 실험실에서 사육되는 햄스터를 성장기나 임신 중에 굶겨 암컷을 더 많이 낳게 할 수도 있다. 남미산

물쥐의 암컷은 좋은 조건에서는 주로 수컷을 낳고 나쁜 조건에서는 주로 암컷을 낳는다. 흰꼬리사슴의 경우를 보면, 늙은 암컷이나 나쁜 조건의 어린 암컷들은 우연이라고 하기에는 너무 자주 암컷을 낳는다. 스트레스를 많이 받으면서 사육되는 쥐들도 마찬가지이다. 그렇지만 많은 유제有蹄동물(발굽이 있는 동물) 등에게는 스트레스와 나쁜 조건이 반대의 영향을 미친다. 여기에는 수컷으로 치중되는 성비도 포함된다.[51]

이런 현상들은 경쟁 이론들로 간단하게 설명할 수도 있다. 종종 수컷은 암컷보다 더 커서 배胚가 더 빨리 성장하기 때문에 어미에게 스트레스를 더 많이 준다. 그래서 굶주린 햄스터나 허약한 사슴은 수컷을 유산하고 암컷을 위주로 낳는 것이 유리하다. 더욱이 태어날 때의 성비를 증명하기는 쉽지 않으며, 여기에는 반례들이 너무 많기 때문에 몇몇 과학자들은 이 논리의 증거들이 단순한 통계학적 오류라고 주장한다(동전을 충분히 많이 던지면, 언젠가는 앞면이 계속해서 20번 나올 수 있다). 그렇지만 두 설명 모두 주머니쥐와 다른 동물들의 연구들을 제대로 설명할 수 없다. 1980년대 후반에 들어와 많은 생물학자들은 트리버스-윌러드가 최소한 몇몇 경우에는 들어맞는다고 믿고 있다.[52]

그렇지만 가장 흥미로운 결과는 사회적 지위와 관련된 것들이다. 케임브리지대학의 팀 클러턴-브록Tim Clutton-Brock은 스코틀랜드 연안의 럼 섬의 붉은큰뿔사슴을 연구했다. 그는 어미의 상태가 새끼의 성별에는 작은 영향을 미치지만, 사회적 집단에서의 지위는 큰 영향을 준다는 것을 발견했다. 지배적인 암컷들이 딸보다 아들을 약

간 더 많이 낳았다.[53]

클러턴-브록의 결과는 오랫동안 여러 종류의 원숭이의 한쪽으로 치우치는 성비를 의심해온 많은 영장류 연구자들을 자극했다. 메그 시밍턴Meg Symington이 연구한 페루의 거미원숭이는 지위와 새끼의 성별 사이에 명확한 관계를 보였다. 최하층의 어미에게서 태어난 21마리의 새끼는 모두 암컷인 데 반해, 최고층의 어미에서 태어난 새끼는 8마리 가운데 6마리가 수컷이었고, 중간층은 1대 1의 성비를 유지했다.[54]

그렇지만 더욱 놀라운 것은 다른 원숭이들도 성별을 택한다는 데 있었다. 비비, 고함원숭이, 리서스원숭이, 보넷원숭이에게서는 선호도가 반대로 나타난다. 최고위층의 암컷은 암컷을 낳고, 하층의 암컷은 수컷을 낳는다. 시카고대학의 진 알트만Jeanne Altmann은 케냐의 비비를 연구하였는데, 암컷 20마리가 낳은 새끼 80마리에서 너무나 확연히 차이가 나게 상층의 암컷이 하층의 암컷보다 2배나 많은 암컷을 낳은 사실을 발견했다. 계속된 연구에서는 이보다 더 확연한 차이를 보인 적이 없어서, 이 결과가 우연이라고 믿는 과학자들도 있기는 하다. 그렇지만 한 가지 흥미로운 단서가 그렇지 않음을 제시한다.[55]

시밍턴의 거미원숭이들은 우성일 때는 아들을 선호했고, 열성은 딸을 선호했다. 이것은 우연이 아니다. 대부분의 원숭이들은(비비, 리서스원숭이, 보넷원숭이와 고함원숭이를 포함) 결혼 적령기가 되면, 수컷이 자기가 태어난 집단을 떠나서 다른 집단에 들어가는 이른바 웅성 족외혼을 행한다. 거미원숭이는 이와 반대로 암컷이 집단을 떠난다. 자신이 태어난 집단을 떠나게 되면 어미의 지위를 물려받을 수 없다. 그래서 상층 암컷들은 지위를 물려주기 위해서 집단을 떠나지 않는 성별의 새끼를 낳는다. 하층 암컷들은 자신의 하층 지위를 짐으로 넘겨주기 싫어서 집단을 떠나는 성별을 많이 낳는다. 그래서 상층의 고함원숭이, 비비, 리서스원숭이, 보넷원숭이들은 딸을 낳고, 상층의 거미원숭이는 아들을 낳는다.[56]

이것은 아주 고도로 다듬어진 트리버스-윌러드 효과로, 주변 자원 경쟁 모델Local-resource competition model이라고 알려져 있다.[57] 상층에 위치할수록 결혼 적령기에 집단을 떠나지 않는 성별을 낳게 된다. 이것이 인간에게도 적용될 수 있을까?

지배적인 여자들이 아들을 낳는가?

인류는 유인원이다. 다섯 종의 유인원 가운데 세 종류는 사회성을 띠고, 그 가운데 둘인 침팬지와 고릴라는 암컷이 집단을 떠나고 수컷이 남는다. 제인 구달Jane Goodall이 연구한 탄자니아 곰베 부근의 침팬지는 상위 암컷의 아들이 하위 암컷의 아들보다 더 빨리 지배층이 되었다. 그러므로 트리버스-윌러드 논리에 따르면, 사회적 지위가 높은 암컷은 수컷을 낳아야 하고, 지위가 낮은 암컷은 암컷을 낳아야 한다.[58]

인류는 지나친 일부다처혼을 행하지 않기 때문에 남성의 신체가 큰 것은 큰 이점이 되지 않는다. 덩치 큰 남성이 더 많은 부인을 얻

유전적 반란과 성

는 것도 아니고, 덩치 큰 아이가 덩치 큰 어른이 되는 것도 아니다. 그렇지만 인간은 고도로 사회적인 동물이고, 인간 사회는 언제나 어떤 방식으로든 계층이 나뉜다. 실제로, 남성에게 사회적 상층 지위가 주는 주된 이익은 수컷 침팬지의 경우와 마찬가지로 높은 번식 성공률이다. 부족을 이루는 원주민에서부터 빅토리아 시대의 영국인까지 어디를 보아도 높은 지위의 남성은 낮은 지위의 사람들보다 자식이 많다. 그리고 남성의 사회적 지위는 대체로 부모에서 자식으로 대물림된다. 여성은 대개 결혼하면 집을 떠난다. 나는 여기서 여자가 결혼해서 남편의 집으로 들어가는 것이 본능적이며, 자연스럽고 불가피하거나 더 좋다는 것이 아니라, 이것이 일반적임을 말하고 있다. 정반대의 경우가 일어나는 문화는 아주 드물다. 그래서 대부분의 원숭이 사회가 아닌 유인원 사회와 유사한 인간사회는 여성 족외혼 가장제로 딸이 부모의 지위를 상속받기보다는 아들이 아버지(또는 어머니)의 지위를 상속받는다. 그래서 트리버스와 윌러드는 상층의 아버지나 지배적인 어머니인 경우 아들을 낳고 하위층은 딸을 낳는 것이 이롭다고 한다. 정말로 그럴까?

간단히 답한다면 아무도 모른다. 미국 대통령들, 유럽의 귀족들, 여러 왕족들과 다른 몇몇 엘리트 계층은 남성 중심의 자손을 낳는다는 의심을 받아왔다. 인종주의 사회에서 피지배 인종은 아들보다 딸을 더 많이 낳는 경향을 나타낸다. 그렇지만 여기에는 여러 가지 복잡한 요소들이 많이 내포되어 있으므로 이 통계들은 믿을 만한 것이 못 된다. 한 예로, 왕족의 계승을 중히 여기는 사람들이 그렇듯 아들을 낳고 더 이상 자손을 낳지 않으면 남성 위주의 성비를 이룰 수 있다. 그렇지만 편향 없는 성비를 보여주는 믿을 만한 연구도 없다. 그리고 아주 당혹스러운 연구 결과가 뉴질랜드에서 보고되었는데, 이는 인류학자들과 사회학자들이 좀 더 깊이 파고들면 발견할 수 있는 것들을 암시해주었다.[59]

1966년부터 뉴질랜드 오클랜드대학의 심리학자 밸러리 그랜트 Valerie Grant는 여아를 낳은 여성보다 남아를 낳은 여성이 감정적으로 확연히 독립적이고 지배적인 경향이 있음을 보아왔다. 그녀는 임신 3개월인 여성 80명을 검사했다. 여기에 그녀는 '지배적' 성격과 '종속적' 성격(이것이 무슨 의미이든 간에)을 구별하는 보편적인 검사를 행하였다. 검사 후에 딸을 낳은 여성들은 0에서 6 사이인 지배성 척도에서 평균 1.35를 받았다. 아들을 낳은 여성들의 평균은 2.26으로 매우 확연한 차이를 보였다. 흥미로운 점은 그녀의 연구가 1960년대에 트리버스-윌러드 이론이 발표되기 전에 시작되었다는 것이다. 그녀는 내게 "나는 그러한 개념이 생길 수 있는 분야의 연구와는 별도로 이런 결론에 이르렀다"고 말했다. "나는 '잘못된' 성별의 아이를 낳는 것에 대한 책임을 여성에게 지우려는 것에 대한 반발심에서 이런 결론을 끌어내게 되었다."[60]

그녀의 연구는 트리버스-윌러드-시밍턴 이론이 예견한 여성의 사회적 지위가 자손의 성별을 결정한다는 것에 대한 유일한 단서로 남아 있다. 이것이 단순한 우연 이상임이 증명된다면, 사람들이 무수히 많은 세대에 걸쳐 의식적으로 이루고자 했던 것을 어떻게 무의식적으로 이루어낼 수 있었는가 하는 질문을 불러일으킬 것이다.

성의 판매

아이들의 성별을 선택하는 것만큼 신화와 민담에서 많이 다루어진 것은 없다. 아리스토텔레스와 『탈무드』는 아들을 원할 때는 침대를 남북 방향으로 놓으라고 권한다. 아낙사고라스는 성교시 오른쪽에 누우면 아들을 낳는다고 믿었는데, 이 영향은 엄청나서 수세기 후의 프랑스 귀족들은 왼쪽 고환을 자를 정도였다. 아무튼 그리스 철학자였던 아낙사고라스는 자손에게 보복을 당했다. 그는 까마귀가 떨어뜨린 돌 때문에 죽었는데, 이는 아마 자신의 왼쪽 고환을 제거했는데도 차례로 6명의 딸만을 낳은 미래 어느 프랑스 후작의 화신에 의한 것일 것이다.[61]

이 주제는 시체에 파리가 꾀듯 돌팔이 의사를 모아왔다. 수세기 동안 아버지들의 탄원을 들어주던 미신들은 대체로 효력이 없었다. 일본의 성별 분류회는 남아를 낳는 데 칼슘을 사용하면 좋다고 하였지만 별 효과가 없었다. 1991년에 출판된 두 프랑스 산부인과 의사의 책에는 그와 정반대로 적혀 있다. 칼륨과 소금이 많고 칼슘과 마그네슘이 적은 음식을 수정 전 6주일 동안 섭취하면 남아를 임신할 확률이 80퍼센트로 증가한다고 한다. 미국인에게 50달러에 '성 감지 기구'를 팔아온 회사는 소비자를 속였다는 감시반의 발표 후에 부도가 났다.[62]

더 최신의 과학적 방법들도 그리 믿음직스럽지는 않다. 이것들은 모두 Y수용정자보다 X수용정자가 3.5퍼센트의 DNA를 더 갖고 있기 때문에 두 개를 실험실에서 분리하려는 것일 뿐이다. 롤랜드 에

붉은 여왕

릭슨Roland Ericsson이라는 미국인이 개발해 널리 인정받은 기술은 1993년 영국에서 처음으로 병원에 도입되었지만, 그리 믿을 만한 결과를 보이고 있지는 않다. 이것은 Y수용정자에 비해 더 무거운 X수용정자의 운동성을 감소시키는 것으로 알려진 알부민에 정자를 통과시켜 분리하는 방법이다. 이와는 대조적으로 미국 농무부의 래리 존슨Larry Johnson은 정확성이 높은 방법을 개발했지만(80퍼센트의 남아), 이것을 인간에게 적용하는 것은 무리이다. 이 방법은 정자의 DNA를 형광물질로 염색하고 감지기 옆을 일렬종대로 움직이게 하는 것이다. 정자의 발광 정도에 따라서 감지기가 이를 둘로 나눈다. 적은 양의 DNA를 지닌 Y수용정자는 빛을 약간 덜 낸다. 이 감지기는 정자를 10만분의 1초 단위로 분류할 수 있고, 이 정자들은 인공수정을 통한 배아 수정에 사용된다. 그렇지만 제정신인 사람이라면 아들을 낳기 위해 자신의 정자를 염색시키거나 인공수정을 하는 등의 값비싼 방식을 택하지는 않을 것이다.[63]

만약 인류가 새였다면, 자손의 성별을 쉽게 조작할 수 있었을 것이다. 배아의 성별을 정하는 것이 아버지가 아니라 어머니이기 때문이다. 조류의 암컷은 X와 Y염색체를 지니고(간혹 1개의 X만을 지니기도 한다), 수컷은 두 개의 X염색체를 지닌다. 이에 따라 암컷은 원하는 성별의 난자를 배란하여 아무 정자나 수정하게 만든다. 새들은 실제로 이 메커니즘을 잘 사용한다. 흰머리수리와 몇몇 매들은 간혹 암컷을 먼저 낳고 수컷을 나중에 낳는다. 이로써 둥지에서 암컷이 수컷보다 먼저 자리를 잡아 더 크게 자랄 수 있게 한다(암컷이 수컷보다 항상 더 크다). 붉은벼슬딱따구리는 암컷보다 두 배 정도 많은 수

유전적 반란과 성

컷을 낳아 남는 수컷들을 나중 새끼들의 유모가 되게끔 한다. 산타 크루즈 소재 캘리포니아대학의 낸시 벌리Nancy Burley가 관찰한 바에 의하면, 금화조는 '매혹적인' 수컷과 '매력 없는' 암컷이 교미한 경우 암컷보다 수컷이 많이 태어나고, 그 반대의 경우에는 결과 또한 반대로 나타난다고 한다. 이 종에서의 매력은 수컷의 다리에 있는 붉은 띠(매력적) 또는 녹색 띠(매력 없는)로, 그리고 암컷의 다리에 있는 검은 띠(매력적) 또는 밝은 푸른색 띠(매력 없는)로 구별되는 간단한 방식으로 나타난다. 이것이 다른 금화조에게 배우자로서의 인기도를 결정해준다.[64]

그렇지만 우리는 새가 아니다. 확실하게 남아를 기를 수 있는 유일한 방법은 태어날 때 여아를 죽이고 새로 시작하거나, 태아의 성별을 확인하기 위해 양수 검사를 하여 여아이면 유산시키는 것이다. 이런 불쾌한 방식들은 세계 곳곳에서 행해지고 있다. 두 명 이상의 아이를 기를 수 있는 기회를 박탈당한 중국인들은 1979년에서 1984년까지 25만 명 이상의 여아를 출산 후에 죽였다.[65] 중국의 몇몇 연령층에는 여성 100명당 남성이 122명에 이르기도 한다. 최근의 한 연구를 보면, 봄베이의 병원에서 이루어진 8,000건의 유산 중 7,997건이 여아였다고 한다.[66]

선택적인 자발적 유산이 동물에게 나타나는 결과들의 많은 부분을 설명해줄 수도 있다. 이스트앵글리아대학의 모리스 고슬링Morris Gosling이 연구한 바에 따르면, 조건이 좋을 때 임신한 물쥐의 암컷은 배 속의 새끼들 가운데 암컷이 너무 많으면 모두 유산시키고 새로 시작한다. 스탠퍼드대학의 매그너스 노드보그Magnus Nordborg

189

 붉은 여왕

는 중국의 성 선택적인 영아살해가 갖는 의미를 연구하였는데, 이런 편중된 유산이 비비의 경우를 설명할 수 있다고 믿고 있다. 그렇지만 이 이야기를 계속하는 것은 무의미한 것 같다.[67]

인간의 자손의 성비를 한쪽으로 기울게 만드는 아주 잘 정립된 수많은 자연 요소는 최소한 가능성이 증명된 것들이다. 가장 유명한 것은 귀향군인 효과Returning-soldier effect로, 큰 전쟁 중이나 직후의 교전국에서는 전사한 남성들을 대체하려는 듯 남자아기가 많이 태어난다는 것이다(이것은 이해하기가 어렵다. 전쟁 후 태어난 남자들은 자기 연배의 여자들과 결혼하지 전쟁 미망인과 결혼하지 않기 때문이다). 늙은 아버지일수록 딸을 낳지만 늙은 어머니일수록 아들을 낳는다. 전염성 간염이나 정신분열증에 걸린 여자는 아들보다 딸을 더 많이 낳는다. 흡연하거나 술을 마시는 여성들도 마찬가지이다. 1952년의 런던의 짙은 스모그 이후에 아이를 낳은 여인들도 마찬가지이다. 시험비행사, 잠수부, 교구 목사, 마취과 의사의 아내들도 똑같다. 식수를 빗물로 충당하는 오스트레일리아의 일부 지역에서는 폭우로 댐이 넘치고 진흙으로 뒤덮인 지 320일이 지난 후 남아의 출생률이 현저히 떨어졌다. 다발성 경화증에 걸린 여성은 적은 양의 비소를 섭취하는 여성들처럼 아들을 많이 낳는다.[68]

이런 과다한 통계에서 논리를 추론하는 것은 지금의 과학자들에게는 무리다. 런던 의학연구회의 빌 제임스Bill James는 수년 동안 X수용정자와 Y수용정자의 상대적인 성공에 호르몬이 영향을 준다는 가설을 세우기 위해 노력하였다. 여기에는 어머니에게 많은 양의 성선 자극 호르몬이 분비되면 딸의 비율이 높아지고, 아버지의 테스

유전적 반란과 성

토스테론 양이 증가하면 아들의 비율이 높아진다는 간접 증거가 많이 있다.[69]

실제로 밸러리 그랜트의 이론은 귀향군인 효과에 호르몬적인 해설을 제시한다. 전쟁 중에는 여성이 지배적인 위치를 차지하는데, 이것이 그들의 호르몬 상태에 영향을 주어서 아들을 낳으려는 경향이 높아진다. 호르몬과 사회적 지위는 많은 종에서 밀접하게 연결되어 있다. 그리고 우리가 보았듯이 사회적 지위와 자손의 성비 또한 그렇다. 어떻게 호르몬이 작용하는지는 아무도 모른다. 하지만 이것이 자궁 경부의 점액질의 점성을 변화시키거나 질의 산성도를 바꿀 수도 있다. 토끼의 질에 베이킹소다를 넣는 것이 새끼의 성비에 영향을 준다는 것은 아주 오래전인 1932년부터 알려져왔다.[70]

여기서 호르몬 이론은 트리버스-윌러드 이론에 대한 집요한 반론 하나를 공략할 수 있다. 이 반론은 바로 성비에 대한 유전자의 조절이 없어 보인다는 것이다. 사육자들이 자손의 성비를 편중시킬 수 있는 품종의 개발에 실패한 것도 특기할 만하다. 노력이 부족했던 것은 아니다. 리처드 도킨스는 이렇게 말한다.

> 소를 키우는 사람들은 지금까지 우유 생산량이 높은 것, 육질이 좋은 것, 큰 몸집, 작은 몸집, 뿔이 없는 것, 여러 병에 내성이 강한 것 그리고 겁 없는 투우 등 다양한 품종을 개발하는 데 아무런 어려움이 없었다. 낙농업계에서는 지금 암소의 출생비를 더 높이는 방법을 연구 중이지만 아직까지는 실패만 거듭하고 있다.[71]

붉은 여왕

 양계업계는 한 종의 성별로만 알을 낳는 닭을 생산하려는 목표를 세워놓고 있다. 현재는 하루된 병아리의 성별을 엄청난 속도로 분류하는 기술을 갖춘, 고도로 숙달된 한국인 팀이 이 분야에서 활약하고 있다(하지만 곧 더 빠른 컴퓨터 프로그램이 개발될 것이다).[72] 그들은 전세계를 돌아다니며 자신들의 특별한 기술을 선보이고 있다.
 이 반론은 호르몬 이론을 감안하면 쉽게 해결된다. 어느 날 태평양을 바라보며 엔칠라다(멕시코 요리―옮긴이)를 먹고 있을 때, 로버트 트리버스는 내게 성별이 편중된 동물의 품종 개발이 실패하는 것은 당연하다고 말했다. 암송아지만을 낳는 암소를 찾았다고 가정해보자. 품종의 유지를 위해서 이 암송아지를 무엇과 교배시켜야 하는가? 평범한 수소와 교배시킨다면 단번에 유전자들이 반으로 줄어들 것이다.
 다른 설명 방법은 개체군의 일부 집단이 아들만을 낳을 경우에는 나머지 집단은 딸만을 낳는 것이 더 효율적이라고 말하는 것이다. 모든 동물은 하나의 수컷과 하나의 암컷의 새끼이다. 그러므로 지배적인 동물이 아들을 낳는다면, 종속적인 동물은 딸을 낳는 것이 더 낫다. 개체군의 일부 집단의 성비가 얼마간 변하더라도 전체 집단의 성비는 언제나 일 대 일로 돌아올 것이다. 성비에 변형이 생기면 희귀 성별의 자식을 많이 낳는 것이 더 효율적이기 때문이다. 이 점을 처음 통찰한 사람은 1920년대 로널드 피셔 경이었는데, 트리버스는 이야말로 성비를 조작하는 힘이 결코 유전자에 의해서 생기는 것이 아니라고 믿었다.
 게다가 사회적 지위가 성비의 기본적인 결정 요소라면 그것을 유전자에 담아두는 것은 미친 행위일 수도 있다. 사회적 지위는 유전자에는 있을 수 없는 것으로 정의되기 때문이다. 붉은 여왕에게 높은 사회적 지위를 위한 교미는 무의미하다. 지위는 상대적인 것이다. "종속적인 소만을 기를 수는 없다"고 트리버스는 말했다. "단지 새로운 위계 질서를 만들고 조절 장치를 재가동시킬 뿐이다. 만약 소들이 더 종속적이 된다면, 이들 중 덜 종속적인 것이 가장 지배적인 것이 되어서 거기에 상응하는 수준의 호르몬을 지닐 것이다." 대신 지위는 자손의 성비를 결정하는 호르몬을 결정한다.[73]

이성은 어떤 결론으로 수렴하는가?

트리버스-윌러드는 진화가 개인의 자손 성비를 조작하는 무의식적인 메커니즘을 만들었다고 예상했다. 그렇지만 우리는 우리가 합리적이고 의식적인 결론을 맺는다고 믿고 싶어한다. 그리고 이성적인 사람은 진화와 같은 결론에 도달할 수 있다. 트리버스-윌러드를 지지하는 가장 유력한 근거 자료들은 동물들에게서 나온 것이 아니라, 존재하던 동일한 논리를 인류 문화를 통해 재발견한 데서 얻은 것이다.

많은 문화가 유산, 부모의 보호, 영양분, 선호 면에서 딸을 희생시키면서 아들에게 집중해왔음을 알 수 있다. 최근까지 이것은 성차별의 한 가지로, 또는 딸보다 아들이 경제적 가치가 있다는 냉혹한 현실로 받아들여졌다. 그렇지만 트리버스-윌러드의 논리를 상세히 적용함으로써 인류학자들은 남성 선호 사상이 결코 보편적인 것이 아님을 알게 되었다. 예상치 못한 곳에서 여성 선호성을 발견하고 있다.

일반적인 믿음과는 달리, 여성보다 남성을 선호하는 것은 보편적이지 않다. 실제로 사회적 위치와 남성을 선호하는 정도에는 밀접한 관계가 있다. 미시간대학의 로라 벳지그Laura Betzig는 분쟁이 일어났을 때 영주들은 아들을 위했지만 소작농들은 자신의 딸들에게 재산을 물려주는 경향을 나타냈음을 알아냈다. 분쟁이 일어났을 때 귀족층은 딸들을 죽이거나 무시하거나 수녀원에 넣은 것에 비해서, 소작농들은 더 많은 재산을 물려주었다. 성차별은 기록되지 않은 대중이 아니라 고위층에서 나타나는 모습이었다.[74]

데이비스 소재 캘리포니아대학의 새라 블래퍼 허디Sarah Blaffer Hrdy가 결론지었듯이, 역사 기록 어디를 보아도 고위층은 다른 어떤 계층보다 아들을 선호했다. 그 예로 18세기 독일의 농부들, 19세기 인도의 카스트, 중세 포르투갈의 족보, 근대 캐나다의 유언장과 근대 아프리카의 목가牧歌 작가들을 들 수 있다. 이러한 선호도에 따라 땅과 재산의 상속은 물론이고, 단순히 보호를 받을 수 있는지의 여부도 달라졌다. 인도에서는 지금까지도 딸들에게 우유를 덜 먹이고 병에 대한 예방이나 치료도 소홀히 한다.[75]

오늘날에도 몇몇 사회의 빈민층에서는 딸을 선호한다. 가난한 아들은 종종 어쩔 수 없이 독신으로 살아야 하지만, 가난한 딸은 부자와 결혼할 수 있기 때문이다. 요즘도 케냐의 무코고도 부족은 자녀가 병이 났을 때 아들보다는 딸을 병원에 많이 데려가기 때문에, 네 살이 되기까지 여아들이 더 많이 살아남는다. 이는 무코고도 부모들에게는 매우 합리적인 것으로, 아들은 무코고도의 가난함을 물려받지만 딸들은 부자인 삼부루와 마사이 남자들의 집으로 시집가서 잘 살 수 있기 때문이다. 트리버스-윌러드의 계산에 따르면, 딸이 아들보다 손주를 더 잘 낳을 수 있는 매개체가 되는 것이다.[76]

이것은 물론 사회가 계층화되었다는 것을 전제로 한다. 캘리포니아주립대학의 밀드레드 디크만Mildred Dickemann이 확신했듯이, 아들에게 자원을 건네주는 것은 사회가 고도로 계층화되었을 때 부유한 이들이 할 수 있는 가장 확실한 투자이다. 이에 대한 가장 명확한 자료는 인도의 전통적인 혼례 풍속에 대한 디크만 자신의 연구이다. 디크만은 영국인이 없애려 했지만 실패한, 극심한 여아 살해의 관습이 19세기 인도의 명확한 계급 사회의 고위층과 일치함을 밝혔다. 높은 계층의 인도인일수록 낮은 계층인보다 많은 딸들을 죽였다. 한 집단의 부유한 시크교도들은 딸들을 모두 죽이고 부인의 지참금으로 생활하기도 했다.[77]

이런 현상을 설명하는 데 또 다른 이론들이 있다. 그 가운데 가장 강력한 것은 성별 선호를 결정하는 데에 생식적인 요인보다는 경제적인 요인이 크게 작용한다는 것이다. 남자아이는 돈벌이를 하고 지참금 없이 결혼할 수 있다. 그러나 이것은 지위와의 관계를 설명하는 데는 완전히 실패하였다. 이 이론은 딸에게 돈을 줄 수 없기에 고위층이 아니라 하위층이 아들을 선호하리라 예상한다. 손주의 생산이 더 중요한 것이라고 한다면 인도의 결혼 풍습은 더 쉽게 이해된다. 인도의 전역에서 언제나 남성보다 여성이 더 사회적으로, 그리고 경제적으로 높은 계급과 결혼했으므로, 가난한 사람들의 딸은 아들보다 더 좋은 생활을 하게 되었다. 디크만의 분석에서 지참금은 여성 족외혼을 하는 종들에서 트리버스-윌러드 효과가 변형된 형태라고 생각된다. 아들은 성공적인 교배를 위한 지위를 상속받는다. 이에 비해 딸들은 대가를 지불해야 한다. 남겨줄 재산이 없다면 딸이 좋은 남편감을 고를 수 있도록 할 수 있는 모든 일을 해야 한다는 것이다.[78]

트리버스-윌러드는 사회의 한 부분에서의 남성 선호는 다른 부분에서의 여성 선호에 의해서 균형이 잡힌다고 하였다. 이는 아이를 낳기 위해서는 각 성별의 개체가 하나씩 필요하다는 피셔의 논리를 다시 따른다. 쥐의 경우, 이 구분은 모체의 상태에 따르는 것으로 보이며, 영장류에서는 사회적 지위에 기초를 둔 것으로 보인다. 그렇지만 비비와 거미원숭이는 그들의 사회가 엄격히 계급화된 것을 당연하게 여긴다. 그러나 인간은 아니다. 비교적 평등한 현대 사회에서는 어떠할까?

비교적 계급 차이가 없는 캘리포니아에서, 허디와 그녀의 동료인 데브라 저지Debra Judge는 지금까지 사람들이 죽을 때 남긴 유언장에서 재력에 기초를 둔 어떤 성 편재도 찾지 못했다. 어쩌면 여아보다 남아를 선호하는 낡은 고위층의 버릇이 이제야 평등의 미사여구에 굴복한 것일까?[79]

그렇지만 근대 평등주의가 낳은 악랄한 결과도 있다. 어떤 사회에서는 남성 선호도가 고위층에서 사회 전반으로 번져나갔다. 가장 좋은 예는 중국과 인도이다. 중국의 산아정책은 17퍼센트나 되는 여아 사망률을 유발했을 수도 있다. 인도의 한 병원에서는 딸을 가졌다는 말을 들은 여인의 96퍼센트가 인공유산을 행했고, 아들을 가졌다는 말을 들은 여인들은 거의 100퍼센트 아이를 낳았다.[80] 이것은 사람들에게 아이들의 성별을 택할 수 있게 해주는 값싼 기술이 인구의 성 비율의 균형을 깰 것임을 암시한다.

아이의 성별을 고르는 것은 다른 사람과는 상관없는 개인적인 결정이다. 그런데 이 생각이 왜 본질적으로 인기가 없는 것일까? 이것은 공유지의 비극이다. 개인들의 자신 이익을 위한 합리적인 추구가 전체적인 해로움을 가져온다. 아들만을 낳으려는 사람 하나는 다른 사람에게 아무런 해도 되지 않는다. 그렇지만 모두 이같이 행동한다면 모두가 고생할 것이다. 강간, 무법, 그리고 일반적인 개척 시대 정신부터 권력과 영향력 있는 자리의 남성 독점의 증가에까지 다양하고 무서운 예측이 가능하다. 많은 사람들이 최소한 성적 불만 상태에 놓일 것이다.

개인의 희생을 요구하며 전체적인 이익을 강요하는 법률이 통과되고 있는데, 이는 무법자 유전자를 무력화하기 위해 교차가 개발된 것과 마찬가지이다. 만약 성별의 선택이 간단하다면, 유전자의 의회가 공평한 감수분열을 강요하듯, 의회는 사람에게 50대 50의 성비를 요구할 것이다.

The Peacock's Tale

⑤ 공작새의 꼬리

쳇, 그녀를 미녀로 본다는 건, 곁에 아무도 없이 그녀만 봐서 그런 거야.
한쪽 눈으로 그녀 하나만 봤으니 미녀로 보일 수밖에. 그러나 오늘밤 잔치에서
내가 가르쳐줄 빛나는 다른 미인과 너의 여인을 저울에 올려놓고 저울질해보라구.
지금은 네 여인이 최고로 보일 테지만 그때엔 별로 신통치 않을걸.

셰익스피어의 「로미오와 줄리엣」 1막 1장

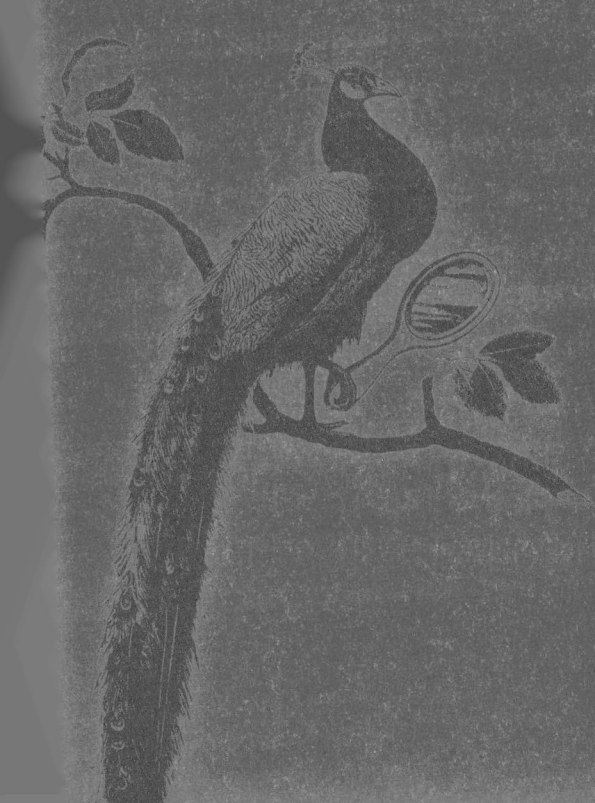

호주에 사는 덤불칠면조는 세상에서 가장 훌륭한 둥지를 짓는 새이다. 수컷은 나뭇잎, 잔가지, 흙, 모래 등을 이용하여 2톤이나 되는 여러 층의 둥지를 만든다. 둥지는 알맞은 온도로 알을 품어서 서서히 새끼 칠면조로 부화하기에 적절한 크기와 모양을 갖춘다. 암컷은 수컷이 만들어놓은 둥지로 찾아들어 알을 낳고는 떠나버린다. 알에서 깨어난 어린 새끼들은 자기 몸을 스스로 보호할 정도가 된 채로 온 힘을 다해 둥지 위로 서서히 기어오른다.

"암탉은 단지 달걀이 또 다른 달걀을 만드는 수단일 뿐"이라는 새뮤얼 버틀러Samuel Butler의 말로 바꾸어 말하면, 만약 알은 암컷이 또 다른 덤불칠면조를 만드는 바로 그 수단이라면, 둥지는 수컷이 또 다른 덤불칠면조를 만드는 수단이다. 알이 암컷 유전자의 산물이듯이, 둥지는 거의 틀림없이 수컷 유전자의 산물이다. 그렇지만 암컷과 달리 수컷은 한 가지 불확실성을 안게 된다. 수컷은 둥지 속에 있는 알들이 자기의 알임을 어떻게 알 수 있는가? 최근 오스트레일리아의 과학자들에 의해 밝혀진 바에 따르면, 수컷은 그 알이 누구의 알인지 모른다. 사실 그 알들이 수컷 자신의 것이 아닌 경우가 종종 있다고 한다. 유성생식의 목적은 자신의 유전자가 다음 세대로 제 갈 길을 가는 것인데 수컷이 왜 다른 수컷의 새끼를 키우려고 큰 둥지를 짓겠는가? 알아본 결과, 암컷은 수컷과 짝짓기를 허락한 후에야 둥지에 알을 낳을 수 있었다. 이것이 바로 수컷이 암컷에게 둥지를 사용하는 대가로 요구하는 것이다. 암컷이 요구하는 대가는 수컷이 둥지에 알을 받아들이는 것이다. 이것은 아주 공정한 거래이다.

그러나 이렇게 되면 둥지는 완전히 다른 의미를 갖게 된다. 수컷의 입장에서 보면, 둥지는 수컷이 새끼 덤불칠면조를 만들어내는 방법이 결코 아니다. 둥지는 수컷이 암컷과 짝짓기를 하기 위하여 암컷을 유혹하는 방법이다. 물론 암컷은 알을 어디에 낳을까 결정할 때 제일 좋은 둥지를 선택하기 때문에 제일 훌륭한 둥지를 만드는 수컷을 선택하게 된다. 수컷들은 때때로 다른 수컷의 둥지를 훔칠 때도 있어서 가장 좋은 둥지를 가진 수컷은 사실 제일 훌륭한 둥지 도둑일 수도 있다.

초라한 둥지라고 해서 제 기능을 발휘하지 못하는 것도 아닌데, 암컷은 그중 가장 훌륭한 둥지만을 고르려고 한다. 이렇게 해서 암컷이 낳은 새끼 수컷들은 아비새의 뛰어난 둥지 짓는 기술, 둥지 훔치는 기술, 암컷 유혹하는 기술 등을 물려받게 된다. 수컷 덤불칠면조의 둥지는 새끼의 양육에 보탬이 될 뿐 아니라 짝짓기에 대한 수컷의 확고한 표현이기도 하다.[1]

덤불칠면조의 둥지는 이 장에서 이야기하고자 하는 성선택의 이론에서 나온 것이다. 성선택 이론에는 동물 세계의 유혹의 진화에 관한 복잡하고도 놀랄 만한 식견들이 모여 있다. 뒤에 나오는 이야기에서 좀 더 명확해지겠지만, 인간 본성의 많은 부분을 성선택으로 설명할 수 있다.

1 붉은 여왕

사랑은 이성적인가?

심지어 생물학자들조차도 성이 단순히 유전적 협동 사업이라는 것을 잊어버리곤 한다. 성관계를 가질 짝을 찾는 과정(때로는 사랑에 빠지는 과정이라고 알려져 있다)은 신비롭고 이지적이며, 고도의 선택 행위이다. 우리는 유전적 협동 사업의 적절한 동반자로 이성 가운데 아무나 고려하지는 않는다. 우리는 어떤 사람을 염두에 둘 것인지 조심스럽게 결정하고, 자신의 의지와 상관없이 사랑에 빠지기도 하며, 자신에게 관심을 보이는 사람한테는 매력을 느끼지 못하기도 한다. 참으로 복잡다단한 일임에는 틀림이 없다.

물론 마구잡이로 일어나는 일도 아니다. 우리는 모두 서로 성교하고자 하는 충동을 지닌 조상의 후손이므로, 성관계를 맺으려는 충동은 우리들에게도 있다. 그러한 충동을 가지지 못한 사람들은 낙오하게 되어 자식도 가지지 못했다. 한 남자와 성관계를 가진 한 여자는, 물론 반대의 경우도 마찬가지이지만, 다음 세대에 자신의 유전자와 짝을 이룰 한 세트의 유전자를 선택하게 되는 위험 부담을 안게 된다. 여자가 짝 지을 유전자를 신중하게 고르는 것은 전혀 놀랄일이 아니다. 남자 관계가 지극히 복잡한 여자라 해도 오다가다 만나는 아무 남자하고 잠을 자지는 않는다.

모든 암컷 동물들의 목표는 훌륭한 남편, 좋은 아버지가 될 충분히 좋은 유전적 자질을 가진 수컷을 찾는 것이다. 대체로 모든 수컷의 목표는 되도록 많은 아내를 거느리는 일이고, 가끔은 좋은 어머니가 될 암컷을 찾기도 하지만 좋은 아냇감을 찾는 경우는 거의 없다. 1972년 로버트 트리버스는 동물계에 널리 퍼져 있는 이러한 불균형의 원인을 알게 되었다. 그의 법칙에 어긋나는 예외는 아주 드물기 때문에, 이 법칙은 일반적으로 받아들여지고 있다. 예를 들면 배 속에 태아를 아홉 달이나 담고 다니는 등 자식 키우기에 더 많은 투자를 하는 암컷은 또 다른 짝짓기에서 얻을 이익이 거의 없다. 투자를 더 적게 하는 수컷은 다른 암컷을 찾을 여가가 생긴다. 따라서 폭넓게 이야기하자면, 수컷은 자식 양육에 덜 투자하며 많은 암컷을 찾게 되고, 반면에 암컷은 자식 양육에 더 많이 투자하며 수컷의 질을 따지게 된다.[2]

그 결과 수컷들은 암컷의 주목을 받기 위해 경쟁하게 된다. 수컷은 암컷에 비해 훨씬 더 많은 자식을 남길 기회가 있지만, 동시에 자식을 하나도 남기지 못할 위험 또한 더 크다. 수컷은 유전자를 거르는 역할을 한다. 최상의 수컷만이 자손을 남길 수 있으며, 나쁜 수컷의 생식적 멸종은 집단으로부터 나쁜 유전자를 끊임없이 솎아내는 과정이다.[3] 때때로 이 이론은 남성의 '목적'을 설명해주는 듯했지만, 그럴 경우 진화가 모든 생물종에게 최상의 조건을 만들어준다는 오류에 빠지게 된다.

유전자 거르기는 어떤 동물이 다른 동물에 비해 훨씬 더 잘 한다. 코쟁이바다표범은 아주 엄격하게 걸러지기 때문에 각 세대마다 소수의 수컷만이 아비가 된다. 수컷 신천옹은 암컷 한 마리에게만 충실히 지조를 지키기 때문에 생식 시기에 도달한 수컷은 모두 새끼를 얻게 된다. 그럼에도 불구하고 짝을 찾는 방법에서는 수컷이 보통 많은 수의 암컷을 찾는 반면에 암컷은 질 좋은 수컷을 찾으려 한다고 말할 수 있다. 공작새 같은 새의 경우에, 수컷은 지나가는 아무 암컷에게나 짝짓기 행동을 보이지만 암컷은 단 한 마리의 수컷과 짝짓기를 하는데, 보통은 가장 멋진 꼬리를 가진 수컷과 짝을 짓는다. 사실 성선택 이론에 따르면, 수컷이 그런 우스꽝스런 꼬리를 지니고 있는 것은 순전히 암컷의 탓이다. 수컷은 암컷을 유혹하기 위해 긴 꼬리를 가지도록 진화해온 것이다. 암컷은 수컷의 유혹을 받으며 가장 훌륭한 짝을 고를 수 있는 능력을 지니도록 진화해왔다.

이 장에서는 아름다움의 탄생을 가져온 다른 종류의 붉은 여왕의 경주를 이야기하고자 한다. 인간의 경우, 짝을 선택하는 현실적 기준인 재산, 건강, 조화, 번식력 등이 무시된다면, 남는 것은 미적 기준이다. 이것은 다른 동물들도 거의 같다. 암컷이 수컷에게 쓸 만한 것을 하나도 얻지 못하는 동물의 경우, 암컷은 수컷을 미적 기준 단 한 가지 만으로 선택하는 것 같다.

몸치장과 까다로운 선택

인간의 용어로 동물들에게 물어보자(뒤에 가서 인간에게도 묻게 되겠지만). 동물들은 돈 때문에, 자식을 얻기 위해, 또는 아름다움을 위해 결혼을 할까? 성선택 이론에 따르면, 동물들이 보여주는 대부분의 행동이나 어떤 모습은 그 동물의 생존을 위해서가 아니라 가장 좋은 짝을, 혹은 가장 많은 짝을 얻는 것을 돕기 위해 적응된 것이다. 생존과 짝을 얻는 것, 이 두 가지 일은 때때로 그 목적이 서로 상치된다. 이에 관해서 우리는 찰스 다윈을 생각해볼 수 있다. 다윈은 처음 이 주제를 『종의 기원』에서 다루었지만 나중에는 이에 관해 통째로 한 권을 저술하였다. 그 책의 제목은 『인간의 계보와 성에 관한 선택The Descent of Man and Selection in Relation to Sex』이다.[4]

다윈의 목적은 인종이 서로 다른 이유가 수세대를 거쳐오면서 각 종족의 여자들이 피부가 검게 보이거나, 하얗게 보이는 특별한 어떤 종류의 남자들과 성교하기를 더 좋아했기 때문이라고 제안하려는 것이었다. 다른 말로 표현하면, 다윈은 하얀 피부나 검은 피부의 유익함을 설명하지 못하고, 그 대신에 흑인 여자는 흑인 남자를 더 좋아하고 백인 여자는 백인 남자를 더 좋아한다고 생각했으며, 이를 결과라기보다는 원인이라고 단정하였다. 마치 비둘기 애호가가 오직 자신이 좋아하는 비둘기만 번식시킴으로써 그 품종을 개발해내는 것처럼, 동물들은 선택적인 짝 고르기를 통해 똑같은 방법으로 품종을 개발한다는 것이다.

다윈의 종족 이론Racial theory은 사람들을 현혹하기에 충분하였지만,[5] 선택적인 배우자 고르기에 대한 다윈의 생각은 그렇지 못했다. 다윈은 암컷이 수컷의 '품종'을 고르기 때문에, 새나 다른 동물의 수컷들이 현란하고 화려한 몸치장을 하게 된다고 생각하였다. 화려한 몸치장은 생존에 도움을 주지 않으며, 오히려 적의 눈에 더욱 잘 띄게 된다는 점에서 자연선택에 의한 것이라고는 설명하기가 어렵다.

무지갯빛의 영롱한 눈처럼 치장한 긴 꼬리를 지닌 공작새의 수컷을 예로 들면서, 다윈은 수컷 공작새의 꼬리가 긴 것은 암컷 공작새

붉은 여왕

가 꼬리가 긴 수컷하고만 짝짓기를 하기 때문이라고 주장하였다(사실 공작새의 긴 꼬리는 꼬리가 아니고 꼬리 부분을 감싸고 있는 길게 늘어진 엉덩이 깃털이다). 어쨌거나 다윈은 수컷 공작새가 암컷에게 구애할 때 꼬리를 이용한다는 것을 관찰하였다. 그 이후로 공작새 수컷은 성선택의 문장紋章이자 마스코트로, 그리고 그 상징과 원천이 되었다.

왜 암공작새는 긴 꼬리를 좋아할까? 다윈은 "내가 그렇게 말하기 때문에"라고 답변할 수밖에 없었을 것이다. 그는 암컷이 긴 꼬리를 좋아하는 것은 선천적인 미적 감각이라고 말했지만, 이것은 전혀 옳은 답이 못 된다. 수공작새가 암컷을 선택하는 것이 아니고, 암공작새가 꼬리를 보고 수컷을 고른다. 정자는 능동적인 반면에 난자는 수동적이기 때문인데, 이것이 곧 세상이 돌아가는 이치이기도 하다. 수컷은 유혹하고 암컷은 유혹을 받는다.

다윈의 이론 가운데 암컷 선택Female choice은 가장 설득력이 없는 것으로 판명되었다. 박물학자들은 사슴의 뿔과 같은 수컷의 무기가 암컷을 차지하기 위한 수컷들의 싸움을 도와주기 위해 생겨났다는 관점을 기꺼이 받아들였다. 그러나 그들은 수공작새의 꼬리가 암공작새를 유혹하기 위해 존재한다는 시시한 주장에는 본능적으로 움츠러들었다. 박물학자들은 암컷들이 수컷의 긴 꼬리를 성적 매력으로 느끼는 이유와 수컷의 긴 꼬리가 암공작새에게 갖는 가치가 무엇인지 올바로 알고자 하였다. 다윈이 제창한 이래로 한 세기 동안, 암컷 선택의 이론은 전혀 관심을 끌지 못했다. 그러는 동안 생물학자들은 다른 해석을 이끌어내기 위해 심각하게 얽혀 들어갔다. 다윈과 같은 시대의 학자인 알프레드 러셀 윌리스는 애초에 어떠한 몸치장도, 심지어는 수공작새의 꼬리까지도 위장의 목적 이외에는 설명이 필요없다고 주장하였다. 후에 윌리스는 몸치장이 단순히 수컷의 넘치는 정력을 표현한 것이라고 생각하였다. 이러한 주제에 대한 토의를 수년 동안 주도해온 줄리안 헉슬리는 수컷의 몸치장과 위세 부리는 자세가 다른 수컷을 겁주기 위한 방책이라고 믿고 싶어했다. 다른 학자들은 수컷의 몸치장은 암컷이 여러 종들을 구별하는 데 도움을 주는 것이고, 따라서 암컷은 자기와 같은 종을 제대로 만나 짝짓기할 수 있게 된다고 믿었다.[6] 동물학자 휴 코트Hugh Cott는 독충의 아름다운 색깔에 깊은 인상을 받은 후, 모든 아름답고 화려한 색의 몸치장은 잡아먹으려는 동물들에게 위험을 경고하는 것이라고 제안하였다. 사실 몇몇 동물들은 그렇기도 하다. 아마존 강 유역의 열대우림에 사는 나비들은 색깔로 구분할 수 있다. 노랗고 까만 나비는 맛이 없는 것이고, 파랗고 푸르스름한 것은 너무 빨라서 잡기 힘든 나비이다.[7] 1980년대에는 새들에게도 이 이론이 새롭게 적용되었다. 즉, 색이 현란한 새는 가장 빨리 나는 새로서, "나는 빨리 나는 새이니 날 쫓아올 생각을 하지 마라"는 사실을 현란한 색깔을 통해 매나 다른 포식자에게 과시하려는 것이라는 이야기이다. 한 과학자가 알락딱새의 암컷과 수컷을 닮은 봉제 인형을 숲 속의 횃대에 올려놓았는데, 매가 처음 덤벼든 것은 현란한 색을 지닌 수컷 인형이 아니라 단순한 색을 띤 암컷 인형이었다.[8] 사람들은 이처럼 갖가지 이론을 동원하여 암컷이 멋있는 수컷을 선호한다는 이론만은 한사코 받아들이지 않는 것 같다.

그러나 수공작새의 펼친 꼬리를 보면, 그 꼬리가 암공작새를 유혹하는 데 도움이 된다는 것을 믿지 않을 수 없다. 어쨌든 다윈도 이렇게 해서 맨 처음 그런 생각을 갖게 된 것이다. 다윈은 수컷 새의 현란한 깃털은 다른 어떤 목적을 위해서 있는 것이 아니라 바로 암컷에게 구애하기 위해 있다는 것을 알고 있었다. 두 마리 수공작새가 서로 싸울 때나 포식 동물로부터 도망칠 때 수공작새의 꼬리는 조심스럽게 접혀 들어가 있다.[9]

싸워 이길 것인가, 사랑을 구걸할 것인가?

암컷 선택이라는 사실을 입증하는 데는 더 많은 시간이 걸렸다. 많은 학자들이 모든 것이 수컷 사이의 경쟁 문제라고 생각하던 헉슬리를 추종했고, 그들은 쉽사리 물러서지 않았다. 1983년 영국의 생물학자 팀 할리데이Tim Halliday는 "암컷 선택에 관해 설명하자면, 암컷 선택은 수컷 사이의 경쟁에 비해 보조적이고 덜 중요한 역할을 한다"고 발표하였다. 암컷 붉은큰뿔사슴이 자기가 속한 하렘에서 우두머리인 수컷을 받아들이듯, 암컷 공작새는 싸움의 왕자인 수컷과의 짝짓기를 받아들인다.[10]

한편으로는 그러한 구분이 그렇게 중요한 것은 아니다. 동일한 수공작새를 선택하게 되는 암공작새들이나, 같은 수컷에게 종속되는 모든 암컷 붉은큰뿔사슴들은 결국 여러 마리의 수컷 가운데 한 마리만 '선택하는' 셈이 된다. 어떤 경우에도 암공작새의 선택이 암컷 붉은큰뿔사슴의 선택에 비해 더 자발적이고 더 의식적이었다고 할 수 없다. 암공작새는 싸워서 얻은 것이 아니라 단지 유혹을 받았을 뿐이다. 암공작새는 무슨 생각을 한 뒤가 아니라 최강의 수컷이 보여주는 외모에 반해 유혹을 받게 된 것이다. 이때 암공작새가 보여준 행동을 '선택'이라고 해두자. 사람들은 선택이 의식적이고 능동적이어야 한다고 생각하는 오류를 반복적으로 저지른다. 그래서 사람들은 암컷들이 '합리적인' 기준에 따라 짝을 선택하기를 기대하는 것은 타당하지 못하다고 생각한다.[11] 인간의 경우에 비유해서 생각해보자. 동굴에 벽화를 그렸던 두 원시인이 죽을 때까지 서로 싸우다가 이긴 사람이 진 사람의 아내를 어깨에 걸쳐메고 갔다는 것이 한쪽 끝의 예라면, 사랑하는 여인을 능숙한 글솜씨로 유혹하려 한 코주부 시라노(프랑스 극작가 로스탕의 동명 운문 희곡의 주인공으로, 코가 크고 못생긴 호걸의 대명사―옮긴이)의 이야기는 다른 쪽 끝의 예가 된다. 그러나 이 둘 사이에는 수천 가지의 경우가 있다. 남자가 여자를 얻기 위해서는 다른 남자와 경쟁하거나, 여자에게 사랑을 호소하거나 혹은 두 가지 방법을 다 쓸 수 있다.

사랑을 호소하거나 싸워 이기는 이 두 가지 방법은 똑같이 '가장 훌륭한' 수컷을 골라낼 것이다. 차이가 있다면, 처음 방법은 멋쟁이를 골라내겠지만, 두 번째 방법은 싸움꾼을 골라낸다는 정도이다. 그러므로 코쟁이바다표범이나 엘크사슴의 수컷은 덩치가 크고 위협적으로 생겼으며, 공작새나 나이팅게일은 미모를 뽐내며 잘난 체한다.

1980년대 중반에 이르면서, 많은 동물들 사이에서 짝짓기에 관해

붉은 여왕

암컷에게 말할 권리가 있다는 증거들이 쌓이기 시작했다. 수컷들이 모이는 공동의 전시장에서 수컷의 성공 비결은 다른 수컷과 잘 싸우는 능력보다 멋있게 춤을 추고 뽐내며 걷는 능력에 달려 있다.[12]

암컷 새들이 짝짓기 상대를 고를 때 수컷의 깃털을 본다는 이론을 확립한 것은 일단의 능력 있는 스칸디나비아 학자들이었다. 훌륭하고 완벽한 실험으로 유명한 덴마크의 과학자 안더스 묄러Anders Møller는 사람이 만들어 붙인 긴 꼬리를 달고 있는 수컷 제비가 보통의 정상적인 꼬리를 지닌 수컷에 비해 짝짓기 상대를 더 빨리 구하고, 더 많은 새끼를 치며, 더 많은 암컷들과 교미를 한다는 사실을 발견하였다. 큰도요새 수컷은 하얀 꼬리깃털을 지니고 있는데, 암컷이 지나가면 이 꼬리깃털을 펄럭인다.[13] 야콥 회글룬트Jakob Höglund는 큰도요새의 수컷 꼬리에 하얀 타자용 수정액을 칠하는 간단한 방법으로 더 많은 암컷 새가 모여들었다는 사실을 확인했다.[14] 이러한 조작 실험은 아프리카의 천인조를 연구하던 몰티 앤더슨Malte Andersson이 처음 시도했다. 천인조는 몸길이보다 몇 배나 더 긴 두껍고 까만 꼬리를 가지고 있는데, 초원 위를 날아다니면서 이 꼬리를 펄럭인다. 앤더슨은 36마리의 수컷 천인조를 잡아서 꼬리를 자른 후, 꼬리깃털을 길게 해주거나, 또는 짧은 채로 놓아두었다. 꼬리가 길어진 수컷들은 꼬리가 짧아진 수컷이나 원래의 꼬리를 지닌 수컷에 비해서 더 많은 암컷과 짝짓기를 하였다.[15] 그는 꼬리를 아주 길게 만들어서 수행한 비슷한 실험들을 다른 동물들에도 진행했는데, 대체로 수컷의 짝짓기 성향이 향상된다는 유사한 결과를 얻었다.[16]

이처럼 짝짓기 상대를 선택하는 쪽은 암컷들이다. 현재로서는 암컷의 선호 성향 자체가 유전된다는 명확한 증거를 발견하기 어렵지만, 유전되지 않는다고 가정할 이유도 없다. 이에 대한 한 가지 단서를 트리니다드에서 찾아볼 수 있는데, 이곳에 사는 거피라는 작은 물고기는 서식하는 강줄기에 따라 몸색깔이 바뀐다. 두 미국인 과학자가 이 거피의 수컷은 주로 밝은 오렌지색을 띠고 암컷은 오렌지색 몸색깔을 지닌 수컷을 가장 좋아한다는 사실을 밝혀냈다.[17]

수컷의 몸치장에 대한 암컷의 선호는 수컷에게는 생존의 위협이 된다. 주홍색 깃털을 지닌 태양새는 현란한 녹색을 띤 새로, 케냐 산 높은 기슭에서 꽃의 꿀이나 날개를 쳐서 잡은 곤충을 먹고 산다. 수컷은 두 개의 긴 꼬리깃을 가지고 있는데, 암컷은 가장 긴 꼬리깃을 가진 수컷을 좋아한다. 그래서 첫 번째 수컷은 꼬리깃을 길게 해주고, 두 번째 수컷은 꼬리깃을 짧게 해주며, 세 번째 수컷에게는 꼬리깃에 무게를 더해주고, 네 번째 새에게는 비슷한 무게의 고리를 다리에 맨 후 실험해본 결과, 두 과학자는 암컷이 선호하는 꼬리깃이 수컷에게는 짐이 된다는 사실을 증명할 수 있었다. 꼬리깃을 길게 해준 수컷이나 꼬리깃에 무게를 더해준 수컷은 벌레를 잡아먹는 데 서툴렀으며, 꼬리깃이 짧아진 수컷은 벌레를 훨씬 더 잘 잡아먹었고, 다리에 고리를 매단 새는 정상의 새와 다름이 없었다.[18]

암컷이 짝짓기 상대를 선택하고, 암컷의 선택 성향은 유전되며, 암컷이 과장된 몸치장을 선호하고, 과장된 몸치장은 수컷에게 짐이 된다는 이러한 사실들은 이제 더 이상 논쟁거리가 되지 못한다. 따라서 다윈은 옳았다.

붉은 여왕

독재적 경향

다윈이 답변하지 못한 질문은 '왜'인가 하는 것이었다. 도대체 왜 암컷은 화려한 수컷을 좋아하는 것일까? 그러한 '선호'가 순전히 무의식적으로 일어나거나, 단지 멋쟁이 수컷의 탁월한 유혹 방식에 대한 본능적인 반응이라고 할지라도, 설명하기가 어려운 것은 수컷의 성질이 아니라 암컷 선호의 진화이다.

이 질문에 대한 완벽하게 훌륭한 답변이 이미 1930년 이후에 존재하였다는 사실이 1970년대 사람들에게 알려지기 시작했다. 로널드 피셔 경은 암컷이 긴 꼬리를 지닌 수컷을 좋아하는 이유에 다른 암컷들도 긴 꼬리를 좋아하기 때문이라는 것보다 더 좋은 설명은 없다고 제안하였다. 이러한 논리는 처음에는 의심이 들 만큼 우회적으로 들리지만 그것이 묘미다. 한때 대부분의 암컷들이 한 부류의 수컷들하고만 짝짓기를 하고, 꼬리의 길이를 짝짓기 상대의 선택 기준으로 삼아 긴 꼬리를 당연하게 여겼다. 그러나 다시 원점으로 돌아갈 수도 있다. 어떤 한 암컷이 이러한 경향에 반대하여 꼬리가 짧은 수컷을 선택하여 짝짓기를 하였다면, 꼬리가 짧은 아들을 얻게 될 것이다(이 경우 아들에게 아버지의 짧은 꼬리가 유전된다고 가정한다). 그러나 모든 다른 암컷들은 긴 꼬리를 지닌 수컷을 찾을 테고, 따라서 짧은 꼬리를 지닌 아들 새는 짝짓기에 성공하지 못할 것이다.

이 점에서, 긴 꼬리 수컷을 선택하는 것은 임의적인 풍조 이상은 아니지만 압도적이기는 하다. 자신의 아들을 독신으로 남기고 싶지 않는 한, 암컷은 꼬리가 긴 수컷을 선호하는 경향에서 감히 벗어나려고 하지 않을 것이다. 결과적으로, 암컷의 임의적인 선호는 같은 종의 수컷에게 이전보다 훨씬 더 어마어마한 짐을 지우게 되었다. 그러한 짐이나 장애 자체가 수컷의 생명을 위협할 때가 있더라도 그 과정은 계속될 것이며, 생명에 대한 위협이 자손 양육의 성공에서 오는 발전보다 적은 한 계속될 것이다. 피셔는 이에 대해 다음과 같이 말했다. "그러한 과정에 의해 영향을 받는 두 가지 특징들, 즉 수컷의 깃털 발달과 암컷의 성적 선호는 함께 진행되어야 한다. 그리고 그 과정이 엄격한 반反선택에 의해 제지당하지 않는 한 점차 가속이 붙어 빠른 속도로 진행될 것이다."[19]

말하자면 일부다처제는 그 주장에서 필수적인 사항이 아니다. 다윈은 몇몇 일부일처형 새들, 예를 들면 청둥오리나 지빠귀의 경우, 수컷의 몸색깔이 매우 화려하다는 것에 주목하였다. 다윈은 교배기에 이른 첫 암컷, 혹은 더욱 많은 암컷을 차지하기 위해서는 수컷 새가 더욱 효과적으로 암컷을 유혹해야 한다고 주장하였다. 다윈의 이 추측은 최근의 연구에서 대부분 증명되었다. 일찍이 둥지를 튼 암컷 새들은 둥지를 늦게 튼 새에 비하여 더 많은 새끼를 치며, 가장 노래를 잘 부르거나 가장 멋을 내는 수컷이 일찍 둥지를 튼 암컷을 차지한다. 앵무새, 바다오리, 댕기물떼새와 같이 암수가 모두 화려한 색깔을 지닌 일부일처형 새들 사이에서는 암수 간에 상호 성선택이 일어나고 있는 것 같다. 수컷은 아름다운 암컷을 찾으려 하고, 암컷은 멋쟁이 수컷을 찾으려 한다.[20]

하지만 일부일처형 새는 수컷이 유혹만 하는 것이 아니라 선택도

한다는 점을 주목해야 한다. 제비갈매기의 수컷은 자신이 잡은 물고기를 약혼녀에게 선물하는데, 이는 약혼녀를 먹이기 위한 것이기도 하지만 동시에 앞으로 태어날 새끼를 자신이 잘 먹일 수 있음을 증명하는 것도 된다. 만약 수컷이 교배기에 가장 먼저 도달한 암컷을 고르고 암컷은 물고기를 가장 잘 잡는 수컷을 선택한다면, 이들은 아주 훌륭하고 민감한 선택 기준을 적용한 셈이 된다. 이와 같이 선택 기준은 짝짓기 과정에서 중요한 역할을 한다. 제비갈매기에서 공작새에 이르기까지 서로 다른 연속적인 선택 기준들이 있다. 예를 들면, 새끼를 키우는 데 수컷에게 전혀 도움을 받지 않는 암꿩은 이웃에 있는 총각 꿩은 거들떠보지도 않고, 이미 여러 마리의 암꿩을 거느리고 있는 수꿩의 첩이 되기를 기꺼이 선택한다. 이 수꿩은 자신의 영토 안에 일종의 보호망을 쳐놓고, 여러 마리의 암컷을 성적으로 독점하는 대신에 암컷이 먹고살 수 있도록 보호해준다. 암꿩에게는 충실한 남편보다는 훌륭한 보호자가 더 필요하다. 반면에 암컷 공작새는 이러한 보호를 받지 못한다. 수컷 공작새는 암컷에게 정자 외에는 아무것도 주지 않는다.[21]

그러나 여기에는 모순이 있다. 제비갈매기의 경우, 물고기를 잘 잡지 못하는 수컷을 선택하는 일은 새끼들이 굶어 죽을 수 있기 때문에 불행한 결정이 된다. 암꿩의 경우에는 능력이 떨어지는 보호자를 선택하면 분명히 불편을 겪게 된다. 암공작새의 경우에는 가장 엉성한 수컷을 선택한다 해도 암컷 자신은 어떠한 손해도 입지 않는다. 암컷은 사실 수공작새에게 얻는 것이 전혀 없기 때문에 잃을 것도 전혀 없는 것처럼 보인다. 그러므로 제비갈매기는 매우 신중한 선택을 하고, 암공작새는 가장 엉성한 선택을 한다고 할 수 있다.

그런데 겉으로 보기에는 전혀 반대인 것 같다. 암공작새는 여러 마리의 수컷을 둘러보고 수컷들이 꼬리를 자랑하도록 해서 시간을 두고 결정을 내린다. 게다가 대부분의 암공작새가 동일한 수컷을 선택한다. 제비갈매기는 전혀 까다롭지 않은 방식으로 짝짓기를 한다. 어떤 수컷과 짝짓기를 해도 손해를 볼 게 없을 것 같은 암컷들이 더욱 까다롭게 상대를 고른다.[22]

유전자의 소진

선택이 덜 까다로우면 목숨이 위태로워진다? 공작새의 경우에 아주 중요한 것이 위험에 처해 있는데, 그것은 바로 유전자들이다. 암공작새는 수공작새에게 유전자만 받는 데 반해, 제비갈매기의 암컷은 수컷에게 유전자 이외에도 확실한 도움을 받고 있다. 제비갈매기는 아버지로서의 보살핌이 훌륭하다는 것을 나타내야 하고, 공작새는 자신이 가장 훌륭한 유전자를 지니고 있다는 것을 보여주어야 한다.

공작새는 레크lek를 통해서 유혹하는 기술을 마음껏 발휘하는 몇 안 되는 새 종류들 가운데 하나이다. 레크는 스웨덴어로 놀이를 뜻한다. 몇 종류의 뇌조, 풍조와 마나킨 새, 그리고 많은 수의 영양, 사슴, 박쥐, 물고기, 나방, 나비와 다른 곤충들도 레크를 한다. 레크는 특정 장소를 말하는데, 짝짓기 시기가 되면 수컷들은 그곳에 모여 각

붉은 여왕

각 자그마한 영역을 정해놓고 그곳을 찾는 암컷들에게 자신의 상품을 선보인다. 레크의 특성은 대개 그 중심에 있는 한두 마리의 수컷이 짝짓기를 대부분 독차지한다는 것이다. 짝짓기에 성공적인 수컷이 레크의 가운데에 위치한다는 것이, 결과에서 보는 것처럼 성공의 이유는 아니다. 다른 수컷들이 바로 그 주변에 모여 있기 때문이다.

레크를 하는 새들 가운데 가장 많은 연구가 이루어진 새는 미국 서부에 사는 뇌조이다. 동트기 전에 와이오밍 주의 한가운데로 차를 몰아 어디를 둘러보아도 나무 한 그루 서 있지 않은 광활한 평원에 서서, 춤추는 뇌조를 보는 것은 색다른 경험이 될 것이다. 뇌조들은 자신의 자리를 안다. 늘 그렇듯이 뇌조는 가슴속 허파에 공기를 가득 채우고 도도히 걸어나가며, 폴리 베르제르(파리에 있는 뮤직홀―옮긴이)에 등장한 무용수처럼 깃털을 펄럭이며 몸을 튕겨올린다. 암컷은 짝짓기 시장을 둘러보고 다니며, 며칠 동안 상품을 찬찬히 살펴보고 난 뒤에 그중 한 마리의 수컷과 짝짓기를 한다. 암컷이 선택을 강요당하지 않고 스스로 선택하는 것은 분명한 것 같다. 암컷이 수컷 앞에서 땅에 엎드린 후에야 수컷은 암컷에 올라탄다. 교미가 끝나고 나면 암컷의 길고도 외로운 새끼 돌보기가 시작된다. 암컷이 수컷에게 받은 것은 유전자뿐이다. 암컷은 마치 차지할 수 있는 최상의 유전자를 차지하려고 애써온 것처럼 보인다.

그러나 선택이 별로 중요하지 않은 동물에게도 가장 큰 선택의 문제는 다시 나타난다. 한 마리의 수컷 뇌조가 한 번의 레크 안에서 일어나는 짝짓기의 반을 차지할 수도 있다. 이러한 우두머리 수컷이 하루 아침에만 30번 이상 교미한다는 것은 잘 알려져 있는 사실이다.[23] 그 결과, 제1세대에서는 집단이 지닌 유전자의 정수精髓가 마치 우유에서 크림이 뽑히듯이 빠져나가게 된다. 그 다음 세대에서는 정수의 정수가 빠져나가며, 제3세대에서는 정수의 정수의 정수가 빠져나간다. 낙농을 하는 농부라면 누구나 알고 있듯이 이런 방법은 아주 빨리 빈털터리가 되는 방법이다. 즉, 우유에는 두껍게 걷어낼 만큼 충분한 양의 크림이 있는 것이 아니다. 뇌조의 경우에도 마찬가지이다. 만약 수컷의 10퍼센트만이 다음 세대의 아버지가 될 수 있다면 얼마 가지 않아 모든 수컷과 암컷들은 유전적으로 서로 같게 될 것이고, 모든 수컷이 서로 같으므로 다른 수컷과 비교해서 어느 한 수컷을 선택한다는 일은 의미가 없어지고 만다. 이런 현상을 '레크 역설Lek paradox'이라고 하는데, 바로 성선택에 관한 현대의 모든 이론들이 뛰어넘어야 할 장애이다. 어떻게 이 장애를 극복해야 하는가가 이 장의 나머지 글의 주제가 된다.

몬터규가와 캐풀렛가

이제 양자택일의 방법을 도입해야겠다. 성선택 이론은 양립할 수 없는 두 개의 이론으로 나뉘어 있다. 두 이론에 공인된 이름이 있는 것은 아니지만. 대부분의 사람들은 이 이론들을 '피셔 이론'과 '좋은 유전자good-genes 이론'이라고 부른다. 성선택 이론에 대한 논쟁의 역사를 저술한 헬레나 크로닌Helena Cronin은[24] '좋은 취향good-taste 이론'과 '좋은 감각good-sense 이론'이라고 부르기를 좋아한다.

 붉은 여왕

이 두 이론은 때로는 '성적 매력이 있는 아들 sexy-son 이론'과 '건강한 자손 healthy-offspring 이론'으로 불리기도 한다.

피셔 이론('성적 매력이 있는 아들 이론', '좋은 취향 이론')의 지지자들은 암공작새들이 잘생긴 수공작새를 선호하는 이유는 암컷들이 자신의 아들들에게 바로 전수될 아름다움 자체를 찾음으로써 자신의 아들들 역시 암컷들을 잘 불러들일 수 있기 때문이라고 주장한다. 좋은 유전자 이론('건강한 자손 이론', '좋은 감각 이론')의 지지자들은 암공작새들이 아름다운 수공작새를 선호하는 이유가 아름다움이 곧 좋은 유전적 자질, 즉 질병에 대한 저항성, 정력, 강인함의 상징이므로, 자식들에게 이러한 자질들을 남겨주고 싶어하기 때문이라고 믿는다.

모든 생물학자들이 이 두 이론 중 어느 하나를 지지하는 것은 아니다. 어떤 학자들은 두 이론 사이의 조화를 주장하고, 어떤 학자들은 '너희 양쪽 집안의 골칫거리'라는 마큐시오의 외침처럼 제3의 이론을 내세우려 한다. 그럼에도 두 이론의 차이는 셰익스피어의 희곡 『로미오와 줄리엣』에 나오는 캐풀렛가와 몬터규가 사이에서 대대로 이어내려오는 반목처럼 아주 명백하다.

피셔 이론의 지지자들은 처음부터 로널드 피셔 경의 독재적 경향 Despotic fashion에 대한 놀라운 통찰에서 아이디어를 얻었다. 이들은 다윈과 마찬가지로 암컷이 화려하게 치장한 수컷을 좋아하는 것은 무슨 목적이 있어서가 아니라 그저 임의적인 일이라고 생각한다. 이들은 특히 레크의 경우에 암컷이 수컷의 화려한 몸색깔이나 깃털의 길이, 노랫소리의 다양함 등에 따라 수컷을 선택한다고 믿는다. 왜냐하면 동물은 아름다움을 선호하는 임의적인 경향을 따르기 때문인데 이에 대해서는 아무도 감히 반대하지 못한다. 좋은 유전자 이론을 지지하는 학자들은 알프레드 러셀 윌리스와 마찬가지로, 암컷이 수컷의 꼬리 길이나 수컷의 노랫소리에 따라 수컷을 선택하는 것은 임의적이고 어리석게 보이지만, 어떤 타당한 이유가 있을 것이라고 주장한다. 수컷의 꼬리나 노랫소리는 암컷에게 수컷의 유전자가 얼마나 좋은 유전자인지를 말해준다. 수컷이 큰 소리로 노래를 부를 수 있고 긴 꼬리를 지니고 있는 것은, 마치 수컷 제비갈매기의 고기잡는 능력이 암컷에게 많은 가족을 먹여 살릴 수 있음을 말해주는 것처럼, 수컷이 건강하고 힘센 아들딸을 키울 수 있음을 증명한다. 몸의 치장과 장식은 유전자의 질을 나타내도록 만들어진 것이다.

  피셔 이론과 좋은 유전자 이론의 분리는 암컷 선택의 사실이 대부분의 학자들이 만족할 만한 수준에서 인정된 1970년대에 나타나기 시작했다. 이론적이고 수학적 경향을 띠며 태어날 때부터 컴퓨터에 붙어서 산 듯한 창백한 얼굴의 괴짜들은 피셔 이론파의 학자가 되었다. 턱수염을 기르고 스웨터를 걸치고 장화를 신은 채 야외로 나가는 생물학자와 동물학자들은 점차로 좋은 유전자 이론을 지지하는 학자가 되었다.[25]

붉은 여왕

선택은 값싼 것인가?

1회전의 싸움은 피셔 이론 지지자들의 승리로 돌아갔다. 피셔의 직관은 수학적 모델로 바뀌어 그대로 표현되었다. 1980년대 초반에 세 명의 과학자는 한 암컷이 꼬리가 긴 수컷을 선택해서 꼬리가 긴 아들과 자신과 같은 수컷 선호도를 지닌 딸을 낳게 되는 가상의 컴퓨터 프로그램을 만들었다. 이 프로그램을 돌려보면 수컷의 꼬리가 길수록 수컷의 짝짓기 성공률은 높아지지만, 살아남아 짝짓기를 할 수 있는 생존율은 낮아진다. 이 과학자들의 중요한 발견은 어느 점에서 이러한 게임이 멈출 수 있는 '평형선 Line of equilibrium'이 존재한다는 것이다. 이 평형선 위에서는 암컷의 아들이 지닌 긴 꼬리라는 불리한 조건과 긴 꼬리로 짝을 불러들일 수 있는 장점이 아주 정확하게 균형을 이루게 된다.[26]

다른 말로 이야기하면, 암컷이 선택하는 데 더 까다로울수록 수컷의 몸치장은 더 화려하고 더 우아하게 된다. 이것이 바로 우리가 자연에서 관찰하는 바이다. 뇌조는 몸치장을 매우 우아하게 하지만 단지 몇몇 소수의 수컷만 선택되는 반면에, 제비갈매기 수컷은 몸치장이 되어 있지 않지만 대부분이 짝짓기를 한다.

이 모델은 또한 그 과정이 평형선에서 피셔의 '증가 일로에 있는 속도 Ever-mcreasing speed'로 폭주할 수 있음을 보여준다. 그러나 이 과정은 자손에게 유전되는 암컷의 선호가 변하고 수컷의 몸치장이 수컷에게 짐이 되지 않는 경우에만 일어난다. 이러한 조건은 사실 일어날 수 없는 것들이다. 새로운 선호와 새로운 형질이 이제 막 생겨나기 시작할 때에만 이러한 과정이 예외적으로 일어날 수 있다.

그러나 수학자들은 그 이상을 알아냈다. 만약 선택 과정이 암컷에게 대가를 치르도록 하는 일이라면 문제가 되었다. 어떤 수컷과 짝짓기 할지를 결정하기 위해, 암컷이 알을 품는 데에 써야 할 시간을 소비하거나 독수리에게 잡아먹힐 위험을 무릅쓰고 자신을 노출하게 된다면, 평형선은 더 이상 존재하지 않는다. 왜냐하면 동물이 평형선에 도달하게 되자마자, 긴 꼬리를 가짐으로써 얻는 이익과 손해는 균형을 이루게 되고, 까다롭게 선택함으로써 얻을 수 있는 순이익이 없어지기 때문이다. 따라서 선택함으로써 치러야 할 대가는 암컷을 무관심하게 만든다. 이것은 피셔 이론에 치명적인 것처럼 보였으며, '성적 매력이 있는 아들' 이론으로 알려진 다소 다른 버전의 이론에 쏠리게 하였다. 즉, 성적으로 매력 있는 남편은 나쁜 아버지가 되며, 이는 선택하는 암컷이 치러야 하는 명백한 대가라는 것이다.[27]

다행히도, 이 이론에 도움을 줄 또 다른 수학적 해석이 나왔다. 우아한 장식이나 긴 꼬리를 나타나게 한 유전자들에 무작위적으로 돌연변이가 일어날 수 있다는 것이다. 몸치장이 더 우아할수록 그 몸치장을 덜 우아하게 할 무작위적인 돌연변이가 일어날 가능성이 더 커진다. 더욱더 우아하게 만드는 돌연변이는 일어나기가 어렵다. 왜 그러한가? 돌연변이는 유전적 작업에 던져진 스패너와 같다. 양동이와 같은 간단한 도구에 스패너를 던진다 해도 양동이의 쓰임새가 변하지는 않을 것이다. 그러나 자전거와 같이 좀 더 복잡한 기계에 스패너를 던지면 자전거는 거의 확실히 망가질 것이다. 이와 마찬가

 붉은 여왕

지로 유전자에 생기는 어떤 변화도 몸치장을 작게, 균형이 덜 잡히게, 덜 화려하게 만들려는 경향을 나타낼 것이다. 수학자들에 따르면, 이러한 '돌연변이적 편향'은 암컷으로 하여금 몸치장이 화려한 수컷을 선택할 가치가 있도록 해주고도 남는다. 왜냐하면 몸치장에 나타나는 결함이 아들에게 유전된다는 것을 의미하기 때문이다. 가장 우아한 몸치장을 한 수컷을 선택함으로써 암컷은 가장 적은 돌연변이를 지닌 수컷을 고르는 것이다. 아마도 돌연변이적 편향은 예전에 세워놓은 이론에 의한 가장 어려운 수수께끼를 충분히 풀어낼지도 모른다. 우리는 각 세대마다 유전적 크림 중의 최상의 크림을 거둬내면, 크림에는 더 이상 거둬낼 좋은 크림이 남지 않게 될까 걱정했다. 돌연변이적 편향은 이러한 크림의 일부를 다시 우유로 바꾸어 놓는 일을 쉬지 않고 해낸다.²⁸

이제 10년에 걸친 수학적 게임의 결과는 피셔 학파들이 틀리지 않았음을 증명하고 있다. 어떤 몸치장이 우아하게 변해가는 것은 암컷이 이것으로 수컷들을 구별해내기 때문일 뿐이었고, 결과적으로 수컷은 그러한 경향을 따르게 되었다. 암컷이 몸치장에 따라 수컷을 선택하면 할수록 수컷의 몸치장은 더욱 우아해진다. 피셔가 1930년에 주장한 바는 옳았다. 그러나 그의 주장은 두 가지 이유 때문에 많은 동물학자들에게 확신을 주지 못했다. 첫째, 피셔는 증명하려는 결과의 일부를 사전에 가정했다. '암컷은 원래 선택을 한다'는 사실은 피셔의 이론에서 핵심적이다. 피셔 자신은 여기에 대한 답을 알고 있었다. 즉, 애당초 암컷들은 더욱 실리적인 이유에서 긴 꼬리를 지닌 수컷들을 선호한다. 예를 들면, 긴 꼬리를 가진 수컷은 정력적

공작새의 꼬리

이라거나 크기가 크다는 것을 말해준다. 이것이 그리 엉뚱한 생각은 아니다. 어쨌든 모든 수컷이 한 마리의 암컷과 짝을 짓는 제비갈매기같이 가장 일부일처적인 동물들의 경우에도 암컷은 수컷을 고른다. 그러나 이 아이디어는 반대학파에게 빌려온 것이다. 그래서 좋은 유전자 이론을 주장하는 학자들은 "우리 이론이 처음에는 맞다고 인정하다가, 왜 나중에는 틀리다고 반대하는가?" 하고 묻는다.

두 번째 이유는 더 평범한 것이다. 피셔가 말한 폭주적 선택 Runaway selection이 실제로 일어날 가능성이 있으며, 수컷의 몸치장은 증가 일로에 있는 속도로 점점 더 커질 수 있음을 증명한다 해도 곧 그것이 실제도 그렇다는 것을 증명하는 것은 아니다. 컴퓨터는 실제 세계와는 다르다. 성적 매력이 있는 아들이 몸치장의 진화를 가져왔음을 보여주는 실제 실험만이 동물학자들을 만족시킬 수 있다.

그러한 실험이 고안된 적은 없지만, 나처럼 피셔 학파에 기울어져 있는 사람들은 피셔 이론의 몇몇 주장들을 아주 설득력 있는 것으로 해석한다. 세상을 둘러보라. 무엇이 보이는가? 우리가 토론하고 있는 그 몸치장은 임의적일 뿐, 다른 아무 의미도 없다는 걸 우리는 안다. 수공작새는 꼬리에 눈 모양의 무늬를 가지고 있으며, 뇌조는 바람이 빵빵하게 들어가는 공기주머니와 뾰족한 꼬리를 가지고 있고, 나이팅게일은 어떤 정형이 있는 것이 아닌 아주 다양한 멜로디의 노래를 부르며, 풍조는 페넌트 같은 괴상한 깃털을 기르고, 바워버드(오스트레일리아 산의 명금류—옮긴이)는 파란색 물체를 모은다. 이것은 변덕과 색채의 불협화음이다. 확실한 것은 만약 성선택된 수컷의 몸치장이 수컷의 정력을 대변한다면, 수컷의 몸치장이 그렇게 무작

 붉은 여왕

위적으로 나올 수는 없다는 것이다.

다른 한편의 증거인 모방 현상은 피셔의 편에 무게를 더해주는 것 같다. 주의해서 레크를 관찰해보면 각 암컷이 혼자서 마음을 정하는 것이 아니라 서로서로를 따라서 정한다는 것을 알게 된다. 뇌조의 암컷은 방금 다른 암컷과 짝짓기를 끝낸 수컷과 짝짓기 하려 든다. 역시 레크 행동을 나타내는 검은뇌조의 수컷은 연이어 몇 번씩 짝짓기를 하게 된다. 수컷의 세력권 안에 검은뇌조의 암컷을 닮은 봉제 인형을 놓아두면 다른 암컷들이 모여든다.[29] 거피의 경우에도, 암컷에게 두 마리의 수컷 중 하나를 고르게 하면 암컷은 이미 한 번 짝짓기를 치른 수컷을 더 선호한다. 그 수컷과 짝짓기를 한 암컷이 그 자리에 있지 않아도 마찬가지이다.[30] 피셔의 주장이 옳다면 이러한 모방은 우리가 짐작할 수 있는 것이다. 왜냐하면 이것은 자기 자신을 위한 유행 따르기이기 때문이다. 선택된 수컷이 최선의 수컷인지 아닌지는 거의 중요하지 않다. 중요한 것은 그 수컷이 낳은 아들이 가장 멋있어야 하는 것처럼 수컷 자신이 가장 멋있는가이다. 좋은 유전자 이론을 주장하는 학자들이 옳다면, 암컷은 다른 암컷들의 관점에 영향을 받지 않아야 한다. 암공작새들은 서로가 서로를 모방하지 못하도록 한다는 단서도 있다. 피셔 지지자들에게는 그럴듯한 이야기이다.[31] 왜냐하면, 다음 세대에 성적 매력이 최고인 아들을 갖는 것이 목적이라면, 그러기 위한 한 가지 방법은 성적 매력이 최고인 남편과 짝짓기 하는 것이고, 두 번째 방편은 다른 암컷들이 성적 매력이 최고인 수컷과 짝짓기 하지 못하게 방해하는 것이기 때문이다.

몸치장에 따른 장애

 암컷이 수컷을 고르는 것이 장래 태어날 아들의 남성다움 때문이라면, 왜 다른 유전적 형질들은 고려하지 않는가? 좋은 유전자 이론을 지지하는 학자들은 아름다움에 목적이 있다고 생각한다. 암공작새는 아들딸들이 짝을 잘 짓게 하려는 것이 아니라, 잘 살아남게 하려고 유전적으로 우수한 수컷을 고른다는 것이다.

 좋은 유전자 이론을 지지하는 학자들은 피셔 학파 사람들만큼 풍부한 실험적 결과를 얻을 수 있다. 자유롭게 짝을 고를 수 있게 한 초파리가 낳은 새끼들은 그렇지 못한 초파리가 낳은 새끼들보다 경쟁에서 훨씬 강한 것으로 알려져 있다.[32] 뇌조, 검은뇌조, 큰도요새, 다마사슴, 천인조 등의 암컷들은 무리 안에서 가장 힘이 센 수컷을 좋아한다.[33] 두 마리 수컷 검은뇌조의 세력권 경계에 암컷 모습을 한 봉제 인형을 놓아두면, 수컷들은 서로 암컷을 독차지하려고 싸운다. 대개 싸움에서 이기는 것은 실제로 암컷에게 인기가 있는 수컷인데, 이 수컷은 다른 수컷에 비해 6개월 정도 더 살아남을 확률이 높다. 인기가 있는 수컷은 단지 암컷의 관심만을 끄는 것이 아니다.[34] 수컷 콩새는 몸색깔이 밝은 붉은색일수록 암컷에게 더 인기가 있는데, 그러한 수컷은 더 훌륭한 아버지가 되며(새끼들에게 먹이를 더 많이 물어주며), 아마도 유전적으로 질병에 대한 면역이 강해서 더 오래 살 것이다. 암컷들은 더 붉은색을 띤 수컷을 선택함으로써 더 매력 있는 유전자뿐만 아니라, 생존에 우수한 유전자를 선택하게 되는 것이다.[35]

 유혹에 능한 수컷이 다른 일에서도 우수하다는 것은 그리 놀랄 일이 아니다. 암컷이 반드시 자식들을 위해 좋은 유전자를 찾는다는 증거는 없다. 암컷은 수컷에게서 바이러스나 병균이 옮을까봐 스스로도 약한 수컷을 피할 것이다. 그런데 이러한 관찰은 건장한 수컷이 아들에게 전해주는 가장 중요한 것은 남성다움이라는 피셔의 이론을 약화시키지는 않는다. 단지 수컷이 다른 형질도 함께 전해준다고 시사할 뿐이다.

뉴기니에 사는 아치볼드정자새Archbold's Bowerbird의 경우를 생각해보자. 다른 바워버드류 새들과 마찬가지로 수컷은 잔가지와 양치식물로 둥지를 나무 그늘에 모양새 있게 지어놓고 그 안에서 암컷을 유혹한다. 암컷은 둥지를 검사해보고는, 보통은 특이한 색깔이 한 가지 정도 어울려 있는 장식과 둥지를 만든 솜씨가 마음에 들면 수컷과 짝짓기를 한다. 아치볼드정자새가 특이한 것은 기드림풍조라고 알려진 풍조류 새의 깃털로 장식된 둥지를 가장 장식이 잘 되었다고 본다는 점이다. 이 깃털은 원래 새의 몸길이보다 몇 배나 길고 바로 새의 눈 위에서 돋아나는데, 마치 자동차의 안테나에 네모난 청색 페넌트를 한 다스나 매단 것처럼 보인다. 이 깃털은 풍조가 네 살이 되어야만 자라고, 더구나 1년에 단 한 번만 털갈이를 하여 원주민에게도 인기가 있기 때문에, 바워버드가 이 깃털을 구하기는 매우 힘들다. 일단 깃털을 구해도, 다른 수컷들이 훔쳐가려 하기 때문에 자기 둥지를 짓는 데 쓸 수 있도록 잘 지켜야 한다. 재러드 다이아몬드Jared Diamond의 말처럼, 둥지를 기드림풍조의 깃털로 장식한 수컷을 찾은 암컷은 '구하기 힘든 물건을 잘 찾아내고, 또 잘 훔치며, 훔쳐가려는 도둑들을 잘 물리치는 아주 뛰어난 수컷을 만났

다'는 사실을 잘 알고 있다.³⁶

바워버드의 이야기는 이쯤 해두고, 그렇다면 깃털의 원래 주인인 풍조 자신은 어떠한가? 풍조가 오래 살아서 깃털을 기를 수 있고, 근처의 다른 수컷보다 긴 깃털을 지니고 있으며 그 모양도 좋다면, 그것은 그 자신이 좋은 유전적 자질을 지니고 있다는 믿을 만한 증거가 될 것이다. 그러나 이 사실은 다윈을 골치 아프게 하고 수많은 논쟁을 불러일으킨 일을 다시 떠오르게 한다. 만약 깃털이 새의 자질을 나타낸 것이라 해도, 깃털 자체가 새의 자질에 영향을 준 것은 아닐 것이다. 어쨌든 뉴기니의 원주민들은 모두 이 새를 잡으러 나서고, 매들은 이 새를 훨씬 더 쉽게 잡는다. 이 새는 자신이 생존에 유리하다는 것을 나타내려고 했을 테지만, 깃털을 지니게 됨으로써 생존 가능성은 오히려 더 낮아지고 말았다. 결국 깃털이 장애가 되고 만 것이다. 암컷이 생존에 능숙한 수컷을 고르는 제도가 어떻게 하여 수컷들을 살아남기에 힘들게 만들었는가?

이것은 역설적인 답이 나올 수 있는 좋은 질문이다. 이 질문에는 이스라엘의 재치 있는 과학자인 아모츠 자하비 Amotz Zahavi가 답변하였다. 1975년 자하비는 수공작새의 꼬리나 풍조의 깃털이 수컷에게 장애가 되면 될수록, 수컷이 암컷에게 보내는 신호는 더 믿을 만하다는 사실을 알아냈다. 수컷이 살아 있다는 바로 그 사실 하나가 암컷에게는 자기 앞에 서 있는 긴 꼬리를 지닌 수컷이 어려운 시험을 통과하였다는 사실을 확신시켜준다. 비록 꼬리나 깃털 때문에 어려움이 있다 해도 살아남은 것이다. 장애로 인한 대가는 치르면 치를수록 수컷에게 자신의 유전적 자질을 나타내는 더 좋은 신호가 된다. 따라서 수공작새의 꼬리는 장애가 되기 때문에 그것이 없을 때보다 더 빨리 진화하게 될 것이다. 이것은 수공작새의 꼬리가 한 번 심한 장애가 되면 점차적으로 진화를 멈추게 될 것이라는 피셔의 예측과는 상반된다.[37]

이 이론은 별로 거부감이 없으며 호소력도 있는 이론이다. 마사이 족의 투사가 장래 아내가 될 여자 앞에서 자신을 내보이려고 사자와 싸워 이겼다면, 그 투사는 자신이 죽을지도 모를 위험을 감수했지만, 동시에 자신이 가축을 지키는 데 필요한 용기를 지니고 있음을 보여준 것이다. 자하비의 장애 이론Handicap theory은 단지 이러한 입문의식의 한 방식일 뿐이다. 그런데도 그의 이론은 여기저기서 얻어맞게 되었고, 공통적으로 그의 주장이 틀렸다는 평가를 받았다. 그의 이론을 가장 많이 반박하는 내용은 아들들은 아버지에게 좋은 유전자뿐만 아니라 장애도 같이 물려받는다는 것이다. 따라서 아들들은 좋은 유전자에 의해 혜택 받는 만큼의 장애를 얻게 된다. 이들은 성적으로 매력적이지도 않고 장애를 입지도 않은 것보다 결코 더 나을 것이 없다.[38]

그러나 최근 몇 년 사이에 자하비의 이론은 진실을 입증하였다. 수학적 모델에 의해, 자하비가 옳았고 그를 비판한 사람들이 틀렸다는 것이 밝혀졌다.[39] 자하비 지지자들은 자하비의 이론에 두 가지 미묘한 점을 덧붙였는데, 이것들은 성선택에 관한 좋은 유전자 이론과 특별히 관련이 있다. 첫째는 장애가 생존에 영향을 미치고 삶의 질을 반영할 뿐만 아니라 계급에 따라 이루어진다는 것이다. 수컷은 몸이 약하면 약할수록 꼬리의 무게와 길이를 감당할 수 없게 된다.

그리고 제비를 대상으로 한 실험은 자연적으로 자란 꼬리깃보다 더 긴 인공 꼬리깃을 단 제비의 신분이 정말로 상승하였음을 보여주었다. 그러나 이 제비는 다음번에는 예전과 같은 긴 꼬리를 기르지 못했다. 초과된 장애를 지니게 됨으로써 꼬리를 기르는 능력이 떨어져 나간 것이다.[40] 둘째는 장애가 되는 장식은 결함을 가장 잘 나타내주도록 설계되었다는 것이다. 어쨌든 백조가 하얀색이 아니었다면 백조의 생은 훨씬 더 편했을 것이다. 웨딩드레스를 입고 호수에서 수영을 하려고 했던 사람이라면 누구나 알 만한 일이다. 백조는 서너 살이 되어 짝짓기를 할 수 있을 때에야 흰색을 띠게 된다. 더 하얀 몸 색깔은 수컷이 먹는 데 시간을 들이지 않고도 깃털을 깨끗이 손질할 수 있을 것이라는 사실을 보여주는지도 모른다.

자하비의 이론을 지지함으로써 좋은 유전자를 믿는 학자들과 피셔 학파 사람들 사이에 논쟁의 불이 다시 지펴졌다. 결과적으로 생겨나게 된 장식물이 수컷을 제약하지 않는다면, 좋은 유전자 이론은 일이 터질 때까지는 제대로 작동할 것이다. 따라서 수컷은 자신이 가진 유전자의 품질을 선전해야만 하지만, 성적 매력이 있는 아들 효과가 없었다면, 그렇게 함으로써 수컷 자신에게는 역효과가 났을 것이다.

지저분한 수컷들

장애 이론은 이제 성선택의 한가운데에 있는 수수께끼와 대면하

붉은 여왕

게 된다. 이것은 레크 역설이다. 이 역설은 암공작새들이 극소수의 최상의 수컷과 교미하기를 택하면서 유전자의 가장 좋은 부분만을 계속해서 걸어내고 있다는 것이다. 그리고 그 결과 몇 세대 후에는 선택할 유전자들이 그리 다양하지 않게 되는 것이다. 돌연변이가 장신구와 치장의 효과를 감소시키기 쉽다는 좋은 유전자 이론의 추정은 부분적으로나마 해답을 제시하기는 하지만 그다지 호소력 있는 답은 아니다. 결국 최상을 선택한다기보다는 최하를 선택하지 않는다는 것에 대해서만 설명할 뿐이다.

오직 붉은 여왕 이론만이 이러한 문제를 풀어줄 수 있다. 왜냐하면 성선택 이론은 암컷들이 (선택할 때에 까다롭게 굴면서) 끊임없이 달려가지만, (선택할 폭이 너무 좁기에) 언제나 같은 곳에 머물러 있다고 결론을 내린 것 같기 때문이다. 이러한 것을 알게 되면, 계속해서 변신하는 적이나 무기 개발 경쟁 상대를 주의해야 한다. 바로 여기에서 우리는 빌 해밀턴을 다시 만나게 된다. 우리는 성 자체가 질병에 대한 전쟁에서 필수적인 역할을 한다는 이론을 토의할 때 해밀턴의 이야기를 했다. 만약 성의 주목적이 후손들을 기생생물에게서 보호하는 것을 보장하려는 데에 있다면, 기생생물에 면역성을 지니는 유전자를 가진 배우자를 택하는 것은 아주 당연하다. 에이즈는 우리에게 건강한 배우자 선택의 중요함을 아주 강력하게 일깨워주었지만, 다른 모든 질병과 기생생물에게도 비슷한 논리가 적용된다. 1982년에 해밀턴과 지금은 리버사이드 소재 캘리포니아대학에 재직 중인 그의 동료 말린 저크Marlene Zuk는 기생생물들이 레크의 역설에 대한 해답을 가지고 있다고 밝혔다. 화려한 몸색깔이나 수공작새의 꼬리도 마찬가지로 이에 대한 해답을 쥐고 있는데, 그 이유는 기생생물과 숙주가 서로 이기기 위해서 계속 유전적 특성을 변형시키고 있기 때문이다. 한 세대에서 특정 성질을 지닌 숙주의 개체들이 많으면 많을수록 다음 세대에서는 이들의 방어 메커니즘을 무력화할 수 있는 기생생물들이 더 많이 나타나게 된다. 이것의 반대 현상도 역시 성립한다. 가장 널리 퍼져 있는 기생생물에 대해 내성이 가장 강한 숙주들이 다음 세대에서 가장 수가 많은 숙주가 될 것이다. 따라서 병에 대한 내성이 가장 강한 수컷이 앞 세대에서 가장 내성이 약한 개체의 후손인 경우가 종종 있다. 이로써 레크의 역설은 단번에 해결된다. 각 세대에서 가장 건강한 수컷을 선택함으로써, 암컷들은 매번 색다른 유전자의 조합을 선택하게 되고, 선택해야 하는 유전자들의 다양성은 결코 감소하지 않게 된다.[41]

해밀턴과 주크의 기생생물 이론은 아주 혁신적이었지만, 이 두 과학자는 여기서 멈추지 않았다. 그들은 109종의 조류를 실험한 결과를 분석하여, 가장 화려한 깃털을 지닌 새들의 혈액에 기생생물이 가장 많이 감염되어 있음을 발견하였다. 이 주장은 반박과 논쟁을 많이 거쳤지만, 인정을 받고 있는 듯 보인다. 주크는 526종의 열대 조류를 조사하여 이와 같은 사실을 밝혀냈으며, 다른 과학자들도 몇 종의 민물고기[42]와 풍조에서 이 사실을 발견하였다. 눈에 띄는 새일수록 기생생물이 잘 달라붙는다. 아직 그 의미를 확실하게 알 수는 없지만, 인간사회에서도 사회에 일부다처제의 성격이 강할수록 기생생물에 대한 부담은 증가한다.[43] 하지만 이런 것들은 그저 우연일 수도 있다. 여기에는 아무런 인과관계도 제시되어 있지 않다. 해밀턴과 주크의 이론이 성립되기 위해서는 세 가지 증거가 필요하다. 우선 숙주와 기생생물의 정상적인 유전적 주기에 대한 증거가 필요하다. 둘째로, 그 개체가 기생생물에 감염되지 않았다는 것을 증명하는 데 몸치장이 아주 효과적이라는 것에 대한 증거가 필요하다. 셋째, 암컷들은 우연히 내성이 가장 강한 수컷을 고르는 것이 아니라 앞에서 말한 이유 때문에 가장 내성이 강한 수컷을 고른다는 증거가 필요하다.

해밀턴과 주크가 자신들의 학설을 발표한 이후로 증거는 계속 축적되고 있다. 증거들 중 일부는 그들의 주장을 뒷받침하고 있지만 일부는 그렇지 않다. 하지만 그 어떤 증거도 아직은 위에서 세운 기준을 모두 만족시키지는 못한다. 이 이론은 더 화려한 동물일수록 기생생물에 더 많이 감염된다고 예견하는 만큼, 한 종 내에서는 수컷의 장식이 더 화려할수록 기생생물에 대한 부담은 적어진다고 예견한다. 이것은 여러 경우에서 사실로 밝혀졌고, 암컷들이 대체로 기생생물에 많이 노출되지 않은 수컷을 선호한다는 것도 사실이다. 이는 뇌조, 바워버드, 개구리, 거피 그리고 귀뚜라미의 경우에도 적용된다.[44] 제비의 경우, 암컷은 꼬리가 긴 수컷을 선호한다. 꼬리가 긴 수컷은 이louse가 적고, 새끼는 다른 제비가 길러도 이에 대한 내성을 물려받는다.[45] 이와 비슷한 일이 꿩과 멧닭(집닭이 속하는 야생종)의 경우에도 일어나리라고 추측된다.[46] 하지만 이런 결과들은 조금도 놀랍지 않다. 가장 건강한 수컷의 매력에 매료되는 암컷을 보기보다는 병들고 허약한 수컷에게 매료되는 암컷을 보는 것이 훨씬 더 놀라운 일이다. 결국 암컷이 병든 수컷을 피하는 것은 단순히 수

컷이 가진 병균에 감염되고 싶지 않기 때문일 수도 있다.[47]

뇌조를 관찰한 실험 결과들이 위 이론을 믿지 못하는 몇몇 사람들을 만족시키고 있다. 마크 보이스Mark Boyce와 와이오밍대학의 동료들은 말라리아에 걸린 뇌조가 이가 많은 뇌조와 마찬가지로 교미율이 높지 않음을 관찰하였다. 그리고 그러한 수컷은 바람이 빵빵하게 찬 공기주머니에 얼룩이 남기 때문에 쉽게 식별될 수 있다는 것도 알게 되었다. 보이스와 동료들은 건강한 수컷의 공기주머니에 이런 얼룩을 칠함으로써 수컷의 교미율을 감소시킬 수 있었다.[48] 만약 암컷의 선택에 의해서 한 면역성 유전자가 다른 유전자로 바뀌는 주기를 보여줄 수만 있다면, 그들은 좋은 유전자 이론에 상당한 힘을 실어줄 수 있을 것이다.

대칭의 아름다움

1991년 안더스 묄러와 앤드루 포미안코프스키는 우연히 피셔 이론과 좋은 유전자 이론 지지자들 간의 충돌을 마무리 지을 수 있는 해결책을 발견했다. 이것이 바로 대칭성이다. 성장기에 조건이 좋으면 동물들의 몸이 더 대칭적으로 자라고, 스트레스를 많이 받으면 덜 대칭적으로 자란다는 것은 아주 널리 알려진 사실이다. 한 예로 밑들이는 배우자를 잘 먹일 수 있는 튼튼한 수컷을 아비로 삼으면 더 대칭적으로 성장하게 된다. 이것은 쉬운 일이 아니다. 조금이라도 제대로 되지 않으면 비대칭적으로 성장할 확률이 높아지기 때문

이다.⁴⁹

  날개나 부리 같은 부위들은 대부분 크기가 적당할 때 가장 대칭적이고, 스트레스에 의해서 너무 작아지거나 너무 커지게 되면 비대칭적이 된다. 좋은 유전자 이론 지지자들이 옳다면 장식용 형질은 가장 클 때 가장 대칭적이 되는데, 큰 장식용 형질이 우수한 유전자와 최소한의 스트레스를 의미하기 때문이다. 만약 피셔의 이론이 맞다면, 장식용 형질의 크기와 대칭성 사이에서는 아무런 관계도 발견하지 못할 것이다. 만약 관계가 있다면 가장 큰 장식용 형질이 가장 비대칭일 것이다. 장식용 형질의 크기는 그가 가장 큰 장식용 형질을 만들 수 있다는 것 이외에는 그 주인에 대해 아무것도 알려주지 않기 때문이다.

  묄러는 제비를 연구하면서 꼬리가 긴 수컷일수록 가장 대칭적인 꼬리를 갖는다는 것을 발견했다. 이것은 몸의 다른 깃털과는 다른 성질을 지닌다. 그 예로 일반적인 규칙을 따르는 날개의 깃털을 보면 평균 길이에 가장 가까운 것이 가장 대칭적이다. 바꾸어 말하자면 다른 대부분의 깃털은 대칭성과 길이를 비교했을 때 U자형 곡선이 나타나지만, 꼬리의 긴 장식깃털은 그 비교 수치가 꾸준히 증가한다. 가장 긴 꼬리를 지닌 제비는 배우자를 많이 얻을 수 있기 때문에, 가장 대칭적인 꼬리를 지닌 개체가 유리하다고 할 수 있다. 그래서 묄러는 특정 수컷들의 꼬리깃털을 자르거나 길게 만들고 동시에 꼬리의 대칭성도 높이거나 낮추어보았다. 더 긴 꼬리깃털을 가진 제비들은 곧 암컷을 얻어 더 많은 새끼를 얻었다. 하지만 꼬리 길이가 같을 경우에는 대칭성이 높을수록 암컷에게 선택될 확률이 더 높았다.⁵⁰

뮐러는 이것이 좋은 유전자 이론을 지지하는 명백한 증거라고 해석한다. 조건에 의존하는 형질인 대칭성이 성에 의해서 선택되기 때문이다. 그는 포미안코프스키와 협력하여 대칭성과 크기 간의 연관성을 보이는 장식용 형질과 그렇지 않은 장식용 형질을 분류하였다. 결과적으로 좋은 유전자 이론에 해당하는 것과 피셔 이론에 해당하는 것을 분류한 셈이다. 그들의 초기 결론은, 긴 꼬리 같은 하나의 장식용 형질만을 지닌 제비 같은 동물들은 좋은 유전자 이론을 따르고 크기가 커질수록 대칭성이 증가하는 반면, 긴 꼬리, 얼굴의 붉은 반점, 화려한 깃털 무늬를 가진 꿩처럼 여러 개의 장식용 형질을 지니는 동물들은 크기와 대칭성 간에 아무런 연관성을 지니지 않고 대체로 피셔의 이론을 따른다는 것이었다. 그 이후로 포미안코프스키는 이 주제를 다른 각도에서 바라보았다. 그는 피셔 이론과 많은 장식용 형질은 암컷이 선택하는 데 따르는 대가가 적을 때 우선적이고, 선택의 대가가 커질수록 좋은 유전자가 우세해진다고 주장하였다. 또다시 우리는 공작새는 피셔 이론을 따르고, 제비는 좋은 유전자 이론을 따른다는 결론에 도달하게 된다.[51]

정직한 멧닭

지금까지는 암컷의 입장에서 수컷의 장식용 형질의 진화를 고려했다. 암컷의 선호도가 이 진화를 일으키기 때문이다. 하지만 배우자에 대한 암컷의 결정이 절대적인 공작새 같은 종이라도 수컷이 자신의 진화적 운명을 방관하는 수동적인 자세만을 취하지는 않는다. 그는 열정적인 배우자인 동시에 열정적인 외판원이기도 하다. 그는 유전자라는 판매 물품을 갖고 있으며, 그 품목에 대해서 상대방에게 전해줄 정보도 지니고 있다. 하지만 그는 단순히 자신의 정보를 건네주고 암컷의 결정을 기다리지는 않는다. 그는 그녀를 설득하고 유혹하려고 노력한다. 이 암컷이 조심스러운 선택을 해온 암컷의 자손이듯이, 이 수컷 또한 끈질긴 판매에 성공해온 수컷의 자손이다(그 반대도 사실이지만 이는 그리 중요하지 않다).

이러한 모습과 판매 권유의 유사함은 많은 것을 밝혀준다. 광고인들이 단순히 정보를 제공하는 것으로 상품 판매를 장려하지는 않기 때문이다. 그들은 거짓말을 하고 과장하며 아주 유쾌한 영상들과 상품을 연관지으려 한다. 그들은 야한 사진을 사용하여 아이스크림을 팔고, 해변을 거니는 연인들을 보여주며 비행기 표를 팔고, 사랑이라는 주제를 사용해 인스턴트 커피를 판매하고, 카우보이를 보여주며 담배를 판다.

남자는 여자를 유혹할 때 진주목걸이를 선물하지 자신의 통장을 복사해주지 않는다. 건강진단서를 보여주기보다는 자신이 매주 16킬로미터를 달려도 감기에 걸리지 않는다고 넌지시 말을 건넨다. 자신의 학위를 보여주기보다는 재치있게 그녀를 매료시킨다. 그녀의 생일날 장미 한 다발을 보내지 자신이 얼마나 그녀를 많이 생각하는지 말하지는 않는다. 이러한 행동들은 모두 의미를 지닌다. '나는 돈이 많고, 건강하며, 머리가 좋고, 아주 좋은 사람이다'라는 의미를 내포하고 있다. 하지만 이러한 정보는 실제보다 더 잘 유혹할 수 있도록, 효과적으로 애써 포장한 결과이다. '우리 아이스크림을 사세요'라는 문구를 멋진 남녀가 서로를 유혹하는 장면과 함께 제시했을 때 시선을 끄는 것처럼 말이다.

광고의 세계에서처럼 연애에서도 판매자와 구매자 사이의 관심사가 다르다. 여성은 남성의 건강, 부와 유전자같이 남성에 대한 진실을 알고 싶어한다. 남성은 그 정보를 왜곡시키고 과장하고 싶어한다. 여성은 진실을 원하지만 남성은 거짓을 말하고 싶어한다. 유혹이라는 말은 조작과 속임수를 내포한다.[52]

그러므로 유혹은 전형적인 붉은 여왕식 경쟁이 된다. 비록 이번에는 두 경쟁자가 숙주와 질병이 아니라 남성과 여성이지만. 자하비의 장애 이론을 연구한 해밀턴과 주크는 결국에는 정직함이 승리하고 반칙을 한 수컷은 들통난다고 예측하였다. 이것은 아마도 암컷이 수컷의 장애를 선택하는 것이 이 장애가 수컷의 건강 상태를 보여준다는 바로 그 이유 때문일 것이다.

야생의 붉은멧닭은 가축인 집닭의 사촌뻘이다. 농장의 수탉이 그렇듯이 이 수컷 멧닭은 자신의 배우자에게 없는 장식용 형질을 많이 갖고 있다. 그 가운데서 가장 눈에 띄는 것으로, 길게 구부러진 꼬리 깃털, 목 주위의 밝은 색 주름, 새벽녘의 큰 울음소리, 정수리 부근의 붉은색 벼슬 등이 있다. 주크는 이것들 중 무엇이 암컷 멧닭에게 중요한지를 알기 위해서, 교미를 할 수 있는 암컷들을 밧줄로 묶은 수컷 두 마리와 함께 놓고 암컷이 어떤 선택을 하는지 관찰하였다. 다른 한편으로는 그 수컷들 중 한 마리의 장에 선충류를 감염시켰다. 이 감염은 수컷의 깃털과 부리, 다리 길이에는 별다른 영향을 주지 않지만, 벼슬과 눈의 색깔에는 확연한 영향을 끼친다. 이 수컷은 다른 건강한 수컷에 비해서 벼슬과 눈의 색깔이 훨씬 흐렸다. 주크는 암컷이 좋은 벼슬과 눈 색깔을 지닌 수컷을 선호하지만, 깃털에는 그리 신경을 쓰지 않는 것을 발견했다. 하지만 암컷이 가짜 고무 벼슬을 머리에 얹은 수컷을 선호하도록 유도하는 데는 실패했는데, 암컷이 이런 몸치장을 너무 기괴하다고 여겼기 때문이다. 그렇지만 암컷이 수컷의 건강 상태를 가장 잘 알려주는 얼굴이나 신체 부위에 가장 많이 주목한다는 것은 분명하였다.[53]

주크는 가금류 사육사도 수평아리의 벼슬과 늘어진 살을 보고 건강 상태를 평가한다는 것을 알았다. 그녀의 흥미를 끈 것은 깃털보다 늘어진 살이 수평아리의 건강 상태에 대해서 더 '정직'하다는 것이었다. 특히 꿩과에 속하는 많은 새들은 구애 시기에 자신을 강조하기 위해 얼굴 주변에 살을 많이 불린다. 칠면조는 부리 위에 길게 늘어진 살을 만들고, 뇌조는 공기주머니를 외부로 노출시키며, 비오리는 턱 밑에 별로 필요하지 않은 감청색 턱받이를 만든다.

수평아리의 벼슬은 내부에 있는 카로티노이드계 색소 때문에 붉은색을 띤다. 거피의 수컷도 카로티노이드 색소 때문에 주황색으로 보이고, 플라밍고나 콩새의 붉은 깃털도 카로티노이드 색소에 의해서 그 색을 나타낸다. 이 색소의 특이한 점은 새와 물고기들이 자신들의 체내에서 이 색소를 직접 합성하지 못한다는 점이다. 그들은 이 색소를 과일, 조개류, 다른 식물이나 무척추동물 같은 먹이에서 추출한다. 하지만 먹이에서 이 색소를 추출해서 자신들의 조직으로 운반하는 능력은 특정 기생체에 의해 이루어진다. 한 예로, 콕시디아증에 감염된 수평아리는 건강한 개체보다 벼슬에 이 색소가 덜 축적된다. 동일한 양의 색소를 먹여도 결과는 같다. 누구도 기생체가 왜 이런 특정한 생화학적 효과를 지니는지는 모르지만, 이는 피할 수 없는 결과이고 그렇기 때문에 이것은 암컷에게 아주 유용하다. 카로티노이드 색소가 축적된 조직의 밝기는 기생체 감염의 정도를 나타내는 가시적인 척도이다. 꿩이나 뇌조의 벼슬, 늘어진 살, 귓불처럼 구애 시기에 과시용으로 사용되는 육질의 장식용 기관이 일반적으로 붉은색이나 주황색인 것은 어쩌면 당연한 일일 것이다.[54]

이러한 벼슬의 크기와 밝기는 기생생물의 영향을 많이 받지만, 실제로는 호르몬에 의해서 형성된다. 수평아리의 혈중 테스토스테론 농도가 높을수록 그 벼슬과 늘어진 살은 크고 밝다. 수평아리가 갖게 되는 문제점은 테스토스테론의 농도가 높을수록 기생생물에 더 쉽게 감염된다는 것이다. 이 호르몬 자체가 기생생물에 대한 내성을 감소시키는 것으로 보인다.[55] 그 이유 또한 아무도 모르지만, 감정이 격할 때 분비되는 '스트레스성' 호르몬인 코티솔 역시 면역 체계에 확실한 영향을 준다. 서인도 제도 아이들의 코티솔 농도에 대한 오랜 연구를 통해서, 코티솔 농도가 증가한 후에는 병에 걸리기 쉽다는 것이 밝혀졌다.[56] 코티솔과 테스토스테론은 모두 스테로이드 계열의 호르몬이고 아주 유사한 분자 구조를 지닌다. 이 두 호르몬은 콜레스테롤에서 각 호르몬으로 변하는 5가지의 생화학 과정 중 마지막의 두 단계만이 다를 뿐이다.[57] 스테로이드 계통의 호르몬은 확실히 면역 반응을 약화시키는 것으로 보인다. 이러한 테스토스테론

붉은 여왕

의 면역 효과가 여성보다 남성이 감염성 질병에 쉽게 걸리는 이유이다. 이것은 또한 동물계 전체에서 나타나는 현상이다. 내시들은 다른 남성들보다 장수하며, 수컷은 일반적으로 치사율이 높고 긴장도 많이 느낀다. 오스트레일리아의 작은 동물인 유대류 쥐는 모든 수컷이 광적인 교미 시기에 치명적인 병에 감염되어 죽는다. 이것은 마치 수컷들이 정해진 양의 에너지만 지녀서 이를 테스토스테론이나 병에 대한 면역 중 하나에만 쓸 수 있을 뿐 동시에 두 가지 모두에 사용하지는 못하는 듯하다.[58]

성선택은 거짓말이 결코 이롭지 못하다는 것을 의미한다. 자신의 상태에 비해 성호르몬의 농도가 너무 높으면 장식용 기관의 크기는 커지겠지만 기생충에 더 쉽게 감염되며, 이것은 장식용 기관의 상태에 반영된다. 그 반대도 성립되는 것으로 보인다. 면역체계는 테스토스테론의 생산을 억누른다. 주크의 말을 인용하면 "따라서 수컷은 수컷으로서의 몸치장을 획득하면서 병균에 더 쉽게 노출되는 것이다."[59]

이러한 추측에 대한 가장 좋은 증거를 스위스의 빌러제라는 호수에 서식하는 붉은 지느러미의 작은 잉어류에 대한 연구 결과에서 볼 수 있다. 수컷들은 교미 시기에 온몸에 작은 혹이 나타나기 시작하는데, 이것은 암수가 서로 몸을 비비며 교미할 때 암컷을 자극하기 위한 것으로 보인다. 그런데 기생생물이 많을수록 이 혹의 수는 감소한다. 동물학자는 순전히 수컷의 혹만을 보고서 이 수컷이 선충류나 편충류에 감염되었는지 알 수 있다. 이로써 다음과 같이 추측할 수 있다. 동물학자가 수컷이 어떤 기생충에 감염되었는지 알 수 있다면, 암컷 또한 이것을 알 수 있을 것이다. 이러한 형태는 서로 다른 종류의 성호르몬에 의해서 나타난다. 한 종류의 호르몬은 잉어가 특정 기생생물에게 무력하게 될 때만 증가할 수 있고, 다른 종류의 호르몬은 또 다른 기생생물에게 무력하게 될 때만 증가할 수 있다.[60]

만약 수평아리의 늘어진 살과 잉어의 혹이 정직한 표시라면, 노래 또한 마찬가지일 것이다. 큰 소리로 오랫동안 노래를 할 수 있는 나이팅게일은 아주 건강한 개체일 것이고, 여러 종류의 멜로디를 부를 수 있는 개체는 경험이 많거나 영리하거나 둘 다일 것이다. 한 쌍의 매너킨 수컷이 보이는 파드되(고전 발레에서 두 사람이 추는 춤—옮긴이) 같은 활기찬 과시 또한 정직한 표시일 것이다. 공작새나 풍조와 같이 자신의 깃털만을 보여주는 새는 나약하고 별 볼일 없는 사기꾼일 수도 있다. 왜냐하면 공작새가 죽어서 박제가 되더라도 그 깃털은 여전히 밝게 빛나기 때문이다. 그렇다면 대부분의 수컷 새들이 교미 시기 바로 전에 털갈이를 하지 않고 그 전 가을에 봄 깃털을 얻는 것은 당연한 일일 수 있다. 겨우내 그들은 이 깃털을 깨끗하게 유지해야 한다. 수컷이 6개월 동안 자신의 깃털을 돌본다는 것은 자신의 끊임없는 활력을 암컷에게 암시하는 것이다. 빌 해밀턴은 뇌조류는 대부분 흔히 몸의 뒷부분에 흰색의 폭신한 깃털을 가지고 있는데, 새가 기생충에 의한 설사병에 걸리면 이 깃털을 깨끗하게 유지하기가 아주 어렵다는 것을 지목한다.[61]

자하비는 특히 정직이 장애의 선행 조건이고 그 반대도 마찬가지라고 믿었다. 그는 솔직하게 말하자면, 몸치장을 유지하는 데 애로가 많을 것이라고 생각한다. 사슴은 하루 평균 칼슘 섭취량의 5배 이

붉은 여왕

상을 섭취하지 않고서는 큰 뿔을 만들 수 없다. 송사리는 아주 좋은 상태가 아니라면 진주빛 청색을 띠지 않을 것이고, 이 사실을 다른 수컷들은 싸움을 통해서 확인할 것이다. 경기를 하면서 정직한 신호 쓰기를 거부하는 것은 무엇인가를 숨기려고 하는 것이라는 가정 아래서, 수컷들은 정직하게 자신의 모습을 드러내도록 유도된다.[62]

이 모든 것은 아주 논리적이지만, 1990년경 일단의 생물학자들은 이를 불쾌하게 여겼다. 그들은 성의 광고가 진실에 관한 것이라는 생각에 본능적으로 반감을 지녔다. 그들은 텔레비전 광고의 목적이 정보의 전달이 아니라 시청자를 조작하려는 것임을 알기 때문이다. 이와 같은 방식으로 모든 동물의 상호 교류 또한 수신자를 조작하려는 것이라고 생각했다.

이 관점의 첫 주자이자 가장 뛰어난 학자는 옥스퍼드대학의 두 생물학자 리처드 도킨스와 존 크렙스였다. 그들에 따르면, 수컷 나이팅게일은 자신과 교미할 가능성을 지닌 암컷들에게 자신을 알리기 위해서 노래를 부르는 것이 아니라, 그들을 유혹하기 위해서 노래를 부른다. 만약 이것이 그의 진짜 능력에 대한 거짓말이라 해도 그렇다.[63]

아이스크림 광고는 상품명을 제시하기 때문에 어쩌면 단순한 의미에서 정직하다고 할 수 있다. 하지만 한 번 떠먹을 때마다 그 뒤를 이어서 섹스가 따를 것이라고 암시한다는 점에서는 부정직하다. 동물 왕국의 천재인 인간은 이러한 미숙한 거짓말을 알아차릴 수 있는 능력을 갖고 있다. 하지만 아직도 광고의 속임수는 간파되지 않았다. 여전히 광고는 효과적으로 사람들을 속이고 있다. 상표에 야하거나 아주 매혹적인 그림을 곁들여 광고를 하게 되면 더 많이 알려지게 되고, 많이 알려진 상품은 더 잘 팔린다. 왜 이렇게 광고가 효과적인 것일까? 소비자가 이 암시적인 정보를 무시하면서 치러야 하는 손해가 너무 크기 때문이다. 외판원을 뿌리칠 수 있는 능력을 기르기 위해서 시간을 소비하기보다는, 두 번째로 좋은 아이스크림을 사면서 속는 것이 더 나을 수 있기 때문이다.

이 글을 읽는 암공작새는 자신들이 안고 있는 문제점을 깨닫기 시작할 것이다. 그들도 수컷의 치장에 속아서 서열 2위의 수컷을 고를 수 있기 때문이다. 레크 역설은 구애 장소에 모여든 수컷들이 전 세대와 비슷하게 적은 수의 수컷들의 자손이기 때문에, 구애 장소에는 암컷이 선택할 수 있는 수컷들의 형질이 아주 적다는 것을 기억해야 한다고 주장한다. 따라서 광고의 진실과 부정직한 조작이라는 두 이론은 상반되는 결론에 도달하는 것으로 보인다. 광고의 진실 쪽은 암컷이 결국에는 자신을 속이며 유혹하려고 하는 수컷을 밝힐 것이라는 결론을 내린다. 부정직한 조작 쪽은 수컷이 암컷의 상식을 속이면서 유혹에 성공할 것이라고 결론을 내린다.

젊은 여자들의 허리는 왜 날씬한가?

영국 옥스퍼드대학의 매리언 도킨스Marian Dawkins 교수와 팀 길퍼드Tim Guilford 교수는 최근에 이 수수께끼에 대한 해답을 제시했다. 신호에서 속임수를 발견하는 것이 여성에게 대가를 치르게 한다

붉은 여왕

면, 여성들이 그런 속임수를 찾아내는 것은 가치 있는 일이 아닐 것이다. 다른 말로 하면, 만약 최상의 남자를 선택했는지 확인하기 위해 여성이 많은 남성을 찾아 비교하는 모험을 해야 한다면, 최상의 남성을 택하는 데서 오는 이득은 그녀가 감수해야 하는 위험에 의해서 소멸된다는 것이다. 어쨌든 한 여성이 질석인 면에서 정직함과 부정직함을 쉽게 구별하지 못한다면 다른 여성들 역시 이를 구별하지 못할 테고, 따라서 여자들이 낳은 아들들은 그 아버지로부터 유전된 어떠한 부정직성에 대해서도 처벌을 받지 않을 것이다.[64]

이러한 논리에 대한 놀라운 예로, 미국 미시간대학의 바비 로 Bobbi Low 교수와 동료들이 수년 전에 발표해서 큰 논란을 일으킨 인간에 대한 이론을 들 수 있다. 로 박사는 젊은 여성들의 가슴과 엉덩이가 왜 다른 부위에 비해 지방이 더 많은지 설명하려 했다. 이러한 설명이 필요한 이유는 젊은 여성들이 이 점에서 다른 사람들과 다르기 때문이다. 나이든 여성들, 어린 소녀들, 그리고 모든 나이의 남성들은 몸통이나 팔다리에 지방이 고르게 분포한다. 하지만 20세 정도의 여성에게 몸무게가 불어난다면, 그 대부분은 지방의 형태로 가슴과 엉덩이에 자리를 잡고, 허리는 놀라울 정도로 날씬하게 유지된다.

이 대부분은 논쟁의 여지가 없는 사실들이다. 뒤따라 나온 것들은 모두 추측일 뿐이며, 로 교수가 1987년에 이 이론을 발표했을 때, 때로는 수없이 많은 잔인한(그러나 대부분은 어리석은) 비판을 불러일으켰던 것 또한 추측일 뿐이었다.

여성은 20세쯤 되면 생식의 최적기에 있게 된다. 그러므로 이런 특이한 지방 분포가 배우자를 얻거나 자식을 낳는 것과 연관이 있으리라고 생각할 수도 있다. 표준적인 설명은 자식을 낳는 것과 관련이 있다. 예를 들어, 지방이 태아와 함께 허리에서 자리싸움을 한다면 불편할 것이다. 로의 설명은 배우자 간의 이끌림과 관계가 있으며, 남성과 여성 간의 붉은 여왕식 경쟁 형태를 취한다. 아내를 찾는 남성은 (다른 많은 것 중에서) 다음 두 가지를 매력적이라고 생각한 남성들의 후손일 확률이 높다. 자식을 먹이기 위한 큰 가슴과 자식을 낳기 위한 펑퍼짐한 엉덩이가 그것이다. 물론 지구의 일부 지역에서는 요즘도 일어나는 일이지만, 현대의 풍요로운 삶을 누리기 전까지는 모유의 부족으로 인한 유아의 사망이 빈번했다. 과거 500만 년 동안 인간의 태어날 때의 머리 크기가 급격히 커지고 있다는 명확한 이유 때문에 인간에게는 출산 문제가 이상할 정도로 빈번히 일어났다(시저의 어머니가 제왕절개 수술을 받기 전까지는). 아기를 낳는 통로가 이에 알맞게 유지될 수 있었던 것은, 엉덩이가 작은 여성들이 선택적으로 사망하였기 때문에 가능했다.

   그렇다면 남성들이 상대적으로 큰 엉덩이와 큰 가슴을 가진 여성을 선호한다고 인정하자. 그렇다고 해서 이것이 가슴과 엉덩이에 지방이 축적되는 이유라고 할 수는 없다. 지방질이 풍부한 가슴이 비슷한 크기의 지방이 없는 가슴에 비해 더 많은 젖을 만들어내는 것도 아니고, 지방이 풍부한 엉덩이 또한 같은 골격의 날씬한 엉덩이에 비해 더 큰 것도 아니다. 로는 이런 부위에 지방을 많이 가지게 된 여자들이 자신들이 젖이 많은 가슴과 골반이 넓은 엉덩이를 가진 것처럼 남자들을 속인 것이라고 추측하고 있다. 지방을 풍만한 가슴으로부터 구별하는 것이나 지방을 펑퍼짐한 엉덩이로부터 구별하는 것은 너무 비용이 컸고, 그럴 기회도 충분하지 않기 때문에 남성들은 여기에 속은 것이다. 이에 대해서 진화론적으로 말하자면, 남성들은 피하 지방이 없다는 증거로 가는 허리를 '요구하는' 역공격을 하였다. 하지만 여성들은 다른 곳에 지방이 축적됨에도 허리만큼은 가늘게 유지함으로써 이 난관을 쉽게 극복했다. 어쨌든 가슴과 엉덩이에 대한 허리의 비율을 신체 치수라고 부른다. 신체 치수가 35-35-35인 여성은 비만이거나, 임신 중이거나 혹은 중년의 여성이다. 신체 치수가 35-22-35인 여성은 《플레이보이Playboy》지의 표지 모델 후보감이 된다.[65]

  로의 이론이 틀릴 수도 있다는 것은 그녀 자신이 가장 먼저 인정한다. 하지만 다른 이론들에 비해서 비합리적이거나 비약이 심한 것은 아니다. 그리고 이것은 불성실한 광고주(이 경우에는 보통과는 달리 여성)와 정직을 요구하는 수요자 사이에서 일어나는 붉은 여왕식 경쟁이, 언제나 정직을 요구하는 성별의 승리로 끝나는 것은 아님을 설명하려는 우리의 의도와 잘 맞는다. 만약 로가 옳다면, 유방 조직보다 지방을 축적하기가 반드시 더 쉬워야 한다. 마치 도킨스와 길퍼드에게는 진실을 말하기보다 속이는 것이 언제나 더 쉬워야 하는 것처럼 말이다.[66]

꺽꺽거리는 개구리들

  수컷의 목적은 유혹하는 것이다. 수컷은 암컷이 자기의 매력에 매혹되도록 조종하려고 한다. 암컷의 머릿속에 침투해서 암컷의 마음을 자기 쪽으로 돌리려고 한다. 진화의 압력은 다음과 같이 작용한다. 수컷이 암컷의 점수를 딸 수 있는 행동을 하고 암컷을 성적으로 흥분시킴으로써 교미가 확실히 이루어지도록 하는 것이다.

  암컷이 최상의 수컷을 택할 때 이득을 본다는 가정 아래 암컷에게 작용하는 진화의 압력은 가장 매력적인 모습 이외의 다른 모습들에 대해 저항하도록 하는 것이다. 이 모든 것은 암컷의 선택에 대한 논쟁에서 이유보다는 방법을 강조한 것에 불과하다. 그러나 그렇게 바꾸어 말하는 것이 더욱 효과적인 설명이 될 수도 있으며, 이 경우에는 그렇다는 것이 밝혀졌다. 수년 전에 텍사스대학의 마이클 라이언 Michael Ryan 교수는 이 질문을 바꾸어서 물었다. 라이언 교수가 그렇게 한 이유는 그가 개구리를 연구했기 때문이다. 개구리는 암컷의 선택을 관찰하기가 매우 쉬운데, 그 이유는 수컷은 한곳에 앉아 계속 소리만 내고, 암컷은 자기가 가장 좋아하는 수컷의 소리를 향해 이동하기 때문이다. 라이언 교수는 암컷의 취향을 관찰하기 위해서 수컷 대신에 확성기를 설치한 후에, 각 암컷에게 녹음된 다양한 수컷의 소리를 들려주었다.

  수컷 퉁가라개구리는 길게 운 후에 꺽꺽거리는 소리를 내면서 암컷을 유혹한다. 이 개구리와 근연 관계에 있는 다른 종의 개구리 역시 우는 소리를 내지만 꺽꺽거리지는 않는다. 하지만 이 꺽꺽거리지 않는 개구리들 중 한 종류는 그래도 꺽꺽 소리가 포함된 울음을 선호하는 것으로 밝혀졌다. 마치 뉴기니 원주민이 자기 부족의 옷보다 흰 결혼식 예복을 입은 여성을 더 매력적으로 느낀다는 것을 발견한 것과 같다. 꺽꺽 소리에 대한 선호도는 암컷의 귀가 이 꺽꺽 소리의 주파수에 맞추어져 있기 때문에 존재한다는 것을 말해준다. 진화적 관점에서 말한다면, 수컷은 이 사실을 발견하고 이용하고 있는 것이다. 라이언 교수의 관점에서 이것은 암컷 선택설을 주장하는 많은 학자들에게 타격을 가하는 발견이다. 왜냐하면 그 이론은 수컷의 상식과 암컷의 장식에 대한 선호도가 동시에 진화한다고 예견하기 때문이다. 라이언 교수의 결과는 수컷이 몸치장을 하기 훨씬 전에 이러한 선호도가 완성되고 갖추어졌음을 제시한다. 암공작새들은 수컷들이 여전히 덩치 큰 닭처럼 보였던 100만 년 전에도 눈 모양의 무늬가 있는 꼬리를 선호했다.[67]

통가라개구리의 경우는 단순한 예외나 실수가 아니었다. 라이언 교수의 동료인 알렉산드라 바솔로Alexandra Basolo는 플래티라는 물고기에게서 똑같은 현상을 찾아냈다. 암컷은 꼬리에 긴 칼처럼 생긴 장식용 기관을 달고 있는 수컷을 더 선호한다. 다른 종의 수컷들도 이러한 칼처럼 생긴 꼬리를 지니지만 플래티의 다른 친척들은 아무도 이런 것을 지니지 않는다. 이는 이들이 칼 모양을 모두 제거한 것이지 다른 개체들이 칼 모양의 장식용 기관을 얻은 것이 아니라는 논쟁에 신빙성을 더해준다. 칼 모양의 장식용 기관에 대한 선호도는 그 장식용 기관이 존재하기 전부터 플래티 안에 내재되어 있었다.[68]

어떤 의미에서 라이언 교수가 주장하는 것은 놀라울 것이 없다. 수컷의 모습이 암컷의 감각계에 맞도록 이루어진다는 것은 당연히 짐작할 수 있는 일이다. 원숭이와 유인원만이 포유류 중 유일하게 색상을 구별하는 시각을 지녔다. 따라서 이들만이 포유류 중에서 유일하게 파란색이나 분홍색 같은 밝은색으로 치장한다는 것은 놀랄 일이 아니다. 그와 마찬가지로 귀머거리인 뱀들이 서로에게 노래를 불러주지 않는다는 것은 놀랄 일이 전혀 아니다(그들은 청각을 지닌 다른 동물들을 겁주기 위해 쉭쉭거리는 소리를 낸다). 실제로 이런 다섯 가지 이상의 감각에 대해 '공작새의 깃털' 같은 멋진 장식의 목록을 만들 수 있다. 시각에 대해서는 공작새의 깃털, 청각에 대해서는 나이팅게일의 노래, 후각에 대해서는 사향노루의 향기,[69] 미각에 대해서는 나방의 페로몬(곤충의 외분비선에서 분비되는 냄새 화학물질로 성페로몬, 길잡이 페로몬, 경고 페로몬, 여왕벌 페로몬 등이 있다—옮긴이), 촉각에 대해서는 몇몇 곤충의 '음경'의 형태학적 다양성[70] 그리고 심지어는 제6의 감각에 대한 뱀장어의 정교한 전기적 교미 신호[71]도 있다. 각 종들은 암컷이 가장 잘 느끼는 감각을 파헤치려고 한다. 이것은 어떤 의미에서는 다윈의 기본적인 생각으로 돌아간다. 어떠한 이유에서건 암컷은 미적인 감각을 지니며 이것이 수컷의 몸치장을 변화시킨다는 것이다.[72]

게다가 수컷은 그중 가장 위험 부담이나 손해가 적은 모습을 취할 것이라고 예상할 수 있다. 이렇게 한 수컷들은 그렇지 않은 수컷들에 비해 더 오래 살고 더 많은 자손을 남길 것이다. 조류 관찰자들이라면 누구나 말하듯이, 새소리의 아름다움은 그 새의 깃털의 화려함과 반비례한다. 노래를 잘 부르는 나이팅게일, 휘파람새, 종달새의 수컷은 갈색을 띠고 있으며 암컷과 거의 구분이 안 된다. 풍조나 꿩 같은 새들은 암컷은 멋이 없는 반면 수컷은 우아하다. 이런 새들은 별로 멋없는 꽥꽥거리는 소리 같은 단순하고 단조로운 울음소리를

붉은 여왕

낸다. 흥미로운 일은 뉴기니와 오스트레일리아에 사는 바워버드에게도 동일한 현상이 나타난다는 것이다. 새가 멋이 없을수록 둥지는 더 정교하게 치장되어 있다. 이것은 나이팅게일과 바워버드가 자신들의 깃털 색깔을 노래와 둥지로 바꾸었음을 말해준다. 이렇게 함으로써 얻는 이익은 아주 명확하다. 지저귀는 새는 위험이 도사리면 자신의 노랫소리를 멈출 수 있고, 둥지를 트는 새는 둥지를 버릴 수 있다.[73]

이런 양상에 대한 더 직접적인 예를 물고기에게서 찾을 수 있다. 미국 산타바바라 소재 캘리포니아대학의 존 엔들러John Endler 박사는 거피의 구애행동을 연구하고 있는데, 특히 수컷 거피의 색깔에 관심을 갖고 있다. 어류는 아주 뛰어난 색상 시각을 갖고 있다. 인간이 3종류의 색(적색, 청색, 녹색)을 감지하는 세포를 지니고 있는 데 비해, 어류는 4종류, 그리고 조류는 7종류까지 지니고 있다. 조류가 세상을 보는 것과 비교하면 우리의 삶은 퍽 단조로운 편이다. 그렇지만 어류 또한 우리와 색다른 경험을 하는데, 이는 어류의 세계가 다양한 방식에 의해서 여러 종류의 빛을 거르기 때문이다. 더 깊은 물에 살수록, 푸른빛에 비해서 붉은빛이 더 적게 침투한다. 물이 갈색일수록 푸른빛의 침투는 감소한다. 물이 푸른색에 가까울수록 붉은빛이나 푸른빛은 침투하기가 어렵다. 빛은 이런 식으로 걸러진다. 엔들러 박사가 연구하고 있는 거피는 트리니다드의 강에 산다. 거피는 구애할 때 대부분 맑은 물에 사는데, 이곳은 오렌지색, 붉은색, 그리고 푸른색이 가장 잘 나타난다. 하지만 이들의 천적은 노란색이 가장 잘 침투하는 물에 산다. 이런 까닭에 수컷 거피는 절대로 노란

색을 띠지 않는다.

  수컷은 두 종류의 색을 사용한다. 하나는 적주황색으로 거피가 먹이에서만 얻을 수 있는 카로티노이드 색소로 만들어지고, 다른 하나는 청록색으로 거피가 성숙했을 때 체표면에 축적되는 구아닌 결정에 의해 만들어진다. 그래서 적주황색이 눈에 잘 띄는 홍차색의 물에 사는 암컷 거피는 청색보다 적주황색에 더 예민한 것이다. 암컷 거피의 두뇌는 정확히 수컷의 몸색깔인 적주황색 카로티노이드 색소의 파장에 맞추어져 있다. 그리고 아마도 그 반대의 경우 역시 같을 것이다.[74]

모차르트의 음악과 찌르레기의 노래

  텍사스대학 교수인 라이언 박사의 연구실이 있는 복도 끝에는 마크 커크패트릭 교수의 방이 있다. 그는 언제라도 더 많은 이론을 뒤엎을 준비가 되어 있는 학자이다. 커크패트릭 박사는 성선택 이론을 가장 확실히 아는 몇 명의 학자 가운데 한 사람으로 인정받고 있다. 실제로 그는 1980년대 초에 피셔의 가설을 수학적으로 공인받게 한 사람들 가운데 한 명이었다. 그러나 그는 지금 우리가 피셔와 자하비 중 하나를 택해야 한다는 것을 부정하고 있다. 그가 그렇게 생각하는 것은 라이언의 발견에 어느 정도 영향을 받아서이다.

  커크패트릭이 줄리안 헉슬리가 그랬듯이 암컷의 선택을 부정한다는 것은 아니다. 헉슬리는 수컷들이 서로 싸움으로써 선택을 했다고 생각한 데 비해, 커크패트릭은 많은 종에서 암컷이 선택을 하기는 하지만 암컷의 선호도가 진화하지는 않는다고 믿는다. 암컷은 자신들의 특이한 취향을 단순히 수컷에게 넘길 뿐이다.

좋은 유전자 이론과 피셔 이론 모두 수컷에게 다양한 형태가 이로운 이유를 찾는 데 집착하고 있다. 커크패트릭은 이것을 암컷의 시각에서 본다. 암공작새가 진정으로 수컷에게 꼬리라는 짐을 지웠다고 가정해보자. 왜 암컷의 선호를 그것이 그 자손에 미치는 영향을 통해서만 설명해야 하는가? 암공작새들이 그렇게 선택하는 데 대한 아주 그럴듯하고 더 직접적인 이유가 있는 것은 아닐까? 그들의 선호도가 그런 것과는 완전히 별개로 결정되는 것은 아닐까? 커크패트릭은 "선호도에 작용하는 다른 진화적 힘들이 좋은 유전자 요인을 압도하고 간혹 수컷의 생존을 감소시키는 형질에 대한 암컷의 선호를 형성한다"고 말한다.[75]

최근의 두 실험 결과는 암컷들이 진화되지 않은 특이한 취향을 갖는다는 생각을 지지한다. 중간 크기의 검은 새인 찌르레기의 수컷은 한 종류의 노래만 부른다. 암컷들은 두 종류 이상의 노래를 부르는 수컷과 교미하기를 원한다. 미국 피츠버그대학의 윌리엄 서시 William Searcy 교수는 그 이유를 발견하였다. 서시는 암컷 찌르레기가 노랫소리가 들리는 확성기 앞으로 가서 유혹하려는 듯한 행동을 취한다는 사실을 인용하였다. 그렇지만 암컷의 그러한 경향은 그 노래에 싫증이 나면 감소된다. 확성기가 새로운 노랫소리를 내야만 유혹 행동이 다시 시작된다. 이러한 '습관화'는 두뇌가 작용하는 방식의 특성일 뿐이다. 우리의 감각과 찌르레기의 감각은 정지 상태가

아니라 변화와 독특함을 인식한다. 암컷의 선호도는 진화한 것이 아니다. 원래 그런 것일 뿐이다.[76]

아마도 성선택 이론에서 가장 놀라운 발견은 1980년대 초에 낸시 벌리가 발표한 금화조에 관한 연구일 것이다. 벌리는 이 작은 오스트레일리아산 새들이 어떻게 짝을 선택하는지 연구하였는데, 실험을 수월하게 하기 위해서 큰 새장 안에서 새를 길렀으며, 각 새의 다리에 색 고리를 달아서 표시하였다. 얼마 후 그녀는 아주 이상한 점을 발견하였다. 암컷들은 붉은색 고리를 가진 수컷을 더 좋아했다. 더 많은 연구를 통해 이 고리들이 수컷과 암컷 모두의 '매력점'에 현저하게 영향을 미쳤음을 밝혀냈다. 붉은 고리를 단 수컷은 매력적이고 녹색 고리를 단 수컷은 매력적이지 못했다. 암컷들 중에서는 검정색이나 분홍색 고리를 단 것이 선호되었고, 하늘색 고리를 단 것들은 미움을 받았다. 고리뿐만이 아니었다. 새의 머리에 풀로 붙인 작은 종이 모자도 그들의 매력에 영향을 주었다. 암컷들은 장래의 배우자를 평가하는 데 비교적 단순한 기준을 적용하였다. 수컷의 몸에 붉은색이 많을수록(또는 녹색이 적을수록, 결과는 같다. 왜냐하면 뇌를 통해 녹색과 적색은 서로 반대로 인식되기 때문이다) 수컷은 더 매력적이다.[77]

만약 암컷이 이런 독특한 선호도를 지닌다면 수컷은 당연히 선호되는 특정한 부위를 진화시킬 것이다. 예를 들면, 수공작새 꼬리의 '눈'들이 암컷에게 유혹적인 것은 그것들이 진짜 눈의 확대 모형으로 보이기 때문일 수 있다. 진짜 눈은 많은 동물들에게 시각적으로 시선을 끌며(최면술에 걸릴 정도로), 직시하는 큰 눈들이 갑작스럽게 많이 나타남으로써 암컷에 약한 최면술을 유발하여, 수컷이 암컷에게 돌진할 수 있도록 해줄 수도 있다.[78] 이것은 정상적인 자극을 넘어선 자극이 정상적인 자극에 비해서 대체로 더 효과적이라는 일반적인 깨달음과도 일치한다. 예를 들면, 많은 새들이 둥지에 정상적인 알보다 아주 우스꽝스럽게 큰 알이 있는 것을 선호한다. 거위는 정상적인 알보다는 축구공만한 큰 알을 품으려고 할 것이다. 이것은 마치 두뇌에 '큰 알이 좋다'는 프로그램이 되어 있어서, 알이 크면 클수록 더 좋아하게 되는 것과 같다. 어쩌면 암공작새에게는 눈 모양의 반점이 클수록 매력적이거나 놀라울 것이다. 수컷은 단지 이를 활용하여 다수의 큰 눈을 개발했을 뿐, 암컷의 선호도에는 아무런 진화적 변화도 없었다.[79]

장애를 지닌 광고자들

앤드루 포미안코프스키는 라이언과 커크패트릭의 주장을 많은 부분 받아들이지만, 암컷의 선택에 관해서는 동의하지 않는다. 포미안코프스키는 라이언과 커크패트릭이 주장하는 것은 암컷의 감각적 편견이 선호하는 방향으로 수컷의 형질이 이끌려가는 경향이 있다는 사실뿐이라고 말한다. 그렇다고 그 과장된 표현이 암컷의 선호도가 변하지 않아도 된다는 뜻은 아닌 것이다. 암컷이 세대가 지날수록 수컷의 몸치장이 점점 더 부각되는 피셔 효과를 느끼지 못한다는 것은 불가능하다. 가장 식별력 있는 암컷은 가장 성적 매력이 뛰어난 수컷을 골라 성적 매력이 풍부한 아들을 낳을 것이고, 이런 암컷은 가장 많은 손녀를 보게 된다. 이렇게 해서 암컷들은 점점 식별력이 발달하게 되고, 유혹하거나 최면을 걸기가 점점 더 어려워진다. "중요한 문제는 어떻게 감각의 개발이 이루어졌는가 하는 것이 아니고, 왜 암컷들이 이용당하도록 자신들을 방치하였는가 하는 것이다"라고 포미안코프스키는 말했다. 게다가 개구리의 귀가 천적을 탐지하는 데는 적응할 수 있지만 수컷을 선택하는 데는 발달할 수 없다고 믿는 것은 선택을 과소평가하는 것이다.[80]

따라서 라이언과 커크패트릭에게 다음과 같이 반론할 수 있다. 사치스런 수컷의 구애행동은 암컷의 타고난 취향을 반영하는 것이겠지만, 동시에 이러한 취향이 다음 세대를 위한 최상의 유전자를 선택한다는 점에서 암컷에게 이롭다고도 말할 수 있다고 말이다. 수컷 공작새의 꼬리는 눈과 같이 생긴 물체에 대해 자연선택된 암컷의 선호도의 증거이며, 암컷들 사이에서 유행하는 독재적 경향의 어찌할 수 없는 산물인 동시에, 그런 성향을 지닌 자의 상태를 보여주는 장애 조건이다. 그러한 순응적인 다원론이 모두를 만족시키지는 못하지만, 이것이 모두를 만족시키려는 그릇된 의도에서 나온 것은 아니라고 포미안코프스키는 주장한다. 어느 날 인도 식당에서 함께 식사를 하던 중 포미안코프스키는 모든 성선택 이론이 함께 작용하는 그럴듯한 설명을 종이 냅킨 위에 그려 보였다.

각각의 수컷 형질은 우연한 돌연변이로 시작한다. 만약 수컷의 형질이 편향된 암컷의 감각 중 하나와 맞아떨어지면 퍼져나가기 시작한다. 형질이 퍼져나가면 피셔 효과가 작동하고, 그 형질과 선호도

는 모두 뚜렷이 부각된다. 결국 모든 수컷은 이 형질을 공유하게 되고, 암컷은 더 이상 유행을 따를 이유가 없는 상태에 다다르게 된다. 이렇게 되면 이제 암컷 선택에 대한 대가라는 사실에서 비롯되는 압력으로, 이 형질은 다시 사라지기 시작한다. 만약 대가를 지불하지 않는다면, 여러 수컷을 비교하는 데 드는 암컷의 시간과 노력은 낭비가 될 뿐이다. 피셔 효과는 이 대가가 적을 때에는 더 서서히 줄어든다. 한 예로, 레크를 하는 동물들은 암컷이 모든 수컷을 한곳에서 볼 수 있으므로 피셔 효과의 감소가 적을 것이다. 하지만 어떤 형질들은 사라지지 않는데, 그 이유는 그 형질이 소유자가 건강하다는 것을 나타내주기 때문이다. 예를 들자면, 수컷이 기생생물에 감염되면 그런 형질은 수컷의 몸색깔을 바꾼다. 그렇기 때문에 암컷들은 최고의 수컷을 고르는 일을 멈추지 않는다. 암컷은 계속해서 가장 멋있는 수컷을 고르는데(아니면 가장 멋있는 수컷에게 유혹당하거나), 그 이유는 그렇게 함으로써 질병에 대해 면역성을 지닌 자손을 낳을 수 있기 때문이다. 다른 말로 하면, 상태를 반영하는 형질은 과장된 몸치장을 하게 하는 형질일 뿐 아니라 가장 오래 유지되는 형질이기도 하다. 그리고 레크를 하는 동물들에게도 피셔 효과로 부각된 형질이 유지되는데, 이는 선택에 따른 희생이나 대가가 아주 작기 때문이다. 가장 문란하게 짝을 짓는 동물들은 여러 장애, 장식, 그리고 화려한 반점들이 혼합된 모습을 지니게 된다.

이제 포미안코프스키는 수컷 공작새의 다양한 장식과 같이 일부다처제 조류에서 나타나는 복수 형질은 피셔 효과로 인한 장식인 데 반하여, 제비의 두 갈래진 꼬리처럼 일부일처제 조류에서 나타나는 한 가지 형질은 좋은 유전자 이론에 의한 장식이거나 그 형질을 지닌 동물의 상태를 보여주는 장애라는 자신의 직관을 (앞에서 이야기한 대칭 이론에 바탕을 두고) 확신하기 시작하였다.[81]

다음번 봄에 동물원에 가게 되거든 암컷 앞에서 한껏 멋을 부리고 있는 중국산 무지개꿩의 수컷을 한번 보도록 하자. 수컷은 색 혼합의 극치를 보여준다. 수컷의 얼굴에는 옅은 푸른색 피부 반점이 있다. 머리에는 붉은색 벼슬이 있고, 목 둘레에는 검은색 테두리가 있는 하얀 털이 나 있다. 목은 진주빛의 초록색이고, 등은 에메랄드빛의 초록색과 짙은 푸른색을 띠며, 배는 순백색이고, 엉덩이는 주황색이다. 수컷의 꼬리가 시작되는 부위에는 다섯 쌍의 주홍색 깃털이 나 있다. 꼬리는 몸길이보다 더 길고, 검은 줄무늬가 있는 흰색이다. 칙칙한 색의 깃털이나 상한 깃털은 금방 눈에 띌 것이다. 이 꿩의 수컷은 좋은 유전자를 훌륭하게 광고하고 있으며, 위험에서 벗어나고 청결하며 건강해야 하는 요구 때문에 장애를 자초한 것이기도 하다. 이것이 자신의 배우자가 지닌 편향된 감각의 산 증거이다.

인간 공작새

공작새와 거피의 이런 이상한 모습은 그 자체만으로도 충분히 동물학자들의 흥미를 끌 만하다. 진화를 연구하는 학자들에게는 실험 예로서 흥미로운 일이겠지만, 우리는 그보다는 공작새와 거피를 보고 인간의 행동에 대해 무엇을 배울 수 있는지 알고 싶어한다. 몇몇

 붉은 여왕

남자들이 여자들과 잘 사귀는 것은 그들의 모습이 자신이 장애물을 달면서까지 광고할 좋은 유전자와 질병에 대한 저항 능력을 가지고 있다는 정직한 신호를 내보내기 때문인가?

그런 생각은 터무니없다. 남자들이 여자와 잘 사귀는 데는 더 다양하고 미묘한 이유들이 있다. 남자들이 친절하거나, 영리하거나, 재치 있거나, 부자이거나, 잘생겼거나 혹은 단순히 독신이기 때문이다. 간단히 말해서 인간은 집단으로 모여 구애하는 동물이 아니다. 남성들은 지나가는 여성들에게 자신을 과시하기 위해 모여들지 않는다. 대부분의 남성들은 성관계가 끝난 후에 바로 여성을 버리지 않는다. 남자들은 눈부신 장식이나 구체적인 구애행동이 없다. 평범한 디스코장에서는 어떻게 보일지 모르지만, 여성은 결혼할 남자를 찾을 때에 그 남자가 성적 매력이 풍부한 아들이나 질병에 저항성이 큰 딸의 아버지가 될 수 있는지보다 좋은 남편이 될 수 있는지에 관심을 갖는다. 아내를 고르는 남자도 역시 비슷하게 세속적인 조건을 따진다. 대체로 미인에게 쉽게 매료되지만 말이다. 남자나 여자 모두 부모로서의 능력을 기준으로 삼는다. 남자나 여자는 모양새 좋은 수컷에 대한 선호도를 서로 모방하는 암컷 뇌조보다는 물고기 잡는 기술이 뛰어난 짝을 고르는 제비갈매기에 더 가깝다. 따라서 남자와 여자 사이에는 순수하고 좋은 유전자 선택에 뒤따르는 저항과 유혹에 대한 붉은 여왕 식 경쟁이 일어나지 않는다.

그러나 인간이 완전히 어느 쪽이라고 단언할 수는 없다. 포유동물 중에는 성선택의 효과가 적고 미미한 것이 있다. 지금의 보통 쥐가 조상 암컷 쥐의 선호도 때문에 눈에 띄는 외형적 몸치장을 지니게 되었다고 주장하기는 어려운 일이다. 우리와 가장 유사한 침팬지마저도 암컷 선택의 효과에 거의 영향을 받지 않는다. 수컷은 암컷과 비슷하게 생겼고, 구애행동 또한 단순하다. 성선택의 효과가 인간에게서 나타나지 않는다고 단정짓기 전에 잠시 생각해보아야 한다. 어쨌든 인간은 공통적으로 아름다움에 관심이 많다. 립스틱, 보석, 아이섀도, 향수, 머리 염색, 하이힐 등에서 보듯이, 사람들 역시 공작새나 바워버드처럼 자신의 성적 매력을 나타내는 형질을 부풀려 과장하거나 속이려 한다. 그리고 앞서 말한 물품에 나타난 것처럼, 여성이 남성의 아름다움을 따른다기보다는 남성이 여성의 아름다움을 추구하는 것으로 보인다. 다른 말로 하면, 인간에게서는 여성의 선택보다는 남성의 선택이 일어난다고 할 수 있다. 인간에게 성선택 이론을 적용하고자 한다면, 여성 유전자에 대한 남성의 선택이 연구해야 할 과제이다. 그렇다고 큰 차이를 가져오지는 않을 것이다. 일단 한 성이 까다롭게 선택하면, 성선택 이론에 따른 모든 결과는 뒤따라 펼쳐진다. 그러므로 다음 장에서 밝히겠지만, 인간의 몸과 마음의 일부는 성적으로 선택되었을 수도 있다.

I

Polygamy and the Nature of Men

일부다처제와 남자의 본성

6

만약 여자가 존재하지 않는다면, 이 세상의 모든 돈은 그 의미를 잃는다.
아리스토텔레스 오나시스

권력은 최고의 최음제이다.
헨리 키신저

고대 잉카 제국에서 성은 엄격히 통제되는 산업이었다. 태양왕 아타후알파는 왕국의 곳곳에 처녀들의 집을 만들어놓고 1,500명이나 되는 처녀들을 거느리고 있었다. 처녀들은 미모를 지녔기 때문에 뽑혔으며 대부분은 처녀성을 보장하기 위해 8세 이선에 간택되었다. 그러나 황제의 첩으로서 그들의 처녀성은 그리 오래가지 못하게 마련이다. 황제 아래로 각 사회적 계급과 지위에 따라 일정한 크기의 하렘이 제공된다. 대왕은 700여 명의 여자들을 후궁으로 거느린다. 대신은 50명의 여자들을, 부족 국가의 우두머리는 30명을, 인구 10만 명 정도의 마을 우두머리는 20명을, 인구 1,000명의 마을 수장은 12명을, 100명을 거느리는 지도자는 8명을, 50명 정도를 부리는 우두머리는 7명을, 10명 중의 우두머리는 5명을, 5명 중의 우두머리는 3명의 여자를 후궁으로 거느릴 수 있었다. 따라서 보통의 남자 인디언들에게는 극소수의 여자들만이 남게 된다. 이들 남자들은 독신 생활이나 다름없는 생활을 할 수밖에 없어서 자포자기적인 행동을 하였는데, 그 사실은 상급자의 아내와 정을 통하게 되면 어떠한 경우라도 심한 벌을 받았다는 것을 봐도 알 수 있다. 어떤 남자가 잉카의 한 여자를 강간하면, 그 자신과 그의 아내, 아이들은 물론이고 그의 친척, 하인, 마을 친구, 그리고 그의 가축까지 전부 사형에 처해져, 그 마을은 없어지고 그 자리에는 돌만 나뒹굴게 된다.

결과적으로, 아타후알파와 그의 귀족들이 다음 세대에서 부권의 대다수를 차지하게 될 것은 말할 나위가 없다. 아타후알파와 그의 귀족들은 덜 가진 자들의 후손에 대한 유전적 배당마저 조직적으로 박탈하였다. 잉카 사람들은 대부분 권력자의 자손이라고 할 수 있었다.

서아프리카의 다호미 왕국에서는 모든 여자가 왕의 노리개였다. 수천 명의 여자들이 왕을 위한 왕실의 하렘에서 지내거나, 왕의 취향에 더 잘 맞는 나머지는 왕과 결혼하였다. 결국 다호미 왕국의 왕은 매우 왕성한 생식력을 발휘한 반면에 평민 남자들은 때때로 독신이거나 아기를 갖지 못하게 되었다. 19세기의 한 여행가는 아보미 시에서는 "다호미 사람치고 왕족이 아닌 사람은 찾아보기 힘들다"고 하였다.

성과 권력의 관계는 이미 매우 오래전부터 있었던 일이다.[1]

수컷으로서의 남자

지금까지 이 책은 인간에 대해서 몇 가지 측면에서만 살펴보았다. 이는 의도적인 것이다. 내가 내세우고자 하는 원칙들은 인간이라는 특이한 원숭이의 일종보다 진드기, 민들레, 끈적곰팡이, 초파리, 공작새, 코쟁이바다표범 등을 더 잘 설명한다. 그렇다고 해서 이 특이한 원숭이가 그러한 원칙에 맞지 않는 것은 아니다. 인간은 끈적곰팡이와 마찬가지로 진화의 산물이며, 과학자들이 진화에 대해서 지금 생각하고 있는 바와 마찬가지로 지난 20년 동안의 혁명은 역시 인간에게도 엄청난 의미가 있다. 지금까지의 논쟁을 요약하자면, 진화는 가장 적합한 개체가 살아남은 것이라기보다는 차라리 가장 적합한

붉은 여왕

개체의 번식이라고 할 수 있다. 즉, 지구의 모든 생물은 기생생물과 숙주 사이에, 한 유전자와 다른 유전자 사이에, 같은 생물의 구성원들 사이에, 그리고 다른 성을 지닌 개체를 차지하기 위해 같은 성을 지닌 구성원들 사이에 벌어지는 일련의 끊임없는 역사적 투쟁의 결과이다. 그러한 투쟁은 같은 종의 다른 구성원들을 이용하고 속여먹는 등 심리학적 측면도 포함한다. 하지만 투쟁에서 승리를 거두는 자는 결코 없다. 왜냐하면 한 세대에서 싸움에 이겼더라도 다음 세대에서는 적들에게 밀려나는 일이 쉽사리 일어나기 때문이다. 삶이란 끝없는 경주와 같다. 아무리 더 빨리 결승선을 향해 달려도 결승선을 통과하고 나면 또 하나의 경주가 시작된다.

이 장은 이러한 주장의 논리를 따라 인간의 행동에 관한 핵심으로 들어가는 것에서 시작한다. 인간은 독특하다는 생각을 근거로 이런 논리를 부당하다고 생각하는 사람들은 다음 두 가지 주장 중 하나를 전제한다. 그 두 가지 주장은 다음과 같다. 첫째, 인간의 모든 행동은 학습에 의한 것이며 유전된 것은 아무것도 없다. 둘째, 대부분의 사람들은 유전되는 인간의 행동은 변화하지 않지만 인간은 분명히 상황에 따라 행동을 조절하는 존재라고 믿는다. 첫번째 주장은 과장된 것이고, 두 번째 주장은 틀린 것이다. 남자는 어려서 아버지에게 배웠기 때문에 성욕을 느끼는 것이 아니다. 또 배고픔이나 분노도 배웠기 때문에 느끼는 것이 아니다. 그것은 인간의 본능이다. 인간은 성욕, 기아, 분노를 일으킬 수 있는 잠재력을 가지고 태어난다. 남자는 때에 따라서 햄버거가 먹고 싶어 배고픔을 느끼고, 기차가 연착되어 화를 내며, 여자를 보고 성욕을 느끼는 것을 직접 배운다.

그러므로 인간은 그의 '본성'을 '바꿔온' 것이다. 우리의 모든 행동에는 조상으로부터 내려온 경향이 스며들어 있고 이것은 변할 수도 있다. 교육이 제외된 본성은 없으며, 본성이 없이는 학습되지도 않는다. 모든 행동은 경험에 의해 연습된 본능의 산물이다.

몇 년 전까지만 해도 인간에 대한 연구는 이러한 생각 때문에 전혀 개정되지 않았다. 지금까지도 대부분의 인류학자와 사회과학자들은 진화는 아무것도 말해줄 수 없다는 관점을 확고하게 밀고 나가고 있다. 인간의 몸은 자연선택의 산물이지만 인간의 마음과 행동은 '문화'의 산물이라고 한다. 인간의 문화는 인간의 본성을 반영하지 않으며 오히려 인간의 본성이 문화를 반영한다고 한다. 이 때문에 사회과학자들은 문화들 사이의 혹은 개인들 사이의 차이점에 대해서만 제한적으로 관심을 가지고 그 차이점을 과장해왔다. 그러나 내게 인간 존재에 대해 가장 흥미로운 점은 사람들끼리의 공통점이지, 문법적 언어, 계급, 낭만적 사랑, 성적 질투심, '결혼'이라는 이성 간의 장기간에 걸친 유대관계 같은 문화들 사이의 차이점이 아니다. 이것들은 인간 특유의 것으로 훈련이 가능한 본능이며, 눈이나 엄지손가락과 마찬가지로 확실히 진화의 산물이다.[2]

결혼의 관점

남자에게 여자는 자신의 유전자를 다음 세대로 전해줄 수 있는 운반 도구이다. 여자에게 남자는 자신의 난자를 태아로 바꿀 수 있는

붉은 여왕

생명 물질(정자)의 제공자이다. 남성이나 여성에서 다른 쪽 성은 서로 이용하기 위해 찾아다니는 자원과 같다. 문제는 '어떻게'이다. 다른 성을 이용하는 한 방법은 다른 성을 되도록 많이 끌어모아 자신과 짝을 짓도록 설득하는 것이다. 그리고 짝을 짓고 난 후에는 수컷 코쟁이바다표범처럼 상내방을 차버리는 것이다. 정반대의 경우는 하나의 상대방을 찾아 신천옹처럼 부모의 모든 의무를 동등하게 나누어가지는 것이다. 모든 생물은 각기 고유한 '짝짓기 체계'를 통하여 이와 같은 양극단 사이의 어디엔가 놓이게 된다. 사람은 어디쯤에 놓이는가?

이를 알아내는 방법에는 다섯 가지가 있다. 첫번째 방법은 현대인들을 직접 연구하여 그들이 짝짓기 체계로 어떤 체계를 이용하는지 서술하는 것이다. 그 대답은 대개 일부일처제 결혼이다. 두 번째 방법은 인류의 역사를 살펴보고 과거로부터 어떤 성적 배합이 인간에게 전형적인 것이었는가를 추측해보는 것이다. 그러나 역사는 음울한 사실을 전해준다. 인류가 과거부터 이용한 일반적인 성적 배합은 부유하고 힘 있는 남자가 커다란 하렘에 첩들을 노예처럼 거느리는 것이었기 때문이다. 세 번째 방법은 석기 시대와 같은 단순한 사회에서 사는 사람들을 살펴보고, 1만 년 전의 우리 조상들도 비슷하게 살았을 것이라고 추측해보는 것이다. 그들은 양극단의 중간쯤에 위치한다. 초기 문명 시대보다는 덜 일부다처적이고 현대 사회보다는 덜 일부일처적이다. 네 번째 방법은 인류의 가장 가까운 친척인 유인원을 연구하는 것으로, 사람의 행동과 형태를 원숭이와 비교하는 것이다. 이에 대한 해답은 이렇다. 인간의 정소는 침팬지처럼 난교

체계에 맞을 만큼 크지 않고, 사람의 몸은 고릴라처럼 하렘을 둔 일부다처형에 어울리는 큰 몸도 아니며(하렘을 둔 일부다처제와 암수 사이의 큰 신체 차이에는 확고한 연관관계가 있다), 일부일처형의 긴팔원숭이처럼 확고하게 절개를 지키며 심지어 비사회적이기까지 한 것도 아니다. 인간은 이들 중간 어딘가에 놓인다. 다섯 번째 방법은 인간처럼 고도로 발달된 사회적 습성을 갖는 다른 동물들, 즉 떼지어 사는 새들이나 원숭이, 돌고래와 같은 동물들을 인간과 비교 연구하는 것이다. 앞으로 알게 되겠지만, 이들이 주는 교훈은 인간은 간통으로 얼룩진 일부일처제에 어울리도록 설계되었다는 것이다.

적어도 몇 가지 대안은 제외할 수 있다. 일부다처제일 경우에도 지속적인 성적 동반자 관계가 이루어지는 것처럼, 인간이 하는 행동에는 인간만의 독특한 것이 있다. 인간은 단 몇 분 만에 결혼관계가 끝나는 뇌조와는 다르다. 인간은 덩치가 크고 성질이 포악한 암컷이 작고 온순한 수컷을 지배하는 자카나(도요목 자카나과에 속하는 새─옮긴이)나 열대 지방의 물새와 같은 일처다부제 동물이 아니다. 지구상에 유일하게 존재하는 진정한 일처다부제 사회는 티베트에 있는데, 이곳에서는 한 여자가 둘 이상의 형제와 동시에 결혼하여 가족 단위를 이루게 된다. 이러한 제도는 경제적으로 여자를 부양하기 위해 남자들이 야크(티베트산 들소─옮긴이)를 몰고 다니며 키워야 하는 가혹한 환경에서 가능하다. 남자 형제 중 동생의 야망은 가족을 떠나 그 자신만의 아내를 맞는 것이고, 동생에게 일처다부제는 단순히 차선의 결과이다.[3] 그렇지만 인간은 유리새나 긴팔원숭이처럼 한 쌍이 그들의 삶을 충분히 살아갈 수 있는 거주 영역을 독점하고 지켜내는 세력권을 엄격하게 형성하지도 않는다. 우리 인간도 정원에 담을 쌓기는 하지만, 종종 세들어 사는 사람이나 아파트의 이웃들과 집을 공유하며, 우리의 생활 대부분을 직장이나, 쇼핑, 여행지, 공원, 극장 등과 같은 여러 형태의 공공 장소에서 보낸다. 사람들은 무리를 지어 산다.

그렇다면 이것들 가운데 어떤 것도 그다지 도움이 되지 않는다. 대부분의 사람들은 일부일처제 사회에서 살아가지만, 이것도 단지 사회적 평등 체제가 규정한 것을 말해줄 뿐, 인간의 본성이 원하는 것을 말해주지는 않는다. 일부다처제 금지에 관한 법률을 조금만 풀어준다면 일부다처제는 성행하게 될 것이다. 미국의 유타 주는 종교적으로 인정된 일부다처제의 전통을 가지고 있었고, 최근에 일부다처주의자를 기소하는 법적 집행력이 약화되자 일부다처주의의 관습이 다시 출현하였다. 일부일처제 사회가 가장 보편적임에도 불구하고 모든 부족 문화의 4분의 3 정도는 일부다처제이다. 또한 표면상 일부일처제 사회에도 단지 그 이름만 일부일처제일 뿐인 경우도 있다. 역사적으로 볼 때, 권력을 가진 남성이 합법적으로는 아내를 단 한 명만 두었다 할지라도 한 명 이상의 배우자를 맞이한 경우가 허다하다. 그러나 그것은 권력자의 경우에 한한다. 일부다처제가 공인된 사회일지라도, 나머지 대부분의 남자는 단지 한 명의 아내를 소유하며, 실질적으로 모든 여자들은 단지 한 명의 남편을 소유한다. 이렇게 되니 우리는 어떻게 결론을 내려야 할지 알 수가 없다. 인간은 여건에 따라 일부다처주의자가 되기도 하며 일부일처주의자가 되기도 한다. 사실 인간이 어떤 짝짓기 체계를 가졌다는 말 자체가 우스꽝스러운 일인지도 모른다. 인간은 현존하는 기회에 맞추어 행동을 적응시켜가며 원하는 일을 할 뿐이다.[4]

남자는 덮치고 여자는 꼬리친다

 남자? 여자의 경우는 또 어떤가? 최근까지 진화학자들은 남성과 여성의 근본적인 차이점에 근거를 두어 인간의 짝짓기 체계에 대하여 매우 단순한 관점을 가지고 있었다. 만약 권력을 가진 남성들이 그들이 하고 싶은 대로 한다면, 여성들은 아마도 바다표범들처럼 하렘에서 살아야 할 것이다. 이것은 확실히 역사의 교훈이다. 만약 모든 여성들이 자신이 하고 싶은 대로 할 수 있다면, 남자들은 신천옹처럼 아내에게 충실할 것이다. 연구 결과에 따라 이러한 추측이 수정되고는 있지만, 일반적으로 남자들은 유혹하고 여자들은 유혹을 받는다. 인간의 가장 가까운 친척쯤 되는 유인원을 포함한 전체 동물의 99퍼센트 정도와 마찬가지로, 우리 인간도 정력적이고 일부다처적인 수컷과 수줍어하고 절개를 지키는 암컷의 측면을 가진다.

 예를 들어 청혼에 관한 현실을 고려해보자. 지구의 어떤 사회에서도 여자 쪽이나 여자의 가족들이 먼저 청혼하지는 않는다. 가장 개방적이라는 서구 사회에서조차 남자는 청혼을 하고 여자는 그에 대해 응답할 것으로 기대한다. 윤년 윤날에 여자가 남자에게 청혼을 하는 전통은 여자들이 갖는 극소수의 기회를 더욱 강화하는 결과를 낳았다. 남자들은 1,460일 동안 청혼할 수 있지만 여자들은 단 하루

그날 청혼할 기회를 가질 뿐이다. 요즘의 남성은 예전처럼 한쪽 무릎을 꿇고 청혼하는 것이 아니라, 그들의 애인과 동등하게 그 문제를 '상의' 한다. 그렇다고 해도 청혼은 대부분 남자에 의해 먼저 제기되곤 한다. 유혹이라는 것 자체도 남자 쪽에서 먼저 시작하는 것으로 되어 있다. 여자가 먼저 유혹할 수도 있지만 덮치는 쪽은 남자이다.

왜 이래야 하는 것인가? 사회학자들은 그것을 조건화의 탓으로 돌리며, 그들의 주장은 부분적으로는 옳다. 그러나 그것이 만족스러운 해답은 아니다. 1960년대에 인간이 크나큰 사회문화적 변화를 겪으며 대부분의 조건화를 거부해보았음에도 불구하고 부분적으로는 그러한 양상이 여전히 존재하기 때문이다. 더욱이 조건화는 항상 본능을 압도하기보다는 차라리 강화시킨다. 앞 장에서 보았듯이, 1972년[5]의 로버트 트리버스의 직관 이후, 생물학자들은 왜 수컷들이 암컷보다 더 정열적이고 열렬한 청혼자인지, 그리고 왜 그 법칙에는 예외가 있는지에 대해 만족스러운 설명을 해왔다. 왜 그 법칙이 사람들에게는 적용되지 않는가에는 별다른 이유가 없는 것 같다. 자손을 낳고 기르는 데 모든 것을 투자하게 되어 다른 자손을 낳고 기르는 모든 기회를 버리는 성은 추가의 짝짓기를 할 경우에 아주 최소한의 것을 얻을 수 있을 뿐이다. 수공작새는 암공작새에게 한 가지 작은 선물만을 준다. 그것은 한 번 사정한 정자이며 그 외에는 아무것도 없다. 수공작새는 암컷을 다른 수컷으로부터 보호하지도 않고, 먹이를 구해주지도 식량을 지켜주지도 않으며, 암컷이 알을 품는 것을 도와주지도 않고, 새끼를 키우는 일도 도와주지 않는다.

암공작새는 혼자서 이 모든 일을 하게 된다. 그러므로 암공작새가 수컷과 짝짓기를 할 때면 이것은 매우 불공평한 거래가 된다. 암컷은 수컷의 정자로 새로운 공작새를 만드는 그 거대한 일을 혼자 힘으로 해낸다는 약속을 수컷에게 하며, 수컷은 비록 근본적인 것이기는 하지만, 단지 정액 공급이라는 가장 작은 기여만을 할 뿐이다. 암컷은 자신이 좋아하기만 하면 어떤 수컷이라도 선택할 수 있고, 한 마리 이상을 선택할 필요도 없다. 극단적으로, 수컷은 잃는 것 하나 없이 매번 짝짓기 상대로부터 많은 것을 얻게 된다. 반면에 암컷은 시시한 수확물에 시간과 에너지를 소비한다. 수컷이 새로운 암컷을 유혹할 때마다 수컷은 자신의 자손을 키우는 데 심혈을 기울이는 암컷이라는 호박을 넝쿨째 얻게 되는 것이다. 암컷이 새로운 수컷을 유혹할 때마다, 암컷은 자신에게 별 보탬이 되지도 않는 약간의 더 많은 정자를 얻을 뿐이다. 수컷이 짝짓기의 횟수에 열중하고 암컷은 짝짓기의 질에 열중한다는 데에는 의심할 여지가 없다.

좀 더 인간적으로 표현하자면, 남자는 다른 여성과 성교할 때마다 또 다른 아이의 아버지가 될 수 있지만, 여자는 한 번에 단 한 남자의 아이밖에 가질 수 없을 뿐이다. 카사노바가 바빌론의 매춘부보다 더 많은 자손을 남겼을 것이라는 주장은 틀린 말이 아니다.

남성과 여성 간의 이러한 기본적인 불균형은 곧바로 정자와 난자의 크기 차이로 직결된다. 1948년 영국의 과학자 베이트먼 A. J. Bateman은 초파리를 자기들 마음대로 교미하도록 놔둔 후, 가장 교미를 많이 하는 암컷이 가장 교미를 적게 하는 암컷보다 알을 더 많이 낳지는 않는다는 사실을 발견하였다. 반면에 가장 자손을 많이 낳은 수컷은 가장 자손을 덜 낳은 수컷에 비해 훨씬 더 많은 암컷과 교미하였다.[6] 이러한 불균형 현상은 암컷이 지닌 자식 양육의 진화로 강화되어 왔으며, 포유류에서 그 절정을 이룬다. 포유류 암컷은 큰 새끼를 몸속에서 오랜 기간 키운 후에야 낳을 수 있지만, 수컷은 단 몇 초 만에 아버지가 될 수 있다. 암컷의 경우 짝짓기 상대를 많이 갖는다 해도 그것이 곧 다산성을 증가시키지는 않지만, 수컷의 경우는 곧바로 다산성과 연결된다. 초파리는 그런 법칙을 따르는 것이다. 현대의 일부일처제 사회에서조차도 남자들이 여자들보다 더 많은 아이를 갖게 되는 경향이 있다. 예를 들면, 두 번 결혼해서 두 남편과의 사이에서 아이를 낳은 여자보다 두 번 결혼한 남자가 두 명의 아내에게 더 많은 자식을 얻게 되는 경우가 많다.[7]

외도와 매춘은 파트너 간에 결혼이라는 유대관계가 형성되지 않은 일부다처제의 색다른 경우라고 할 수 있다. 남자가 자신의 아이들에게 쏟으려는 투자에 따라 아내와 정부는 서로 다른 범주에 속하게 된다. 두 가정을 꾸려나갈 수 있는 돈과 기회와 시간을 만들기 위해 자신의 사업상 업무를 충분히 조정할 수 있는 남자는 흔하지 않다. 그는 분명 부유할 것이다.

여권신장주의와 지느러미발도요새

양육을 부모 중 어느 쪽이 하는가에 따라 어떤 성이 일부다처제를 원하는지를 결정한다는 법칙은 양육에 관한 이례적인 현상을 살펴보면 확인할 수 있다. 해마의 경우, 보통의 짝짓기와는 정반대로 암컷이 음경 같은 것을 수컷의 몸속에 찔러넣어 알을 낳는다. 알은 수컷의 몸속에서 발생하며, 이론적으로 예측할 수 있듯이 수컷 해마에게 구애하는 것은 암컷이다. 새 중에서 작고 모양새 좋은 수컷이 크고 공격적인 암컷에게 구애를 받으며, 수컷이 알을 품고 새끼 새를 돌보는 것은 30종 정도 알려져 있는데, 그중 가장 잘 알려진 것이 지느러미발도요새와 자카나이다.[8]

지느러미발도요새나 암컷이 구애하는 다른 새들은 법칙을 벗어난 예이다. 나는 한 떼의 암컷 지느러미발도요새가 가련한 한 마리의 수컷이 거의 지쳐버릴 때까지 추근대는 것을 본 기억이 있다. 왜 이런 일이 일어날까? 짝짓기 상대였던 수컷이 조용히 알을 품고 있기만 하기 때문에, 이 암컷들은 다른 짝짓기 상대를 찾는 일 외에는 달리 할 일이 없다. 수컷이 어린 새들을 돌보는 데 시간과 에너지를 더 쏟아부을 경우에는 암컷이 구애하는 데 주도권을 쥐게 되고, 암컷이 어린 새를 돌보는 경우에는 수컷이 구애하는 데 주도권을 갖게 된다.[9]

인간의 경우 이러한 불균형은 아주 명확하다. 아홉 달의 임신 기간과 5분간의 쾌락은 확실히 비교가 된다. 이를 감안하면 여자가 남자를 유혹하기보다는 남자가 여자를 유혹하는 것이 당연하다. 이 사실에 따르면, 일부다처제가 고도로 발달된 사회는 남성의 승리를 상징하고, 반대로 일부일처제 사회는 여성의 승리를 의미한다고 생각할 수도 있다. 그러나 이것은 올바른 생각이 아니다. 일부다처제 사회도 본래는 모든 남성 중의 한 명 혹은 소수 남자의 승리를 의미한다. 일부다처제가 고도로 발달된 사회에 사는 남자는 대부분 독신 생활을 선고받는 셈이 된다. 성비는 일정하기 때문이다.

어느 경우라도 진화를 통해서는 어떤 종류의 도덕적 결정도 끌어낼 수 없다. 출생 전의 남성과 여성 사이에 존재하는 성에 대한 투자의 불균형은 하나의 현실일 뿐이지 도덕적 불법 행위가 아니다. 성의 불균형은 '자연스러운 것'이다. 성의 불균형이라는 진화적 각본을 수용하는 일은 인간으로서는 어마어마한 유혹이다. 왜냐하면 성의 불균형은 남성의 외도를 호의적으로 여기는 편견을 '정당화' 해주기 때문이다. 혹은 그러한 진화적 각본을 거부하는 것도 상당히 끌리는 일인데, 그 이유는 성의 불균형이 성적 평등을 이루고자 하는 압력을 약화시켜주기 때문이다. 그러나 그 어느 쪽도 맞는 이야기는 아니다. 성의 불균형은 무엇이 옳고 그른지에 대해서 아무런 해답도 주지 않는다. 나는 인간의 본성에 대해 서술하려는 것이지 인간의 도덕성을 규정하려는 것이 아니다. 천성적이라고 해서 꼭 바람직한 것은 아니다. 살인은 우리 인간의 조상이 분명히 그랬던 것처럼 우리의 원숭이 사촌들이 자주 저지른다는 점에서 '천성적'이다. 편견, 증오, 폭력, 잔학함, 이 모든 것은 많든 적든 간에 우리 본성의 일부분이다. 그리고 이 모든 것들은 적절한 양육을 받으면 효과적으로 상쇄될 수 있다. 본성은 불변의 것이 아니라 융통성 있는 것이다. 또한 진화에서 가장 본성적인 것은 어떤 본성은 다른 어떤 본성과 적대관계에 놓이게 되리라는 것이다. 진화는 유토피아를 가져오지 않는다. 진화는 한 남자에게 가장 좋은 것이 다른 남자에게는 가장 나쁜 것일지도 모르는 세상을, 혹은 한 여자에게 가장 좋은 것이 한 남자에게는 가장 나쁜 것이 될지도 모르는 세상을 가져다준다. 어떤 사람들은 '본성적이지 못한' 운명에 처하게 될 것이다. 그것이 붉은 여왕이 말하고자 하는 메시지의 정수이다.

이제부터 나는 인간성의 '본성적인' 부분이 무엇인가를 계속해서 추측해볼 것이다. 내 자신의 도덕적 편견들이 때때로 나를 내가 바라는 쪽으로 생각하도록 유도하겠지만, 그건 무의식적으로 나타날 것이다. 내가 인간의 본성에 관해 잘못 말할 수는 있겠지만, 찾고자 하는 그러한 본성이 존재한다는 점에서는 틀린 것이 아니다.

동성애적 난교의 의미

매춘부가 대부분 여자라는 사실은 여자 매춘부에 대한 수요가 남창의 수요보다 훨씬 많다는 간단한 논리로 설명될 수 있다. 여자 매춘부의 존재가 남자의 성욕을 적나라하게 말해준다면, 남성 동성애의 현상도 마찬가지로 남자의 성욕을 말해준다고 할 수 있다. AIDS가 나타나기 전까지 남성 동성애자들끼리의 연애는 이성애를 하는 남성에 비해 엄청나게 더 난잡했다. 많은 게이 바는 하룻밤의 사랑의 상대를 고르는 장소로 인식되었고, 지금도 그렇다. 샌프란시스코의 공중 사우나에서는 반복되는 성교와 흥분제로 뒤범벅된 질탕한 법석이 일어났는데, AIDS 감염에 대해 논란이 있던 초기에 이 문제가 공공연히 논의되어 사람들을 놀라게 한 적이 있다. 샌프란시스코 만 지역의 남성 동성애자에 관한 킨제이연구소의 보고에 따르면, 그들 중 75퍼센트가 100명 이상의 상대와 성관계를 가졌으며, 나머지 25퍼센트는 1,000명 이상의 상대와 성관계를 가졌다.[10]

이 사실이 많은 이성애자보다 덜 난잡했고, 또 아직도 덜 난잡한 동성애자들이 많다는 사실을 부정하는 것은 아니다. 그러나 동성애 옹호자들도 AIDS가 나타나기 전의 동성애자들이 이성애자보다 대체로 더 난잡했음을 인정한다. 이에 대한 확신할 만한 설명은 하나도 없다. 동성애 옹호자들은 동성애의 난잡성이 전적으로 사회가 동성애를 인정해주지 않았기 때문이라고 말할 것이다. 불법 행동은 한번 빠져 들어가기만 하면 걷잡을 수 없게 되는 경향이 있다. 남성 동성애자들은 법적 또는 사회적으로 동반관계를 형성하기가 어려워서 한 상대에게 안주하기가 어렵다고 한다.

그러나 이것은 그다지 설득력이 없다. 난잡한 성관계는 남몰래 동성애를 즐기는 사람에게만 한정된 것이 아니다. 남성 동성애자에게 상대의 부정은 이성애자들 사이의 배우자의 부정보다 훨씬 더 문제가 된다. 그리고 이에 대한 사회의 비난은 동성애 자체에 대한 비난보다 훨씬 더 크다. 이와 같은 논의는 여성 동성애자에게도 많이 적용되는데, 여성 동성애자에게는 정반대의 현상이 나타난다. 여성 동성애자는 낯선 사람과 성관계에 빠지는 경우가 드물어, 한번 관계가 형성되면, 몇 년 동안을 한눈도 팔지 않고 관계를 지속한다. 대부분의 여성 동성애자는 일생을 통틀어 10명 이내의 성 상대를 갖는다.[11]

캘리포니아대학 산타바바라분교의 도널드 시먼스Donald Symons 교수는 남성 동성애자가 평균적으로 남성 이성애자보다, 그리고 여성 동성애자보다 훨씬 더 많은 성 상대를 갖는 이유는 남성 동성애자가 남성적 경향을 실행하기 때문이거나 여성의 본능으로부터 자유로워진 남성의 본능을 실천하기 때문이라고 주장해왔다.

동성애를 하는 남성들도 대부분의 사람들처럼 각별한 관계를 맺기를 원하지만 그 같은 관계는 지속되기 어렵다. 그 이유는 대개 성적 다양성을 추구하는 남성의 욕구, 즉 남성의 세계에서 이런 욕구를 충족시킬 수 있는 전에 없던 기회와 성적으로 질투하는 남성들의 경향 때문이다. 나는 이성애자 남성들도 동성애자 남성들과 똑같이 낯선 사람과 종종 성관계를 가지며, 공중 사우나에서 질탕하게 열리는 익명의 파티에도 가고, 직장에서 집으로 돌아오는 길에 공중 화장실에 들러 5분간의 구강 성교를 즐길 것이라고 생각한다. 여자들이 이런 것을 좋아한다면 말이다.[12]

이것이 동성애가 안정된 관계를 갈망하지 않는다거나, 심지어는 숨어서 하는 성관계 때문에 많은 사람들에게 도덕적으로 배척당한다는 이야기는 아니다. 그러나 시먼스의 관점에서 인생의 동반자와 일부일처적 관계를 갖고 싶어하는 욕구와 낯선 사람과 가볍게 성관계를 갖고자 하는 욕구는 서로 양립할 수 없는 본능이 아니다. 실제로 날로 늘어나는 매춘부의 수나 행복한 결혼 생활을 하는 남성들에게 돈을 받고 성적 유희를 제공해주는 매춘 산업이 번성하는 것을 봐도 알 수 있듯이, 그러한 욕구들은 이성애자 남성들이 가지는 특성이다. 시먼스는 특별히 동성애자 남성에 대해서 말하는 것이 아니라 일반적인 남성에 대해 말하고 있다. 시먼스가 말한 대로 남성 동

 붉은 여왕

성애자들은 단지 좀 더 남성처럼 행동할 따름이고, 여성 동성애자들은 단지 좀 더 여성처럼 행동할 따름이다.[13]

하렘과 재산

성이라는 서양 장기에서, 한쪽 성은 다른 쪽 성의 움직임에 따라 움직여야 한다. 그 결과는 일부일처제이건 일부다처제이건 간에, 승리와 패배가 아니라 수가 막혀 비기는 것이다. 코끼리바다표범이나 뇌조에게서 이 게임은 수컷은 짝짓기 상대의 수에 관심을 갖고 암컷은 짝짓기 상대의 질에 관심을 갖는 상태에 다다르게 된다. 암수 모두 많은 대가를 치른다. 수컷은 상위 계급이 되거나 우두머리가 되기 위해 싸우느라 지칠 대로 지치고 때때로 실패해서 죽기까지 하며, 암컷은 새끼를 기르는 데 새끼의 아버지에게 실제적인 도움을 전혀 받지 못한다.

신천옹의 경우, 이 게임은 아주 다른 막다른 수에 도달하게 된다. 모든 암컷은 모범적인 남편 새를 얻으며, 새끼를 기르는 자질구레한 일들을 똑같이 분담하고, 심지어는 구애행동도 어느 정도는 상호적이다. 암수 어느 쪽도 짝짓기 상대의 수를 따지지 않고 상대의 질을 따진다. 새끼 한 마리가 부화하면 그 새끼는 몇 달 동안 먹이를 받아먹고 응석받이로 자라게 된다. 만약 수컷 신천옹이 코끼리바다표범의 수컷이 누리는 유전적 보상을 똑같이 누린다면, 어떻게 그들의 행동이 이렇게 다를 수 있는가?

이에 대한 답은 존 메이너드 스미스가 처음 알게 되었다. 그는 경제학에서 빌려온 기술인 게임 이론으로 설명하였다. 게임 이론은 거래의 결과가 다른 사람들이 무엇을 하느냐에 따라 달라진다는 것을 인정한다는 점에서 다른 이론들과 다르다. 메이너드 스미스는 경제학자들이 서로 다른 경제 전략들을 대치시키는 것과 마찬가지 방법으로 서로 다른 유전적 전략들을 대치시켜 보았다. 이 방법에 의해 갑자기 해답을 찾게 된 질문의 하나는 왜 동물들마다 그처럼 서로 다른 짝짓기 방법을 갖고 있는가 하는 것이다.[14]

수컷이 매우 일부다처적 성향을 지니며 새끼 기르는 것을 전혀 도와주지 않는 신천옹이 있다고 한번 상상해보자. 그리고 그 새끼 수컷은 하렘의 주인이 될 가능성이 전혀 없다고 상상해보자. 한 수컷이 일부다처주의의 여러 암컷을 거느리는 대신에 한 암컷과 짝을 이루어 그 암컷이 새끼 기르는 것을 도와주기 시작했다면, 그 수컷은 결코 일확천금을 얻지는 못할 것이다. 그러나 적어도 그 수컷은 대부분의 야심 찬 자신의 형제들보다는 훨씬 더 잘한 것이다. 암컷이 새끼에게 먹이를 주는 것을 수컷이 도와줌으로써 새끼가 살아날 확률이 엄청나게 높아지게 되었다고 가정해보자. 집단 내의 암컷들이 어느 날 갑자기 그 수컷과 같은 성실한 수컷을 택할 것인가, 아니면 여러 암컷과 관계하는 일부다처주의 수컷을 택할 것인가 하는 두 가지 선택권을 갖게 되었다. 성실한 수컷을 고르는 암컷들은 더 많은 새끼를 낳게 되고, 따라서 세대가 지나감에 따라 첩이 되려는 숫자는 점점 줄어들어, 일부다처주의의 유리한 점은 그와 함께 줄어들 것이다. 이 동물은 일부일처제로 '전환' 된다.[15]

붉은 여왕

그 반대의 경우도 역시 일어날 수 있다. 캐나다산 흰어깨멧새 수컷은 들판에 자기 구역을 확보하고 함께 살아갈 여러 마리의 암컷을 유인한다. 암컷이 이미 임자가 있는 수컷의 무리에 합류한다는 것은 그 수컷에게 새끼들의 아버지로서의 역할을 기대할 수 없음을 의미한다. 그러나 만약 그 영토가 다른 수컷의 영토보다 먹이가 풍부한 곳이라면, 그것은 여전히 암컷에게 그 수컷을 선택하도록 하는 조건이 된다. 수컷의 영토나 유전형질을 위해 일부다처제를 선택했을 때의 장점이 수컷의 부모 역할을 노린 일부일처제를 선택하는 것보다 클 경우, 일부다처제는 확립된다. 이러한 이른바 '일부다처 임계 모델Polygyny-threshold model'은 북아메리카의 많은 늪지에 사는 새들이 어떻게 일부다처성이 되었는지를 설명해준다.[16]

두 모델 모두 인간에게도 쉽게 적용할 수 있다. 가족을 부양하는 평범한 사람과 결혼하는 것에서 얻을 수 있는 이득이 대장의 많은 여자 가운데 하나가 되어 얻는 이득보다 크기 때문에, 인간은 일부일처성이 되었다. 혹은 남자들 간의 부의 불일치 때문에 일부다처성이 되었다. 어떤 (여성) 진화학자는 다음과 같이 말하였다.

"어떤 여자이든 간에 촌뜨기 같은 녀석의 첫째 아내가 되기보다는 케네디의 셋째 아내가 되기를 원할 것이다."[17]

일부다처 임계 모델이 인간에게 적용되는 몇 가지 증거가 있다. 케냐의 키프시기 족은 부유한 남성이 더 많은 가축과 더 많은 아내를 거느린다. 여자들은 부자인 남자의 여러 아내 중 하나가 되는 것이 적어도 가난한 남자의 유일한 아내가 되는 것보다는 낫다는 것을 알고 있다. 키프시기 족을 연구하는 캘리포니아대학 데이비스분교의 모니크 보거호프 멀더Monique Borgehoff Mulder 교수에 따르면, 일부다처제는 여성들이 선택하였다. 키프시기 족의 여성들은 결혼을 결정할 때 아버지와 상의하며, 많은 가축을 가진 남자의 둘째 아내가 되는 것이 가난한 남자의 첫째 아내가 되는 운명보다 낫다는 것을 너무나도 잘 인식하고 있다. 한 남편의 아내들 사이에는 각자 주어진 일과 동료애가 있다. 일부다처 임계 모델은 키프시기 족에게 매우 잘 들어맞는다.[18]

하지만 이 이론에는 두 가지 문제점이 있다. 우선 첫째 아내의 입장에 대해서는 아무 언급도 하지 않고 있다는 것이다. 남편을 비롯해서 재산 등 그 밖의 것을 공유하는 것은 첫째 아내에게 이로울 것이 없다. 미국 유타 주의 모르몬 교도 사이에도 첫째 아내가 둘째 아내를 반기지 않는 것은 잘 알려져 있다. 모르몬 교회는 공식적으로 100년 전에 일부다처를 금지했다. 그러나 최근에 소수의 원론주의자들이 일부다처제의 실행을 재개하였으며, 공공연히 일부다처제를 수용하자는 여론을 조성하기 시작했다. 유타 주 빅워터 시의 시장이었던 알렉스 조지프Alex Joseph는 1991년에 9명의 아내와 20명의 아이들을 두었다. 아내들은 대부분 직업을 가지고 있었으며 각자의 몫에 만족하기도 했으나, 서로 얼굴을 대하지 않으려 하였다. 그의 아내들 중 셋째 아내는 "첫째 아내는 둘째 아내가 들어오는 것을 별로 좋아하지 않았다. 그런데 둘째 아내는 누가 첫째인지 상관하지 않는다. 그러므로 그들 사이에는 다툼과 나쁜 감정이 있게 된다"고 말하였다.[19]

첫째 아내가 남편을 공유하는 것을 거부한다면, 그 남편은 어떻게 할 것인가? 남편은 그녀에게 그것을 받아들이도록 압력을 가할 것이다. 혹은 그녀가 그것을 받아들이도록 뇌물 공세를 펼 수도 있다. 보통 둘째 아내의 아이들에 비해 첫째 아내의 아이들이 얻는 적출嫡出로서의 우월한 지위는 그들을 달래기 위해 지급되는 보너스이다. 아프리카 일부에서는 첫째 아내가 남편 재산의 70퍼센트를 상속받는다는 법이 성문화되어 있다.

우연하게도 일부다처 임계 모델은 다음과 같은 물음을 제기하였다. 일부다처제가 우리 사회에서 비합법적이 된 것은 누구에게 이익이 될까? 우리는 여자들에게 이익이 될 것이라고 생각한다. 그러나 한번 생각해보자. 어떤 사람이 자신의 의도와는 달리 결혼을 강요당한다면 어떤 상황이든 그것은 비합법적인 것이 되므로, 일부다처제에서도 둘째 아내들은 자신의 몫을 자발적으로 선택한 것이라고 치자. 그럴 경우 직업을 원하는 여자는 3인 가정이 훨씬 더 편하다는 것을 확실히 알게 될 것이다. 그녀는 아이를 돌보는 일을 분담해줄 두 명의 파트너를 갖게 된다. 모르몬 교의 한 변호사가 말하는 바와 같이 현대 직장 여성에게는 사회적인 요인 때문에 일부다처제가 매력적일 수가 있다.[20] 그러나 남자들의 입장에서 생각해보자. 만약 많은 여성들이 가난한 남성의 첫째 아내가 되는 것보다 부유한 남성의 둘째 아내가 되기를 선택한다면, 상대적으로 미혼 여성은 감소하고 많은 남성들은 불행하게도 독신으로 남을 수밖에 없다. 일부다처제 금지법은 여성을 보호하는 법이라기보다 실제로는 남성을 보호하는 법이다.[21]

짝짓기 방법의 이론에 대한 네 가지 계율을 세워보자. 첫째, 암컷이 일부일처적이고 성실한 수컷을 선택하는 것이 암컷에게 더 낫다면, 일부일처제가 나타날 것이다. 둘째로, 그렇지 않다면 수컷들은 그것을 강요할 수 있다. 셋째, 암컷이 이미 짝짓기 한 수컷을 선택해서 더 나빠질 것이 없다면 일부다처제가 될 것이다. 넷째, 그렇지 않다면 이미 짝짓기 한 암컷이 함께 짝짓기 한 수컷이 다른 암컷과 짝짓는 것을 막을 수 있으며, 이럴 경우 일부일처제가 될 것이다. 그러므로 게임 이론의 놀라운 결론은 수컷은 능동적으로 유혹하는 역할을 맡았음에도 불구하고 자신의 결혼이라는 운명에 대해서는 전적으로 수동적인 방관자라는 것이다.

왜 성을 독점하려 하는가?

그러나 일부다처 임계 모델은 조류 중심의 관점에 서 있다. 포유류를 연구하는 사람들은 실제로 모든 포유류는 네 가지 계율에 들어맞지 않으며 일부다처 임계 모델과는 동떨어져 있는 다른 관점을 취한다고 본다. 임신 중에 포유류의 수컷은 암컷에게 아무 쓸모가 없기 때문에, 수컷이 이미 결혼을 했는지는 암컷에게 그다지 관심거리가 되지 못한다. 그러나 인간의 경우는 포유류의 법칙에서 깜짝 놀랄 만한 예외가 된다. 아이들은 긴 세월 동안 부모의 품안에서 자라기 때문에, 새끼 포유류보다는 새끼 새에 더 가깝다. 인간의 여성은 옆에 머무르며 아이를 키우는 것을 도와주는 미혼의 나약한 남편을 선택하는 것이, 바람둥이인 우두머리와 결혼하여 혼자 모든 일을 도맡아 하는 것보다 더 좋은 흥정이 될 수 있다. 이것은 다음 장에서 다시 다루게 될 이야기의 요점이다. 이 시점에서 사람의 일은 접어 두고 사슴에 대해 생각해보자.

암사슴은 수컷을 독차지할 필요성이 거의 없다. 수사슴은 우유를 줄 수도 없고 새끼들을 위해 풀을 뜯어올 수도 없다. 그러므로 사슴의 짝짓기 방법은 수컷 간의 싸움으로 결정되는데, 이것은 한편 암컷이 어떤 서식 행태를 취하느냐에 따라 이루어진다. 암컷이 무리를 이루며 사는 곳에서(예를 들면, 붉은큰뿔사슴) 수사슴은 여러 암컷을 거느리는 하렘의 대장이 될 수 있다. 암컷이 혼자 살아가는 곳에서(예를 들면, 노루) 수컷은 세력권을 형성하며 대부분은 일부일처성을 띤다. 각각의 종마다 암컷의 행동 양식에 따라 독특한 양상을 지니게 된다.

1970년대의 동물학자들은 무엇이 특정 종의 짝짓기 방법을 규정하는지 알아내기 위하여 이와 같은 양상을 연구하기 시작하였다. 그들은 연구 도중에 사회생태학Socioecology이라는 새로운 말을 만들어냈다. 사회생태학이 가장 성공적으로 적용된 예는 영양과 원숭이 사회이다. 두 연구는 영양과 영장류의 짝짓기 방법을 그들의 생태학으로 예측할 수 있다고 결론지었다. 숲 속에 사는 작은 영양은 먹이를 골라서 먹으며 이에 따라서 독립적으로 생활하는 일부일처제를 따른다. 개방된 숲에서 사는 좀 더 큰 중간 크기의 영양은 작은 무리를 이루고 속에서 하렘을 형성하며 살아간다. 일런드처럼 크고 넓은 평원에서 사는 영양은 큰 무리를 지어 살며 아무하고나 짝짓기를 한다. 처음에는 매우 비슷한 체계가 원숭이와 유인원류에 적용되는 듯했다. 야행성의 작은 부시베이비는 독립적으로 생활하는 일부일처형 원숭이이다. 나뭇잎을 뜯어먹고 사는 인드리원숭이는 하렘을 이루고 산다. 숲 기슭에서 사는 고릴라는 작은 하렘을 만들고 산다. 사바나의 나무에서 사는 침팬지는 큰 무리를 이루고 아무렇게나 짝짓기를 하며 산다. 초원에 사는 개코원숭이는 큰 하렘을 이루거나 다수의 수컷이 지배하는 무리를 지어 생활한다.[22]

그와 같은 생태학적 결정론은 어딘가에 근거를 두고 있는 것처럼 보이기 시작했다. 이것의 논리적 배경은 포유류의 암컷이 큰 무리에서 살든, 작은 무리에서 살든, 혹은 혼자 살아가든지 간에 성에는 상관없이 음식과 안전을 확보할 수 있는지에 따라 그들 자신의 분포 양식을 계획한다는 것이다. 그런 다음에 비로소 수컷들은 여러 마리의 암컷을 직접 보호하거나 혹은 암컷들이 살고 있는 자신의 영토를 방어함으로써 되도록 많은 암컷들을 독점하기 시작한다. 넓은 지역에서 따로따로 떨어져 사는 암컷은 수컷에게 단지 한 가지 선택권만을 주었다. 그것은 한 마리의 암컷이 지닌 구역을 독점하고 그 암컷의 성실한 남편이 되는 것이다(예를 들면, 긴팔원숭이). 고립되어 있기는 하지만 다른 개체들과 그리 많이 떨어져 있지 않은 암컷은 수컷에게 따로 떨어져 있는 두 마리 이상의 암컷의 구역을 독점하는 기회를 주었다(예를 들면, 오랑우탄). 작은 집단을 이루고 사는 암컷은 한 수컷이 전체를 하렘으로 하여 독점할 수 있는 기회를 주었다(예를 들면, 고릴라). 암컷이 큰 집단을 이루고 사는 경우에, 수컷은 암컷들을 다른 수컷과 공유해야 했다(예를 들면, 침팬지).

하지만 한 가지 감안해야 할 요소가 있다. 그것은 한 종이 겪어온

붉은 여왕

최근의 역사가 어떤 짝짓기 방법을 갖느냐에 영향을 줄 수 있다는 점, 좀 더 단순하게 말하면 똑같은 생태라도 그것이 형성된 경로에 따라 서로 다른 짝짓기 방법을 낳을 수 있다는 점이다. 노섬브리아의 황무지에 사는 붉은뇌조와 검은뇌조는 실질적으로 같은 서식지에서 산다. 검은뇌조가 양들이 주로 풀을 뜯어먹는 지역이 아닌 관목이 우거진 지역을 선호한다는 점을 제외하고는 그들은 생태적으로 형제이다. 그러나 검은뇌조는 봄이 되면 특정 레크로 모여들고, 그곳에서 모든 암컷들은 외모가 가장 인상 깊은 수컷 하나나 둘 정도와 짝짓기를 한다. 그러고는 수컷의 도움 없이 어린 새끼를 기른다. 붉은뇌조는 자신이 사는 장소에서 일부일처식으로 짝짓기를 하며, 수컷도 거의 암컷만큼 새끼에게 관심을 기울인다. 이 두 종류의 뇌조는 같은 먹이와 같은 서식지와 같은 적을 공유하는데도 전적으로 다른 짝짓기 방법을 갖고 있다. 왜 그럴까? 이들을 연구하는 학자들과 내가 그럴 듯하다고 받아들이는 해석은 그들이 다른 짝짓기 역사를 가졌기 때문이라는 것이다. 검은뇌조는 숲 속에서 살았던 조상의 자손으로, 그 외가 쪽 조상들은 숲 속에서 수컷이 가진 영토보다 유전적인 질에 따라 수컷을 선택하는 습관을 발전시켰다.[23]

수렵인인가, 채집인인가?

우리의 짝짓기 체계를 알아보기 위해서는 우리의 자연적인 서식지와 과거에 대해 알아야 한다. 인류가 도시에서 살기 시작한 것은

1,000년도 채 못 된다. 인류는 약 1만 년도 안 되는 동안 농사를 지어왔다. 이것은 단지 눈 깜박할 시간에 지나지 않는다. 인류학자들은 인류가 아프리카에서 인간으로 살기 전 100만 년 이상을 수렵-채집인으로서, 혹은 풀을 뜯어먹으면서 살았을 것이라고 말한다. 그러므로 현대 도시생활자의 두개골 속에도 아프리카의 사바나에서 작은 무리를 지어 사냥하고 채집하도록 설계된 원시인의 두뇌가 있다. 인간의 짝짓기 체계가 과거에 무엇이었든 지금의 인간에게는 이미 그것이 '자연스러운' 것이다.

케임브리지대학의 인류학자 로버트 폴리Robert Foley 교수는 인류의 사회 체계에 관한 역사를 조각조각 주워 맞추어왔다. 폴리는 모든 유인원은 암컷이 자신의 자연집단을 떠나는 습성을 공통적으로 가지는 반면에, 모든 개코원숭이류는 공통적으로 수컷이 자연집단을 떠난다는 사실에서 출발하였다. 한 생물종의 짝짓기 방식이 암컷 족외혼에서 수컷 족외혼으로 바뀌거나 그 반대로 바뀌는 것은 상당히 어려운 일로 보인다. 오늘날의 인류에게도 전형적인 유인원의 모습이 깃들어 있다. 대부분의 인류 사회에서 여자들은 남편과 살기 위해 남편을 따라다니며, 남자들은 자신의 친척들과 가까이 살려는 경향이 있다. 그러나 몇 가지 예외도 있다. 많은 경우, 비록 대부분의 전통적인 인간 사회에서는 일어나지 않지만, 남자들이 여자를 따라 옮겨다니는 일도 있다.

암컷 족외혼은 유인원의 경우 암컷이 자신의 친족과 유대관계를 형성하지 못하게 하는 것을 의미한다. 어린 침팬지 암컷은 대개 어미가 있는 무리를 떠나 낯선 수컷이 점유하고 있는 다른 무리로 들어가야 한다. 이렇게 하기 위해 암컷 침팬지는 그 새로운 부족에서 이미 살고 있는 암컷의 환심을 사야 한다. 수컷은 반대로 자기 가족들과 머무르며, 나중에 강한 친척의 지위를 물려받으려고 그 친척과 제휴한다.

유인원이 남긴 아주 많은 유산들이 인류에게 전해졌다. 인간이 살고 있는 거주지는 어떤가? 제3기 마이오세 말기인 2,500만 년 전, 아프리카의 숲은 줄어들기 시작하였다. 지금으로부터 약 700만 년 전에 인류의 조상은 지금의 침팬지의 조상에서 갈라져 나왔다. 인류의 조상은 침팬지보다는 많이, 고릴라보다는 훨씬 많이 이 새로운 건조 지대로 이동하였고 점차 여기에 적응하였다. 이 사실은 가장 최초의 인류와 닮은 원숭이(오스트랄로피테쿠스) 화석이 발견된 탄자니아의 올두바이와 에티오피아의 하다가 그 당시에는 숲으로 덮여 있지 않은 지역이었다는 것에서 알 수 있다. 아마도 비교적 개방적인 이들 서식지는 두 개의 다른 개방 사회 영장류인 침팬지나 개코원숭이에게처럼 큰 집단에게 좋은 서식지가 되었을 것이다. 사회생태학자들의 연구를 통해, 거주지가 개방될수록 더 큰 집단이 형성된다는 사실이 거듭 확인되고 있다. 이것은 큰 집단일수록 흩어져 있는 천적을 더욱 잘 경계할 수 있으며, 띄엄띄엄 있는 먹이를 효과적으로 발견할 수 있기 때문이다. 특별히 설득력이 있는 것은 아니지만, 원칙적으로 겉으로 볼 때 수컷과 암컷의 크기가 매우 차이가 난다는 이유에서, 대부분의 인류학자들은 초기 오스트랄로피테쿠스는 고릴라나 개코원숭이류와 같이 한 마리의 수컷이 하렘을 이루고 살았다고 믿고 있다.[24]

그러나 300만 년 전 쯤에, 인류의 계보는 두 갈래(혹은 그 이상으로)로 갈라졌다. 로버트 폴리는 주기적인 강수량이 점점 늘어감에 따라 최초의 원숭이 인간이 생활양식을 지키는 데에 어려움을 겪었을 것이라고 믿는다. 왜냐하면 그들의 식량인 열매나 씨, 그리고 아마도 곤충 같은 것들이 건기에는 훨씬 줄어들었을 것이기 때문이다. 그들의 자손 중 한쪽 계열은 주식으로 점점 거친 식물을 먹게 됨에 따라 특히 강한 턱과 이빨을 발달시켰다. 그리하여 오스트랄로피테쿠스 로부스투스, 즉 견과류를 깨무는 인류는 건기에는 딱딱한 씨앗과 나뭇잎을 먹으며 살게 되었다. 그들의 해부학적 구조를 단서로, 폴리는 견과류를 깨무는 원시인은 침팬지처럼 수컷이 여럿 있는 집단에서 살았을 것이라고 추측하고 있다.[25]

그러나 다른 쪽 계열의 자손은 완전히 다른 방향으로 나아갔다. 호모*Homo*라고 알려진 이 동물들은 고기를 주식으로 선택하였다. 160만 년 전쯤 최초의 진정한 의미의 인간이라고 할 수 있는 호모에렉투스가 아프리카에서 살았을 때, 이들은 의심할 여지없이 이 세계에 아직 알려진 적이 없는 가장 강한 육식성 원숭이였다. 이것은 이들이 머무르며 살던 유적에 남아 있는 뼈로 알 수 있다. 이들은 아마도 사자가 사냥하고 남긴 찌꺼기를 먹거나, 그 자신이 도구를 사용하여 사냥놀이를 시작했을 것이다. 점차 건기에는 육류에 의존할 수 밖에 없게 되었다. 폴리와 리 P. C. Lee에 따르면, 육식의 원인은 생태학적이지만 그 결과는 사회적이다. 사냥을 위해, 혹은 사자가 먹다 남은 찌꺼기라도 더 많이 찾아내려고 인간은 집에서 멀리 떨어진 곳까지 행동 반경을 넓히고, 협동하기 위해 동료에게 의존할 필요가 생겼다. 그 결과로서, 혹은 그와 동시에 인간의 몸은 점차적으로 일련의 상호보완적인 변화를 겪게 된다. 두개골은 점점 성장한 후까지도 어릴 때 모습이 이어지기 시작하였고, 두뇌는 더 커지고 턱은 더 작아졌다. 성숙해지는 것이 점점 늦어져 아이들은 천천히 성장하게 되었고 부모에게 더 오랫동안 의존하게 되었다.[26]

그 다음 100만여 년 동안, 사람들은 그다지 많은 변화를 겪지 않았다. 그들은 초원과 나무가 있는 사바나에서 살았는데, 처음엔 아프리카에서, 나중엔 유라시아에서, 그리고 마침내는 호주와 아메리카에서도 살게 되었다. 그들은 먹기 위해 동물을 사냥하고, 열매와 씨를 모았으며, 자기 부족 내에서는 고도로 사회적이 된 반면에 다른 부족의 구성원에게는 적대감을 갖게 되었다. 도널드 시먼스는 이러한 시간과 장소의 조합을 '진화적 적응의 환경Environment of Evolutionary Adaptedness' 혹은 EEA라 부르고, 그것이 인간 심리의 중심에 있다고 믿었다. 사람들은 현재나 미래에 적응될 수 없다. 그들은 단지 과거에만 적응될 수 있다. 그러나 그는 EEA에서 살았던 사람들이 어떻게 살았는지 정확하게 알아내기 어렵다는 것을 쉽게 인정하고 있다. 그들은 아마도 작은 단위를 이루고 살았을 것이며, 유목 생활을 하고, 고기와 채소 모두를 먹으며, 현재의 모든 문화권의 인간들이 공통적으로 갖고 있는 면, 즉 아이를 낳아 기르는 장치로써의 결혼, 낭만적인 사랑, 질투, 한 여자를 사이에 둔 남자들끼리의 결투, 높은 지위의 남성에 대한 여성의 선호도, 젊은 여자에 대한 남성의 선호도, 무리들 간의 싸움 등을 공유했을 것이다. 수렵하는 남자와 채집하는 여자 사이에 성에 따른 노동 분배가 이루어진 것은 거의 확실하다. 이것은 사람들과 몇몇 육식 조류에게 독특한 것이다. 파라과이에 사는 에이크 사람들 사이에서는 여자들이 아기를 키우느라 거둬들일 수 없는 고기나 꿀과 같은 음식을 남자들이 전담하여 구한다.[27]

뉴멕시코대학의 킴 힐Kim Hill 박사는 일관성 있는 EEA는 존재하지 않는다고 주장하며, 지금은 존재하지 않지만 한때는 널리 퍼져 있던 공통점이 있었을 것이라는 점에만 다소 동의하고 있다. 사람들은 누구나 살면서 만날 수 있는 거의 모든 사람들에 대해서 이미 알고 있거나 들어본 일이 있어서, 실질적으로 낯선 사람이란 없다. 이것은 범죄 방지나 교역의 역사 등 여러 면에서 굉장히 중요하다. 익명성이 없다는 것은 허풍선이나 사기꾼이 그리 오랫동안 활개칠 수 없음을 의미했다.

미시간대학의 생물학자들은 이러한 EEA 논쟁을 두 가지 점에서 모두 거부하고 있다. 첫째, EEA의 가장 핵심적인 요인은 오늘날에도 여전히 우리와 함께하고 있다. 바로 다른 사람들이다. 우리의 뇌는 너무나 커져서 도구를 만들기보다는 서로를 심리학적으로 연구한다. 사회생태학의 교훈은 우리의 짝짓기 방법이 생태적인 면에 의해서가 아니라 다른 사람(같은 성의 구성원과 다른 성의 구성원)에 의해 결정된다는 것이다. 서로를 가르치고 도와주며 속이고, 또 한 술 더 떠 속이고 하는 것들이 우리를 더욱 지적으로 몰고 갔다.

둘째, 인간은 무엇보다 융통성 있게 적응할 수 있도록 디자인되었다는 것이다. 인간은 그들의 목적을 달성할 수 있는 모든 종류의 대안을 얻도록 고안되었다. 오늘날까지도 수렵-채집 사회가 존재한다

붉은 여왕

는 것은 엄청난 생태적·사회적 변이를 보여주며, 이들 대부분이 인류의 일차적인 서식지가 아닌 사막과 숲을 차지하고 있기 때문에 전형적인 예라고도 할 수 없다. 호모 에렉투스의 시대에도 낚시 문화, 해변 거주 문화, 사냥 문화, 혹은 식물 채집 문화가 특수화되어 있었을 수 있다. 이 중 몇 가지가 부의 축적과 여러 명의 배우자를 가질 수 있는 기회를 제공했을지도 모른다. 최근의 예로 아메리카 대륙의 북서부 태평양 연안의 연어잡이 인디언들 사이에 농경사회 이전의 문화가 남아 있었는데, 이들은 고도의 일부다처제를 지니고 있었다. 지역적인 수렵-채집 경제가 그것을 선호했다면, 남자들은 일부다처제를 누릴 수 있었고 여자들은 먼저 있던 다른 아내들의 저항을 뚫고 하렘의 일원이 될 수 있었다. 그렇지 않다면 남자들은 좋은 아버지가 될 수 있고 여자들은 질투가 심한 일부일처로 남아 있게 된다. 바꾸어 말하면, 인류는 여러 환경에 따라 적합한 여러 가지 가능한 짝짓기 방법을 가지고 있다.[28]

이 점은 더 크고 더 지적이며 더 사회적인 동물일수록 더 작고 어리석거나 혹은 고립되어 있는 동물보다 대체로 짝짓기 방법에서 더 유연하다는 사실로 뒷받침된다. 침팬지는 먹을 수 있는 먹이의 범위를 먹이 공급 상황에 따라 점점 확장해나간다. 칠면조도 같은 현상을 보인다. 코요테는 사슴을 잡을 때는 무리를 지어 사냥을 하지만 쥐를 잡을 때는 혼자서 사냥한다. 이렇게 먹이에 의해 유도되는 사회 양상 그 자체가 조금씩 다른 짝짓기 패턴을 유도한다.

돈과 섹스

그러나 인간이 유연성이 있는 동물이라면 EEA는 어느 면에서 여전히 우리 옆에 있다. 20세기 사회에서 인간이 적응하여 행동하고 힘에 의한 종족 번식이 성공할 때, 이것은 EEA(그것이 언제이건, 어느 곳이건) 안에서 모양을 갖춘 적응 형식이 여전히 유효하기 때문이다. 사바나에서 살아가는 데에 따르는 기술적인 문제점들은 빙하기의 사바나에서 일어난 문제점들과는 엄청나게 다르지만, 거기서 살고 있는 인간은 그렇지 않다. 우리는 여전히 우리가 알고 있거나 들어본 일이 있는 사람들에 대한 풍문에 시달린다. 남자들은 여전히 권력을 추구하고 남자들끼리의 연합전선을 구축하거나 그 속에서 우위를 차지하는 일에 사로잡혀 있다. 인간의 제도는 그들 내면 속의 정치적인 면에 대한 이해 없이는 제대로 이해할 수 없다. 근대의 일부일처제는 고대 중국의 하렘이나 결혼을 하기 위해 수년 동안 기다리다가 노망이 들 때쯤 거대한 하렘을 즐기는 근대 호주 원주민들의 장로 정치적 일부다처제와 같은 다양한 우리의 짝짓기 방법들의 레퍼토리 가운데 하나일 뿐이다.

그렇다면 우리 모두가 우리 내면 속에 있다고 인정하는 '성적 충동'은 아마도 우리가 깨닫고 있는 것보다 훨씬 구체적일 것이다. 남자들은 여자를 쫓아다님으로써 항상 자기 자손을 늘릴 수 있고, 반면에 여자들은 그럴 수 없다고 가정해보자. 그렇다면 남자들은 일부다처의 기회가 생겼을 경우 (반드시) 이를 포착하도록 설계되었을 것이며, 그런 행동의 일부는 남자들의 마음속에 있다고 말할 수 있

붉은 여왕

을 것이다.

진화생물학자들 사이에는 다음과 같은 사실에 대해 넓은 공감대가 형성되어 있다. 그것은 우리 조상들은 대부분 (농경 생활 이전 200만 년간의 근대적 인간이 살았던) 빙하기 동안 아주 가끔씩만 일부다처의 조건에서 살았다는 사실이다. 사냥하고 채집하는 사회는 근대의 서구 사회와 크게 다르지 않다. 대부분의 남자들은 한 명의 아내만을 맞이하지만, 많은 남자들이 간통을 하고 있으며, 몇몇은 일부다처, 극단적으로 다섯 명의 아내를 거느리기도 한다. 숲 속에서 그물을 이용하여 식량을 사냥하는 중앙아프리카공화국의 아카 피그미 족은 15퍼센트의 남자들만이 한 명 이상의 아내를 가지는데, 이것은 풀을 채집하여 먹고사는 사회의 전형적인 양상이다.[29]

수렵과 채집 생활이 일부다처제를 그리 크게 뒷받침해주지 못하는 이유의 하나는 기술보다는 행운이 사냥의 성공에 큰 몫을 한다는 데 있다. 최고의 사냥꾼일지라도 종종 빈손으로 돌아와 그의 동료가 잡아 나눠주는 동물에 의존해야만 하기 때문이다. 이러한 사냥물의 공평한 분배는 수렵 생활을 하는 대부분의 다른 사회에서도 특징적으로 나타나며, 이것은 모든 사회가 종종 기본적으로 가지고 있다고 생각되는 '상호 이타주의' 습성에 가장 가까운 예이다. 운이 좋은 사냥꾼은 그가 먹을 수 있는 것보다 더 많은 사냥감을 잡을 수 있으며, 동료들과 잡은 고기를 나눔으로써 잃는 것은 거의 없다. 또한 다음번에 운이 없을 때 그는 자신이 잡은 것보다 많은 것을 얻을 수 있으며, 이렇게 하여 그가 이전에 잡아온 고기를 나눠준 것에 대한 보상을 받게 된다. 이런 방식의 교역은 화폐경제의 조상뻘이라고 할 수 있다. 고기는 저장할 수 없고 행운이 늘 지속되는 것도 아니기 때문에, 부의 축적은 수렵-채집 사회에서는 불가능하다.[30]

농경의 시작과 함께 일부 남자가 일부다처를 누릴 기회가 극단적으로 도래하게 되었다. 농사는 어떤 한 남자가 곡식이건 가축이건 다른 남자들의 노동을 살 수 있는 식량의 잉여분을 축적함으로써 동료에 비해 훨씬 강한 힘을 기를 수 있는 수단이 되었다. 다른 사람의 노동은 잉여분을 더욱 늘릴 수 있는 수단이었다. 처음으로 부를 소유하는 것이 더 많은 부를 축적할 수 있는 가장 좋은 방법이 되었다. 어떤 농부가 사냥꾼으로서는 비슷한 수준의 다른 동료들보다 더 많은 수확을 얻는 이유는 행운이 아니었다. 농경은 갑자기 부족 가운데 최고의 농부에게 가장 많은 식량을 축적하게 했을 뿐만 아니라, 가장 확실한 보급처가 되었다. 그는 답례로 되돌려받을 필요가 없었기 때문에 그것들을 무상으로 나눠줄 필요도 없었다. 나미비아에서는 수렵 생활을 하는 쿵산 족보다 농사를 짓기 위해 이를 포기한 가나 산 족이 더 서로 음식을 나누지 않으며, 부족 내의 정치적 독점이 심하다. 이제 가장 좋거나 넓은 토지를 소유하거나, 더 열심히 일하거나, 여분의 황소를 소유하거나, 자기만이 할 수 있는 독특한 기술을 가진 기술자가 됨으로써, 한 사람이 그의 동료들보다 10배는 더 부자가 될 수 있다. 따라서 그런 사람은 더 많은 아내를 거느릴 수 있었다. 단순한 농경사회에서는 가장 우위에 있는 남자 한 명이 100명의 여자로 구성된 하렘을 거느리는 것을 종종 볼 수 있다.[31]

목축 사회는 거의 예외 없이 전통적으로 일부다처제이다. 왜 그런지는 쉽게 알 수 있다. 한 떼의 소나 양을 돌보는 것은 25마리일 때나 50마리일 때나 거의 비슷하다. 이 같은 경제 구조에서는 한 남자가 끊임없이 부를 축적할 수 있다. 부익부의 순환은 부의 불평등을 초래하고, 그것은 성적 기회의 불평등을 가져왔다. 케냐에 사는 무코고도 남자 중 일부가 다른 사람들보다 더 높은 생식력을 갖는 이유는 그가 더 부자이기 때문이다. 즉, 더 부자가 된다는 것은 더 빨리, 그리고 더 자주 결혼할 수 있도록 해준다.[32]

'문명'이 도래하기까지 지구에 독립적으로 존재하던 여섯 지역(기원전 1700년경의 바빌론에서 서기 1500년의 잉카 제국까지)의 황제들은 그들의 하렘 내에 수천 명의 여자를 거느리고 있었다. 사냥과 싸움 기술을 가진 남자들은 이전에 한두 명의 아내를 더 소유할 수 있었지만, 부를 소유한 남자들은 10명 이상의 아내를 가졌다. 그러나 부는 또 다른 이점 역시 가지고 있다. 아내를 직접 살 수 있었을 뿐만 아니라 '권력' 역시 살 수 있었다는 점이다. 권력 구조와 독립된 경제 분야 같은 것이 생기기 전인 르네상스 이전에 부와 권력을 떼놓을 수 없었다는 것은 주목할 만하다.[33] 한 남자의 생계와 신하로서의 의무는 같은 사회 지도층에 귀속되어 있었다. 권력은 한 마디로 아랫사람에게 명령을 이행하도록 요구할 수 있는 능력이며, 명백하게 부에(약간의 폭력의 도움과 함께) 의존한다.

권력 추구는 모든 사회적 동물의 특징이다. 케이프들소는 성적으로 자손을 더 많이 낳을 수 있는 우위의 계층 구조가 무리 속에서 생겨난다. 침팬지 역시 그 무리의 '으뜸 수컷'이 되려고 애쓰며, 그렇게 함으로써 짝짓기 상대의 수를 늘릴 수 있다. 그러나 침팬지는 인간들처럼 전적으로 맹목적인 강한 힘에 의존하지 않는다. 그들은 속임수를 쓰기도 하며, 무엇보다도 서로 동맹을 맺는다. 침팬지 무리 사이의 싸움은 수컷들이 동맹을 구축한 결과이며 또한 원인이다. 제인 구달의 연구에 의하면, 한 침팬지 무리의 수컷들은 다른 무리의 수컷이 더 많아지는 때를 잘 감지하여, 신중하게 적의 무리에 있는 수컷을 빼올 기회를 살핀다. 수컷의 동맹이 크고 결속이 잘 되어 있을수록, 수컷 사이에서 동맹은 더 효과적인 힘을 발휘한다.[34]

수컷의 동맹은 많은 동물 사이에서 볼 수 있다. 칠면조의 경우에는 레크에서 수컷들의 형제애가 경쟁적으로 나타난다. 만일 어떤 형제가 이기면, 암컷들은 그중 맏형과 짝짓기를 하게 된다. 사자는 한 형제들이 연합하여 그 무리 안에 있는 다른 수컷들을 몰아내고 무리를 차지한다. 그러고 나서 새끼 사자들을 죽이고 발정기의 암사자들을 다시 불러들여, 결국 전체 형제들이 모든 암컷과 교미할 수 있는 보상을 나눠 가지게 된다. 도토리딱따구리는 한 떼의 형제 새들이 한 떼의 자매 새들과 자유연애를 하며, 식량 창고가 되는 나무 한 그루에서 산다. 도토리딱따구리는 나무에 구멍을 여러 개 뚫어놓고 3만 개나 되는 도토리를 저장하여 겨울을 날 수 있도록 한다. 모든 어른 새의 조카나 조카딸이 되는, 결코 아들이나 딸이 될 수 없는 어린 새들은 그 무리를 떠나야 하며, 그들 자신이 형제와 자매로 이루어진 무리를 다시 만들어 다른 새가 살고 있던 식량 창고 나무를 빼앗는다.[35]

수컷과 암컷의 동맹은 혈연관계를 기초로 할 필요가 없다. 수컷 형제들은 서로 도우려는 경향이 있는데, 그것은 그들이 혈연관계에 있기 때문이다. 즉, 그의 형제의 유전자에게 이로운 것은 그 자신에게도 이롭다고 할 수 있는데, 이것은 그가 그의 형제들과 유전자의 반을 공유하기 때문이다. 그러나 이타주의가 확실하게 대가를 지불하게 하는 다른 방법, 즉 상호교환이 있다. 어떤 동물이 다른 동물의 도움을 원한다면, 그 동물은 나중에 그에 대한 보답을 약속할 것이다. 그의 약속이 신뢰를 얻는 만큼, 달리 말하면 각 개체가 서로를 인정하고 그들의 빚을 정리할 때까지 함께 지내는 만큼, 수컷은 다른 수컷에게 짝짓는 데에 도움을 구할 수 있다. 이것은 최근에 겨우 성생활이 알려지기 시작한 돌고래에서도 일어나고 있는 것으로 보인다. 리처드 코너Richard Connor와 레이첼 스모커Rachel Smolker의 연구에 따르면, 수컷 돌고래 무리는 아직 짝짓기를 하지 않은 암컷 돌고래를 납치하여 겁을 주고 멋진 곡예를 보여준다. 그러고 나서 그들은 성적 독점을 즐긴다. 일단 암컷이 새끼를 낳으면 수컷 동맹은 그 암컷 돌고래에 대한 흥미를 잃으므로, 암컷은 자유의 몸이 되어 암컷들로만 이루어진 원래 집단으로 되돌아가게 된다. 이러한 수컷들의 동맹은 종종 일시적으로 이루어지며, 네가 나를 도우면 나도 너를 돕는다는 원칙에 바탕을 두고 맺어진다.[36]

  지능이 높은 종일수록, 동맹관계가 유연할수록, 야심 있는 수컷은 자신의 힘에 대해 제한을 덜 받는다. 들소와 사자는 자신들의 힘을 겨루어 권력을 얻는다. 돌고래와 침팬지도 권력을 얻기 위해서는 힘이 세어야 하지만, 그보다는 수컷들이 동맹을 이루는 능력에 훨씬 더 의존한다. 사람들 사이에서 사실상 힘과 권력은 관련이 없다. 적어도 골리앗을 쓰러뜨린 투석기같이 원거리에서 작용하는 무기가 발명되기 전에는 그렇지 않았다. 부, 속임수, 정치적 기술과 경험은 남자들 사이에 권력을 가져다주었다. 한니발부터 빌 클린턴에 이르기까지 남자들은 지지자의 연대를 규합하는 것으로 권력을 얻는다. 인간들에게는 부가 지지자의 연대를 규합하는 방법이 되었다. 다른 동물들에게 그 보상은 대부분 성적인 것이다. 그렇다면 인간의 경우에는 어떨까?

성적 활동이 강했던 황제들

1970년대 말 캘리포니아의 인류학자인 밀드레드 디크만은 인간의 역사와 문화에 다윈의 생각을 적용해보고자 했다. 디크만은 진화학자들이 다른 동물들에 적용시킨 예측들이 인간에게도 적용되는지 알아보려 하였다. 그녀가 발견한 것은 초기 역사 시대의 고도로 계층화된 동방 사회에서, 그들의 지상 목표가 되도록 많은 자손을 남기는 것이라고 할 때 그들은 정확히 우리가 기대하는 그런 행동을 해내고 있었다는 것이다. 바꿔 말하면, 남자들은 일부다처제를 누리려 했고 여자들은 높은 지위의 남자와 결혼하려고 애썼다. 디크만은 또한 많은 문화적 관습들(지참금, 여아 영아살해, 처녀성을 지키도록 여자를 유폐하는 것)이 이러한 양상과 부합된다고 덧붙이고 있다. 예를 들어, 인도에서는 카스트의 높은 계급에서 낮은 계급보다 많은 여아 영아살해가 벌어졌는데, 이것은 딸들을 높은 계급의 가문으로 시집보낼 수 있는 기회가 더 적기 때문이다. 즉, 짝짓기는 남자와 여자 사이에 일어나는 하나의 교역이다. 남자는 권력과 재산을, 여자는

 붉은 여왕

생식 능력을 상대방에게 건네주는 것이다.[37]

디크만의 연구와 비슷한 시기에 하버드대학의 존 하팅John Hartung 박사는 유산 상속의 패턴을 연구하기 시작하였다. 그는 일부다처제 사회에서 부유한 남자(혹은 여자)는 그의 재산을 딸보다는 아들에게 남겨주려 할 것이며, 그 이유는 부유한 아들이 부유한 딸보다 더 많은 손자를 안겨줄 수 있기 때문이라는 가설을 세웠다. 아들은 여러 명의 아내로부터 아이를 가질 수 있지만, 딸은 많은 남편을 거느린다 해도 자신의 아이 수를 크게 늘리지 못하기 때문이다. 그러므로 일부다처제를 고수하는 사회일수록, 더 크게 아들에 편중된 상속 형태를 보여주게 될 것이다. 400여 개의 사회를 조사해보았더니, 그의 가설을 압도적으로 지지하는 결과가 나타났다.[38]

물론 그것이 무엇을 입증한 것은 아니다. 진화 이론이 예측한 것과 현실이 우연히 일치한 것에 지나지 않을 수도 있다. 과학자들이 흔히 하는 대로, 벼룩의 귀가 다리에 있을 것이라는 가설을 시험하기 위해 벼룩의 다리를 잘라놓고, 벼룩에게 뛰어보라고 소리쳐도 벼룩이 뛰지 않자, 벼룩의 귀는 다리에 있다는 그의 생각이 옳았다고 결론짓는 것과 같은 일인지도 모른다.

그럼에도 불구하고, 다윈론 신봉자들은 인간의 역사를 진화의 관점으로 그려야 할 것이라고 생각하기 시작했다. 1980년대 중반에 로라 벳지그는 인간은 자신이 부딪히는 상황이 무엇이건 간에 그것을 성적으로 이용하도록 적응되었다는 생각을 시험하였다. 성공에 그리 큰 희망을 걸지는 않았지만, 그 억측을 시험하는 가장 좋은 길은 그녀가 할 수 있는 가장 단순한 예상(즉, 남자들은 권력 그 자체를

일부다처제와 남자의 본성

목적으로 하는 것이 아니라 성적 및 생식적 성공을 얻기 위한 수단으로 권력을 대한다)을 가정하는 것이었다. 근대 사회를 조사하면서 그녀는 다소 의기소침해졌다. 왜냐하면 히틀러부터 교황까지, 권력이 있는 남자들은 종종 아이를 갖지 않았기 때문이다. 그들은 자신의 야망에 너무나 많은 에너지를 쏟아부은 나머지, 여자 꽁무니를 따라다닐 시간이 거의 없었던 것 같다.[39]

그러나 역사 기록을 살펴보면서, 벳지그는 매우 충격을 받았다. 자신의 간단하고 단순한 예상이 반복해서 확인되었기 때문이다. 단지 지난 몇 세기 동안 서구 사회에서 그것이 빗나갔을 뿐이다. 그뿐만 아니라, 대부분의 일부다처 사회에는 강력한 일부다처제를 누리는 사람이 일부다처적인 후계자를 남기는 것을 보장하는 정교한 사회 제도가 존재하였다.

고대의 여섯 개의 독립적인 '문명(바빌론, 이집트, 인도, 중국, 아스텍, 잉카)'은 문명 자체보다 고도로 집중된 권력 때문에 주목할 만하다. 모두 남자들에 의해 통치되었으며 한 번에 한 남자가 독단적이고 절대적인 권력을 소유하였다. 이들은 폭군이었으며, 이것은 그들의 신하를 보복의 두려움 없이 죽일 수 있음을 의미한다. 막대한 권력의 축적은 항상 예외 없이 놀라운 성적 생산력으로 풀이할 수 있었다. 바빌론의 함무라비 왕은 수천 명의 노예 '아내'를 그의 지배 아래 두었다. 이집트의 파라오인 아케나텐은 317명의 첩과 '여러 무리'의 왕비를 거느렸다. 아스텍의 지배자인 몬테주마는 4,000명의 첩을 두었다. 인도의 황제인 우다야마는 불로 에워싸인, 내시들이 지키고 있는 궁성에 16,000명의 왕비를 거느리고 있었다. 중국의

붉은 여왕

황제 폐제廢帝는 1만 명의 여자를 그의 하렘에 두었다. 이미 알려져 있듯이 잉카 제국에서는 왕국 전체에 언제나 처녀를 준비해두고 있었다.

이들 여섯 황제를 비롯하여 그들의 후계자나 이전 황제들 역시 비슷하게 커다란 하렘을 소유했을 뿐 아니라 비슷한 방법으로 하렘을 채우고 또 유지하였다. 그들은 대개 월경을 시작하기 전의 어린 소녀들을 데려다가 탈출이 불가능한 난공불락의 요새에 가두고, 내시들을 시켜 그들을 지키고 보살피게 했으며, 그들이 황제의 아이를 낳고 기르게 될 것을 기대하였다. 하렘의 생식력을 증가시키는 방법들은 서로 유사하다. 여자들의 수유기를 줄여 배란을 빨리 다시 시작할 수 있도록 고용된 유모 이야기는 적어도 기원전 18세기의 함무라비 법전에서부터 나타나기 시작하였다. 수메르 자장가에는 그들에 관한 이야기가 나온다. 중국 당나라 때의 황제들은 하렘에 있는 여성들의 월경일과 임신일의 기록을 보유하고 있었는데, 이것은 확실하게 가장 생식력이 왕성한 후궁과만 성교를 하기 위해서였다. 중국의 황제들은 그들의 정액을 아껴서 하루에 두 여자에게 정액을 사정하도록 교육받았으며, 어떤 황제는 그들의 성가신 성적 의무에 대하여 불평하기까지 하였다. 그들의 하렘은 아이 낳는 기계로는 가장 최고로 고안되었으며, 황제의 유전자를 널리 퍼뜨리는 데 공헌하였다.[40]

황제는 극단적인 예일 뿐이다. 벳지그는 정치적으로 자치권이 있는 104개의 사회를 조사하였고, 거의 대부분 '권력은 그 남자의 하렘의 크기를 말해준다'는 사실을 발견하였다.[41] 권력이 약한 왕은

일부다처제와 남자의 본성

하렘에 100명의 아내를 두지만 권력이 강한 왕은 1,000명을, 황제는 5,000명의 후궁을 거느린다. 인습의 역사를 살펴보면 그 같은 하렘은 시종, 궁전, 정원, 음악, 비단, 훌륭한 음식과 스포츠 관람과 같은 전제 정치의 다른 부속물들과 함께, 권력을 성공적으로 쟁취한 사람이 기대할 수 있는 보상의 하나일 뿐임을 알 수 있다. 그러나 여성을 쟁취할 수 있다는 것은 그 목록에서도 확실히 가장 중요한 점이다. 벳지그의 관점에서 강력한 권력의 황제가 일부다처제를 누린다는 것을 발견한 것과 그들이 하렘 안에서 유모를 고용하거나, 생식력을 점검하거나, 첩들을 격리시키는 등의 방법을 통해 그들의 생식률을 증가시키도록 한다는 것을 발견한 것은 전적으로 다르다. 남자들은 성의 과다에 관심이 있는 것이 아니라, 단지 많은 아이를 낳으려는 데 관심을 두었다는 증거라는 것이다.

그렇지만 생식의 성공이 전제 권력이 누리는 특혜의 하나라면 기묘한 현상이 나타나게 된다. 그 옛날 여섯 황제들은 모두 다 일부일처제에 따라 결혼하였다. 다른 말로 바꿔 말하자면, 황제들은 항상 한 명의 여성을 다른 사람들 위에 '황후'로 두었다. 이것은 인류가 지닌 일부다처 사회의 특징이다. 하렘이 있는 곳에는 어디에나 다른 사람들과는 다르게 특별히 대접받는 으뜸의 아내가 있다. 그녀는 대개 귀족 출신이며, 가장 중요한 것은 그녀 혼자만이 법적 상속권을 지닐 수 있다는 사실이다. 솔로몬은 1,000명의 후궁을 두었지만 왕비는 단 한 명을 두었다.

벳지그는 로마 제국을 조사해보고 로마 사회의 꼭대기부터 바닥까지 팽배해 있던 일부다처적인 부정과 일부일처적인 결혼 사이에 뚜렷한 차이가 있었음을 발견하였다. 로마의 황제들은 한 명의 왕비와 결혼했음에도 불구하고, 성적인 무용담으로도 유명했다. 수에토니우스는 율리우스 카이사르의 엽색 행각이 '너무 지나치다고 공공연히 이야기되었다'고 한다. 수에토니우스는 아우구스투스에 대해서도 다음과 같이 썼다. "그는 엽색 행각을 고수하여, 초로의 나이에도 그를 위하여 아내가 손수 불러온 어린 소녀들을 능욕하려는 열망을 여전히 품고 있었다." 티베리우스의 '죄악과도 같은 색정'은 동방의 폭군이 될 만했다(타키투스). 칼리굴라는 자신의 여동생들을 포함하여 로마의 '모든 계급에 속한 거의 모든 여자'에게 접근하였다(디오). 심지어 클라우디우스는 자신의 아내에게 여자를 제공받았는데, 그의 아내는 클라우디우스에게 '함께 누울 수 있는 잡다한 일을 하는 하녀들'을 데려다 주었다(디오). 네로가 배를 타고 티베르 강을 내려올 때 네로는 '강가에 임시로 세워진 사창가가 줄지어 있는 것'을 보았다(수에토니우스). 그렇게 조직적인 것은 아니었지만, 중국에서처럼 첩들의 주요한 기능은 자손을 낳는 것이었다.

　이러한 일이 황제에게만 특별히 해당된 것은 아니었다. 부유한 귀족 고르디안이 237년에 아버지를 도와 황제 막시미누스에게 반란을 일으켰다가 죽었을 때, 기번은 그를 기리며 다음과 같이 말하였다.

　　22명의 공인된 첩과 그의 다양한 기호를 증명하는 62,000권의 장서, 그리고 그가 남기고 간 것들을 비추어볼 때, 하나하나가 과시를 위한 겉치레라기보다는 사용하기 위해 고안된 것으로 보인다.

'보통의' 로마 귀족들은 수백 명의 노예를 거느렸다. 실제로 여자 노예들은 할 일이 별로 없었지만, 어린 나이에 팔릴 경우 높은 값으로 거래되었다. 남자 노예들은 대개 독신으로 남아 있도록 강요당했다. 그렇다면 왜 로마의 귀족들은 그렇게 많은 젊은 여자 노예를 사들인 것일까? 대부분의 역사가는 다른 노예를 더 낳기 위해서라고 이야기한다. 그 말이 사실이라면, 임신한 노예가 더 높은 값으로 거래되어야 했을 것이다. 그러나 실제로는 그렇지 않았다. 만약 여자 노예가 처녀가 아닌 것으로 판명되면, 노예를 산 사람은 노예를 판 사람을 법적으로 고소할 수 있었다. 만약 여자 노예의 기능이 아이를 낳는 것이라면 구태여 남자 노예에게 독신 생활을 강요할 필요가 있었을까? 노예를 첩과 똑같이 여겼다고 이야기한 로마의 작가들이 진실을 말했다는 것에는 의심할 여지가 없다. 노예를 아무 제한 없이 성적으로 이용할 수 있었다는 이야기는 호메로스 이래로 그리스 로마 문학에서 흔히 일어나는 일로 취급되었다. 단지 현대의 작가들이 그것을 무시하려 애를 썼을 뿐이다.[42]

더욱이 로마의 귀족들은 아주 젊은 나이의 노예를 믿을 수 없을 정도로 많은 재산까지 주며 해방시켰다. 이것이 경제적으로 분별 있는 결정이었을 수는 없다. 해방된 노예들은 부자가 되었고 그 수도 늘었다. 나르시수스는 당시에 가장 부자였다. 대부분 해방된 노예들은 주인의 집에서 태어난 노예들이었다. 하지만 광산촌이나 농가에서 태어난 노예들은 거의 해방된 예가 없다. 로마 귀족들이 여자 노예와의 사이에서 태어난 자신들의 사생아들을 해방시켜준 것이라는 사실은 의심할 여지가 없다.[43]

♟ 붉은 여왕

벳지그는 중세 기독교 시대로 관심을 돌려보았다. 일부일처적인 결혼과 일부다처적인 결혼 현상은 베일 속에 가려져 있었기 때문에 약간 파고들어야 할 필요가 있었다. 일부다처제는 좀 더 비밀스러워졌지만, 그렇다고 그 제도가 없어진 것은 아니었다. 중세 시대의 인구 조사 결과를 보면, 성 밖에서는 남자에 매우 편중된 성비를 볼 수 있다. 그 이유는 많은 여자들이 영주의 성이나 수도원에 '고용' 되었기 때문이다. 여자들의 직업은 여러 종류의 하녀였지만 사실 그들은 약간 느슨한 형태의 '하렘' 을 형성하였으며, 그 하렘의 크기는 전적으로 영주의 권력과 부에 좌우되었다. 몇몇 경우에 역사가나 작가들은 성주의 후궁들이 격리되어 사치를 누리며 살던 '가이니시움' 이라는 후궁의 처소가 성 안에 있었다는 사실을 어느 정도 인정했다.

문학에 조예가 있는 목사 램버트의 후원자였던 보두앵 백작은 '10명의 법적인 아들딸과 23명의 사생아가 지켜보는 가운데 묻혔다'. 그의 침실은 하녀들의 방과 통했으며, 2층에 있는 어린 하녀들의 방과도 통했다. '젖먹이의 참다운 배양기' 인 난방된 방과도 역시 통했다. 그 당시, 중세의 많은 농부들은 운 좋게도 중년 이전에 결혼할 수는 있었지만 바람피울 기회는 거의 없었다.[44]

폭력의 대가

생식이 권력과 부의 목표이며 보상이었다면, 그것이 또한 잦은 폭력의 원인과 대가가 되었다는 데에도 의문의 여지가 없다.[45]

핏케언 섬 주민 사건을 생각해보자. 1790년에 영국 해군함 바운티 호에서 9명의 반란자가 폴리네시아인 남자 6명과 여자 13명을 데리고 핏케언 섬에 상륙하였다. 핏케언 섬에서 가장 가까이에 사람이 사는 곳까지는 수천 킬로미터나 떨어져 있었다. 세상에 아직 알려지지 않은 이 작은 섬에서 그들은 정착해나가기 시작하였다. 여기서 15명의 남자와 13명의 여자라는 불균형이 생겨났다. 18년 후에 그들이 발견되었을 때, 거기에는 10명의 여자와 단 1명의 남자만이 살아남아 있었다. 남자들 중 1명은 자살하였고 1명은 별다른 이유 없이 죽었으며 나머지 12명은 살해되었다. 생존자는 전적으로 성적 경쟁이라는 동기에 의한 폭력의 수라장에서 살아남은 마지막 사람이었다. 그는 즉시 기독교로 개종하였으며 핏케언 사회에 일부일처제의 규칙을 정하였다. 섬은 1930년대까지 번성하였으며 족보 기록이 훌륭하게 보존되었다. 이 연구 결과는 일부일처제의 규칙이 잘 지켜졌음을 보여준다. 아주 드물게 일어나는 간통 사건은 별 문제로 치고, 핏케언 사람들은 일부일처적이었으며 또 지금도 그렇게 남아 있다.[46]

법이나 종교, 제재 규약에 의해 강제되는 일부일처제는 남자들 사이에 살인을 일으킬 정도의 경쟁을 감소시켜주는 것 같다. 타키투스에 따르면, 게르만 민족의 평정에 실패한 몇몇 로마 황제들은 게르만의 성공을 그들이 일부일처 사회를 이루어 자신들의 공격적인 힘을 바깥으로 분출한 덕이라고 생각했다(그 같은 설명이 일부다처적이지만 성공적이었던 로마 사회에 대한 설명으로는 맞지 않음에도 불구하고). 모든 남자들에게 한 명 이상의 아내를 취하는 것이 금지됨으로써, 아무도 부족 내의 다른 남자의 아내를 빼앗기 위해 남편을 죽이려는 마음을 가지지 않았다. 하지만 사회적으로 강요된 일부일처제가 포로가 된 노예에게까지 적용되지는 않았다. 19세기의 보르네오에서 이반이라는 한 부족이 그 섬의 부족 전쟁에서 이겼다. 다른 이웃 부족과 달리 이반족은 일부일처제였던 탓에 애초에 부족 내에 우울한 독신 남자들이 늘어나는 것을 방지하였으며, 덤으로 전쟁을 이겨 다른 부족의 여자 노예를 상으로 받는 대담무쌍한 위업을 달성하는 동기가 되었다.[47]

유인원 조상에게 물려받은 유산 가운데 하나가 집단 간의 폭력이다. 1970년대까지 영장류 동물학자들은 우리의 편견에 따라 비폭력적 사회에서 살고 있는 평화로운 유인원의 모습을 확인하느라 바빴다. 그런데 그들은 드물기는 했지만 침팬지의 더욱 잔인한 면을 보기 시작했다. 어떤 침팬지 부족의 '수컷'은 때때로 다른 부족의 수컷들에게 폭력적인 시위를 하거나, 적을 찾아내 죽이는 폭력적인 전투를 벌인다. 이러한 습성은 방해자를 내쫓으려는 다른 많은 동물의 텃세와는 매우 다르다. 적의 지역을 차지하는 것이 그에 대한 보상이라고 할 수 있을지 모르지만, 그 위험성에 비하면 보잘것없다. 사실 훨씬 큰 보상이 싸움에서 이긴 수컷 동맹에 주어진다. 그것은 정복한 부족의 젊은 암컷을 차지할 수 있다는 것이다.[48]

전쟁이 암컷을 두고 수컷 유인원 집단끼리 벌이는 싸움에서 비롯한 유산이라면, 그래서 단지 섹스라는 목적을 위해 영토를 정복하는 것이라면, 부족의 사람들이 영토보다는 여자를 두고 전쟁을 일으키게 될 것이라는 결론이 나온다. 인류학자들은 오랫동안 전쟁을 희귀한 자원, 특히 단백질처럼 부족하기 쉬운 자원을 두고 일어난다고 주장하였다. 그래서 이러한 생각에 젖어 있던 나폴레옹 섀그넌 Napoleon Chagnon은 1960년에 야노마뫼 족을 연구하기 위해 베네수엘라에 갔을 때 충격을 받고 말았다. "이들 민족은 우리가 믿어온 것처럼 희귀한 자원 같은 것을 위해 싸우고 있지 않았다. 그들은 여자를 차지하기 위해 싸우고 있었다."[49] 혹은 적어도 그들 자신은 그렇게 말하였다. 인류학에는 사람들이 말하는 것을 믿어서는 안 된다는 불문율 같은 것이 있는데, 섀그넌은 그들의 말을 믿어서 인류학계로부터 비웃음을 샀다. 섀그넌의 말마따나 '사람들은 전쟁의 원인이 배고픔이라는 이론은 허락해도 번식이라는 이론은 결코 용인하지 않았다.' 섀그넌은 여러 번 베네수엘라로 방문하여, 결국 사회적 위치에 상관없이 다른 남자를 죽인 남자가 그렇지 않은 사람보다 훨씬 많은 아내를 가졌다는 의심할 여지가 없는 놀라운 자료들을 얻었다.[50]

야노마뫼 족 사람들 사이에서 전쟁과 폭력은 모두 기본적으로 성 때문에 일어난다. 인접한 두 마을 사이의 전쟁은 한쪽 마을의 여자가 납치되었거나 그런 공격에 대한 복수 때문에 일어났으며, 그 결과는 항상 여자들의 주인이 바뀌는 것이었다. 마을 안에서 일어나는 폭력의 가장 흔한 이유 역시 성에 의한 질투이다. 마을이 너무 작으면 여자들을 차지하려고 덮치는 일이 많고, 마을이 너무 크면 간통 행위 때문에 분쟁이 끊이지 않는다. 야노마뫼 족에게는 여자들이 화폐이며 남자들의 폭력의 대가이다. 이렇게 폭력으로 죽게 되는 일은 야노마뫼 족 사회에서는 아주 흔한 일이다. 40세쯤 되면 부족 사람들의 3분의 2는 아주 가까운 친척을 살인으로 잃게 된다. 이것이 살인의 공포와 고통을 무디게 하지는 않는다. 숲을 떠난 야노마뫼 사람에게 바깥 세상에 만성적인 살인을 방지하는 법이 존재한다는 사실은 기적이며, 매우 부러운 사실일 것이다. 마찬가지로 그리스 사람들은 오레스테스의 심판이라는 전설을 통해서, 복수를 행하는 대신 정의를 확립하는 것을 하나의 획기적인 사건으로서 기억하기를 좋아했다. 아이스킬로스의 말에 따르면, 오레스테스는 클리타임네스트라가 아가멤논을 죽였기 때문에 그에 대한 복수로 클리타임네스트라를 살해했다. 그러나 아테나는 복수의 여신들이 법정의 판결을 받아들이고 살인으로 인한 원한 관계를 끝내도록 설득하였다.[51] 토머스 홉스가 '폭력으로 인한 죽음의 위험과 그에 대한 지속적인 공포'를 원시인의 삶의 특성 중 하나로 여긴 것은 비록 그가 '인간의 삶은 외롭고, 가련하며, 불결하고, 잔인하며 짧다'고 한 점에서는 모두 옳다고 하기는 어렵지만, 과장된 것이 아니다.

 섀그넌은 '사람들이 단지 부족한 자원 때문에 싸울 뿐'이라는 통례적인 믿음이 핵심을 놓치는 것이라고 믿게 되었다. 자원이 부족하면 사람들은 자원을 차지하기 위해 싸운다. 그렇지 않다면 사람들은 싸우지 않는다. "망강고 열매를 가지려는 유일한 목적이 열매를 가짐으로써 여자를 소유할 수 있기 때문이라면, 왜 성가시게 망강고 열매를 놓고 싸우겠는가? 왜 직접 여자를 놓고 싸우지 않겠는가?" 하고 섀그넌은 말한다. 섀그넌은 대부분의 인간 사회가 자원의 부족을 최고점까지 느끼지 않는다고 믿는다. 야노마뫼 족은 좀 더 많은 바나나를 키울 수 있는 커다란 텃밭을 숲 속에 쉽게 일굴 수 있을 것이다. 그리고 그렇게 되면, 바나나는 다 먹을 수도 없을 만큼 많아질

것이다.[52]

야노마뫼 족만 특별히 이상한 것도 아니다. 국가나 정부가 사람들을 법으로 묶어놓기 전의 문맹 사회에 대해서 행해진 모든 연구 결과를 보면, 하나같이 높은 수위의 폭력이 존재했음을 발견하게 된다. 한 연구에 의하면, 그 같은 사회에서는 전체 남자의 4분의 1 가량이 다른 남자에게 살해되었고 살해 동기로는 역시 성에 관한 것이 압도적이다.

서구 문화의 근원이 되는 전설인 호메로스의 『일리아스』는 헬레네라는 여자가 납치되어 전쟁이 일어나는 이야기이다. 역사가들은 오랫동안 헬레네를 트로이로 납치한 것이 그리스와 트로이 사이에 일어난 영토 분쟁의 구실에 불과하다고 생각해왔다. 그렇지만 확실히 그렇다고 치부할 수 있겠는가? 아마도 야노마뫼 족은 그들 자신이 말한 대로 정말로 여자를 빼앗기 위해 전쟁에 나가는 것인지 모른다. 호메로스가 말한 대로 어쩌면 아가멤논의 그리스 역시 정말 그런 이유로 전쟁을 했을지도 모른다. 『일리아스』는 아킬레우스와 아가멤논 사이의 다툼으로 시작하며, 이것이 이야기 전체에 걸쳐 있다. 다툼의 원인은 아가멤논의 첩 크리세이스의 제사장 아버지가 그리스에 불리하도록 아폴론 신전에 기도를 올리자, 아킬레우스가 그녀를 다시 아버지에게 돌려보내야 한다고 요구했고, 아가멤논이 크리세이스를 돌려보내는 대가로 아킬레우스의 첩인 브리세이스를 달라고 주장하였기 때문이다. 여자 때문에 일어난 고위 계급의 알력으로 그리스는 거의 모든 전쟁에서 패배하였다. 이것은 결국 여자를 차지하기 위한 다툼의 결과였다.

붉은 여왕

 농경 사회 이전, 특히 혼란의 시대에는 폭력이 성적 성공을 이끄는 길이었다. 다른 많은 문화권에서도 전쟁 포로는 대개 남자보다 여자 쪽이 더 많았다. 이러한 사실의 반향은 현대 사회에까지도 이어지고 있다. 군인들은 종종 애국심이나 공포 못지않게 전쟁의 승리가 가져다줄 강간의 기회로 동기 유발되어왔다. 이러한 사실을 간파하고 있는 장군들은 사병들의 월권을 눈감아줌으로써 병력 보충에 확신을 갖게 된다. 심지어 요즘에도 창녀를 찾아가는 것이 해병들의 짧은 휴가의 다소 공인된 목적이라고 알려져 있다. 그리고 아직도 여전히 전쟁에는 강간이 수반된다. 동파키스탄(지금의 방글라데시)은 1971년에 서파키스탄 군대에 의해 9개월 동안 점령되어 있었는데, 그동안에 40만 명에 이르는 여성들이 군인들에게 강간을 당했다.[53] 1992년 보스니아에서는 세르비아 군인들을 위로하기 위해 강간 캠프가 세워졌다는 보고가 무시할 수 없을 만큼 너무나 자주 전해졌다. 산타바바라의 인류학자 돈 브라운Don Brown 박사는 그의 군대 시절을 다음과 같이 회상하였다. "남자들은 밤낮으로 섹스에 대해서만 이야기했다. 그들은 권력에 대해서는 결코 이야기하는 법이 없었다."[54]

일부일처적 민주주의자

 그렇다면 남성의 본성은 자신에게 기회가 주어진다면 일부다처의 성관계를 가질 수 있는 기회를 이용하고, 성적 목적을 위해 다른 남자들과의 경쟁에서 이기는 수단으로 부와 권력과 폭력을 사용한다고 할 수 있다. 그러면서도 대개의 경우 안정적인 일부일처의 관계를 유지하려 한다. 이것은 사실보다 좋게 말하는 것이 아니다. 이것은 우리 사회가 도덕적으로 추구하는 것, 즉 일부일처제, 성실성, 평등, 정의에 대한 선호, 폭력으로부터의 자유로움과 거리가 먼 본성을 말한다. 그러나 내가 말하려는 바는 사실을 기술하는 것이지 규정하는 것은 아니다. 게다가 인간의 본성에 대해 필연적인 것은 없다. 캐서린 헵번은 〈아프리카의 여왕〉이라는 영화에서 험프리 보가트에게 다음과 같이 이야기했다. "올넛 씨, 본성이란 우리가 그보다 더 나아지기 위해 있는 것이에요."

한편, 거의 4,000년 전에 바빌론에서 시작된 일부다처제의 오랜 간주곡이 서구 사회에 와서 거의 끝나버렸다. 공식적인 첩은 비공식적인 정부가 되었고, 정부는 본부인에게 비밀로 붙여졌다. 1988년에는 이미 일부다처를 누릴 수 있는 특권과는 거리가 먼 정치적 권력을 소유하려는 사람이 성추문 때문에 위협을 받았다. 옛날 중국의 황제 폐제는 하렘에 1만 명의 첩을 두었지만, 지구에서 가장 강대한 나라의 대통령에 출마한 게리 하트는 2명의 여자 때문에 퇴진해야만 했다.

도대체 무슨 일일까? 기독교 정신 때문에? 그렇다고 보기는 어렵다. 그것이 수세기 동안 일부다처제와 공존해왔으므로 그러한 비난은 속인들의 냉소적인 이기주의에 기인하는 것 같다. 여자의 권리 때문인가? 그건 너무 후대의 일이다. 빅토리아 시대 여성들도 여전히 중세 여성들처럼 남편의 외도에 골머리를 썩이면서도 별로 나서서 말하지는 못했다. 어떤 역사가도 어떠한 변화가 일어난 것인지에

붉은 여왕

대해 설명해내지 못했다. 하지만 왕들이 전제적인 권력을 포기하면 서까지 동맹을 필요로 하게 되었다는 추측을 해볼 수는 있다. 민주주의 같은 것이 탄생하게 되었다. 이제 일단 일부일처적인 남자들은 일부다처자(그 누가 경쟁자를 제거하기를 원하지 않겠는가?)에 반대하는 표를 던질 수 있는 기회를 갖게 되었다. 그리고 그들의 결정은 불을 보듯 뻔했다.

문명과 함께 나타난 전제 권력은 다시 사라졌다. 전제 권력은 인간의 역사에서 점점 더 탈선처럼 여겨지고 있다. '문명화' 이전과 민주주의 이후, 인간들은 전제 군주가 될 수 있는 권력을 축적할 수 없게 되었다. 홍적세에 그들이 바랄 수 있는 가장 좋은 최선은 그들의 사냥 기술이나 정치적 역량이 뛰어난 경우, 한두 명의 충실한 아내와 몇몇 정부를 가지는 것이었다. 지금 시대에 바랄 수 있는 최선은 미모의 어린 정부와 오랜 세월에 걸쳐 가치를 발휘해온 충실한 아내를 갖는 것이다. 이제 우리는 원점으로 되돌아왔다.

이 장에서는 전적으로 남자 쪽에 초점을 맞추었다. 그러는 동안 여자와 여자들의 바람을 무시함으로써 그들의 권리를 짓밟아온 것처럼 보일지도 모른다. 실제로 농경이 시작된 이후 수세기 동안 남자들은 그랬다. 그러나 농경 이전과 민주주의 사회 이후에는 그 같은 남성우월주의가 불가능했다. 왜냐하면 인류의 짝짓기 방법은 다른 동물들처럼 남자와 여자 사이의 절충안이었기 때문이다. 일부일처의 결혼이라는 결합이 혼란스러웠던 바빌론이나 음험한 그리스, 난잡한 로마나 간통이 많았던 중세 기독교 사회를 통해서도 살아남아 산업 사회의 가족이라는 정수를 이끌어낸 것은 매우 흥미로운 사실이다. 인간 역사의 가장 난잡하고 일부다처적인 순간에도, 인류는 다른 일부다처적인 동물과 달리 일부일처적 결혼이라는 제도를 지켜왔다. 일부일처적 결혼에 대한 인간의 집착을 설명하기 위해서는 남자에 대한 이해와 마찬가지로 여성의 전략에 대해 이해해야 한다. 인간의 본성에 대한 특별한 통찰력을 가질 때 그것을 알 수 있을 것이다. 그 이야기는 바로 다음 장에 이어진다.

Monogamy and the Nature of Women

일부일처제와 여자의 본성

목 동 : 내 생각엔 메아리가 숲 속에서 대답해줄거야, 그리고 희미하게나마 내 물음에 답해주겠지. 메아리님, 물어볼까요(Shall I try)?
메아리 : 해보렴(Try).
목 동 : 우리의 정열을 나타내려면(to express) 무얼 해야 하죠?
메아리 : 껴안으렴(Press).
목 동 : 결코 날 사랑하지 않던(never loved before) 그녀를 어떻게 하면 기쁘게 해줄 수 있을까요?
메아리 : 뱃머리가 되렴(Be fore).
목 동 : 우리가 여자에게 구애할 때(address) 여자를 가장 감동시키는 것은 무엇일까요?
메아리 : 옷 한 벌(A dress).
목 동 : 대답해주세요. 내가 사랑하는(adore) 그녀를 순결하게 지켜줄 수 있는 것은 무엇인가요?
메아리 : 문을 만들어 달아야지(A door).
목 동 : 음악이 바위를 무르게 한다면, 사랑은 리라(lyre)를 울려주겠죠?
메아리 : 거짓말이야(Liar).
목 동 : 그럼, 가르쳐 주세요. 메아리님, 어떻게 하면 제가 그녀를 얻을 수 있을까요(come by her)?
메아리 : 그녀를 사렴(Buy her).

조너선 스위프트, 「여자에 관한 부드러운 메아리」

최근 서유럽에서 행해진 한 놀라운 연구에서 다음과 같은 사실이 밝혀졌다. 기혼녀들은 지배적이고 연상이며 신체적으로 더 매력적이고 균형잡힌 외모를 지닌 유부남을 혼외관계의 상대로 택한다. 여성들은 남편이 자기의 말을 잘 듣고 더 젊으며 육체적으로 매력적이지 않거나 비대칭적인 외모를 가진 경우에, 혼외관계를 맺을 가능성이 더 높다. 외모를 향상시키기 위해 성형 수술을 받은 남성이 혼외정사를 할 기회는 2배 높아진다. 매력적인 남자일수록 아버지로서의 자상함은 떨어진다. 서유럽에서 태어나는 아이 3명 가운데 약 1명은 혼외정사로 태어난다.

여러분은 이 사실들이 불온하다거나 믿기 어렵다고 생각하겠지만 걱정할 필요는 없다. 이 연구는 결코 사람을 대상으로 한 것이 아니다. 이 연구 결과는 전적으로, 여름날에 헛간과 들판을 멋지게 맴돌며 천진난만하게 짹짹거리는, 꼬리가 둘로 갈라진 제비에 관한 것이다. 인간은 제비와는 완전히 다르다. 아니, 정말 다른가?[1]

결혼에 대한 강박관념

고대 전제 군주의 하렘은 남성이 주어진 기회를 최대한으로 이용하여 계급을 생식의 성공으로 바꿔놓을 수 있음을 보여주었다. 그러나 대부분의 인류 역사 속에서 전제 군주가 인간의 전형이 될 수는 없다. 오늘날 첩을 거느린 권력가가 될 수 있는 유일한 방법은 사이

일부일처제와 여자의 본성

비 교주가 되어 첩이 될 만한 여자들에게 당신이 신성하다고 세뇌하는 길뿐이다. 현재의 인간들은 아마도 여러 면에서 바로 앞 세대보다는 오래전 수렵-채집인 조상들이 살던 세대의 사회 환경과 훨씬 더 가까운 사회 체계 안에서 살고 있는지도 모른다. 모든 수렵-채집인 사회는 특별한 경우에만 일부다처제를 허용한다. 그리고 결혼 제도는 사실상 보편적인 것이다. 사람들은 예전보다 더 큰 집단에서 살고 있지만, 그 집단 안에서 인간 생활의 핵심은 남편, 아내 그리고 아이들로 구성된 핵가족이다. 결혼은 아이를 기르는 제도이다. 어느 곳에서든지 결혼이 성립되면 아버지는 비록 식량을 제공할 뿐일지라도 아이를 키우는 데 어쨌거나 어느 정도는 기여하게 된다. 대부분의 사회에서 남성들은 일부다처론자가 되기 위해 애쓰지만 극소수만이 성공한다. 유목민들의 일부다처제 사회에서도 결혼은 대부분 일부일처제의 형태를 띠고 있다.[2]

인간을 원숭이를 포함한 다른 포유류와 구분짓는 것은 특별한 경우에 나타나는 일부다처제가 아니라 보편적인 일부일처제이다. 긴팔원숭이, 오랑우탄, 고릴라, 침팬지와 같은 네 가지 유인원 중에서는 긴팔원숭이만이 결혼 비슷한 것을 한다. 긴팔원숭이는 동남아시아의 밀림 속에서 금슬 좋게 쌍을 이루고 사는데, 한 세력권 안에 한 쌍씩 따로 생활한다.

앞 장에서 주장했듯이, 만약 남자들이 진심으로 기회주의자이고 일부다처론자라면 어디에서 결혼이 생겨났겠는가? 비록 남자들이 변덕스럽다 할지라도("당신은 헌신하기가 두렵지요. 그렇지요?" 하고 유혹자의 전형적인 희생자인 아내가 말한다) 가족을 함께 이루어갈 아내를 찾는 데에는 흥미를 가지며, 자신의 불성실성에도 불구하고 가족 곁을 떠나지 않으려 한다("당신은 결코 날 위해 당신의 아내를 버리지 않을 거예요. 그렇지요?" 하고 전형적인 정부가 말한다).

그 두 가지 목표가 모순되는 것은 여자가 자신을 아내와 창녀로 명확히 구분 지을 준비가 되어 있지 않기 때문이다. 여자는 앞 장에서 설명한 전제 군주들의 격투가 암시한 것처럼 수동적인 소유물이 아니다. 여자는 성의 장기놀이에서 자신의 목표를 가지고 능동적으로 움직인다. 여성들은 항상 그렇듯이 남성들에 비해 일처다부제에 훨씬 흥미가 없었다. 그러나 이것이 여자들이 성적 기회주의자가 아니라는 말은 아니다. '정열적인 남자/수줍은 여자'의 이론은 '도대체 왜 여자는 부정한가?' 하는 단순한 질문에 답하는 데도 어려움이 많다.

헤롯 효과

1980년대에 현재 데이비스 소재 캘리포니아대학 교수인 새라 허디가 이끄는 다수의 여성 과학자들은 암컷 침팬지와 원숭이의 문란한 성 행동을 연구하다 부모가 여성을 선호하는 투자를 하면 결국 여성이 성선택의 주도권을 쥔다는 트리버스 이론에 엉성하게나마 맞는 결과를 보인다는 것을 알아냈다. 허디의 랑구르원숭이에 관한 연구와 그녀의 학생인 메러디스 스몰 Meredith Small의 마카크원숭이에 관한 연구는 진화 이론의 전형적인 형태와는 매우 다른 종류의 암컷, 즉 수컷과의 밀회를 위해서 무리에서 몰래 빠져나오는 암컷, 다양한 성 상대를 활발하게 찾아나서는 암컷, 성관계를 시작하기 위해 수컷과 똑같아지는 암컷들을 보여주었다. 짝을 고르는 데 까다롭지 않은 암컷 영장류들은 많은 경우 난교를 선도하는 것 같았다. 허디는 암컷에 문제가 있는 것이 아니라 이론에 문제점이 있다고 제언하기 시작했다. 그로부터 10년 뒤에 '정자 경쟁 이론 sperm competition theory'이라 알려진 일련의 개념들이 암컷의 행동 진화에 새로운 빛을 비추어 그 문제는 갑자기 밝혀졌다.[3]

허디의 고민에 대한 해답은 자신의 연구 속에 있었다. 인도 라자스탄 지방의 아부에 사는 랑구르원숭이에 대한 연구에서, 허디는 어른 수컷 원숭이가 새끼 원숭이를 일상적으로 살해하고 있다는 섬뜩한 사실을 발견했다. 수컷 원숭이는 암컷 원숭이 무리를 인도받을 때, 언제나 무리에 있는 새끼 원숭이를 모두 죽여버린다. 몇 년 전에는 사자들에게서도 똑같은 현상이 발견되었다. 수사자 무리들은 암사자 떼를 얻게 되면 가장 먼저 새끼 사자들을 죽인다. 잇달은 연구에서 밝혀진 바에 의하면, 사실 수컷에 의한 영아살해는 설치류, 육식동물, 그리고 영장류에서 흔히 일어나는 일이다. 인간과 가장 가까운 근연종인 침팬지조차도 그러한 행동을 한다. 텔레비전에서 방영되는 감상적인 자연사 프로그램에 길들여진 대부분의 자연주의자들은 자신들이 병리학적 이상을 목격하고 있다고 믿고 싶어했다. 그러나 허디와 그녀의 동료들은 그와 다르게 주장하였다. 그들은 영아살해가 '적응', 즉 진화된 책략이라고 주장하였다. 수컷은 의붓자식들을 죽임으로써 암컷의 모유 생산을 정지시켜 암컷이 한 번 더

붉은 여왕

임신할 수 있는 시기를 앞당긴다. 수컷 랑구르원숭이나 수사자들이 교미할 수 있는 기간은 매우 짧기 때문에, 영아살해는 수컷들이 그 기간에 최대한 많은 자식의 아버지가 될 수 있는 방법이다.[4]

영장류에서 일어나는 영아살해의 중요성은 과학자들이 5종의 원숭이의 짝짓기 체계를 이해하는 데 도움이 되었다. 왜냐하면 영아살해는 암컷들이 왜 수컷이나 수컷 무리에게 충실해야 하는지에 대한 (혹은 그 반대의 경우에도) 이유를 설명해주었기 때문이다. 그 이유는 살해하려 드는 경쟁자 수컷으로부터 자기가 유전적으로 투자한 바를 서로 지키기 위해서이다. 대체로 말하자면 수컷 원숭이나 수컷 유인원의 사회적인 행동 양상은 암컷의 분포에 따라 결정되지만, 암컷 원숭이나 암컷 유인원의 사회적인 행동 양상은 먹이의 분포에 따라서 결정된다. 따라서 암컷 오랑우탄은 부족한 식량을 더 잘 이용하기 위해 엄격한 세력권 안에서 홀로 살기를 좋아한다. 수컷들 역시 홀로 살지만 몇몇 암컷들의 세력권을 독점하려고 든다. 수컷의 세력권 안에서 살고 있는 암컷들은 다른 수컷들이 나타났을 때 '남편'이 자신을 도우러 달려오기를 기대한다.

암컷 긴팔원숭이도 또한 혼자서 산다. 수컷 긴팔원숭이는 최대 암컷 다섯 마리의 주거 범위까지 지킬 능력이 있고, 오랑우탄과 똑같은 종류의 일부다처제를 수월하게 이룰 수 있다. 즉, 수컷 한 마리가 암컷 다섯 마리의 세력권을 지켜주고 그 암컷 모두와 교미한다. 더군다나 긴팔원숭이 수컷은 아버지로서는 거의 쓸모가 없다. 수컷은 새끼에게 먹이를 주지도 않고, 독수리한테서 보호해주지도 않으며, 가르치지도 않는다. 그런데 수컷이 암컷 한 마리에게 충실하게 달라

붙어 있을 이유가 있겠는가? 아버지가 보호해줄 수 있는 새끼 긴팔원숭이의 엄청난 위험 중 하나는 다른 수컷 긴팔원숭이의 살해 위협이다. 영국 리버풀대학의 로빈 던바Robin Dunbar 교수는 수컷 긴팔원숭이가 영아살해를 막기 위해서 일부일처성을 띤다고 생각한다.[5]

암컷 고릴라는 긴팔원숭이들처럼 수컷에게 충실하다. 암컷은 수컷을 항상 따라다니며 수컷이 하는 대로 행동한다. 그리고 대체로 수컷 역시 암컷에게 충실하다. 수컷은 암컷과 몇 년을 함께 지내며 암컷이 새끼 키우는 것을 본다. 그러나 긴팔원숭이와 크게 다른 점이 하나 있다. 수컷은 몇 마리의 암컷을 첩으로 거느리며 그들 모두에게 똑같이 충실하다. 하버드대학의 리처드 랭엄Richard Wrangham 교수는 고릴라의 사회 체계가 대체적으로 영아살해를 방지할 수 있도록 설계되었다고 생각한다. 또한 암컷에게도 수적으로 안전이 보장된다고 생각한다(과일을 먹고 사는 긴팔원숭이의 세력권 안에는 한 마리 이상의 암컷이 먹을 수 있는 먹이가 충분히 보장되어 있지 않다). 이와 같이 수컷 고릴라는 자신의 암컷들을 다른 수컷 경쟁자들의 관심으로부터 안전하게 지켜주고, 새끼들이 살해 당하는 것을 막기 위해 굉장한 주의를 기울인다.[6]

침팬지는 약간 다른 사회 체계를 개발함으로써 영아살해를 막는 방법을 더욱 세련되게 다듬었다. 침팬지는 과일처럼 여기저기 흩어져 있지만 풍부한 먹이를 먹고 살며, 땅 위나 공터에서 더 많은 시간을 보낸다. 침팬지는 큰 무리를 이루고(큰 무리는 작은 무리보다 눈이 더 많다) 그 안에서 일정한 방식대로 작은 무리를 만들지만 이내 하나로 모일 수 있다. 이와 같이 '분열과 단합이 반복되는' 집단은 한 마리의 수컷이 지배하기에는 너무 크고 유동적이다. 수컷 침팬지가 정치적 계보의 정상에 오르는 방법은 다른 수컷들과 동맹을 맺는 것이며, 따라서 침팬지 무리에는 수컷들이 많다. 그래서 암컷은 여러 마리의 위험한 의붓아비와 함께 살게 된다. 암컷의 해결책은 이제 모든 의붓아비가 진짜 아비가 될 수 있다는 인상을 주기 위해 여러 수컷에게 성적인 호감을 더욱 널리 나누어 보여주는 것이다. 그 결과로, 수컷 침팬지가 어린 침팬지를 자신의 새끼가 아니라고 확신하게 되는 것은 단 한 가지 경우뿐이다. 바로 수컷 침팬지가 어린 침팬지의 어미를 이전에는 한 번도 만난 적이 없을 때이다. 제인 구달이 발견한 것처럼, 침팬지 수컷은 새끼를 안고 있는 낯선 암컷을 공격하여 새끼를 죽인다. 수컷은 새끼가 없는 암컷은 공격하지 않는다.[7]

허디의 문제는 해결되었다. 원숭이와 유인원에게서 나타나는 암컷의 난교는 영아살해를 막기 위해 여러 수컷들이 부권을 공유해야 할 필요성으로 설명될 수 있다. 그렇다면 이런 현상이 인간에게도 적용되는가?

간단히 답하자면 '아니올시다' 이다. 의붓자식들은 친부모와 살고 있는 아이들보다 죽을 가능성이 65배나 더 높고,[8] 어린 의붓자식들이 계부의 참기 어려운 빈번한 폭력에서 벗어나기가 힘들다는 것은 사실이다. 하지만 두 경우 모두 다 젖먹이가 아닌 나이를 먹은 아이들에게 적용되는 것이므로, 이런 사실도 그다지 관련성이 있지는 않다. 의붓자식이 죽었다고 해서 그들의 어미가 다시 아이를 갖게 되는 것은 아니다.

더욱이 우리가 유인원이라는 사실은 오해를 일으킬 수도 있다. 우리의 성생활은 우리의 사촌격인 원숭이와 매우 다르다. 만약 인간이 오랑우탄과 같다면 여자는 다른 사람들과 떨어져 혼자 살 것이다. 남자 역시 혼자 살겠지만, 가끔씩 성교를 위해서 몇 명의 여자를 방문할 것이다(물론 어떤 남자는 전혀 여자가 없을 수도 있지만). 만약 두 남자가 한 여자의 집에서 마주쳤다면 대단히 폭력적인 격투가 발생할 것이다. 만약 인간이 긴팔원숭이와 같다면 우리의 삶은 세상에 드러나지도 않을 것이다. 모든 부부들은 서로 멀리 떨어져서 살 것이고, 집 안에 누가 들어오기만 하면 죽을 때까지 싸우게 될 것이다. 우리는 그 집이라는 세력권을 평생 떠나지 않을 것이다. 가끔 반사회적인 인간들이 있긴 하지만 그런 삶은 지금 우리가 살고 있는 일반적인 방식이 아니다. 호젓한 교외의 집에 은둔하며 사는 사람들이라고 해도 낯선 사람을 전혀 안으로 들이지 않거나 그곳에서 영원히 살 것처럼 행동하지는 않는다. 우리는 인생의 대부분을 직장에서, 또는 백화점에서, 또는 노는 장소와 같은 공통의 세력권 안에서 보낸다. 인간은 사교적이며 사회적이다. 또한 인간은 고릴라가 아니다. 만약 인간이 고릴라와 같다면 우리는 여성보다 몸무게가 2배쯤 더 나가는 중년의 거인 남성 한 명이 무리 속의 모든 여성을 성적으로 독점하고 다른 남성들을 위협하며 지배하는 세라글리오(하렘, 후궁들의 처소—옮긴이) 안에서 살 것이다. 이렇게 되면 성관계는 성자聖者의 시대보다도 더 드문 일이 될 것인데, 아주 위대한 남자라 할지라도 1년에 한 번 정도밖에 성관계를 갖지 못할 것이며, 다른 남자들은 아예 성관계를 가져보지도 못할 것이다.[9]

만약 인간이 침팬지라면, 몇 가지 면에서 지금 우리 사회와 상당히 유사하게 보일 것이다. 우리는 가족끼리 살 것이고, 매우 사회적이고, 계급적이고, 무리를 이루어 세력권을 지니고, 우리가 속해 있는 집단이 아닌 다른 집단에게는 공격적일 것이다. 다시 말하면 실제로 우리가 그러하듯이 가족적이고, 도시적이며, 계층을 인식하고, 민족주의자이며 호전적일 것이다. 성인 남성들은 가족과 함께 있기보다는 정치적 계급을 높이려고 노력하는 데 더 많은 시간을 보낼 것이다. 하지만 성에 관해서는 매우 달라질 것이다. 먼저, 남자는 아이를 키우는 데 전혀 참여하지 않을 것이다. 아이의 양육비조차도 지급하지 않을 것이며, 결혼에 의한 연대 자체가 없을 것이다. 비록 우두머리 남자(그를 대통령이라 불러도 좋다)가 가장 생식력이 좋은 여성의 초야권을 가질 것이 확실하다 해도, 대부분의 여자들은 대부분의 남자들과 관계를 가질 것이다. 성관계는 여성의 발정기 동안에는 놀라우리만큼 왕성해지다가 임신 중이거나 어린아이를 키우는 몇 년 동안에는 완전히 잊혀지는 간헐적인 사건이 될 것이다. 이 발정기는 분홍빛으로 부풀어오른 여성의 생식기 끝을 모두에게 보여줌으로써 알려지게 되는데, 이를 본 모든 남성들은 저항할 수 없는 매력을 느낄 것이다. 남성들은 그러한 여성들을 한 번에 몇 주씩 독점하려고 노력할 테고, 여성들에게 자신과 함께 멀리 가서 '교제' 하자고 강요하겠지만 항상 성공하지는 못할 것이며, 부풀어 오른 생식기가 가라앉으면 금방 흥미를 잃어버릴 것이다. 로스앤젤레스에 있는 캘리포니아대학의 재러드 다이아몬드 교수는 보통의 사무실에 어느 날 한 여성이 참을 수 없는 분홍빛이 되어 나타났을 때 일어날 수 있는 결과를 가정하고, 이것이 사회에 얼마만큼 혼란을 초래할

것인가를 생각했다.[10]

　만약 인간이 피그미침팬지나 보노보라면 우리는 침팬지 무리와 매우 흡사한 집단에서 살겠지만 그 집단에는 서너 무리의 여성들과 교제하는 지배적인 남성들의 무리가 존재할 것이다. 그 결과 여자들은 여전히 부권父權의 능력을 더 넓게 공유해야만 할 것이다. 그리고 암컷 보노보는 그들의 습관을 보면 확실히 음란증 환자들이다. 암컷들은 매우 다양한 방법으로 (구강성교와 동성애를 포함한) 성관계를 가지며, 오랜 기간 수컷들에게 성적 매력을 풍긴다. 다른 보노보들이 열매를 따먹고 있는 나무로 오게 된 젊은 암컷 보노보는 먼저 모든 수컷들과 돌아가며 성관계를 갖는데 그중에는 사춘기인 수컷도 들어 있다. 교미를 끝내야만 암컷은 열매를 따먹게 된다. 교미는 닥치는 대로 난잡하게 이루어지는 게 아니라 모두에게 골고루 이루어진다.

　암컷 고릴라는 자기가 낳은 새끼 수의 약 10배에 해당하는 교미를 하는 반면에, 암컷 침팬지는 500~1,000배 정도의 교미를 하며, 암컷 보노보의 교미 횟수는 새끼 수의 3,000배 정도가 된다. 암컷 보노보가 더 어린 수컷과 교미했다고 해서 주위의 수컷들에게 괴롭힘을 당하는 일은 거의 없다. 교미는 매우 자주 일어나서 거의 임신으로 이어지지 않는다. 실제로 수컷 보노보의 공격성은 많이 없어졌다. 수컷이 암컷보다 더 크지도 않고, 보통의 침팬지에 비해 계급 상승에 대한 욕구도 적다. 유전적으로 영원히 살아남기 위해서 수컷 보노보가 취할 수 있는 최선의 책략은 그저 잘 먹고 편안한 수면을 취하면서 긴 하루의 교미를 대비하는 것이다.[11]

 붉은 여왕

새들의 사생아

인간의 사촌인 유인원들과 비교해보면, 유인원 중 가장 흔한 종인 우리 인간은 놀라운 책략을 획득해왔다. 인간은 어떻게 해왔든지 간에 남자들의 대집단 속에서 사는 습관을 잃지 않은 채 일부일처제와 아버지의 자식 양육법을 재창조해냈다. 긴팔원숭이처럼 남자는 한 여자와 결혼하고 여자가 아이 키우는 것을 도와주고 아이의 아버지임을 확신하지만, 한편으로 여자들은 침팬지처럼 다른 남자들과 끊임없는 접촉을 갖는 사회 안에서 살고 있다. 유인원 중에서 이와 비슷한 형태는 전혀 찾아볼 수 없다. 그러나 조류에는 이와 굉장히 유사한 형태가 있다는 것이 나의 주장이다. 수많은 새들이 군집을 이루고 살고 있지만, 새들은 그 속에서 일부일처제에 따라 교미한다. 조류에서 나타나는 이런 유사점은 여성들이 성적인 다양성에 흥미를 갖게 되는 점에 대해 아주 다른 설명을 해준다. 인간 사회에서 여자들은 영아살해를 막기 위해 많은 남성들과 성관계를 공유해야 할 필요는 없지만, 자신이 선택한 남편이 아닌 다른 멋진 한 남성과 성관계를 공유할 수는 있다. 정의에 의한다면, 여자의 남편은 대개 최상의 남자가 아니기 때문이다. 그렇지 않으면 어떻게 남편이 그녀와 결혼했겠는가? 남편의 가치는 그가 일부일처론자이고, 여러 살림을 차리지 않을 것이라는 데에 있다. 그렇다면 왜 여자는 최상도 아닌 남자의 유전자를 받아들이는가? 왜 여자는 남편한테는 양육만 도움받고, 다른 남자로부터 유전자를 받는 책략을 취하지 않는가?

인간의 짝짓기 체계는 정확하게 설명하기가 어렵다. 사람들은 인종, 종교, 재산, 그리고 생태에 따라서 습관에 엄청난 유연성을 보인다. 그럼에도 불구하고 눈에 띄는 몇 가지 보편적인 특징이 있다. 첫째, 여성들은 일부다처제를 허용하는 사회에서조차도 공통적으로 일부일처제 결혼을 추구한다. 드물게 예외적인 경우가 있기는 하지만, 여성들은 신중하게 남자를 선택하고자 하며, 그러고 나서 남자의 가치가 존재하는 한 일생 동안 한 남자를 독점하고, 아이를 기르는 데 그 남자의 도움을 받고, 십중팔구는 죽을 때도 함께 죽기를 원한다. 둘째, 여성들은 본질적으로 성관계의 다양성을 추구하지 않는다. 물론 예외가 있기는 하지만, 소설에 등장하는 여자 주인공들이나 현실의 여성들은 전혀 색광증에 매력을 느끼지 않는다고 끊임없이 주장하며, 우리가 그 말을 믿지 못할 이유도 없다. 이름도 모르는 남자와의 하룻밤 정사에 흥미가 있는 요부는 남성들의 포르노그라피가 만들어낸 환상이다. 남자의 본성에 의해 강요된 구속에서 자유로워진 여성 동성애자가 어느 날 갑자기 난교에 빠지지는 않는다. 그와는 반대로 여성 동성애자들은 놀랍게도 일부일처론자들이다. 이런 사실은 어떤 것도 놀랄 일이 아니다. 암컷의 생식 능력은 몇 명의 수컷과 교미하느냐에 달려 있는 것이 아니라 새끼를 배태하는 데 얼마만큼의 시간이 걸리느냐에 달려 있기 때문에, 암컷 동물들이 성적 기회주의에서 얻는 것은 거의 없다. 이 점에서 보면 남성과 여성은 매우 다르다.

그러나 셋째, 여성들은 가끔 부정을 저지른다. 모든 불륜이 남성들에 의해서만 일어나는 것은 아니다. 여성들이 남창이나 낯선 사람과의 일시적인 성교에 관심이 거의 없거나 전혀 없다 하더라도, 일

붉은 여왕

일연속극 같은 생활에서 그녀가 그 시기에 '행복한' 결혼 생활을 하고 있다 하더라도, 여성은 아는 남성과의 불륜을 받아들일 수도 있고 스스로 제안할 수도 있다. 이것은 하나의 모순이다. 이 문제는 다음 세 가지 중 한 가지로 풀 수 있다. 가장 다루기 어려운 사람이라 하더라도 유혹하는 사람의 설득하는 힘이 언제나 상대의 마음을 약간 움직일 수 있다고 본다면, 우리는 간통의 탓을 남자들에게 돌릴 수 있다. 이것을 '위험한 관계'(프랑스 작가 라클로가 1782년에 쓴 장편 소설. 18세기의 퇴폐적인 프랑스 귀족 사교계를 무대로 한 심리 풍속 소설로, 1988년에 할리우드에서 영화로 제작되기도 하였음―옮긴이) 식 해설이라 하자. 혹은 간통을 현대 사회의 탓으로 돌리고, 불행한 결혼이나 현대 생활 등에서 오는 좌절감과 복잡성이 본래의 방식을 망가뜨리고 여자들에게 전혀 다른 습관을 불러들였다고 말할 수 있다. 이것을 '댈러스'(1980년대 초에 방영된 미국의 텔레비전 인기 드라마로 재산과 치정에 얽힌 한 가족의 이야기―옮긴이) 식 해설이라 하자. 또는 결혼을 포기하지 않으면서 혼외정사를 추구하는 것에 대해 어떤 종류의 유효한 생물학적 이유를 제안할 수도 있다. 그 생물학적 이유란 여성들에게는 성교 계획 A가 잘 이루어지지 않을 때 성교 계획 B를 선택하는 자신을 부정하려 하지 않는 어떤 본성이 있다는 것이다. 이것을 '보바리 부인'(프랑스의 작가 플로베르가 1857년에 쓴 장편 소설 『보바리 부인』의 주인공. 분방한 정사로 19세기 프랑스 사회의 주목을 받음―옮긴이) 식 해설이라 하자.

  나는 이 글에서 간통이 인간 사회를 형성하는 데 큰 역할을 해왔다고 주장할 것이다. 왜냐하면 일부일처제의 결혼 안에서도 다른 성 상대를 찾는 것이 종종 남녀 모두에게 이득을 가져왔기 때문이다. 이 결론은 현대와 원시 부족 시대의 인간 사회에 관한 연구와, 유인원과 조류의 비교 연구에서 나온 것이다. 간통을 인간의 성교 체계를 형성한 원동력으로 묘사함으로써 '정당화' 하려는 것이 아니다. 남자들이 자기를 기만하거나 간통하는 여자를 거부하는 쪽으로 진화해야 했다는 것은 매우 '자연스러운' 일이다. 따라서 나의 해석은 간통을 정당화하려는 것이 아니라 간통을 저지하려는 사회적·법적 기구를 정당화하려는 것이다. 내가 주장하는 바는 간통과 간통에 대한 비난은 모두 다 '자연스럽다' 는 것이다.

후에 호주로 이주한 영국의 생물학자 로저 쇼트Roger Short는 1970년대에 유인원의 해부학적 구조에서 독특한 점을 발견하였다. 침팬지는 거대한 정소를 가지고 있는 반면에, 고릴라는 매우 작은 정소를 가지고 있다. 고릴라는 침팬지보다 몸무게가 4배나 더 무겁지만, 정소는 침팬지가 고릴라보다 4배나 더 무겁다. 쇼트는 이 사실에 의문을 품었고 그것이 교미 체계와 관련이 있을 것이라고 제안했다. 쇼트의 제안에 의하면, 수컷의 정소가 크면 클수록 암컷은 더 일처다부성을 띠게 된다.[12]

그 이유는 쉽게 알아볼 수 있다. 만약 암컷이 서너 마리의 수컷과 교미를 하게 되면, 각 수컷의 정자들은 암컷의 난자에 가장 먼저 도달하려고 경쟁할 것이다. 수컷이 이 경주에서 자기가 우세하게 이기는 최선의 방법은 더욱 많은 정자를 생산해서 경쟁을 압도해버리는 것이다(또 다른 방법도 있다. 어떤 종류의 물잠자리 수컷은 자신의 생식기를 써서 암컷의 몸에 먼저 들어와 있던 다른 수컷의 정자를 퍼낸다. 수캐들이나 호주산 토끼쥐의 수컷은 모두 교미 후에 자신의 생식기를 암컷의 몸에 '끼워 잠가서' 잠시 동안 암컷과 떨어지지 않음으로써 암컷이 다른 수컷들과 교미하지 못하게 한다. 인간의 경우, 남성은 불완전한 '가미가제'식 정자를 수없이 많이 만들어, 뒤에 오게 될 다른 남성의 정자를 여성의 질 입구에서 막아버리는 일종의 마개 역할을 하게 한다).[13] 앞서 이야기한 것처럼 침팬지는 서너 마리의 수컷이 암컷 한 마리를 공유하는 집단을 이루고 살기 때문에, 자주 사정하고 많이 사정할 수 있는 능력에는 포상이 따른다. 왜냐하면 그렇게 하는 수컷이 아버지가 될 가능성이 가장 높기 때문이다. 이 추측은 모든 원숭이와 설치류에 해당한다. 고릴라처럼 성교의 독점을 확신하면 할수록 수컷의 정소는 작아진다. 암컷이 여러 마리의 수컷과 난교를 이루는 무리에서 살수록 수컷의 정소는 더 커진다.[14]

'수컷의 정소가 크면 암컷은 일처다부성이다'라는 쇼트의 주장은 동물의 교미 체계에 대한 해부학적 실마리를 잡은 것처럼 보이기 시작했다. 이 실마리를 아직 연구된 적이 없는 다른 동물의 교미 체계를 예측하는 데 적용할 수 있을까? 예를 들자면, 돌고래와 고래의 사회생활에 관해서는 것이 알려진 거의 없지만, 고래잡이 덕분으로 이들의 해부학적 구조에 대해서는 많은 사실이 알려져 있다. 돌고래나 고래는 모두 몸의 크기를 고려한다 하더라도 어마어마하게 큰 정소를 가지고 있다. 참고래는 정소의 무게가 1톤도 더 되며 전체 몸무게의 2퍼센트를 차지한다. 따라서 원숭이의 경우를 적용해보면, 고래나 돌고래의 암컷은 대부분 일부일처제를 지키지 않고 여러 마리의 수컷과 교미한다고 추측하는 것이 타당하다. 현재까지 알려진 바에 의하면 실제로 그러하다. 병코돌고래의 교미 체계는 수컷들이 교대로 연합하여 임신 가능한 암컷을 강제로 '몰고 가는' 형태이며, 때때로 두 마리의 수컷이 암컷 한 마리를 동시에 임신시키기도 한다. 이 경우의 정자 경쟁은 침팬지에서 볼 수 있는 어떤 경우보다 더 치열하다.[15] 고릴라처럼 여러 마리의 암컷을 데리고 사는 향유고래는 비교적 크기가 작은 정소를 가지고 있다. 즉, 한 마리의 수컷이 여러 마리의 암컷을 독점하며 여기에는 정자 경쟁자가 없다.

이제 이 예측을 사람에게 적용해보기로 하자. 유인원인 사람의 정소는 중간 크기로, 고릴라의 것보다는 상당히 큰 편이다. 침팬지의 정소와 마찬가지로 인간의 정소는 이미 만들어진 정자를 서늘하게 보관할 수 있도록, 말하자면 정자의 저장 수명을 늘릴 수 있도록 몸 바깥으로 늘어져 있는 음낭 속에 저장되어 있다.[16] 이 모든 것들이 인간에게 나타나는 정자 경쟁의 증거로 보인다.

그러나 인간의 정소는 침팬지의 정소만큼 크지 않으며, 예전처럼 전력을 다해 작동하고 있지도 않다는 몇 가지 잠정적인 증거가 있다(예를 들자면, 한때 인류의 정소는 훨씬 컸을 것이다). 몸무게 1그램당 정자의 생산율을 보면, 인간은 현저하게 낮다. 무엇보다 여성은 성적인 면에서 그렇게 문란하지 않다고 결론짓는 것이 타당해보이며, 그것은 또 우리가 기대했던 바이다.[17]

정자의 경쟁이라는 면에서 볼 때, 원숭이, 유인원, 그리고 돌고래만 커다란 정소를 가지고 있는 것은 아니다. 새들도 역시 큰 정소를 가지고 있다. 그리고 인간의 교미 체계에 대한 결정적인 실마리는 바로 새들에게서 나왔다. 오랫동안 동물학자들은 대부분의 포유류들은 일부다처형이고 대부분의 조류들은 일부일처형이라고 알고 있었다. 동물학자들은 이것을 알을 낳는 것이 수컷 새들에게 포유류의 수컷보다 일찍 새끼 키우기를 도울 기회를 주게 된다는 사실 탓으로 돌렸다. 수컷 새는 둥지를 짓고 암컷과 교대로 알을 품고, 새끼들에게 먹이를 가져다주느라고 분주하다. 수컷이 할 수 없는 일은 알을 낳는 것뿐이다. 이러한 일은 젊은 수컷 새가 암컷에게 단순히 정액만 주입하는 것이 아니라 아버지로서의 양육 역할도 할 수 있음을 보여준다. 그런데 참새들처럼 새끼를 먹여 살려야 하는 새들에서는 이러한 일이 받아들여지지만 꿩과 같이 새끼를 먹여 살리지 않는 새들에게서는 일어나지 않는다.

 실제로 우리가 보아온 것처럼, 어떤 새들은 암컷이 수많은 남편들을 위해 알을 낳는 단 하나의 의무만을 수행하고 수컷이 나머지 모든 일들을 혼자 도맡아 한다. 이와는 반대로 포유류의 경우에는 하고 싶다 하더라도 수컷이 도울 수 있는 일이 그다지 많지 않다. 수컷은 암컷이 임신한 동안에 암컷에게 양식을 가져다줌으로써 태아가 자라는 데 기여할 수 있고, 새끼가 태어났을 때 새끼를 안고 다니거나, 새끼가 울 때 먹이를 날라줄 수는 있지만, 자기 배 속에서 태아를 기르거나 새끼가 태어났을 때 모유를 먹일 수는 없다. 암컷 포유류는 문자 그대로 새끼와 함께 버려지고, 수컷은 암컷을 거의 돕지 않으며 자신의 정력을 일부다처론자로서 필요한 데에 쓰면서 종종 잘살아간다. 긴팔원숭이의 경우처럼 다른 암컷과 교미할 기회가 적고, 수컷의 존재가 새끼의 안전을 증대시킬 때에만 수컷은 떠나지 않는다.

이러한 종류의 게임 이론은 1970년대 중반까지는 일반적인 진실로 여겨졌다. 그러나 1980년대에 최초로 새의 유전적 혈액 검사가 가능해지자 동물학자들은 엄청나게 놀라운 사실을 알게 되었다. 동물학자들은 보통 둥지에 있는 많은 새끼 새들이 겉으로 드러난 그들 아비 새의 새끼가 아니라는 것을 발견하였다. 수컷 새들은 엄청난 비율로 서로의 아내들과 바람을 피우고 있었다. 북미의 작고 귀여운 파랑새인 유리멧새는 정숙한 일부일처제로 보이지만, 수컷이 자기 둥지에서 먹여 살리는 새끼 새의 약 40퍼센트는 의붓자식들이다.[18]

동물학자들은 새들의 일생에서 중요한 부분을 완전히 과소평가한 것이다. 동물학자들은 그런 일이 일어나고 있음을 알고 있었지만, 그 정도의 규모라는 것은 몰랐다. 이런 일은 EPC(Extra-Pair Copulation, 혼외 교미)라는 약자로 표현되는데, 실제로 그렇듯이 나는 이것을 간통이라 부르겠다. 물론 대부분의 새들은 일부일처형이지만 어떤 경우에서 보더라도 결코 정숙하지는 않다.

앞서 성선택의 맥락에서 등장한 안더스 묄러는 덴마크의 전설적인 동물학자이다. 묄러와 영국 셰필드대학의 팀 벅헤드Tim Birkhead는 조류의 간통에 대해서 지금까지 알려진 사실들을 요약해 책을 썼는데, 이 책은 인간에게도 매우 관련이 깊은 간통의 양상을 다루고 있다. 그들이 증명한 첫째 사실은 새들의 교미 체계에 따라 새의 정소 크기가 달라진다는 것이다. 여러 마리의 수컷들이 한 마리의 암컷을 수정시키는 일처다부제의 새들의 정소가 가장 큰데, 그 이유를 알아내기는 그다지 어려운 일이 아니다. 가장 많은 수의 정자를 사정하는 남편 새가 가장 많은 알을 수정시킬 것이기 때문이다.

붉은 여왕

 그 사실은 전혀 놀랄 일이 아니다. 그러나 한 마리의 수컷이 몇 주일 안에 50마리의 암컷에게 정액을 보내야 하는 뇌조처럼 레크를 하는 새의 정소는 크기가 유난히 작다. 이러한 수수께끼는 암컷 뇌조가 잘해야 한 번 혹은 두 번 정도만, 그것도 보통 한 마리의 수컷과만 교미한다는 사실에 의해서 풀렸다. 그것이 레크를 하는 새들에게서 일어나는 암컷 선택의 전말이라는 것을 기억해두자. 따라서 우두머리 수탉이 여러 마리의 암탉과 교미해야 한다 하더라도, 수탉은 모든 암컷에게 많은 정자를 소비할 필요가 없다. 왜냐하면 그 정자들에게는 경쟁자가 없을 것이기 때문이다. 수컷의 정소 크기를 결정하는 것은 수컷 새가 얼마나 자주 교미하느냐 하는 것이 아니라 수컷이 얼마나 많은 다른 수컷들과 경쟁하고 있느냐이다.
 일부일처제 새들은 정소의 크기로 보면 중간에 해당한다. 어떤 새들은 상당히 작은 정소를 가지고 있는데, 이는 정자의 경쟁이 적다는 것을 의미한다. 또 다른 새들은 일처다부제 새들의 정소만큼 커다란 정소를 가지고 있다. 벅헤드와 묄러는 커다란 정소를 가지고 있는 새들은 대부분 바닷새, 제비, 벌잡이새, 왜가리, 참새처럼 군집을 이루고 사는 새들임을 알아냈다. 군집을 이루고 사는 암컷들에게는 옆집의 수컷과 간통할 기회가 충분히 주어진다. 그리고 암컷들은 이 기회를 이용한다.[19]
 빌 해밀턴은 많은 '일부일처제'의 새 사이에서 왜 수컷이 암컷보다 더 화려한가를 간통이 설명해줄 것이라고 믿는다. 다윈이 제안한 전통적인 설명에 의하면, 가장 화려한 수컷이나 가장 노래를 잘 하는 수컷이 가장 먼저 다가온 암컷을 차지하게 되고, 일찍 튼 둥지가 성공적인 둥지가 된다. 그것은 엄연한 사실이지만, 많은 새들의 경우에 왜 수컷들이 짝을 찾은 뒤에도 노래를 계속 부르는지를 설명하지는 못한다. 해밀턴은 공작새처럼 화려한 수컷은 더 많은 아내를 가지려 하는 것이 아니라 더 많은 애인을 얻으려고 한다고 말한다. 수컷은 '불륜'을 저지를 수 있다는 자기의 의도를 광고하고 있는 것이다. 해밀턴이 "섭정 시대 영국의 멋쟁이는 왜 그렇게 옷을 잘 차려입었는가? 아내를 구하기 위해서인가, 아니면 '애인'을 찾기 위해서인가?"라고 말했던 것과 같다.[20]

보바리 부인과 암컷 제비

새들에게 간통은 어떤 이득을 가져다주는가? 수컷 새에게는 이 문제의 답이 아주 명확하다. 간통한 새들은 더 많은 새끼들의 아비가 된다. 그러나 암컷이 왜 그렇게 자주 부정한 일을 저지르는지는 명확하지 않다. 벅헤드와 묄러는 다음과 같은 몇 가지의 주장을 기각했다. '암컷이 불륜을 저지르는 것은 수컷의 간통 충동의 유전적 부산물 때문이다.' '암컷은 여러 수컷에게 정자를 받음으로써 생식 가능성을 높인다.' '암컷은 자기를 쫓아다니는 수컷에게 정자라는 뇌물을 받는다(몇몇 사람들이나 원숭이의 사회에서 나타나는 경우처럼).' 이들 중 어떤 주장도 사실과 맞지 않다. 그뿐 아니라 암컷의 부정을 유전적 다양성을 추구하려는 욕구의 탓으로 돌린다고 해도 그다지 맞지 않는다.

붉은 여왕

　벅헤드와 묄러에게는 암컷 새가 성적으로 문란해짐으로써 이득을 얻는다는 생각이 남아 있었다. 결혼 생활 중에 불륜을 저지른 보바리 부인의 방법에 따르면, 성적 문란은 암컷들에게 유전자라는 과자를 손에 쥔 채 또 다른 것을 먹을 수 있도록 해주는 일거양득을 가져다주기 때문이다. 암컷 제비는 새끼를 돌볼 남편이 필요하지만, 암컷이 번식 장소에 도착할 때쯤이면 최고의 수컷들은 이미 모두 임자가 정해졌다는 사실을 알게 될 것이다. 따라서 암컷이 취할 수 있는 최선의 방책은 평범한 수컷이나 훌륭한 둥지 자리를 가지고 있는 수컷과 짝을 이루고, 유전적으로 우수한 이웃의 수컷과 바람을 피우는 것이다. 이 이론은 다음과 같은 사실로 뒷받침되고 있다. "암컷은 언제나 자신의 남편보다 더 지배적이거나, 더 나이가 많거나, 더 '매력적인(즉, 더 긴 꼬리깃털로 장식한)' 수컷을 정부로 고른다. 암컷들은 독신(즉, 다른 암컷들에게 거절당한) 수컷들과는 바람을 피우지 않고 다른 암컷들의 남편과 바람을 피운다. 암컷들은 가끔 정부가 될 가능성이 있는 수컷들 사이에 경쟁을 부추겨서 이기는 쪽을 선택한다." 묄러의 연구에 의하면 인위적으로 꼬리를 길게 만든 수컷 제비는 보통의 수컷 제비보다 교미 상대를 10일 먼저 얻게 되고, 둘째 새끼를 얻을 확률도 8배나 높으며, 이웃의 아내를 유혹할 수 있는 기회 역시 2배나 더 높다[21] (흥미 있는 사실은 암컷 쥐는 함께 살고 있는 수컷이 아닌 다른 지역의 수컷을 교미 상대로 선택할 때, 보통 그들 자신이 지닌 질병에 대한 면역성 유전자와 다른 유전자를 가지고 있는 수컷을 선택한다는 것이다.[22]).

　간단히 말하자면, 군집을 이루고 사는 새들에게서 간통이 매우 흔한 이유는 간통이 수컷 새에게는 더 많은 새끼를 가질 수 있게 해주고, 암컷 새에게는 더 우수한 새끼를 가질 수 있게 해주기 때문이다.

최근 몇 년 동안의 조류 연구에서 나온 가장 진기한 결과는 '매력적인' 수컷이 태만한 아비가 된다는 것이다. 금화조는 다리에 있는 줄무늬의 색깔에 따라서 서로가 매력적인지 아닌지를 안다고 밝혀낸 낸시 벌리가 이 사실을 처음으로 알아냈고,[23] 그 후 안더스 묄러는 그 사실이 제비에게도 적용된다는 것을 발견하였다. 암컷이 매력적인 수컷과 짝을 이루게 되면 수컷은 일을 덜 하게 되고, 암컷은 새끼를 키우느라고 더 열심히 일하게 된다. 마치 수컷이 암컷에게 우수한 유전자를 제공함으로써 암컷에게 은혜를 베풀었으므로, 암컷은 둥지 주위에서 더 힘든 일을 함으로써 수컷에게 보상해야 한다고 생각하는 것 같다. 물론 이것은 평범하지만 열심히 일하는 남편을 구해놓고 옆집의 우수한 수컷과 바람을 피움으로써 남편을 배신하려는 암컷의 동기를 강화한다.[24]

어쨌든 '착한 남자와 결혼한 뒤 당신의 상사와 바람을 피우라' 든지, 혹은 '부유하지만 못생긴 남자와 결혼하고 잘생긴 애인을 두라' 는 것과 같은 원칙은 여성들 사이에 잘 알려져 있었다. 이것을 일거양득이라 한다. 프랑스 소설가 플로베르의 『보바리 부인』에 등장하는 주인공 엠마 보바리는 잘생긴 애인과 존경스러운 남편을 모두 갖고자 원했다. 그리고 그러한 노력이 결국에는 그녀의 파멸을 불러왔다.

조류에 관한 연구는 인류학에 대해 거의 아는 바가 없는 사람들에 의해 이루어졌다. 1980년대 후반에 두 명의 영국 동물학자들이 조류 연구와는 별도로 똑같은 방법으로 인간을 연구하였다. 리버풀대학의 로빈 베이커Robin Baker와 마크 벨리스Mark Bellis는 여성의 몸 안에서 정자의 경쟁이 일어나는지, 그리고 만약 일어난다면 여성은 그것을 조절할 능력이 있는지 알고자 했다. 두 사람의 연구 결과는 여성의 오르가슴에 대해 기이하고도 놀라운 해설을 이끌어냈다.

이어지는 내용들은 이 책에서 유일하게 진화론의 논쟁과 관련된 성교의 세부 사항 자체를 다룬 부분이다. 베이커와 벨리스는 우선 남성이 사정할 때 얼마나 많은 양의 정자를 배출하는지를 측정하고, 무슨 일이 일어나는지를 유심히 관찰하였다. 그들은 질 속에 유지되는 정자의 양은 여성이 오르가슴에 도달하는 방법에 따라 달라진다는 것을 발견했다. 만약 여성이 오르가슴을 갖지 못하거나, 남성이 사정하기 전에 이미 1분 이상 오르가슴을 느끼고 있다면, 질에는 정자가 거의 남아 있지 않을 것이다. 만약 남성이 사정하기 직전의 1분 이내에 오르가슴에 이르거나 사정 후 45분 이내에 오르가슴에 도달했다면, 대부분의 정자는 질 안에 머물러 있게 된다. 또한 그것은 그녀가 그 전에 마지막으로 성관계를 가진 지 얼마나 되었는가에 의해서도 좌우된다. 그녀가 그 사이에 과학자들이 말하는 이른바 '삽입하지 않고 얻는 오르가슴'을 갖지 않았다면, 그리고 그 기간이 길면 길수록 더 많은 양의 정자가 질 안에 머무른다. 임신의 가능성을 증가시키는 유일한 것은 성교 동안 오래 남는(즉 늦게 도달하는) 오르가슴이다.

이제까지 이 가운데 어떤 것도 놀랄 만한 결과를 보여준 것은 아니다. 다시 말하면, 이 사실들은 베이커와 벨리스가 그들의 연구(선정된 부부들과 잡지에서 질문에 응답한 4,000명의 사람들을 조사해서 얻은 실례로 구성된)를 하기 전에는 알려져 있지 않았지만 그것들이 반드시 중요한 의미를 담고 있는 것은 아니다. 하지만 베이커와 벨리스는 혼외정사에 관한 질문도 했다. 그들은 정숙한 여성의 오르가슴의 약 55퍼센트가 매우 지속적인(즉, 가장 생식력이 좋은) 유형이라는 것을 발견하였다. 문란한 여성은 남편과의 정사에서는 이런 생식력이 좋은 오르가슴 유형을 겨우 40퍼센트만 보이지만, 애인과의 정사 중에는 70퍼센트를 보인다는 것을 발견해냈다. 더욱이 일부러 그런 것이든 아니든 간에 문란한 여성들은 한 달 중 가장 생식력이 좋을 때에 그들의 애인과 정사를 가진다. 이 두 가지 효과를 종합하면, 그들이 다룬 실례 중에서 문란한 여성은 애인보다 남편과 2배나 더 자주 성관계를 갖지만, 여전히 남편보다 애인의 아기를 밸 가능성이 약간 더 높음을 알 수 있다.

베이커와 벨리스는 자신들의 연구 결과를 진화에서 한 발자국 앞선 여성과 그렇지 못한 남성의 무기 경쟁인 붉은 여왕의 게임으로 해석했다. 남성은 모든 방법을 동원하여 아버지가 될 가능성을 높이려고 노력한다. 그의 정자 중 대부분은 난자를 수정시키려는 시도조차 하지 않지만, 대신에 다른 정자를 공격하거나 그들의 길을 막는다. 이러저러한 방법으로 남성의 성적 행동은 난자를 수정시킬 수 있는 가능성을 극대화하도록 설계되어 있다.

그러나 여성은 자신이 원하지 않을 때에는 임신을 막는 정교한 기술을 고안해왔다. 특히 현명한 오르가슴에 의해 사실상 그녀는 2명의 애인 중 누구의 아이를 임신할 것인가를 결정할 수 있다. 물론 여성들은 전에는 이런 사실을 알지 못했으므로 그렇게 하려고 나서지 않았다. 그러나 베이커와 벨리스의 연구가 맞는 것으로 입증되든 그렇지 않든 간에, 놀라운 것은 그들이 완전히 무의식적으로 어떻게 해서든 그렇게 하고 있다는 사실이다. 이것은 물론 전형적인 진화론적 설명이다. 도대체 왜 여성들은 성관계를 가지려고 하는가? 왜냐하면 그들이 의식적으로 원하기 때문이다. 하지만 왜 그들이 의식적으로 원하는가? 왜냐하면 성교는 생식으로 이어지고, 그들은 생식을 했으며 또한 생식으로 이어지기를 원한 사람들의 후손이기 때문이다. 이것은 같은 논쟁의 반복일 뿐이다. 아내가 남편과 헤어지지 않은 채로 무의식적으로 애인의 아기를 임신하려고 했을 때 전형적인 여성의 부정과 오르가슴의 양상이 나타난다고 예측하는 것이나 마찬가지다.

  베이커와 벨리스는 자신들의 발견이 진실에 대한 힌트에 불과하다고 인정하면서도 인간의 간통 정도를 측정하려고 노력해왔다. 그들은 유전학적 조사를 통해 리버풀의 한 아파트에서는 아이들 중 실제 제 아버지의 자식은 5명당 4명도 안 된다는 것을 발견했다. 나머지는 명백하게 다른 사람의 아이였다. 이것이 리버풀에서만의 특징적인 경우일까 봐 그들은 영국의 남쪽 지방에서 똑같은 조사를 했고 같은 결과를 얻었다. 우리는 그들의 앞선 연구를 통해서 오르가슴 효과를 통해 적은 비율의 간통이 높은 비율의 부정한 임신으로 이어질 수 있다는 것을 알았다. 새처럼, 여성은 상당히 무의식적으로 자신의 남편을 떠나지 않은 채 유전적으로 더 가치 있는 남성과 바람을 피우는 두 가지 일을 모두 할지도 모른다.

남성은 어떠한가? 베이커와 벨리스는 쥐의 실험을 통해 수컷 쥐가 그가 교미하고 있는 암컷이 최근에 다른 수컷 가까이에 있었음을 알 때에는 2배나 더 많은 정자를 사정한다는 것을 발견했다. 대담무쌍한 과학자들은 즉시 인간도 똑같은 일을 하는지 조사하기 시작했다. 확실히 그들은 그런 일을 했다. 하루 종일 부인과 함께 있는 남성들은 하루 종일 부인이 나가 있는 남성들보다 더 적은 양의 정자를 사정했다. 이것은 마치 남성들이 현실로 닥칠지 모를 여성의 간통의 가능성을 잠재의식적으로 상쇄하는 것 같다. 그러나 이 특수한 성교의 전쟁에서는 여성들이 더 높은 위치에 있다. 왜냐하면 남성이 자기 아내가 최근에 오르가슴이 없었던 것과 그의 아이를 임신하지 않으려는 욕망을(무의식적으로) 연관짓기 시작한다 해도, 그녀는 언제나 그를 속임으로써 응수할 수 있기 때문이다.[25]

의처증

그렇지만 문란한 아내의 남편은 자신의 유전자가 멸종에 이르는 것을 방관하며 씁쓸한 진화의 운명을 그저 받아들이지만은 않는다. 벅헤드와 묄러는 수컷 새가 보이는 행동의 많은 부분을 그것들이 가진 자기 아내의 배신에 대한 항구적인 두려움이라고 가정함으로써 설명할 수 있다고 생각했다. 그들의 첫째 책략은 아내가 생식 능력이 있는 기간(각각의 알을 낳기 하루 전쯤)을 보호하는 것이다. 많은 수컷 새들이 이러한 행동을 한다. 그들은 아내를 어디든지 따라다니므로, 둥지를 짓는 암컷 새는 모든 여행을 결코 도움이 되지 않는(단지 감시만 하는) 수컷 새와 함께 가게 된다. 암컷이 알을 한 번 낳고 나면 수컷 새는 자기 짝에 대한 감시를 완화하고 간통의 기회를 노리기 시작한다.

수컷 제비는 자기 아내를 찾을 수 없을 때 종종 큰 소리로 경보 신호를 보낸다. 이 소리에 모든 제비들이 하늘로 날아올라 진행되고 있던 모든 간통이 효과적으로 저지되기 때문이다. 만약 그 부부가 별거 후 방금 재결합했거나 낯선 수컷이 세력권에 들어왔다가 쫓겨났다면, 그 후 즉시 남편은 자신의 정자가 침입자의 그것과 경쟁하기 위해 존재한다는 것을 보증하기라도 하듯이 아내와 자주 교미할 것이다.

이런 일이 일반적으로 일어나고 있다. 효율적으로 배우자를 보호하는 종은 간통률이 낮다. 그러나 어떤 종들은 자기 배우자를 지키지 못한다. 예를 들어 왜가리와 육식 조류의 경우에는 남편과 아내가 하루의 많은 부분을 떨어져 지낸다. 한 새가 먹이를 모으는 동안에 다른 새는 둥지를 지킨다. 그래서 아주 빈번하게 교미하는 것이 이 종들의 특징이다. 참매류는 알을 낳을 때마다 수백 번의 성교를 한다. 이것은 간통을 막지는 못하겠지만 적어도 약화시킬 수는 있다.[26]

왜가리와 제비처럼, 사람들은 큰 집단 안에서 일부일처제의 쌍으로 산다. 아버지는 음식이나 돈을 가져옴으로써만 아이를 키우는 데 도움을 준다. 그리고 결정적으로 인간 수렵-채집 사회(넓게 말해서 남자는 사냥을 하고 여자는 거두어들인다)의 특징인 성에 따른 노동의 분화로, 남성과 여성은 많은 시간을 떨어져서 보낸다. 따라서 여성들에게는 간통할 수 있는 충분한 기회가, 남성들에게는 자기 아내를 지켜야 할 충분한 동기와 그것이 실패로 돌아갔을 때 아내와 자주 성관계를 가져야 할 충분한 동기가 주어진다.

　역설적으로, 간통이 영국에 있는 한 아파트에서 일어난 탈선 행위가 아니라, 인간 사회 전반에 걸친 고질적인 문제라는 것을 증명하기는 어렵다. 왜냐하면 첫째로 그 답은 너무나도 당연해서 그것을 연구한 사람이 아무도 없기 때문이다. 둘째로 그것은 너무나도 보편적으로 비밀스럽게 이루어져왔기 때문에 연구하기가 거의 불가능하다. 새를 관찰하는 것이 더 쉽다.

　그럼에도 불구하고 이에 대한 시도가 행해져왔다. 파라과이에 사는 570명 정도의 아체 족은 1971년까지는 12명의 무리로 모여 사는 수렵-채집인이었다. 그 후 그들은 외부 세계와 서서히 접촉하게 되었고, 선교사들의 부추김에 정부의 인디언 보호구역으로 들어갔다. 오늘날 그들은 더 이상 동물을 사냥하거나 과일을 따지 않고 먹을 것을 대부분 정원에서 기르고 재배한다. 그런데 그들이 식량을 대부분 남성들의 사냥 기술에 의존하고 있을 때, 킴 힐은 재미있는 양상을 발견했다. 아체 족 남성들은 그들이 성관계를 가지기 원하는 여성들에게 자기가 가지고 있는 여분의 고기를 제공한다. 그들은 자기가 이미 낳은 자식들을 먹이기 위해서가 아니라 불륜에 대한 직접적인 대가로 그렇게 하는 것이다. 이 사실을 알아내기는 쉽지 않았다. 힐은 연구를 하면서 점점 간통에 대한 질문을 취소할 수밖에 없었는데, 왜냐하면 선교사들의 영향으로 아체 족이 그 주제에 대해 이야

붉은 여왕

기하기를 점점 꺼렸기 때문이다. 추장과 지도자는 특히 더 주저했는데, 그들이 가장 바람을 많이 피우는 사람들이라는 관점에서 보면 놀랄 일은 아니다. 그럼에도 불구하고 소문에 의존함으로써 힐은 아체 족 사이에서 일어나는 간통의 양상을 끼워맞출 수 있었다. 기대한 바대로 그는 지위가 높은 남성들이 가장 많이 연루되어 있다는 것을 발견하였다. 이것은 부계 유전자를 그럴싸하게 포장하여 선물처럼 건넬 여력이 있으면 그렇게 한다는 이론과 일치한다. 그러나 조류와는 달리, 여기에 탐닉하는 사람은 단지 계급이 낮은 남성의 부인들뿐만이 아니다. 아체 족 간통자들이 정부에게 자주 고기 선물을 주는 것은 사실이지만, 힐은 가장 중요한 동기는 아체 족 여성들이 자기 남편에게 버림받을지도 모를 가능성에 끊임없이 준비를 하는 것이라는 사실을 발견했다. 그들은 대안의 관계를 개발하고 있는 것이다. 그리고 결혼 생활이 원만하지 않을 때 부정不貞한 관계가 더욱 많을 것이다. 이것은 물론 양날의 칼이다. 즉, 간통이 발견되면 결혼은 깨질 수 있다.[27]

여성들의 동기가 무엇이든지 간에 힐과 다른 사람들은 간통이 인간의 교미 체계의 진화에 끼친 영향이 상당히 과소평가되어 왔다고 믿었다. 수렵-채집 사회에서는 남성 기회주의자의 기질이 간통에 의해 훨씬 더 쉽게 충족되었다. 수렵-채집 사회이면서 일부다처제를 보편적으로, 또는 철저하게 따랐던 예는 두 개밖에 알려져 있지 않다. 나머지 사회에서는 한 명 이상의 부인을 거느린 남자를 찾아보기가 힘들었고, 두 명 이상의 아내를 거느린 남자를 찾아보기는 더 힘들었다. 그런데 두 가지 예외란 것도 오히려 규칙을 입증한다.

한 예는 아메리카 대륙 북서부 태평양 연안 인디언으로, 언제나 풍부하게 연어를 잡아먹을 수 있고, 잉여 농산물을 축적하는 능력에서 수렵-채집인이기보다는 농부에 더 가까웠다. 두 번째 예는 남자가 40세가 될 때까지 결혼하지 않고 있다가 65세가 되면 대개 30여 명의 부인들을 거느리는 장로 정치적인 일부다처제를 실행한 호주의 몇몇 원주민 부족이다. 그러나 이 독특한 체계는 겉보기와는 전혀 다르다. 노인들은 각자 젊은 보호자 남성들을 데리고 있는데, 다른 무엇보다도 그들과 자기 아내들의 간통을 눈감아줌으로써 그들의 도움, 보호, 그리고 경제적인 원조를 얻는다. 노인은 쓸모 있는 조카가 자기의 어린 아내들 중 한 명을 데리고 갈 때면 다른 쪽으로 눈을 돌린다.[28]

  일부다처제는 수렵-채집 사회에서는 흔하지 않지만 간통이 추구되어온 곳에서는 보편적이다. 따라서 일부일처제의 조류 무리와 유사하다는 점에서, 사람들은 인간에게도 배우자를 감시하는 일이나 빈번한 성관계가 일어나고 있을 것이라고 기대할 것이다. 리처드 랭엄은 인간은 '부재 상태'에서 보호자 감시를 행한다고 추측하였다. 남성들은 대리인을 통해 자기 아내들을 감시한다. 만약 남편이 사냥하느라고 하루 종일 숲 속에 나가 있었다면, 그는 자기 어머니나 이웃에게 아내가 종일 무엇을 했는지를 물어볼 수 있다. 랭엄이 연구한 아프리카 피그미 족 사이에서는 간통에 관한 소문이 끊임없이 돈다. 따라서 남편은 아내의 행실을 알기 위해서는 소문에 의존한다. 랭엄은 이것이 언어가 없이는 불가능하다는 것을 관찰하였다. 그래서 그는 우리가 다른 유인원과 공유하지 않는 가장 기본적인 인간의

♟ 붉은 여왕

3가지 특징인 성에 따른 노동의 분화, 아이를 양육하는 결혼 제도, 그리고 언어의 발명이 모두 서로 얽혀 있다고 추측했다.[29]

왜 리듬 조절법이 성공하지 못하는가?

언어를 통해 대리인의 배우자 감시가 가능해지기 이전에는 무슨 일이 있었는가? 여기에는 해부학이 재미있는 실마리를 제공한다. 아마도 여성과 침팬지의 생리 현상의 가장 놀라운 차이는 여성 자신을 포함한 그 누구도 생리 주기 중에 언제 그녀가 임신이 가능한지를 결정하기가 불가능하다는 점일 것이다. 의사들, 늙은 부인들의 옛날이야기, 그리고 로마 가톨릭 교회가 뭐라고 말하든 간에, 인간의 배란은 눈에 보이지 않으며 예측할 수 없다. 배란기에 암컷 침팬지의 생식기는 붉은색을 띠고, 암소는 황소의 냄새를 못 견뎌하고, 암컷 호랑이는 수컷을 찾아나서고, 암컷 쥐는 수컷 쥐를 유혹한다. 포유류목 전체에 걸쳐 배란일은 팡파르와 함께 발표된다. 그러나 사람은 그렇지 않다. 체온계를 쓰지 않고서는 감지할 수 없는 여성의 미세한 체온의 변화가 전부이다. 여성의 유전자는 배란의 순간을 감추기 위해 엄청나게 노력한 것 같다.

은밀한 배란과 함께 끊임없는 성적 욕구가 온다. 비록 여성들이 다른 날보다도 배란이 일어나는 날에 더 성관계를 가지거나, 자위 행위를 하거나, 애인과 정사를 갖거나, 남편을 따르는 것 같다고 해도,[30] 남성이나 여성 모두가 생리 주기 내내 성교에 관심이 있는 것은 사실이다. 즉, 남성과 여성 모두 호르몬의 상태를 참고하지 않고도 그들이 하고 싶을 때에는 언제나 성관계를 갖는다. 다른 많은 동물들과 비교하면 우리는 놀라울 정도로 교미에 사로잡혀 있다. 데스먼드 모리스Desmond Morris는 인간을 살아 있는 '가장 야한 영장류'[31]라고 부른다(그러나 그것은 사람들이 보노보를 연구하기 전이었다). 빈번하게 교미하는 다른 동물들(사자, 보노보, 도토리딱따구리, 참매류, 흰따오기)은 정자 경쟁이라는 이유에서 그렇게 한다. 앞의 세 종의 수컷은 모두 암컷에게 쉽게 접근할 수 있는 집단을 이루고 살기 때문에 되도록 자주 교미해야만 한다. 그렇지 않으면 다른 수컷의 정자가 먼저 난자에 도달하는 위험을 감수해야 한다. 참매류와 흰따오기는 수컷이 일하러 나간 동안에 암컷이 받았을지도 모르는 정자를 제압하기 위해 자주 교미를 한다. 인류가 난교를 즐기는 종이 아니라는 것은 명백하므로(가장 조심스럽게 편성된 자유연애 공동생활체도 곧 질투와 소유욕의 압력으로 무너진다), 간통의 위협 때문에 상습적으로 교미를 할 수밖에 없게 된 일부일처제 동물인 따오기의 경우가 인간에게 가장 잘 들어맞을 것이다. 그래도 수컷 따오기는 계절마다 알을 낳기 전 며칠 동안만 하루 6회의 교미 습관을 유지하면 된다. 남성은 몇 년 동안 1주일에 2회씩의 교미 습관을 유지해야만 한다.[32]

그러나 여성의 은밀한 배란이 남성의 편의를 위해서 고안된 것일 리는 없다. 1970년대 후반에는 은밀한 배란의 진화론적 원인을 과감하게 이론화하려는 소동이 있었다. 그중 많은 견해들이 오로지 인간에게만 적용되었다. 예를 들면 낸시 벌리의 주장이 있다. 낸시 벌리는 은밀하지 않은 배란을 하던 원시 시대의 여성들이 인간의 분만이라는 굉장히 고통스럽고 위험한 사건을 피하기 위해 생식 능력이 있을 때에도 금욕적으로 지내는 법을 익혔다고 주장한다. 그러나 그러한 여성들은 자손을 남기지 않았으므로, 자신들의 배란을 감지하지 못한 극소수의 예외 여성들이 인류의 어머니가 되었다는 것이다. 그렇지만 은밀한 배란은 인간이 몇몇 원숭이와 유인원 중 최소한 오랑우탄과 공유하는 습관이다. 또한 인간과 대부분의 모든 조류가 공유하는 습관이기도 하다. 소리 없는 배란이 인간에게만 특별하다고 생각하는 것은 터무니없이 편협한 인간중심주의다.

   그럼에도 불구하고 로버트 스미스Robert Smith가 한때 인간의 '생식의 불가사의'라고 불렀던 것을 풀려고 한 몇몇 설명들은 검토해 볼 가치가 있다. 왜냐하면 그 설명들이 정자 경쟁 이론에 흥미 있는 빛을 비춰주기 때문이다. 그 설명들은 대체로 두 종류로 나눌 수 있는데, 은밀한 배란이 아버지들이 자기 아이를 버리지 않는다는 것을 보장하는 방법이라는 주장과 정확히 그와 반대라는 주장이다. 첫번째 주장은 다음과 같다. 남편은 아내가 언제 임신이 가능한지를 모르므로, 아내 주위에 머물면서 자신이 아이들의 아버지임을 확신하기 위해 자주 아내와 성관계를 가져야 한다. 이로써 남편은 손해를 보지 않을 수 있으며, 아이들의 양육을 돕기 위해 아내의 주변을 떠나지 않음을 보장하게 된다.[33]

   두 번째 주장은 다음과 같다. 만약 여성들이 단 하나의 남편만 두고자 한다면, 배란을 광고하는 것은 좋을 게 없다는 것이다. 눈에 띄는 배란은 몇몇 남성들을 유혹해서 그녀와 관계할 권리나 그녀를 함께 나눌 권리를 가지고 싸우게 하는 결과를 가져올 것이다. 만약 여성이 침팬지처럼 부계를 공유하기 위해 문란해지고자 하거나(그렇게 설계되었다거나) 또는 물소나 코쟁이바다표범같이 경쟁을 붙여서 최고의 남성이 그녀를 얻도록 하고자 한다면, 배란의 순간을 광고하는 것은 효과가 있다. 하지만 만약 이유가 무엇이든 간에 한 명의 배우자를 고르려 한다면 그녀는 그것을 비밀로 간직해야 할 것이다.[34]

여기에 몇 가지 변형된 의견이 있다. 사라 허디는 조용한 배란은 영아살해를 막는 데 기여한다고 주장하였다. 남편과 애인 모두 그녀가 바람을 피웠는지의 여부를 알지 못한다. 도널드 시먼스는 여성들이 바람둥이들을 유혹할 때 선물의 대가로 영구한 성적 유용성을 사용한다고 생각했다. 벤슈프 L. Benshoof와 랜디 손힐 Randy Thornhill 은 은밀한 배란이 여성에게 자기 남편을 버리지도 않고 남편의 경각심을 불러일으키지도 않으면서 몰래 우월한 남성과 관계를 가지게 해준다고 시사하였다. 만약 배란이 그보다 그녀(또는 그녀의 무의식)에게 덜 숨겨진다면, 그녀의 남편은 그녀가 언제 임신이 가능한지를 모르는 반면에 그녀는 언제 그녀의 애인과 성관계를 가져야 할지를 더 잘 '알 수' 있으므로 그것은 그녀가 혼외관계를 갖는 데 더욱 득이 될 것이다. 다시 말하면 조용한 배란은 간통 게임에서 하나의 무기인 것이다.[35]

이것은 재미있게도 아내와 정부情婦 사이의 무기 경쟁 가능성을 조장한다. 은밀한 배란의 유전자는 간통과 정숙함의 수행 모두를 더 쉽게 만들어준다. 이러한 독특한 생각이 현재로서는 맞는지 알 수 없으나, 유전학적으로 여성들의 결속은 있을 수 없다는 사실과 뚜렷

붉은 여왕

한 대조를 이룬다. 여성은 여성들끼리 자주 경쟁하게 될 것이다.

참새의 결투

아마도 남성들이 많은 상대를 가질 수 있는 보편적인 방법일 간통의 원인에 궁극적인 실마리를 제공하는 것은 일부일처제보다는 바로 여성들 간의 경쟁이다. 캐나다의 늪에서 보금자리를 짓는 붉은날개까마귀들은 일부다처제이다. 가장 좋은 세력권을 가진 수컷들이 각각 몇몇 암컷들에게 자기 세력권 안에 보금자리를 짓도록 유혹한다. 그러나 가장 큰 하렘을 가지고 있는 수컷들은 또한 그 이웃의 세력권에 있는 대부분의 새끼들의 아버지이기도 한 가장 성공적인 바람둥이들이다. 여기서 왜 수컷의 애인들이 단순히 가외의 아내가 되지 않을까 하는 문제가 제기된다.

핀란드의 숲 속에는 텡맘올빼미라는 작은 올빼미가 살고 있다. 쥐가 극성을 부리는 몇 년간, 몇몇 수컷 올빼미들은 배우자를 전혀 찾지 못한 채 지내는 반면에 다른 몇몇은 두 개의 세력권에 각각 한 마리씩 배우자를 갖는다. 일부다처성인 수컷과 결혼한 암컷은 일부일처성의 수컷과 결혼한 암컷보다 현저하게 적은 수의 새끼를 기른다. 그런데 왜 그들은 그것을 참고 견디는 것일까? 왜 가까운 독신 수컷들 중 하나에게로 떠나지 않는 것일까? 핀란드의 생물학자는 이 일부다처주의자들이 그들의 희생자를 속이고 있다고 믿는다. 암컷은 구혼 기간에 구혼자들이 자기를 먹이기 위해 쥐를 몇 마리나 잡아올 수 있는가를 측정함으로써 그들을 저울질한다. 쥐가 많은 해에는 매우 많은 쥐를 잡을 수가 있어서, 수컷은 동시에 두 마리의 암컷에게 자기가 훌륭한 수컷이라는 인상을 심을 수 있다. 그는 각각에게 자기가 보통 해에 한 마리의 암컷을 위해서 잡아올 수 있었던 것보다 더 많은 쥐를 가져다줄 수 있다.[36]

  북유럽의 숲은 남을 속이는 바람둥이들로 가득 찬 것 같다. 왜냐하면 거짓으로 순결하게 보이는 또 다른 작은 새의 유사한 습관이 1980년대의 과학 문헌에서 장기간에 걸친 논쟁을 이끌었기 때문이다. 스칸디나비아의 숲에 있는 몇 마리의 알락딱새는 올빼미나, 또는 톰 울프Tom Wolfe의 『허영의 모닥불』에서 파크 애버뉴에는 사치스러운 아내를, 건너편 도시의 임대 아파트에는 아름다운 정부를 둔 셔먼 매코이처럼, 암컷이 각각 한 마리씩 있는 두 개의 세력권을 소유함으로써 일부다처성을 띠려고 한다. 두 팀의 과학자들은 그 새를 조사한 뒤 서로 다른 결론에 도달하였다. 핀란드인과 스웨덴인들은 정부가 수컷을 미혼이라고 생각해서 속는다고 말했다. 노르웨이인들은 가끔씩 아내가 정부의 둥지를 찾아와서 정부를 쫓아내려고 하기 때문에 착각할 수 없다고 말했다. 정부는 자신의 수컷이 아내 때문에 자신을 버릴지도 모른다는 것을 알고 있지만, 종종 아내의 둥지에서 일이 잘못되어 자신에게 와서 아이들을 키우는 데 도움을 주기를 희망한다. 수컷은 두 개의 세력권이 너무 떨어져 있어서 아내가 정부를 박해하러 자주 정부의 세력권을 찾아갈 수 없을 때에만 성공을 거둔다. 다시 말해 노르웨이인들에 따르면, 수컷들은 그들의 정부를 속이는 게 아니라 연애 사건을 숨김으로써 자기 아내를 속이

는 것이다.[37]

 따라서 배반의 희생물이 아내인지 정부인지는 뚜렷하지 않지만, 한 가지는 확실하다. 중혼重婚을 범한 알락딱새 수컷은 한 계절에 배다른 형제들의 아버지가 되는 작은 승리를 획득하는 것이다. 수컷은 암컷을 희생함으로써 중혼의 야망을 이루었다. 반면 암컷은 만약 아내든 정부든 남편을 공유하지 않고 각기 독점했더라면 더욱 잘해나갔을 것이다.

 남편과 헤어져 중혼자의 두 번째 아내가 되느니 충실한 남편을 두고 바람피우는 게 낫나는 제안을 시험해보기 위해 호세 베이가Jose Veiga는 마드리드에서 집단으로 키우고 있는 집참새를 연구했다. 이 군집에서 10퍼센트의 수컷만이 일부다처성이었다. 그는 몇 마리의 암컷과 수컷을 선택적으로 제거함으로써 왜 더 많은 수컷들이 여러 마리의 아내를 갖지 않았는지에 관한 여러 이론을 조사하였다. 먼저 그는 수컷이 새끼를 키우는 데 필요불가결하다는 이론을 기각하였다. 중혼을 한 암컷들은 더 열심히 일을 해야 했지만, 일부일처제의 암컷들과 같은 수의 새끼들을 키웠다. 둘째로, 몇 마리의 수컷들을 제거한 후 과부새가 재혼하기 위해 어떤 수컷을 택하는지를 관찰함으로써, 그는 암컷이 숫총각과 교미하기를 더 좋아한다는 이론을 기각했다. 과부새들은 이미 교미를 한 수컷을 고르고 총각들을 거절했다. 셋째로 그는 수컷들이 여분의 암컷들을 찾지 못한다는 이론을 기각했다. 28퍼센트의 수컷이 지난해에 임신한 적이 없는 암컷과 다시 교미했다. 그리고 나서 그는 수컷이 두 마리의 암컷을 더 쉽게 한 번에 지킬 수 있도록 둥지 상자를 서로 가까이 놓아두었다가, 그것이 일부다처제를 증가시키는 데 완전히 실패했다는 것을 발견했다. 이로써 참새의 경우에 일부다처제가 왜 드문지가 설명되었다. 즉, 고참 부인들이 그것을 참지 못하는 것이다. 수컷 새들이 자기 배우자를 감시하는 것처럼 암컷 새들은 자기 남편이 고른 두 번째 약혼녀를 추적하고 괴롭힌다. 새장 속의 암컷들은 짝을 이룬 암컷 참새에게 공격 당한다. 아마도 아내들이 그렇게 하는 것은 그들이 스스로 새끼를 키울 수 있다 하더라도 남편이 자기한테만 도움을 줄 때 훨씬 더 쉬울 것이기 때문이다.[38]

남성은 따오기나 제비 혹은 참새와 같다는 것이 나의 주장이다. 그는 큰 군집 안에서 산다. 남성들은 사회적 서열에 따라 자리를 얻으려고 서로 경쟁한다. 대부분의 남성들은 일부일처주의자이다. 일부다처제는 자녀 양육에 대한 남편들의 노력을 빼앗길까봐 남편을 함께 나누는 데 분개한 부인들에 의해서 방해를 받는다. 남편들 도움 없이 아이들을 키울 수 있다 하더라도 남편의 봉급 수표는 매우 귀중한 것이다. 그러나 일부다처제 금지령에도 불구하고 일부다처적 관계를 추구하려는 남성들을 막을 수는 없다. 간통은 흔한 일이다. 간통은 지위가 높은 남성들과 모든 지위의 여성들 사이에서 가장 흔히 일어난다. 간통을 방지하기 위해서 자기 아내를 감시하려고 하는 남편들은 자기 아내의 애인에게 몹시 폭력적이다. 또한 아내가 임신할 수 있을 때가 아니더라도 자주 성관계를 가진다.

이것은 참새의 생활을 의인화한 것이나 다름없다. 거꾸로 인간의 생활을 참새로 말한다면 이렇게 될 것이다. 새들은 부족 혹은 마을이라고 불리는 무리 안에서 자원을 모으고 지위를 얻기 위해 서로 경쟁한다. 이런 것들은 '사업'과 '정치'라고 알려져 있다. 수새들은 자신들의 수컷들을 다른 암컷과 공유하는 데 분개하는 암새들에게 열심히 구혼하지만, 많은 수새들, 특히 나이 많은 놈들은 그들의 짝을 더 어린 암새로 바꾸거나 비공개적으로 다른 수새들의 (자발적으로 원하는) 부인들과 관계를 가짐으로써 다른 수새들을 바람난 아내의 남편으로 만든다.

 중요한 것은 상세한 참새의 생활이 아니다. 인간의 군집 안에는 참새들보다 더 불균등하게 우위, 힘, 그리고 물자가 분포되어 있는 경향이 있다는 사실을 포함하여, 둘 사이에는 상당한 차이점이 있다. 하지만 그들은 여전히 무리를 이루는 모든 조류들의 중요한 특성을 공유하는데, 그것은 일부다처제보다는 일부일처제 혹은 최소한 일자일웅—雌—雄 관계에다가 널리 퍼져 있는 간통이다. 만족스러운 성관계의 균형을 이루지 못하고 살았던 야만스런 귀족은 자신이 바람난 아내의 남편이 될까봐 두려워하면서도 이웃의 아내와 바람을 피우는 데에는 병적으로 집착하였다. 모든 사회에서 인간의 성이 무엇보다도 중요한 사적인 일이며, 오직 은밀하게 탐닉할 수 있는 일이라는 것은 놀랄 일이 아니다. 똑같은 일이 보노보에게는 잘 적용되지 않지만 많은 일부일처제의 새들에게는 적용된다. 조류의 높은 사생아 비율이 그렇게도 충격으로 다가온 이유는 두 새가 간통하는 현장을 직접 목격한 자연학자가 없었기 때문이다. 새들도 은밀하게 간통한다.[39]

녹색 눈의 괴물 – 질투

의처증은 남성들에게 뿌리깊게 박혀 있다. 면사포, 사교계에 나가는 젊은 여성의 보호자인 샤프롱, 집 안에서 부녀자의 거처를 남의 눈에 띄지 않게 하는 집 안의 휘장, 여성의 음핵 제거 수술, 그리고 정조대는 바람난 아내의 남편이 될지도 모른다는 남자들의 광범한 공포와 아내들의 잠재적인 애인들뿐만 아니라 아내들도 믿지 못한다는 그들의 의심을 입증해준다(그렇지 않다면 왜 여성들의 음핵을 제거하겠는가?). 캐나다에 있는 맥마스터대학의 마고 윌슨Margo Wilson과 마틴 데일리Martin Daly는 인간의 질투 현상을 조사하고, 그 사실이 진화론적인 해석에 딱 들어맞는다는 결론에 도달하였다. 어떠한 문화에서도 빠진 적이 없는 질투는 '인류의 보편적인 특성'이다. 질투가 없는 사회를 찾아, 질투가 사회의 유해한 압력 또는 병리학에 의해 도입된 감정임을 입증하려고 한 인류학자들의 끈질긴 노력에도 불구하고, 성적인 질투는 인간이라면 피할 수 없는 것 같다.

> 고르곤의 찡그린 얼굴을 가진 질투라는 악마는
> 자기 것도 아닌 기쁨의 달콤한 꽃을 꺾어버리고
> 자신의 난폭한 눈을 굴리면서 떨고 있는 작은 숲을 헤치고
> 의심받지도 않는 사랑의 발자국을 뒤쫓고 있구나.[40]

윌슨과 델리는 인간 사회를 연구하다 보면 세부적으로는 표현이 다양하지만 '이론적으로는 단조롭고 비슷한' 사고방식이 발견된다

붉은 여왕

고 믿었다. 그 사고방식은 '사회적으로 인정된 결혼, 간통을 재산 침해로 여기는 관념, 여성의 순결에 대한 가치 평가, 여성을 보호하는 것은 성적 접촉으로부터 보호하는 것이라는 방정식, 폭력을 이끌어내는 간통의 특별한 잠재력' 등이다. 간단하게 말해 어느 시대, 그리고 어느 사회에서나 남성들은 마치 그들이 자기 아내의 '질膣'을 소유한 것처럼 행동한다.[41]

윌슨과 델리는 사랑을 해본 사람이라면 누구나 입증할 수 있듯이, 사랑과 질투라는 두 감정이 모두 성 독점 욕구의 일부로서 단순히 같은 동전의 양면임에도, 질투는 멸시받는 감정인 반면에 사랑은 찬탄받는 감정이라는 사실을 숙고해보았다. 현대의 많은 부부들이 알고 있는 것처럼 질투의 부재는 관계를 안정시키기는커녕 그 자체로 불안감의 원인이 된다. 내가 다른 남자나 여자에게 관심을 기울일 때 그나 그녀가 질투하지 않는다면, 그나 그녀는 우리의 관계가 계속될지의 여부에 관해 더 이상 관심이 없는 것이다. 심리학자들은 질투의 순간이 결핍된 부부들은 질투하는 부부들보다 관계를 지속할 가능성이 적다는 사실을 발견했다.

오델로가 배웠듯이 간통은 의심하는 것만으로도 남편을 극심한 분노로 몰아 자기 아내를 죽이는 충분한 이유가 된다. 오델로는 허구였지만, 현대의 많은 데스데모나들도 남편의 질투에 자신의 목숨을 지불했다. 윌슨과 델리가 말한 것처럼, '대다수의 배우자 살인에서 분쟁의 주요한 근원은 그의 아내가 부정하거나 그를 떠나려고 한다는 남편의 생각이나 의심이다.' 아내를 질투 때문에 죽인 남편이 법정에서 좀처럼 정신이상을 이유로 내세울 수 없는 것은, 확실히

그러한 행동이 '분별 있는 남성의 행동'이라는 영미英美의 일반법의 전통 때문이다.[42]

질투에 대한 이러한 해석은 매우 진부하게 여겨질지도 모른다. 결론적으로 이런 해석은 단지 모든 사람들이 일상적으로 알고 있는 것들에 진화론적인 관심을 부여해본 것일 뿐이다. 하지만 사회학자들과 심리학자들에게 그것은 터무니없는 이단의 생각이다. 심리학자들은 질투를 인간의 본성을 타락시키기 위해 영원한 악의 사회에서 온 것이고, 다스려야 할 치료의 대상이라고 보았으며, 일반적으로 수치스럽게 생각했다. 그들은 질투가 자격지심과 감정적인 의존성을 보인다고 말한다. 그것은 사실이고, 그것이 바로 진화론적인 이론이 예측한 바이다. 아내에게 존경을 받지 못하는 남성은 아내가 자기 아이들을 위해 더 나은 아버지를 찾을 동기를 제공한다는 점에서, 바람난 아내의 남편이 될 위험에 있는 바로 그러한 종류의 사람이다. 이는 강간 피해자들의 남편들이 더 마음에 충격을 받기 쉽고, 만약 아내가 강간을 당하는 과정에서 육체적으로 상처 입지 않았다면 그들 자신도 모르게 강간당한 자기 아내에게 분개한다는 놀라운, 그리고 지금까지 이해할 수 없었던 사실을 설명해준다. 육체적 상처만이 그녀가 반항한 증거이다. 진화에 의해서 남편들은 자기 아내가 결코 강간당한 것이 아니거나 '그것을 요구했다'고 편집광적으로 의심하도록 프로그램되었을지도 모른다.[43]

아내의 불륜은 불공평한 사건이다. 여성은 남편이 부정해도 유전적 투자에 전혀 손실이 없지만, 남성은 뜻하지 않게 의붓자식을 키우는 위험을 무릎써야 한다. 연구에 의하면 사람들은 마치 아버지들

붉은 여왕

을 안심시키기 위해서이기라도 하듯이 이상하게도 아기에 관해서 '그애는 자기 어머니를 꼭 닮았어요' 라고 말하기보다는 '그애는 자기 아버지를 꼭 닮았어요' 라고 말하는 경향이 더 크다. (그리고 이런 말을 할 가능성이 가장 높은 사람은 어머니의 친척이다.)[44] 여성이 남편의 부정을 걱정할 필요가 없다는 것은 아니다. 남편은 부정을 저질러서 그녀를 떠날지도 모르고, 자기 시간과 돈을 정부에게 쓰거나 불결한 병을 옮길지도 모른다. 그러나 아내가 부정을 저질렀을 때의 남편들은 남편의 부정을 대하는 아내보다 훨씬 더 큰 걱정을 한다. 오랫동안 역사와 법률이 바로 그것을 반영해왔다. 대부분의 사회에서 남편의 불륜은 너그럽게 용서되거나 가볍게 다루어왔지만, 아내의 불륜은 불법이었고 호되게 응징되었다. 19세기까지 영국에서는 간통으로 괴로움을 겪은 남편이 간통자에 대해 '간통죄' 로 민사소송을 걸 수 있었다.[45] 1927년에 브로니슬로프 말리노프스키Bronislaw Malinowski가 성적으로 제약받지 않는 사람들이라고 찬양한 트로브리안드 섬 사람들 사이에서조차도 간통을 한 여성은 사형 선고를 받아야 했다.[46]

  사람들은 이 이중 잣대가 사회의 성차별주의의 한 예일 뿐이라고 대수롭지 않게 믿어왔다. 그러나 다른 범죄에 대해서는 법률이 성차별적이지 않았다. 여성들은 도둑질 혹은 살인으로 남성들보다 더 호된 응징을 받은 적이 없다. 최소한 법전은 그들이 더 호되게 응징받아야 한다고 규정한 적이 한 번도 없다. 왜 간통의 경우에는 그렇게 특별한가? 남성의 명예가 위험해지기 때문인가? 그런 거라면 간통하는 남성을 더욱 호되게 응징해도 억제책으로는 똑같이 효율적이었을 것이다. 남성들이 성교라는 전쟁에서 서로 단결하기 때문인가? 남성들은 다른 일에 대해서는 그렇게 하지 않는다. 법률은 이에 대해서 매우 명료하다. 이제까지 연구된 법전에서 보면 간통을 '여성의 배우자의 유무의 관점에서만 정의' 한다. '간통을 한 남자가 유부남인지의 여부는 상관이 없다.'[47] 그리고 그들은 '법률이 응징하는 것은 간통 그 자체가 아니라 단지 낯선 아이들이 가족으로 유입될지 모른다는 불안, 그리고 간통이 그런 불안을 현실화할지 모른다는 위협이다' 라고 했다. 남편에 의한 간통은 전혀 이런 식으로 귀결되지 않는다.[48] 토머스 하디의 소설 『테스』에서 엔젤 클레어는 결혼 첫날밤에 자기의 신부 테스에게 자기가 결혼 전에 젊은 혈기 때문에 난봉을 부린 적이 있다는 고백을 했고, 그녀는 안심하며 알렉 더버빌이 자신을 유혹한 일과 그와의 사이에 태어난 자신의 아기에 관한 이야기를 해주었다. 그녀는 이로써 두 사람이 비겼다고 생각했다.

"제가 당신을 용서했듯이 저도 용서해주세요! 엔젤, 저는 당신을 용서해요."

"당신, 그래, 당신은 그렇겠지."

"그런데 당신은 저를 용서해주시지 않을 건가요?"

"오 테스, 이 경우에는 용서가 적합하지 않아. 지금의 당신은 예전과는 다른 사람이야. 세상에, 어떻게 그렇게 끔찍한 경우에 용서란 말이 있을 수 있지?"

그날 밤으로 클레어는 테스 곁을 떠났다.

♟ 붉은 여왕

품격 있는 사랑

인간의 교미 체계는 상속된 부로 더욱 복잡해졌다. 부모의 부나 지위를 물려받는 능력은 인간에게만 독특한 것이 아니다. 부모가 나중에 낳은 새끼들을 키우는 것을 도와주기 위해 남아서, 부모의 세력권의 소유권을 계승하는 새들이 있다. 하이에나는 그들의 어미에게 지배 계급을 물려받는다(하이에나는 암컷이 우세하고 더 크다). 많은 원숭이와 유인원도 그렇게 한다. 그러나 인간은 이 습관을 기술로 승화시켰다. 그리고 그들은 대부분 딸보다는 아들에게 재산을 물려주는 데 더 많은 흥미를 보였다. 이것은 외면적으로 이상한 일이다. 재산을 딸들에게 남기는 남성은 그 재산이 몇몇 손녀들에게 넘어가는 것을 보게 될 것이다. 반면 재산을 아들들에게 남기는 남성은 그 재산이 그의 손자들일 수도 있고 아닐 수도 있는 사람들에게 넘어가는 것을 보게 될 것이다. 소수의 모계 사회에는 실제로 그러한 문란함이 있어서 남성들은 부계를 확신할 수 없었고, 그러한 사회에서 아이들의 아버지 역할을 하는 것은 바로 삼촌이었다.[49]

실제로 계급이 더 뚜렷한 사회에서는 가난한 사람들이 아들보다 딸을 더 선호했다. 그러나 이것은 부계의 확실성 때문이 아니라 가난한 집 딸들이 아들들보다 자손을 남길 가능성이 더 많았기 때문이다. 중세 봉건 시대에는 하인의 아들은 거의 자식을 가질 수 없었던 반면, 그의 여자 형제는 마차에 실려 영주의 성으로 가서 영주의 첩이 되어 아이를 많이 낳았다. 실제로 15~16세기경 영국의 베드퍼드셔 지방에서는 농부들이 아들들에게보다 딸들에게 더 많은 재산을 남겨주었다는 여러 가지 증거가 있다.⁵⁰ 18세기 독일 오스트프리슬란트 지방에서는 정체된 인구에 사는 농가들 중에는 여아를 선호하는 집이 많았고, 증가하는 인구에 사는 농가들은 반대로 남아에 편중된 집이 많았다. 따라서 새로운 사업을 펼칠 기회가 없는 한 셋째나 넷째 아들은 가족에게 낭비일 뿐이므로, 남자들은 태어날 때부터 푸대접을 받게 되고, 결과적으로 인구 증가가 없는 사회에서는 여성에 편중된 성비를 가져오는 결과를 낳게 되었다는 결론을 피하기 어렵다.⁵¹

그러나 사회의 최상부에서는 이와는 정반대의 편견이 우세했다. 중세의 지주들은 딸들 중 다수를 수녀원으로 추방했다.⁵² 전세계에 걸쳐서 부유한 남자들은 언제나 아들들을 더 선호해왔고, 종종 그중 한 아들만을 선호했다. 부유하고 권력 있는 아버지는 그의 지위나 그것을 성취하기 위한 재산을 아들들에게 물려줌으로써, 그들에게 많은 서자庶子를 갖는 성공적인 간통자들이 될 자금을 남겨주는 것이다.

이것은 별난 결과를 이끌어낸다. 남자나 여자가 할 수 있는 가장 성공적인 일은 부유한 남성에게 합법적인 상속자를 낳아주는 것이다. 또 이와 같은 논리에 따르면 바람둥이들도 아무한테나 구애해서는 안 된다. 그들은 최고의 유전자를 가지고 있는 여성들, 최상의 남편을 갖고 있어서 가장 성공적인 아들을 낳을 잠재력이 있는 여성들을 유혹해야 한다. 중세에는 이것을 기술로 떠받들었다. 상속녀의 불륜이나 위대한 영주 부인의 불륜은 품격 있는 사랑의 가장 훌륭한 형태로 여겨졌다. 마상 창시합은 잠재적인 바람둥이가 고귀한 숙녀들을 감동시키기 위한 방법이나 마찬가지였다. 에라스무스 다윈은

붉은 여왕

이렇게 기록했다.

> 뾰족한 상아질 이빨로 수퇘지들이 사납게 싸우고,
> 옆에서 날아오는 공격을 어깨 방패로 막아내네.
> 여자의 무리들이 말도 없이 놀란 채 지켜서서,
> 흠모하는 눈으로 승리자를 쳐다보네.
> 그래서 기사들은 끊임없이 로맨스에 기록되지.
> 자랑스러운 말을 몰고, 긴 창을 누이면서
> 무서운 용기와 저항할 수 없는 힘을 가진 그는
> 노고에 대해 황금 훈장으로 축복을 받으리라.
> 미인에게 절하고, 그녀의 미소를 받으리라.[53]

대영주의 적장자가 아버지의 재산뿐만 아니라 그의 일부다처제도 물려받을 수 있던 때에는 여자가 그러한 영주를 속이고 바람을 피우는 것이 실로 유희와 같았다. 트리스탄은 콘월에 있는 그의 아저씨 마크 왕의 왕국을 물려받기를 기대했다. 아일랜드에 있는 동안 그는 아름다운 이졸데의 관심을 무시했다. 그런데 이졸데는 갑자기 마크 왕의 신부감으로 호출된다. 트리스탄은 재산을 상속받을 수 없다는 생각에 당황했지만, 최소한 그 재산을 자신의 아들 몫으로 확보하기 위해서 갑자기 이졸데에게 엄청난 관심을 기울이기 시작했다. 적어도 로라 벳지그가 옛날이야기를 재해석하는 것에 의하면 그러하다.[54]

중세 역사에 대한 벳지그의 분석은 부유한 상속인을 낳는 것이 교황청에서 벌어지는 논쟁의 주요한 원인이라는 인식을 포함하고 있다. 그런 사건이 10세기 또는 그 무렵에 연이어 일어났다. 왕의 권력은 쇠퇴하였고 지방 영주의 권력은 증폭되었다. 귀족들은 장자상속권의 영주의 체계가 확립되어감에 따라 그들의 직함을 물려주기 위하여 점점 더 정통 상속자를 낳는 것에 관심을 가지게 되었다. 그들은 아이를 낳지 못하는 아내와는 이혼했으며 모든 것을 맏아들에게 물려주었다. 동시에 부활한 기독교가 북유럽의 우세한 종교가 되었다. 초기의 교회는 결혼, 이혼, 일부다처제, 간통, 그리고 근친상간의 문제에 비정상적일 정도로 흥미를 가졌다. 또한 10세기 교회는 수사들과 성직자들을 귀족 계급에서 모집하기 시작했다.[55]

성 문제에 관한 교회의 강박관념은 성 바울의 그것과는 매우 달랐다. 일부다처나 많은 의붓자식을 갖는 행위가 당시 매우 흔하고 또한 교리에 위배되었음에도 불구하고 교회는 이 점에 대해서는 거의 언급하지 않았다. 대신에 교회는 세 가지 사항을 막는 데 집중했다. 첫째는 이혼, 재혼, 그리고 양자 결연. 둘째는 유모의 양육, 그리고 기도서가 금욕을 요구한 기간의 성관계. 셋째는 7촌 이내의 사람들 사이의 근친상간. 이 세 가지 경우 모두에서 교회는 영주가 정통 후계자를 낳는 것을 막으려고 한 것처럼 보인다. 만약 어떤 남자가 1100년에 교회의 교리를 따랐다면, 그는 아기를 낳지 못하는 부인과 이혼할 수 없고, 그녀가 살아 있는 동안에는 재혼할 수도 없으며, 상속자로서 아이를 양자로 삼을 수 없고, 그의 아내는 갓난 딸을 유모에게 맡기지 못해서 아들이기를 바라며 빨리 다시 아이를 가지려고 할 수 없으며, 그는 부활절 때 3주간, 크리스마스 때 4주간, 오순

절 때 1~7주간, 그에 덧붙여 참회 또는 설교의 날인 일요일, 수요일, 금요일, 그리고 토요일, 추가로 잡다한 종교적인 축제날에는 아내와 성관계를 가질 수 없으며, 7촌보다 가까운 여성(480킬로미터 안에 있는 대부분의 귀족 여성을 제외해버린 것)을 통해 정통 후계자를 낳을 수도 없다. 이 모든 것이 합쳐져서 후계자를 낳는 데 대한 교회의 지속적인 공격이 되었다. 세력가들 간의 상속, 결혼에 관한 투쟁이 시작된 것은 교회가 세력가들의 남동생들로 채워지기 시작하면서부터이다. 교회 안의 개개인들(상속받지 못한 아들들)은 교회 자체의 부를 증가시키거나 자기 사신들이 재산이나 작위를 다시 얻기 위해서 성교의 관습을 교묘히 다루었다. 헨리 8세가 아들이 없는 아라곤의 캐서린과 자신의 이혼을 교회가 승인해주지 않자, 로마와 단절하고 이어서 수도원을 해산한 것은 교황청과 국가 간의 역사의 일종의 우화라고 할 수 있다.[56]

사실 교황청의 논쟁은 부의 집중에 대한 분쟁의 많은 역사적인 예 중 하나였을 뿐이다. 장자상속권의 실행은 재산과 그것이 갖는 일부다처제의 잠재력을 완전하게 대대로 지키는 가장 좋은 방법이다. 그러나 다른 방법도 있다. 그중 첫째는 결혼 그 자체이다. 상속녀와 결혼하는 것은 언제나 재산을 얻는 가장 빠른 길이다. 물론 전략적인 결혼과 장자상속권은 서로 적대적으로 작용한다. 만약 여성들이 재산을 한 푼도 상속받지 못한다면 부자의 딸과 결혼해서 얻는 것은 하나도 없다. 비록 유럽 대부분의 왕조에서는 (남자 후계자들이 없을 때에는) 여성이 왕위를 계승할 수 있었지만 정략 결혼이 종종 가능했다. 아기텐의 엘리노어는 영국의 왕에게 프랑스의 상당 부분을 바쳤다. 스페인의 계승권 전쟁은 오로지 프랑스의 왕이 정략 결혼으로 스페인의 왕위를 계승하는 것을 막기 위해서 일어난 것이다. 영국 귀족들이 미국인 가짜 남작들의 딸들과 결혼하던 에드워드 시대의 관행까지, 고귀한 가문들끼리 동맹을 맺는 것은 부를 축적하는 한 방법이 되어왔다.

노예를 거느린 미국 남부의 귀족들 사이에서 보편적으로 행해진 또 다른 방법은 가문 안에서만 결혼을 하는 것이었다. 뉴멕시코대학의 낸시 손힐Nancy Wilmsen Thornhill은 그런 집안의 남자들이 남보다는 사촌과 결혼하는 일이 얼마나 더 자주 일어났는지 보여주었다. 그녀는 4개의 남부 가계의 혈통을 추적함으로써, 모든 결혼의 꼭 절반이 친족 또는 자매 교환(두 형제가 두 자매와 결혼하는 것)을 포함하고 있음을 발견하였다. 이와는 대조적으로 동시대의 북부 가계에서는 결혼의 6퍼센트만이 친족을 포함하고 있었다. 이 결과를 특별히 재미있게 만드는 것은 손힐이 이 사실을 발견하기 전에 이미 예측했다는 점이다. 재산의 집중은 많은 집안에서 동시에 축적되고 사라지는 상업 재산보다 그 희귀함에 가치를 의존하는 토지에 더 잘 적용된다.[57]

더 나아가 손힐은 어떤 사람들이 부를 집중시키기 위해 결혼을 이용하려는 동기를 가지고 있듯이, 다른 사람들은 그들이 바로 그렇게 하려는 것을 막으려는 동기를 가지고 있다고 주장했다. 그리고 특히 왕은 자신의 소원을 이루기 위한 동기와 권력을 모두 가지고 있다. 이것은 사촌 간의 '근친상간' 결혼의 금지라는 또 다른 놀라운 사실이 어떤 사회에서는 아주 흔히 실행되고 있는 반면에 어떤 사회에서는 전혀 그렇지 않다는 것을 설명해준다. 어느 경우에 있어서나 사회가 계급화될수록 결혼에 대한 제약이 많아진다. 평등주의 민족인 브라질의 트루마이 족에게 사촌 간의 결혼은 그저 눈살을 찌푸릴 만한 정도의 일이다. 반면 부의 불균형이 심한 동아프리카 마사이 족은 그러한 결혼을 '호된 태형'으로 응징한다. 잉카 족 사이에서는 여자 친척(넓게 정의된)과 결혼하려고 하는 만용을 부리는 사람은 누구나 눈알을 도려내고 몸을 네 갈래로 찢었다. 황제는 물론 예외였다. 그의 왕비는 그의 친누이였고, 파차쿠티는 모든 이복 누이들과도 결혼하는 전통을 만들어냈다. 손힐은 이 관례들은 근친상간과는 전혀 관계가 없으며, 모두 그들 자신 이외의 가족들에게 재산이 집중되는 것을 막으려고 노력한 지도자와 관련된 것이라는 결론을 내렸다. 그들은 대체로 그러한 법의 적용에 자신들을 제외시켰던 것이다.[58]

진화론적 역사

쉽게 예상할 수 있다시피, 정통 역사학자들은 다윈 식 진화론의 역사라 불리는 이러한 과학에 비웃음을 보냈다. 그들이 볼 때 부의 집중은 더 이상 설명이 필요하지 않았다. 반면 진화론 신봉주의자들은, 그것이 한때(또는 여전히) 생식이라는 목적을 추구하기 위한 수단이었다고 생각한다. 자연선택에서는 생식 이외의 추구할 만한 화폐란 존재하지 않았다.

자연 서식지에 살고 있는 뇌조나 해마를 연구하면, 그들이 장기간의 생식의 성공을 극대화하려고 노력하고 있음을 분명하게 확신할 수 있다. 하지만 같은 주장을 인간에게 갖다붙이기는 훨씬 더 어려운 일이다. 사람들은 물론 무엇인가를 얻으려고 애쓰지만 그것은 대개 돈, 권력, 안정 혹은 행복이다. 사실이 그렇다. 사람들이 이런 것들을 자식으로 바꾸어 해석하지 않는다는 사실은 인간의 불륜에 대한 모든 진화론적인 접근에 반대되는 증거로 제기되었다.[59] 그러나 진화론자들의 주장은 이러한 성공의 척도들이 오늘날에 번식의 성공에 이르는 티켓이 아니라, 과거에 한때 그러했다는 것이다. 사실 돈, 권력, 안정 혹은 행복은 지금도 번식을 성공에 이르게 하는 놀라운 티켓이다. 성공한 남자들은 성공하지 못한 남자들보다 더 자주 더 폭넓게 재혼하는데, 생식적인 성공으로 이어지는 것을 막는 피임법이란 게 있어도 부자들은 여전히 가난한 사람과 같은 수의, 혹은 더 많은 자식들을 갖는다.[60]

　그러나 서구인들은 그들이 가질 수 있는 만큼 자식들을 낳는 것을 눈에 띄게 회피한다. 시카고 노스웨스턴대학의 윌리엄 아이언스 William Irons는 이 문제에 달려들었다. 그는 인간은 언제나 자식에게 '인생의 좋은 출발점'을 마련해주어야 할 필요성을 고려해왔다고 믿었다. 그들은 결코 양을 위해서 아이들의 질을 희생하려고 한 적이 없었다. 따라서 낮은 출생률로 인구학의 변천이 일어난 무렵에 값비싼 교육이 성공과 부의 선행 조건이 되었을 때, 사람들은 자식들을 학교에 보내는 비용을 부담할 수 있도록 아이들의 수를 줄이고 재조정했다. 바로 이것이 오늘날 태국 사람들이 그들의 부모들보다

 붉은 여왕

더 적은 수의 자녀를 갖는 이유이다.[61]

우리가 수렵-채집인이었을 때 이래로 유전적 변화는 거의 없었지만, 현대 남성의 마음속 깊은 곳에는 단순한 남성 수렵-채집인 법칙이 있다. 권력을 얻도록 노력하여 그것을 후계자를 낳을 여성들을 유혹하는 데 사용하라. 부를 얻도록 노력하여 그것을 의붓자식을 낳을 다른 남자의 부인과의 불륜을 사는 데 사용하라. 이것은 한 토막의 싱싱한 생선이나 꿀을 매력적인 이웃의 아내와의 짧은 정사와 교환한 남자에서 시작하여 그의 메르세데스에 모델을 데리고 가는 팝스타에게까지 계속되고 있다. 생선에서 가죽과 구슬, 쟁기와 가축, 칼과 창을 거쳐 메르세데스에 이르기까지 역사는 이어져왔다. 부와 권력은 여성을 얻기 위한 것이고, 여성은 유전적 영원성을 의미하는 것이다.

마찬가지로 현대 여성의 마음 깊은 곳에는 너무도 최근에 진화했기에 많이 변하지 않았을 수렵-채집인 법칙이 있다. 음식을 주고 네 아이들을 돌볼 부양자 남편을 얻도록 노력하라. 그 아이들에게 1등급 유전자를 줄 수 있는 애인을 찾도록 노력하라. 그녀는 매우 운이 좋은 경우에만 두 가지를 다 갖춘 한 사람을 만날 것이다. 그것은 부족에서 가장 훌륭한 총각 수렵인과 결혼하고, 또 이웃의 가장 훌륭한 수렵인 남편과 바람을 피워서, 자기 아이들에게 풍부한 고기를 공급해줄 것을 보장받은 여성에서 시작되었고, 태어나 자라면 자신의 건장한 경호원을 닮을 아이를 임신할 부유한 타이쿤(일본 막부 말기의 쇼군을 당시의 외국인들이 부른 호칭—옮긴이)의 아내로 이어졌다. 남자들은 부계의 보살핌, 재산, 그리고 유전자의 제공자로서 이용된다. 냉소적인가? 인류 역사에서 일어난 대부분의 이야기에 비하면 그 절반만큼도 냉소적이지 않다.

Sexing the Mind

⑧ 마음과 성

여자가 없다면, 울 일도 없다.
밥 말리

오, 골칫거리여, 여자에게 골칫거리여.
나는 되풀이하고 또 되풀이하네.
칼라마주에서 캄차카에 이르기까지
여자에게 골칫거리는—바로 남자라고.
오그덴 내시/커트 웨일

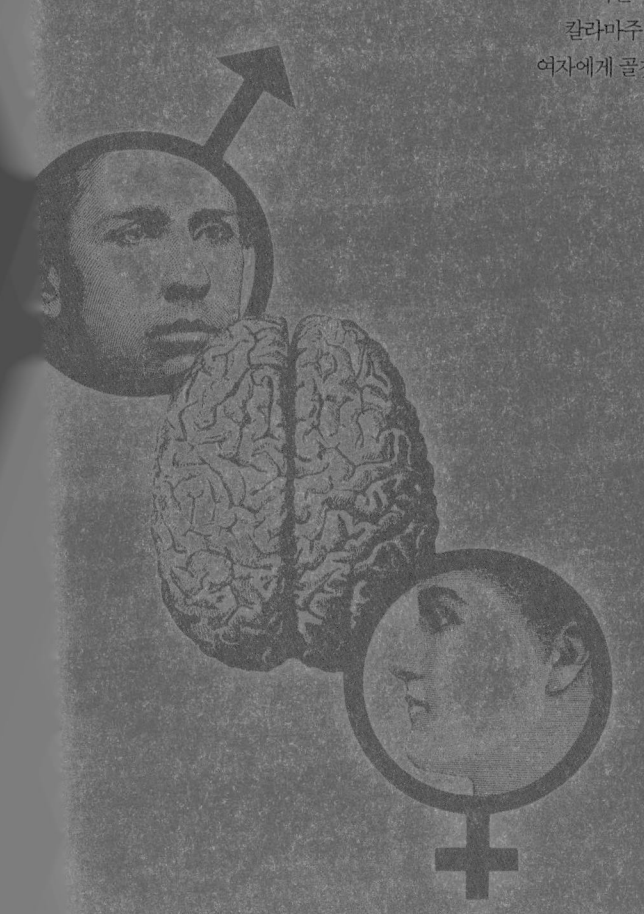

소나무들쥐, 미크로투스 피네토룸은 일부일처형 생쥐의 일종이다. 수컷은 암컷을 도와 새끼들을 돌본다. 소나무들쥐 암컷과 수컷은 서로 비슷한 두뇌를 가지고 있다. 특히 두뇌에 있는 해마의 크기는 거의 같다. 암수 모두에게 미로 실험을 해보면, 수컷이나 암컷 똑같이 좋은 성적을 거둔다. 풀밭들쥐, 밭쥐는 전혀 다르다. 풀밭들쥐는 일부다처형 생물이다. 수컷은 널리 흩어져 있는 여러 아내의 굴을 둘러보아야 하므로 날마다 암컷보다 더 많이 돌아다닌다. 수컷 풀밭들쥐는 암컷보다 큰 해마를 가지고 있으며, 미로 학습에서도 길을 기억하거나 찾아가는 데 암컷보다 더 능숙하다. 이와 같이 수컷은 암컷보다 뛰어난 공간 감각을 갖고 있다.[1]

풀밭들쥐와 마찬가지로, 남자들은 여자보다 공간 감각이 뛰어나다. 다른 각도에서 두 물체의 모양을 비교해보고 같은 모양인지 판정하라거나, 모양이 다른 유리잔 두 개를 놓고 같은 분량을 담을 수 있는지 판정하라거나 혹은 공간적인 판단을 요구하는 이와 비슷한 일을 시켜보면, 일반적으로 남자들이 여자보다 더 낫다. 몇몇 생물은 일부다처주의와 공간적 기능이 공존하는 것 같다.

평등인가, 동일인가?

남자의 몸과 여자의 몸은 다르다. 몸의 차이는 진화의 직접적인 결과이다. 여자의 몸은 아이의 출산과 양육, 그리고 식물성 음식의 채집이라는 요구에 걸맞게 진화되어왔다. 남자의 몸은 남성 위계 질서 속에서의 부상, 여자를 차지하기 위한 싸움, 그리고 가족을 위한 고기의 공급이라는 요구에 알맞게 진화되어왔다.

남자의 마음과 여자의 마음은 다르다. 마음의 차이는 진화의 직접적인 결과이다. 여자의 마음은 아이의 출산과 양육, 그리고 식물성 음식의 채집이라는 요구에 걸맞게 진화되어왔다. 남자의 마음은 남성 위계 질서 속에서의 부상, 여자를 차지하기 위한 싸움, 그리고 가족을 위한 고기의 공급이라는 요구에 알맞게 진화되어왔다.

첫째 문단은 진부하고, 둘째 문단은 선동적이다. 남자와 여자가 서로 다른 마음을 갖도록 진화되어왔다는 명제는 모든 사회과학자와 정치적으로 올바른 개인이 받아들일 수 없는 금기이다. 그럼에도 불구하고 나는 두 가지 이유 때문에 이 명제가 사실이라고 믿는다. 첫째, 이 명제의 논리는 흠 하나 없이 완벽하다. 앞서 두 장章에서 본 바와 같이, 오랜 기간의 진화 과정에서 남자와 여자는 서로 다른 진화의 압력을 받아왔으며, 따라서 진화에 성공한 개체는 그러한 압력에 잘 견디는 행동을 해낼 수 있는 두뇌를 가졌을 것이다. 둘째, 그 명제에 대한 증거는 엄청나게 많다. 조심스럽기도 하고 꺼려지기도 하지만, 생리학자들과 심리학자들은 점점 확신을 가지고 여자의 두뇌와 남자의 두뇌에 대한 차이점을 찾아내기 시작하였다. 그들은 남녀의 두뇌에 차이가 있다는 훌륭한 증거들을 찾고 또 찾아냈다. 남녀 사이의 모든 것에 다 차이가 있는 것은 아니다. 사실 대부분은 동일하다. 남녀의 차이에 대한 속설은 대부분 단지 편의적인 성차별일 뿐이다. 남녀 사이에 서로 겹치는 부분은 엄청나게 많다. 남자가

붉은 여왕

여자보다 키가 더 크다고 말하는 것이 일반적으로 타당하다고 하나, 많은 사람들 중에서 가장 키가 큰 여자는 가장 키가 작은 남자보다는 언제나 키가 더 크다. 같은 방식으로 이야기하면, 보통의 여자가 어떤 종류의 정신적 일을 수행하는 데 보통의 남자보다 월등하다고 할지라도, 가장 잘 하는 남자보다 더 못 하는 여자도 많다. 물론 뒤집어 이야기해도 옳다. 그러나 평균적인 남자의 두뇌가 평균적인 여자의 두뇌와 확실히 차이가 있다는 증거는 이제 부정할 수 없다.

다르게 진화되어온 점들은 정의에 의하면 '유전적'인 것이다. 그리고 여자의 마음과 남자의 마음이 유전적으로 서로 다르다는 의견은 편견을 정당화하는 것처럼 보이기 때문에 현대의 도의적 기준에 위배된다. 남성들에게 성차별주의에 대한 '과학적 근거'가 마련된다면, 우리가 어떻게 평등한 사회를 이룩하기 위하여 노력할 수 있겠는가? 남성들에게 손톱만큼의 불평등을 양보하면 그들은 산더미만한 편견을 요구할 것이다. 영국의 빅토리아 시대에는 남자와 여자가 엄연히 다르기 때문에 여자에게는 투표권을 줄 수 없다고 믿었다. 18세기의 몇몇 남성들은 여자들이 이성적인 사고를 할 수 없다고 생각했다.

이러한 관점들은 그럴 듯했다. 그러나 과거의 사람들이 성적 차별을 너무 과장했다고 해서 성적 차이가 전혀 없음을 의미하는 것은 아니다. 여자와 남자가 똑같은 마음을 지니고 있다는 선험적인 이유가 있는 것도 아니다. 여자의 마음과 남자의 마음이 같지 않다면, 둘 다 똑같이 만들어야 한다고 바랄 수 있는 것도 아니다. 차이는 불평등을 말하는 것이 아니다. 남자아이들은 총을 좋아하고 여자아이들은 인형을 좋아한다. 그것은 조건화에 의한 것일 수도 있고, 유전적인 것일 수도 있다. 그러나 어느 한 쪽이 다른 쪽보다 '월등' 하다는 것은 아니다. 인류학자 멜빈 코너Melvin Konner는 다음과 같이 말했다.

> 남자는 여자보다 더 폭력적이다. 적어도 아이들은 여자아이들이 남자아이들에 비해 가르치기가 더 쉽다. 이것이 상투적인 말이라면 미안하지만, 사실이 그렇다.[2]

남자와 여자의 심성에 차이가 있다고 가정하자. 두 심성에 차이가 없는 듯 생각하고 행동하는 것이 옳은 일이겠는가? 남자아이들이 여자아이들보다 더 경쟁적이라고 가정해보자. 그렇다면 여자아이들은 남자아이들과 떨어져 있으면 교육을 더 잘 받을 수 있을 것이라는 말인가? 사실 여학교에서 교육을 받은 여자아이들이 훨씬 더 많이 성공했다는 연구 결과가 있다. 성을 무시한 교육은 부당한 것인지도 모른다.

다른 말로 하면, 남녀의 심성이 같지 않다는 증거에도 불구하고 남녀의 심성이 같다고 가정하는 것은 남녀의 성에 차이가 없다는 증거에도 불구하고 성차별을 인정하는 것처럼 부당한 일이다. 우리는 항상 남녀의 심성에는 선천적으로 차이가 있다고 믿는 사람들이 이를 증명해야 할 책임이 있다고 생각한다. 우리가 틀렸는지도 모른다.

 붉은 여왕

남자, 그리고 지도 읽기

이야기를 약간 벗어나서 증거를 검토해보기로 하자. 진화에 의해 남자와 여자의 심성에 차이가 생겼다고 믿으려는 데는 세 가지 이유가 있다. 그 첫째 이유는, 남자와 여자는 포유류에 속하고, 모든 포유류는 행동에 성적 차이가 있다는 것이다. 찰스 다윈이 말했듯이, "황소와 암소, 수퇘지와 암퇘지, 수말과 암말이 서로 성질이 다르다는 것을 반박할 사람은 아무도 없다."[3] 둘째 이유는 남자와 여자는 유인원이고, 모든 유인원 사이에서는 다른 수컷에게 공격적인 수컷, 짝짓기 기회를 노리는 수컷, 그리고 새끼들을 잘 돌보는 암컷에게 큰 보상이 주어진다는 것이다. 셋째 이유는 남자와 여자는 둘 다 인간이고, 인간은 성에 따른 노동 분담이라는 고도로 비범한 특성을 지닌다는 것이다. 침팬지는 암컷과 수컷이 모두 동일한 식량 자원을 찾아나서는 반면에, 사실상 농업 사회 전단계의 모든 사회에서 남자와 여자는 서로 다른 방법으로 식량을 구한다. 남자들은 집에서 멀리 떨어져 있으며, 움직이고 예측할 수 없는 먹을거리(보통 살코기)를 찾아나서는 반면, 여자들은 아이들이라는 짐을 지고 집 가까이에 있으며, 움직이지 않고 예측 가능한 먹을거리(보통 식물성)를 찾는다.[4]

달리 이야기하면, 이 이유들은 인간이 보통의 성 차이보다 적은 차이를 지닌 유인원이 아니라 보통의 성 차이보다 많은 차이를 지닌 유인원임을 증명하는지도 모른다. 실제로 인간은 포유류 가운데 성에 따른 노동 분담의 차이가 가장 크며, 양성 사이의 심성 차이도 가장 크다. 그런데 사람들은 성에 따른 노동의 분담을 성의 이형성二

形性의 한 원인으로 인정함에도 불구하고 아버지의 양육 효과는 제외하는 모습을 보여왔다.

　남자와 여자 사이의 성적 차이를 이룬다고 주장되는 많은 정신적 특징 중에서 네 가지는 심리학 테스트에서 지속적이고 반복적으로 나타났다. 그 첫째는 여자아이들이 언어 수행 능력에서 월등하다는 것이다. 둘째는 남자아이들이 수리 능력에서 여자아이들에 비해 더 우수하다는 것이다. 셋째는 남자아이들이 여자아이들보다 더 공격적이라는 것이며, 넷째는 남자아이들과 여자아이들은 서로 다른 종류의 공간 시각에 관한 수행 능력에서 우수하다는 것이다. 간단히 이야기하면, 평균적으로 남자아이들은 지도 읽기에 월등하고, 여자아이들은 성품이나 분위기를 판단하는 데 우수하다.[5] (그리고 재미있는 사실은 남성 동성애자는 이러한 점에서 보통의 남자보다는 여자에 더 가깝다는 것이다.)[6]

　공간 시각에 관한 수행 능력의 경우가 흥미로운데 그 이유는 이 능력이 이 장의 앞에서 인용한 쥐의 경우를 유추해서 남자들이 본성적으로 일부다처형[7]이라고 주장하는 데 이용되어왔기 때문이다. 대충 이야기하면, 일부다처형 쥐는 한 암컷의 집에서 다른 암컷의 집으로 가는 길을 알아야 한다. 인간의 사촌쯤 되는 오랑우탄을 포함한 많은 일부다처형 동물들은 수컷들이 여러 암컷들의 거주지를 순찰하듯 돌아다닌다. 사물이 그려진 원판을 마음속으로 회전시키고 그 사물이 다른 사물과 같은 것인지를 물어보았을 때, 평균적인 남자들만큼 높은 점수를 얻은 여자들은 전체의 4분의 1에 지나지 않았다. 이러한 차이점은 아동기에 형성된다. 심적 회전mental rotation

은 지도 읽기의 정수이다. 그러나 쥐의 경우처럼 남자들이 여자들보다 지도 읽기에 더 능숙하다고 해서 남자들이 일부다처형이라고 주장하는 것은 무리가 있는 듯하다.

한편 남자들보다 여자들이 더 잘 수행하는 공간적 기술도 있다. 캐나다 토론토에 있는 요크대학의 어원 실버먼Irwin Silverman과 매리언 일스Marion Eals는 심적 회전 과제에 남자들이 능숙한 것은 일부다처형 쥐가 여러 암컷들을 방문하며 넓은 영역을 순찰하는 것과 같은 의미가 아니라, 인류 역사의 특별한 사실을 반영하는 것이라고 추론하였다. 그 인류 역사의 사실이란 홍적세, 즉 지금부터 100만년쯤 전에 초기 인류가 아프리카의 수렵-채집인이던 시절에 남자들이 수렵인이었다는 점이다. 그래서 남자들은 움직이는 표적물에 무기를 던지고, 도구를 만들며, 오랜 사냥여행 끝에 집으로 돌아와야 하는 등 월등한 공간적 재능이 필요하였다.

이러한 이야기는 대부분 상투적인 지식이다. 그러나 실버먼과 일즈는 스스로 질문을 던졌다. 남자들이 가지지 못한 어떤 특별한 공간적 재능을 여자 채집인들이 가지고 있지 않았을까? 실버먼과 일즈가 예측한 한 가지 사실은 여자들이 사물을 더 많이 관찰했으리라는 것이다. 즉 나무 뿌리나 버섯, 열매나 초목들을 찾아낸다거나, 어디를 찾아보아야 할지 알기 위해 지형 지물을 기억해야 했으리라는 것이다. 그래서 실버먼과 일즈는 학생들에게 사물들로 가득찬 그림을 보여준 다음 무슨 물건들이 있었는지 기억해보라든지, 혹은 학생들을 방 안에 3분 정도 머물게 한 후 다른 방으로 옮겨서 첫번째 방에 무슨 물건들이 있었는지 생각해보라는 등의 일련의 실험을 시도

하였다. 사물이나 장소를 기억하는 능력에 대한 모든 측정에서 여학생들이 남학생들에 비해 60~70퍼센트 정도 더 우수했다. 여자는 관찰력이 뛰어나고, 남자들은 집 안에서도 물건을 잃어버려 아내에게 도움을 청한다는 말이 맞다. 이러한 차이점은 여성의 사회적·언어적 재능이 남성을 앞지르기 시작하는 사춘기 때 나타나게 된다.[8]

한 가족이 차를 타고 가다 길을 잃게 되면 여자는 차를 세우고 길을 물으려 하는 반면에, 남자는 지도를 보거나 지형 지물을 이용하여 스스로 길을 찾으려고 고집한다. 이러한 상투적인 이야기가 널리 알려져 있는 것으로 보아 그 이야기 안에는 틀림없이 어떤 진실이 있을 것이다. 그리고 그 이야기는 우리가 알고 있는 성에 관한 이야기와 잘 맞아 들어간다. 남자들에게 차를 멈추고 길을 묻는다는 것은 패배를 인정하는 일이다. 지위를 의식하는 남자라면 어떤 대가든지 치르는 편을 택하지, 길을 묻는 일은 하지 않을 것이다. 여자들에게 길을 묻는 일은 상식에 해당하며, 자신의 사회적 재능의 장점을 이용하는 일이 된다.

본성과 대립하지 않는 교육

이러한 사회적 재능도 역시 홍적세에 그 기원을 두고 있을 것이다. 여자는 종족 내에 동지를 만드는 경우나 자신을 돕도록 남자를 다루는 경우에, 그리고 장래 남편감을 결정하는 경우와 자녀들의 일을 추진시키는 경우에, 그 성공 여부를 자신의 사회적 직관과 재능에 의지한다. 이제는 그러한 일이 꼭 유전적이라고 주장되지는 않는다. 내 결혼 생활에서도 그러했듯이, 남자들은 지도를 잘 보고 여자들은 소설을 더 잘 읽는다는 것은 분명한 사실이다. 따라서 이것은 훈련의 문제인지도 모른다. 여자들은 성격에 대해 더 많이 생각을 하기 때문에 여자들의 두뇌는 그런 일에 더 쓰이게 된다. 그렇다면 그러한 선호도는 어디서 오는가? 어쩌면 조건화에서 비롯되었는지도 모른다. 여자들은 지도 읽기보다는 성격에 더 흥미를 느끼는 자신의 어머니를 모방하여 배운다. 그렇다면 그 어머니는 어디에서 그리한 흥미를 배웠는가? 자신들의 어머니인가? 태초의 이브가 아담보다 성격에 더 흥미를 갖기로 결정하는 첫 발자국을 내딛었다고 제안해도, 유전적 변화를 피할 수는 없을 것이다. 왜냐하면 서로의 성격에 관심을 표하던 이브의 여자 후예들은 성격과 분위기 판단에 대한 그들의 재능에 비례해서 번성했을 것이고, 따라서 성격과 분위기 판단을 잘 하는 유전자가 널리 퍼졌을 것이기 때문이다. 그러한 재능이 유전적으로 영향을 받는다면, 사람들은 자신들이 유전자의 영향에 따라 유전적으로 능숙한 것을 선호해야 한다는 사실을 피할 수 없었을 것이고, 문화적 조건화에 따른 유전적 차이를 강화하게 되었을 것이다.

사람들이 자신이 잘 하는 일을 전문화하게 됨에 따라서 자기들의 유전자에 잘 어울리는 조건을 만들어내는 이러한 현상을 볼드윈 효과Baldwin effect라고 한다. 볼드윈 효과는 1896년 제임스 마크 볼드윈James Mark Baldwin이 처음으로 설명한 현상으로, 그의 이름을 따서 부르게 되었다. 볼드윈 효과에 의하면, 의도적인 선택과 기술이 모두 다 진화에 영향을 준다는 결론에 이르게 되는데, 이러한 생각은 최근에 나온 조너선 킹던Jonathan Kingdon의 책 『스스로 이룬 남성과 그의 파멸Self-made Man and His Undoing』에 잘 나타나 있다.[9] 고도로 조건화된 소질이라 할지라도 생물학에 어떤 근거를 두지 않고 존재할 수는 없다. 교육은 언제나 본성을 강화시킨다. 교육과 천성은 거의 서로 부딪치지 않는다(공격성은 예외인데, 부모들이 자주 누르려고 함에도 불구하고 공격성은 남자아이들에게서 더 많이 나타난다). 미국에서 살인자의 83퍼센트와 음주 운전자의 93퍼센트가 남성이라는 것을 사회적 조건화만으로 설명하려는 것은 말도 안 되는 일이다.[10]

1970년대 말 도널드 시먼스 같은 학자들이 이러한 생각을 구상해 내기 시작했을 때, 이 생각의 적용이 얼마나 혁신적인지 과학자가 아닌 사람들에게는 현실감 있게 다가오지 않았다.[11] 남자와 여자가 서로 다른 진화적 욕구와 보상을 받았기 때문에 서로 다른 마음을 지닌다는 시먼스의 말은 쉽게 상식에 맞아들어간다. 그러나 사회과학자들이 인간의 성에 관해 발표한 수없이 많은 연구의 대부분은 남녀 사이에 마음의 차이가 없다는 가정에 근거를 두고 이루어진 것이다. 아직 결론을 내린 것은 아니지만, 오늘날까지도 많은 사회과학자들은 남녀 사이의 모든 차이점들이 부모에게 배운 것이고 두뇌 반구 두 개의 경쟁의 결과라고 짐작하고 있다. 『남자들이 생각하는 방법The Way Men Think』이라는 책의 공동 저자인 리암 허드슨Liam Hudson과 버나딘 자콧Bernadine Jacot의 이야기를 한 예로 들어보자.

붉은 여왕

　남자들의 심리 한가운데에는 '상처'가 있다. 그 상처는 어린아이일 적에 어머니의 사랑으로부터 멀어져서 그 자신이 남성으로 홀로 서게 될 때 겪는 발달 과정의 위기를 말한다. 이 때문에 남자들은 추상적 이론에 익숙한 반면, 무감각해지거나 여자를 혐오하거나 성도착증에 빠지기가 쉽다.[12]

　그 원인이 아동기의 경험에 있다는 자신들의 가정에 근거를 두고, 저자들은 인류의 49퍼센트를 '상처 받은' 성도착자로 몰아붙였다. 그러나 심리학자들이 어린 시절의 상처에 관한 이야기를 쓰는 대신 각 성이 경험에 따라 발전하는 진화 경향을 갖기 때문에, 두 성에게 있는 어떤 차이들은 원래 그런 것이고, 그 차이들은 동물의 본성 속에 있는 것이라는 점을 받아들였다면 얼마나 좋았겠는가. 『남자를 토라지게 하는 말, 여자를 화나게 하는 말You Just Don't Understand』이라는 남녀 사이의 대화 방식에 관한 재미있는 책을 쓴 데보라 태넌Deborah Tannen은 남자와 여자의 본성에 선천적으로 평균적인 차이가 있을 가능성을 전혀 고려하지 않은 채 개성을 탓하거나 비난하기보다는 남녀 사이의 차이를 인정하고 그 차이를 지니고 살아야 한다고 용감하게 주장하였다.

　대화를 시작하고자 하는 진지한 노력이 이러지도 저러지도 못하고 끝나버린다든지, 사랑하는 연인이 얼토당토 않게 옹고집을 부린다든지, 남자와 여자가 서로 다른 언어로 이야기할 때, 우리의 생은 바닥부터 흔들릴 수 있다. 다른 사람이 이야기하는 법을 이해한다는 것은 남자와 여자 사이에 있는 의사소통의 격차를 뛰어넘는 큰 도약이며, 대화의 문을 여는 계기가 된다.[13]

호르몬과 뇌

그럼에도 성적인 차이가 전적으로 유전자에 의한 것이 아니라는 의견도 있다. 말하자면, 만약 홍적세의 원시인 남자에게 보잘것없는 사회적 직관을 버리고 더 훌륭한 방향 감각을 얻는 유전자가 생겨났다면, 남성에게는 틀림없이 혜택이 되었을 것이다. 그러나 그 유전자는 남자의 아들들뿐 아니라 딸들도 물려받는다. 딸들에게 그 유전자는 매우 불리했을 것이다. 왜냐하면 그 유전자 때문에 사회적 직감이 떨어졌을 것이기 때문이다. 따라서 오랜 시간이 흐른 후에야 그 유전자의 순효과는 손익이 맞아떨어질 수 있을 것이므로 그 유전자는 널리 퍼지지 않게 될 것이다.[14]

그러므로 널리 퍼지게 될 유전자는 성의 신호에 반응한 유전자들일 것이다. 즉, 남성에게는 방향 감각을 향상시키는 유전자일 것이고, 여성에게는 사회적 직관을 발전시키는 유전자일 것이다. 그리고 바로 이것이 정확하게 우리가 발견한 사실이다. 남녀에게 서로 다른 뇌를 만들어내는 유전자가 있다는 증거는 없다. 그러나 남성 호르몬에 반응하여 뇌를 변하게 하는 유전자가 있다는 증거는 엄청나게 많다(역사적 사건을 근거로 볼 때, 특별히 남성화하지 않는 한 '정상의 뇌'는 여성의 뇌이다). 마찬가지로 남성과 여성 사이의 정신적 차이도 남성 호르몬인 테스토스테론에 반응하는 유전자들에 의해 생겨난다.

전에 우리는 어류와 조류에 있는 스테로이드 호르몬인 테스토스테론에 대해 이야기한 적이 있다. 테스토스테론은 어류나 조류가 성적인 치장을 과장하게 만들어서 기생생물에게 쉽게 노출되도록 한다. 최근 몇 년 사이에 테스토스테론이 장식이나 신체에만 영향을 미치는 것이 아니라 뇌에까지 영향을 끼친다는 증거들이 점점 더 많이 발견되고 있다. 테스토스테론은 오래전에 알려진 화학 물질로 여러 척추동물에서 거의 같은 형태로 발견된다. 테스토스테론의 농도는 아주 분명하게 동물의 공격성을 결정하는데, 지느러미발도요새처럼 성 역할이 바뀐 새나 암컷이 주도권을 쥐고 있는 하이에나 무리에서는 암컷의 혈액 내 테스토스테론의 농도가 더 높다. 테스토스테론은 몸을 남성화한다. 이 호르몬이 없으면 어떤 유전자를 지녔든 간에 몸은 여성으로 남아 있게 된다. 테스토스테론은 뇌도 남성화한다.

새들은 보통 수컷만이 노래를 부른다. 금화조는 혈액 내에 충분한 양의 테스토스테론이 있어야만 노래를 부른다. 테스토스테론이 있으면, 금화조의 뇌에서 노래를 만들어내는 부분은 점점 커지고, 금화조는 노래를 부르기 시작한다. 암컷 금화조도 어린 시절에 테스토스테론을 투여하고 어른이 된 뒤에 다시 테스토스테론에 노출시키면 노래를 부를 수 있게 된다. 다른 말로 이야기하면, 테스토스테론은 어린 금화조의 뇌를 어른이 된 뒤에 테스토스테론에 반응할 수 있도록 해주며 그에 맞추어 노래를 부를 수 있게 해준다. 만약 금화조가 마음을 가지고 있다고 말할 수 있다면, 호르몬은 마음을 바꾸는 약이 되는 셈이다.

사람에게도 거의 같은 경우를 적용할 수 있다. 즉, 일련의 자연적인 실험과 인위적인 실험들에서 증거를 수집할 수 있다. 소수의 여성과 남성에게 비정상적인 호르몬 양이 자연적으로 나타나는 경우가 있다. 1950년대에 의사들은 임신한 여성에게 특정 호르몬을 주사함으로써 똑같은 일을 일으켰다. 터너 증후군이라 알려진 상태에 있는 여성은 태어날 때부터 난소가 없는데, 이러한 여성의 혈액에는 정상적인 여성에 비해 훨씬 낮은 농도의 테스토스테론이 존재한다(난소에서도 정소에서 만들어내는 만큼은 아니지만 약간의 테스토스테론을 만들어낸다). 이러한 여성들의 행동은 과장되었다 싶을 정도로 여성적이다. 예를 들면 아이 키우기, 바느질, 집안 가꾸기, 연애 소설 등에 특별한 관심을 갖는다. 혈액 내에 테스토스테론이 정상 농도보다 적게 존재하는 성인 남자, 예를 들면 내시와 같은 경우에는 외모나 태도가 아주 여성스럽다. 태아 시기에 정상보다 낮은 농도의 테스토스테론에 노출된 남성들, 예를 들면 임신 기간에 여성 호르몬을 복용한 여성 당뇨병 환자의 아들과 같은 경우는 수줍음을 많이 타고 유약하며 여성적이다. 테스토스테론이 과다한 남성은 싸우기를 좋아한다. 1950년대에 유산의 위험을 피하기 위해 프로게스테론 주사를 맞은 여성이 낳은 딸들은 나중에 자라면서 말괄량이 같았다고 한다. 프로게스테론은 효과면에서 테스토스테론과 다를 바가 없다. 부신성기증후군副腎性器症候群(태아 때 부신의 기능이 지나치게 항진되어 해부학적으로 여성과 남성의 성기를 모두 가지고 태어나는 반음양자半陰陽者 여성에게 나타나는 증세—옮긴이)이나 선천성 부신과형성先天性副腎過形成(부신성기증후군에 나타나는 증세로 부신 피질 세포의 수가 비정상적으로 증가하는 현상—옮긴이) 같은 비정상적 상태에서 태어난 여자들은 하나같이 말괄량이 기질이 있다. 이러한 이상 형질은 신장 부근에 있는 부신副腎을 자극하여 정상적인 생산물인 코티솔 대신에 테스토스테론처럼 작용하는 호르몬을 생산해내게 한다.[15]

  금화조에서 본 것과 어느 정도 유사하게, 남자아이도 테스토스테론이 증가하는 시기가 두 번 나타난다. 첫번째는 임신하고 약 6주일 후 어머니의 자궁 안에 있을 때이고, 두 번째는 사춘기 때이다. 최근에 출간된 『뇌의 성Brain Sex』이라는 책에서 앤 모어Anne Moir와 데이비드 제셀David Jessel이 서술한 것처럼, 첫번째의 호르몬 증가는 마치 사진기용 필름을 빛에 노출한 것과 같고, 두 번째의 호르몬 증가는 그 필름을 현상하는 것과 같다.[16] 이것은 호르몬이 신체에 영향을 미치는 방법에서 엄청난 차이가 있음을 보여준다. 자궁에 있을 때의 호르몬 영향이 어떠했든 간에, 사춘기가 되면 고환에서 만들어지는 테스토스테론의 영향으로 신체는 남성적으로 변한다. 그러나 마음은 그렇지 않다. 자궁 속에 있을 때 충분한 양(여성 호르몬에 비해 많은 양)의 테스토스테론에 노출되지 않는 한 마음은 나중에 테스토스테론을 맞는다고 달라지지 않는다. 여성과 남성의 태도에 성적인 차이가 전혀 없는 사회를 만들기는 어렵지 않을 것이다. 임신한 모든 여성에게 적당량의 호르몬을 주사하면, 그 후에 태어난 모든 여자아이와 남자아이는 정상적인 신체를 지니지만 한결같이 여성의 뇌를 갖게 될 것이다. 그렇게 되면 전쟁, 강간, 권투 시합, 자동차

경주, 포르노, 맥주, 햄버거 등은 멀리 사라진 기억이 되고 말 것이다. 마침내 여권론자의 천국이 도래할 것이다.

설탕과 향료

이와 같이 두 번에 걸친 테스토스테론의 폭발적인 농도 증가가 남성의 뇌에 미치는 영향은 아주 극적이다. 첫번째의 호르몬 증가는 태어난 날부터 남자아이를 여자아이와는 정신적으로 아주 다른 아이로 만들어놓는다. 여자아이는 웃고, 서로 이야기하는 것에, 그리고 사람들에게 더 관심을 가지는데, 남자아이는 물건이나 행동에 더 큰 관심을 가진다. 여러 가지 그림을 흩어놓으면 남자아이는 사물이 그려진 그림을 고르고 여자아이는 사람이 그려진 그림을 집는다. 남자아이들은 금방 물건을 부수고, 짜맞추며, 분해하고, 자기 것으로 만들거나 탐낸다. 여자아이들은 사람들에게 쉽게 이끌리고 마치 아기를 돌보듯이 장난감을 다룬다. 그래서 사람들은 남자아이와 여자아이의 심리에 맞추어 각각에 맞는 장난감을 만들어내는 것이다. 남자아이에게는 트랙터를 사주고 여자아이에게는 인형을 사준다. 우리는 단지 아이들이 타고난 전형적인 성향을 보완해줄 뿐이지, 결코 그러한 성향을 만들어주는 것이 아니다.

이건 부모라면 누구나 아는 일이다. 부모들은 남자아이들은 막대기만 보면 칼이나 총으로 삼아 가지고 노는 반면, 여자아이들은 전혀 생물 같지 않은 물건이라도 마치 인형이라도 되는 것처럼 껴안고 노는 것을 절망적으로 바라본다. 1992년 11월 2일자 《인디펜던트 Independent》지에는 한 여성 독자의 다음과 같은 글이 실렸다.

"우리 집 쌍둥이 애들이 장난감을 가지고 놀기 시작했어요. 남자아이들의 장난감과 여자아이들의 장난감을 함께 섞어놓고 놀게 하면, 남자아이는 언제나 자동차나 기차를 집고 여자아이는 언제나 인형이나 곰을 집는데, 누구 좀 유식한 독자 분이 우리 애들이 왜 이러는지 알려주시면 고맙겠습니다."

유전자를 부정할 수는 없다. 그러나 총이나 인형을 좋아하게 하는 유선자가 있는 것은 물론 아니다. 단지, 남성의 본능을 남성적 행동의 모방과 연결시켜주고, 여성의 본능을 여성적 행동의 모방과 연결시켜주는 유전자가 있을 뿐이다.

남자아이들을 여자아이들과 비교해보면, 남자아이들은 학교에서 안절부절못하고 다루기 힘들며 주위가 산만하고 배우는 속도도 느린 편이다. 소란스럽고 부산스러운 아이들 20명 가운데 19명은 남자아이들이다. 난독증에 걸리거나 학습불능인 남자아이는 여자아이의 4배나 된다. "교육은 남학생의 태도나 경향에 비춰볼 때 거의 음모라 할 수 있다"고 심리학자인 다이안 맥기네스Diane McGuinness는 말했다. 이 말은 학교에 대한 기억을 가진 거의 모든 남자들의 가슴에 뜨거운 동감의 눈물을 흘리게 할 것이다.[17]

그러나 학교에서는 또 다른 사실이 나타나기 시작한다. 간단히 말해서 여자아이들은 언어 형태의 학습에 능숙하고 남자아이들은 산수나 공간 능력 같은 것에 더 능숙하다. 남자아이들은 비교적 추상적이고 여자아이들은 비교적 문학적이다. X염색체를 하나 더 가지고 있는 남자 아이들(정상적인 XY 대신에 XXY염색체를 지니고 있는 경우)은 다른 남자아이들과 비교해서 훨씬 더 언어적인 면에 능하다. 터너 증후군을 나타내는 여자아이들은 난소가 없는데, 다른 여자아이들에 비해 공간 개념은 훨씬 뒤떨어지지만 언어 능력은 별 차이가 없다. 태아 때에 남성 호르몬의 영향을 받은 여자아이들은 공간 작업에 훨씬 더 능숙하다. 반대로 태아 때에 여성 호르몬의 영향을 받은 남자아이는 공간 작업에 훨씬 뒤떨어진다. 이러한 사실들은 처음에 논란이 되다가 나중에는 교육기관에 의해 의도적으로 억제되어왔다. 교육계에서는 남녀 사이에는 학습 능력에 차이가 없음을 끊임없이 주장해오고 있다. 어떤 학자의 말에 따르면 그러한 의도적인 억제는 남녀 학생 모두에게 도움이 되기는커녕 해로울 뿐이다.[18]

또한 뇌 자체도 이상한 차이를 보여준다. 여자아이들의 뇌 기능은 뇌 전체에 비교적 널리 퍼져 있는 편이다. 반면에 남자아이들의 뇌 기능은 뇌의 각 특정 부위에서 일어나는 편이다. 남자아이들의 뇌는 두 개의 반구가 서로 좀 더 다르고 좀 더 분화되어 있다. 두 개의 뇌 반구를 서로 연결해주는 뇌량腦梁은 여자아이들의 뇌에서 더 크게 자란다. 이것은 마치 테스토스테론이 남자아이의 우반구를 좌반구가 지닌 언어 능력의 지배에서 떼어놓으려는 것처럼 보인다.

이러한 사실들은 드물고 체계적이지도 못해서 실제로 일어나고 있는 일에 대한 암시 이상의 것으로 보기는 어렵다. 그러나 언어 습득의 역할은 틀림없이 중요하다. 언어는 가장 인간적인 것이다. 따라서 인간이 가장 최근에 습득한 정신적 능력이며 다른 어떤 유인원과도 공유할 수 없는 능력이다. 마치 언어가 고트 족(3~6세기경에 양 로마 제국에 침입하여 이탈리아, 프랑스, 스페인에 왕국을 건설한 튜턴 민족의 한 파로, 야만인이나 난폭한 사람을 일컬음—옮긴이)처럼 다른 기술을 담당하고 있던 뇌 지역으로 밀려들어오자 테스토스테론이 나타나 이 일을 저지하는 것처럼 보인다. 실제적으로 어떤 일이 일어나든 간에, 처음 학교에 가기 시작하는 5살쯤에는 남자아이의 뇌가 여자아이의 뇌와 아주 다르다는 것은 논란의 여지가 없는 사실이다.

그렇지만 5살 때에는, 여자아이나 남자아이나 테스토스테론의 양은 똑같다. 이때의 테스토스테론 양은 태어날 때에 비하면 몇 분의 일에 지나지 않는다. 태아 시절에 겪은 테스토스테론의 영향은 먼 옛날의 일일 뿐이고, 11~12세가 될 때까지는 남녀 사이의 테스토스테론의 양은 거의 차이가 없다. 어머니의 배 속에 있을 때나 앞으로 다가올 사춘기 이후와 비교해볼 때, 11세짜리 남자아이는 같은 또래의 여자아이와 거의 차이가 없다. 처음에 남자아이는 공부에서 여자아이와 비슷하며 흥미 또한 서로 다르지 않다. 호르몬에 의해 나타나는 아동기의 차이에도 불구하고, 이때에는 한 사람이 정신적으로 전형적인 남자나 전형적인 여자로 성장할 수 있다는 의학적 증거가 실제로 하나 있다. 이 증거는 도미니카 공화국에서 진단한 38건의 희귀한 선천성 질환에서 얻은 것이다. 5-알파-환원효소 결핍증 5-alpha-reductase deficiency이라고 불리는 이 이상증에 걸린 남자는 태어나기 이전에는 특이하게 테스토스테론의 영향에 반응하지 않게 된다. 그 결과 이런 남자들은 여성의 생식기를 가지고 태어나 여자아이로 자라게 된다. 그리고 사춘기에 이르면 갑자기 테스토스테론의 양이 증가하고, 이들은 거의 정상적인 남자의 모습으로 변한다(큰 차이가 있다면, 이들은 음경 아래에 있는 구멍을 통해 사정한다는 것이다). 이들은 아동기에 여자아이였음에도 불구하고, 성기는 남성화되지 못했지만 뇌는 남성화되어 있거나, 사춘기에는 아직도 적응의 여지가 있어서, 사회적으로는 대부분 남성의 역할에 잘 적응하며 산다.[19]

사춘기는 남자아이에게 마치 호르몬의 뇌성벽력처럼 다가선다. 고환은 처지고 목소리는 굵어지며, 오뉴월에 호박 자라듯 키가 쑥쑥 크고, 몸은 점점 날렵해지며 털이 많이 나게 된다. 이 모든 일은 고환에서 만들어지는 테스토스테론의 홍수에 의해서 이루어진다. 이 때 남자가 가지고 있는 테스토스테론의 혈중 농도는 같은 나이의 여자에 비해 20배나 높다. 그 효과는 어머니의 배 속에서 받은 테스토스테론에 의해 뇌에 저장된 정신적인 사진을 현상하는 것이고, 어린이의 마음을 성인 남자의 마음으로 만드는 것이다.[20]

성차별과 키부츠 생활

남성들의 야망에 관한 질문에 대하여 6개의 서로 다른 문화권의 남성들에서 나온 답변은 거의 똑같았다. 남성들은 실용적이고, 재빠르며, 독단적이고, 지배적이며, 경쟁력이 있고, 비판적이며, 자제력이 있기를 원했다. 남성들은 권력을 추구하며 다른 무엇으로부터도 독립적이기를 바랐다. 같은 문화권의 여성들은 사랑하고, 다정하며,

충동적이고, 동정심이 많으며, 아량을 베풀 수 있기를 원했다. 여성들은 무엇보다도 먼저 사회에 봉사하기를 바랐다.[21] 남성들의 대화에 관한 연구 결과를 보면 남성들의 대화는 공적이며(예를 들면, 남자들은 집에서는 아예 말을 하지 않는다), 오만하고 경쟁적이며, 지위에 사로잡혀 있고, 주의를 끌려고 하며, 사실에 입각하여 지식과 기술을 과시하려는 성향이 있다. 반면에 여성들의 대화는 사적이며(예를 들면, 여자들은 큰 모임 같은 곳에서는 아예 말을 하지 않는다), 협동적이고, 친한 관계를 만들려 하며, 안심시키려 하고, 공감하며, 평등적이고 이것저것 말하려는(예를 들면, 말하기 위해 말하는 경우도 있다) 성향이 있다.[22]

물론 예외적인 경우도 있고 겹치는 경우도 있다. 남자보다 키가 큰 여자가 있는 것처럼, 독단적이고 싶은 여자도 있으며 동정적이고 싶은 남자도 있다. 그러나 일반적으로 남자가 여자보다 크다고 말할 수 있는 것처럼 위에서 말한 성향들은 여자와 남자의 매우 전형적인 천성이라고 결론지을 수 있다. 어떤 성향은 인류만의 가장 고유한 성적 차이인 수렵과 채집의 차이에서 온 것임에 틀림없다. 예를 들면 남자들이 여자들보다 사냥이나 낚시를 더 즐기고 육식을 더 좋아하는 것은 결코 우연이 아니다. 또 어떤 성향은 최근에 형성되어 남성과 여성이라는 성이 사교적인 압력과 교육을 통해 자신들에게 부과해온 사회적 규범을 반영하는 것일 수 있다(교육은 오늘날 그렇게 되려고 노력하고 있는 것처럼 항상 성을 모르는 것은 아니었다). 예를 들면 자제력을 가지려는 남성의 욕구는 남성이 통제가 필요한 천성을 가졌다는 인식과 함께 현대에 와서 생긴 속성이다. 또 다른 성향들은 모든 유인원에게 공통적으로 있지만 비비원숭이에게는 없는 기본적인 성향을 반영하는 것으로 더 먼 옛날에 형성됐을 것이다. 말하자면 여성은 결혼과 함께 이제까지 살던 자기 집단을 떠나서 낯선 집단에서 자식들을 키워야 하는 반면에 남성은 결혼 후에도 자기 가족들과 함께 살아가는 것 같은 일이다. 좀 더 오래된 성향들은 모든 포유류와 조류에서 공통으로 나타나는 것으로, 암컷은 새끼를 키우는 반면 수컷은 암컷을 차지하기 위해 다른 수컷과 싸워야 하는 것 같은 일이다. 수컷들이 지위에 집착하고, 수컷 침팬지가 엄격한 계급 사회에서 우세를 점하기 위해 경쟁하는 것은 확실히 우연이 아니다.

이스라엘의 키부츠(이스라엘의 농업 생활공동체—옮긴이)는 성 역할의 지속성에서 볼 때 하나의 커다란 자연 학습장임이 증명되었다. 키부츠에서는 처음부터 남자나 여자나 고유의 성 역할을 모두 버리도록 기획되었다. 머리 모습도 남녀가 같고, 옷도 성의 구분 없이 입었다. 남자아이들은 온화하고 감성이 풍부하도록 지도를 받는 대신 여자아이들은 말괄량이로 길들여졌다. 집안일은 남편들이 하고 아내들은 일하러 밖으로 나갔다. 그러나 3세대가 지난 후, 이 시도는 대부분 실패로 끝났으며 키부츠 생활이 실제로는 이스라엘의 다른 지역보다 더 성차별적이 되고 말았다. 사람들은 다시 원래대로 돌아와버렸다. 남자들은 정치적이 되고 여자들은 가정적이 되었다. 남자아이들은 물리학을 공부해서 기술자가 되고, 여자아이들은 사회학을 공부해서 교사가 되거나 간호사가 된다. 여자들은 키부츠의 사기를 북돋우며 보건과 교육을 관장하는 반면 남자들은 재정,

붉은 여왕

보안, 사업을 맡아본다. 부모들이 만들어놓은 엉뚱한 방식에 사람들이 그저 반항하느라 그렇게 되었다고 설명할 수도 있다. 그러나 이런 설명은 사람들이 본성에 따라 그들 자신이 직접 선택하였다는 설명보다 더 굴욕적이다. 키부츠의 아내들도 다른 지역의 아내들처럼 남편들이 청소를 잘 못한다고 불평하면서 집 안 청소를 한다. 키부츠의 남편들도 아내들로부터 청소에 대한 잔소리를 듣기 때문에 다른 지역의 남편들처럼 집 안 청소를 하지 않는다.[23]

  이 모든 것이 키부츠에서만 있는 일은 아니다. 심지어는 매우 개방적이라는 스칸디나비아 지역에서도 가족들의 음식을 준비하고, 빨래하고, 아이 키우는 일은 여자들의 몫이다. 여자들이 일을 하는 곳에서도 자동차 수리공, 운항 관제사, 운전 시험관, 건축가 등과 같은 몇몇 직종은 남자들의 고유 직종인 반면에 은행 창구 직원, 초등학교 교사, 비서, 통역관 등과 같은 직종은 여자들의 고유 직종이 되었다. 남녀 평등이 가장 잘 이루어졌다는 서구 사회에서 여자들이 사회적 편견 때문에 자동차 수리공이 될 수 없다는 주장은 점점 더 믿기 어려워지고 있다. 자동차 수리공이 되려는 여성이 거의 없는 것이다. 여성들이 자동차 수리공이 되려고 하지 않는 이유는 자동차 수리공의 세계가 여성들이 환영받지 못한다고 느끼는, 초대받지 않은 '남성의 세계' 이기 때문이다. 그러면 자동차 수리공은 왜 남성의 세계인가? 그 이유는 자동차 수리공이 남성의 품성에 더 맞는 직업이고, 남성의 품성은 여성과는 다르기 때문이다.

여권신장주의와 결정론

이상한 일은 남녀의 본성이 서로 다르다는 이러한 주장이 순전히 여권신장주의자의 주장이라는 점이다. 여권신장주의의 핵심에는 소수의 여권신장주의자들도 인정하는 모순이 있다. 첫째, 남자와 여자가 모든 직업에 똑같이 어울린다고 말할 수 없으며, 둘째, 여자가 어떤 일을 한다면 여자는 남자와는 다른 방법으로 그 일을 처리할 것이라는 점이다. 따라서 여권신장주의 자체는 평등주의일 뿐이다. 여권신장주의자들은 많은 여자들이 책임을 맡을수록 그 책임에 대한 관심도는 더욱 커질 것이라고 내놓고 주장한다. 여권신장주의자들은 여자들이 본성적으로 남자들과 다른 인간이라는 가정에서 시작한다. 만약에 여자들이 세상을 운영한다면 전쟁은 일어나지 않을 것이다. 여자들이 회사를 경영한다면 경쟁이 아닌 협동이 바탕이 될 것이다. 이 모든 것들은 여자의 본성과 성품이 남자들과는 다르다는 명백하고도 확고한 성차별적 주장이다. 만약 여자가 남자와는 다른 성품을 지녔다면 어떤 직종에서는 여자들이 남자들보다 더 낫거나 못하다는 것을 증명할 수 있지 않겠는가? 차이가 잘 들어맞는 경우라고 그 역할을 지나치게 강조할 순 없으며 잘 들어맞지 않는 경우라고 없는 것처럼 부정할 수도 없다.

그것은 성품 차이의 근원이 사회적 압력에 있다고 호소해도 도움이 되지 않는다. 왜냐하면 만약 사회학자들의 말마따나, 사회적 압력이 강하다면 한 개인의 성품은 문제가 되지 않기 때문이다. 오직 그 개인의 배경만이 중요할 따름이다. 따라서 범죄 생활을 해왔고,

붉은 여왕

결손 가정에서 태어난 남자는 자라온 배경과 경험의 결과이며, 그의 영혼에는 회복할 고상한 천성의 불꽃이 없다는 말이 된다. 물론 우리는 그것을 말도 안 되는 소리라고 비웃는다. 우리는 그 남자가 타고난 본성과 배경 모두의 결과라고 생각한다. 이것은 성차이에 대해서도 같다. 정치는 남자들의 영역이라고 학습되어왔기 때문에, 서구의 여자들이 남자들만큼 정치에 입문하지 않는다고 말하는 것은 여자를 지나치게 감싸려는 말이다. 정치는 많은 여성들이 건전한 냉소를 던지는, 출세지향적인 야망의 모든 것이다. 여성들은 제 나름대로의 생각이 있다. 사회에서 무어라고 해도 여성들은 원한다면 정치에 입문할 수 있다(이제 서구 사회에서는 어떠한 반대가 있나 해도 여자들이 확실히 정치에 발을 들여놓을 수 있다). 여성들의 정치적 경력이 환영받지 않는 한 가지 이유가 여성들을 둘러싸고 있는 성차별주의이기는 하지만, 그것만이 유일한 이유라는 주장은 불합리하다.

  나는 남자와 여자는 다르고, 그 차이점은 진화적으로 볼 때 남자는 사냥을 하고 여자는 채집를 했던 과거에 기인한다고 주장해왔다. 그래서 나는 위태롭게도 여자의 자리는 가정이고, 그 여자의 남편은 집안을 위해 돈을 번다고 주장할 것만 같다. 그러나 그 결론은 여기에 등장한 논리에는 전혀 맞지 않는다. 사무실이나 공장으로 일하러 나가는 것은 사바나에 사는 원숭이의 심리로는 낯설고 새로울 뿐이다. 이것은 여자에게 낯선 일이듯 남자에게도 낯선 일이다. 만약 홍적세부터 남자들은 집을 떠나 멀리 사냥을 나가고 여자들은 식물을 채집하기 위해 비교적 가까운 곳으로 나갔다면, 먼 거리를 출퇴근하는 일은 심리적으로 남자들에게 더 잘 맞을 것이다. 그러나 종일 책상에 앉아 전화통을 붙잡고 이야기해야 하는 일이나, 종일 공장 작업대에 앉아 나사못이나 조여야 하는 일은 진화적으로 볼 때 남녀 모두에게 어울리지 않는다. '일'은 남자의 것이 되고 '가정'은 여자의 것이 된 사실은 역사의 사건이다. 즉, 가축을 기르고 쟁기를 만들면서 식량을 준비하는 일은 남자들의 강한 근육의 힘을 필요로 하게 되었다. 토지의 경작이 손으로 이루어지는 사회에서 여자들은 대부분의 일을 한다. 산업혁명은 이러한 경향을 심화시켰다. 그러나 산업혁명 이후—최근의 서비스 산업의 성장과 함께—에 그러한 경향은 다시 바뀌었다. 여자들은 홍적세에 칡뿌리나 열매를 찾아나서던 것처럼 다시 집 밖으로 '일하러 나가게' 되었다.[24]

따라서 남자들이 돈을 벌어야 하고 여자들은 집에서 양말이나 깁고 있어야 한다는 생각은 진화생물학적으로 볼 때 절대 정당화될 수 없다. 의사나 보모 같은 직업이 여자들에게 천성적으로 더 잘 맞는 경우와 마찬가지로, 자동차 수리공이나 코끼리 사냥꾼처럼 심리적으로 여자들보다는 남자들에게 더 잘 맞는 직업이 있을 수 있다. 그러나 직업에 관한 성차별주의에 대해 생물학적 관점의 폭넓은 지지를 끌어낼 수는 없다.

실제로 한 가지 흥미로운 예로, 남녀 평등주의적인 철학보다는 진화학적 견지가 여성 고용 촉진 계획(미국의 비백인 소수 민족이나 여성의 고용을 촉진하는 정책—옮긴이)을 더 정당화한다. 즉, 이는 여성이 남성과는 다른 능력을 가졌다고 보기보다는 남성과는 다른 야망을 가졌음을 의미한다. 남자들의 생식적 성공은 수세대에 걸친 정치적 계급의 상승에 달려 있다. 여자들의 생식적 성공은 다른 것에 의해 결정되기 때문에 여자들은 그런 종류의 성공을 찾으려는 데 거의 유혹을 받지 않는다. 그러므로 진화학적 사고는 여자들이 정치적 사다리를 자주 오르려 하지 않을 것이라고 예측하지만, 여자들이 오르려고 한다면 얼마나 잘할 것인지에 대해서는 전혀 말하지 않는다. 나는 여성들이 하위직 여성의 숫자와 비례적으로 맞지 않게 고위직(많은 경우 총리 자리)에 오르는 것은 우연이 아니라고 생각한다. 나는 영국의 여왕들이 왕들에 비해 훨씬 더 훌륭하고 견실한 역사를 이어온 것은 우연이 아니라고 생각한다. 이 증거는 나라를 경영하는 데 여자들이 남자들보다 평균적으로 약간 더 낫다는 것을 시사한다. 이 증거는 여성들에게 남자들이 단지 부러워할 뿐인 직관, 성격 판난, 자기 숭배에 대한 무관심과 같은 여성스런 특징이 있다는 여권신장주의자의 주장을 밑받침해준다. 회사든 자선 단체든 또는 정부기관이든 조직이 능력에 보상하기보다는 교활한 야망에 보상하는 것은 해악이기 때문에(높은 자리에 잘 오르는 사람이 반드시 그 일을 가장 잘하는 사람은 아니다), 그리고 그러한 야망은 여자보다는 남자에게 더 많기 때문에, 승진이 여자에게 더 유리하도록 시행되어야 하는 것은 전적으로 옳다. 편견을 바로잡기 위해서가 아니라 인간의 본성을 바로잡기 위해서이다.

그리고 물론 여성들의 관점을 대신 말하는 것이다. 여권신장주의자들은 여성들이 남성들과는 다른 의견을 가지고 있기 때문에 의회에서 남녀 비율에 맞추어 대표를 선출해야 한다고 믿는다. 여성들이 천성적으로 남성과 다르다면 그들의 주장은 옳다. 만약 여성이 남성과 동일하다면, 남성들이 자신의 이익을 대표하는 것만큼 여성의 권익을 대표하지 못할 이유가 없다. 성적 평등을 믿는 것은 당연하지만, 성적 동등을 믿는 것은 가장 별나고 반反여권신장주의적이다.

이 모순을 인정하는 여권신장주의자들은 그들의 노력에도 불구하고 비웃음을 산다. 문학평론가이자 독설가인 카밀 파글리아 Camille Paglia는 여권신장주의는 성공할 수 없는 속임수를 시도하고 있다고 보는 몇 사람 가운데 하나이다. 그 속임수란, 여성의 본성은 변할 수 없는 것이라고 고집하면서 남성의 본성을 바꾸려는 것이다. 남자는 숨겨놓은 여성이 아니며 여자는 숨겨놓은 남성이 아니라고 파글리아는 주장한다. "깨어라, 여자와 남자는 다르다"고 그녀는 주장한다.[25]

남성 동성애의 원인

남자의 뇌가 일정한 방식으로 발달함에 따라 남자는 여자에 대한 성적 선호도를 발달시킨다. 유전적으로 결정된 정소에서 만들어진 테스토스테론은 모체의 자궁 속에서 뇌를 변화시켜, 나중에 사춘기 때 다시 테스토스테론에 노출되었을 때 일정한 방식으로 성적 선호도를 발달시킨다. 정소 유전자, 자궁 속에 있을 때와 사춘기 때의 테스토스테론의 폭발적인 증가―이들 세 가지 가운데 어느 하나만 빠져도 남자라고 부를 수 없다. 아마도 다른 남자들을 선호하게 되는 남자는 정소의 발달에 영향을 미치는 유전자가 다르거나, 뇌가 호르몬에 반응하는 데 관계하는 유전자가 다르거나, 테스토스테론

붉은 여왕

이 폭발적으로 증가하는 사춘기 시절에 다른 학습 경험을 하였거나, 아니면 이들 가운데 몇 가지를 동시에 지닌 남자일 것이다.

동성애의 원인을 찾아내는 일은 테스토스테론의 영향을 받아 뇌가 발달하게 되는 과정을 이해하는 데 커다란 불을 밝혀주었다. 1960년대까지 동성애는 순전히 가정 교육의 문제라고 믿는 일이 다반사였다. 그러다가 무자비한 프로이트식 혐오 요법으로는 동성애를 바꿀 수 없다는 것이 증명되었고, 그 원인은 호르몬 때문일 것이라고 믿게 되었다. 그러나 혈액에 남성 호르몬을 주사해도 남성 동성애자가 이성을 더 좋아하게 되지는 않는다. 단지 성적으로 약간 활발해질 뿐이다. 성적 경향은 어른이 되기 전에 이미 고정된다. 1960년대 당시 동독의 의사였던 군터 되르너Gunter Dörner는 쥐를 이용한 일련의 실험에서, 동성애 성향의 쥐의 뇌는 모체의 자궁 안에 있을 때 암컷의 뇌보다 더 많은 황체형성 호르몬을 분비한다는 사실을 밝혀냈다. 동성애의 '치료'법을 찾으려고 했던 것처럼 보여 그 동기가 의심스럽긴 하지만 어쨌든 되르너는 각 발생 단계별로 수컷 쥐를 거세한 후 여성 호르몬을 주사하였다. 일찍 거세당한 수컷일수록 다른 수컷에게 더 자주 섹스를 구걸하는 경향을 보여주었다. 영국, 미국, 독일에서 수행된 연구 결과에서도 태어나기 전에 테스토스테론이 결핍되면 남성 동성애 경향이 증가한다고 확인되었다. X 염색체가 한 개 더 있는 남성이나, 모체의 자궁 안에서 여성 호르몬에 노출된 적이 있는 남성은 여자 같은 남자이거나 남성 동성애자이기 쉽다. 여자아이 같은 남자아이들은 실제로 다른 아이들에 비해 나중에 남성 동성애자가 되는 경향이 크다. 흥미로운 일은 제2차 세계대전 말기의 독일처럼 어머니가 스트레스를 많이 받을 때 임신해서 태어난 남자는 그렇지 않을 때 태어난 남자들보다 남성 동성애자가 되는 경향이 높다는 것이다(스트레스 호르몬인 코티솔은 테스토스테론과 함께 동일한 물질에서 만들어진다. 아마도 코티솔이 원료 물질을 다 써버려서 테스토스테론이 덜 만들어지는지도 모른다). 쥐도 같은 결과를 보인다. 수태 기간에 스트레스를 받은 어미 쥐에게서 태어난 수컷 쥐들은 동성애 행동을 더 자주 보여준다. 남성의 뇌가 늘 잘 하는 일을 남성 동성애자의 뇌는 잘 못하기도 하고, 그 반대의 경우도 있다. 남성 동성애자는 이성애자에 비해 왼손잡이가 많은데, 어느 손잡이가 되는지는 발생 과정에서 성호르몬의 영향을 받으므로 어느 정도는 이해가 된다. 그러나 왼손잡이가 오른손잡이에 비해 공간 작업에 더 능숙하다고 알려져 있는 것은 이해하기 어렵다. 이것만 봐도 유전자, 호르몬, 뇌, 그리고 행동 사이의 관계에 대한 우리의 지식이 얼마나 불완전한지를 단적으로 알 수 있다.[26]

그렇지만 동성애의 원인이 태어난 이후가 아니라 모체의 자궁 안에 있을 때 받은 불균형한 호르몬 영향 때문이라는 것은 분명하며, 이것은 또한 성 선호 심리가 출생 전 성호르몬의 영향을 받는다는 생각을 지지한다. 이 사실은 동성애가 유전적으로 결정됨을 보여주는 최근의 연구 증거들과 잘 맞는다. 많은 사람들이 다음 장에서 다루게 될 '게이gay 유전자'에 대해 특정 조직의 테스토스테론 감도에 영향을 미치는 일련의 유전자로 밝혀질 것으로 기대한다.[27] 동성애는 선천적이기도 하고 후천적이기도 하다.

게이 유전자는 키 유전자와 다르지 않다. 유전적으로 서로 다른 두 사람은 똑같이 먹어도 키가 같지 않다. 일란성 쌍생아라도 서로 다른 음식을 먹여 키우면 키가 다르다. 본성은 사각형의 한쪽 면이고 양육은 반대쪽 면이다. 키 유전자는 실제로 키를 자라게 함으로써 음식 섭취에 반응하는 유전자일 뿐이다.[28]

부유한 남자는 왜 미인과 결혼하는가?

동성애적 성향이 태아 때에 자궁 안에서 호르몬의 영향을 받아 결정된다면, 이성애 역시 마찬가지 방식으로 결정될 것이다. 인간의 진화 역사를 보면, 남자들과 여자들은 서로 다른 성적 기회와 압박에 부딪혔다. 남자들에게 낯선 사람과의 일시적인 성관계는 아주 작은 위험(즉, 성병 감염이나 아내에게 들키는 것 같은)이 따르지만 잠재적으로는 커다란 보상, 즉 그의 유전적 유산인 또 다른 자식을 쉽게 얻을 수 있다. 이와 같은 기회를 포착한 남자들이 그렇지 못한 사람들보다 확실히 더 많은 자손을 남겼을 것이다. 그러므로 우리가 자식을 남기지 않은 조상들보다는 자식을 많이 남긴 조상의 자손들이라는 정의에서 본다면, 지금의 남자들이 성적 기회주의자적 속성을 가졌다고 보는 데 무리가 없다. 대개의 모든 포유류나 새의 수컷들은 일부일처성을 띤 종조차도 그런 경향을 보인다. 이것이 남자들은 구제할 길 없이 난잡하다거나, 모든 남자들이 강간범이 될 가능성이 있다는 말은 아니다. 다만 남자들이 일시적이고 우연한 섹스의 유혹에 여자들보다 더 자주 쉽게 빠진다는 것이다.

마음과 성

여자의 경우는 좀 다르다. 낯선 사람과의 섹스는 홍적세 시대의 여자들에게 아이 키우는 것을 도와줄 남자의 조력을 얻기도 전에 또다시 임신될 가능성 자체였을 뿐 아니라, 기혼녀라면 남편으로부터 바람피운 대가를 치러야 하고, 아직 미혼이라면 독신으로 남아야 할 가능성에 노출되는 것을 뜻했다. 이렇게 많은 위험 뒤에 따르는 보상은 아무것도 없었다. 그럴 바에는 한 명의 파트너에게 충실하여 아이를 갖는 것이 바람직한 듯했다. 남편의 도움 없이 아이를 기를 경우, 아이를 잃게 될 가능성도 있었기 때문에, 이는 바람직하지 못했던 것이다. 결국 일시적인 성관계를 수용하는 여자는 상대적으로 더 적은 수의 자손을 남기게 되었기 때문에, 현대 여성들이 일시적인 성관계를 별로 선호하지 않게 된 것 같다.

이러한 진화의 역사를 염두에 두지 않고 남자와 여자 사이의 성적 정신 구조의 차이점을 설명하기는 불가능하다. 그럼에도 불구하고 이 같은 차이점은 부정하고, 단지 사회적 압력 때문에 여성들이 남성에 대한 노골적인 포르노테이프를 사서 보지 못하는 것이라거나, 사내다움에 대한 사회적 편집증이 남성들을 난잡한 생활로 몰아가고 있다는 생각이 유행처럼 번져 있다. 그러나 이것은 남성과 여성들에게 놓여 있는 수많은 사회적 압력이 그들 사이의 차이점을 축소시키거나 잊어버리게 만든다는 것을 무시하는 생각이다. 현대 여성들은 성적으로 자유로워지라는 남성들의 압력을 받고 있으며, 또한 같은 여성들에게도 같은 압력을 받고 있다. 마찬가지로 남성들은 여성들에게뿐만 아니라 다른 남성들한테도 더 책임감 있어야 하고 더 신뢰감을 주어야 한다는 압력을 받고 있다. 아마도 도덕성보다는 부러움 때문에 남성들이 바람둥이에 대해 여성들만큼, 아니 그보다 더 심하게 비판적이 되는 듯하다. 남성들이 성적 약탈자라면, 수백 년간의 사회적 압력에도 불구하고 그렇게 유지된 것이다. 한 심리학자에 따르면, "우리의 억제된 충동은 그 충동을 억제하게 만드는 힘만큼이나 틀림없는 인간의 본성"이다.[29]

그러나 성적 정신 구조에서 남성과 여성의 차이점은 정확히 무엇인가? 앞의 두 장에서, 생식에 대한 도박 심리가 큰 사람일수록 다른 사람들과 더 경쟁적이 되고, 그 결과 권력과 부와 명예를 좇다가 죽는 경향이 있다고 말한 바 있다. 그렇기 때문에 남성들이 아내에게 얻어내려고 하는 것보다, 여성들이 남편에게서 권력과 부와 명성에 대한 보상을 얻어내려고 하게 되는 것 같다. 이러한 여성들이 더 많은 자손을 남기게 되어 현대 여성에 이르렀을 것이다. 이러한 진화적 관점에서, 여성들은 장래의 남편감으로 부자이고 권력이 있는 남자에게 더 많은 점수를 주려는 경향이 있을 것이라고 생각할 수 있다. 이것을 다른 관점에서 보면, 여성들은 자기 아이들의 건강을 증진시킬 수 있고 많은 아이를 가질 수 있는 데 적합한 남편을 고르려 한다고 할 수 있다. 그것은 더 많은 정자 수를 의미하는 것이 아니라 더 많은 돈, 더 많은 가축, 부족 내의 더 높은 명성, 혹은 자원이 될 만한 모든 것을 뜻한다.

반대로 남자는 자신의 정자와 돈을 이용해서 아기를 낳아줄 상대를 찾는다. 결과적으로 남자는 항상 젊고 건강한 상대를 찾게 된다. 20대의 여성이 아닌 40대의 여성과 결혼하려는 남자들은 아이를 가질 기회가 훨씬 적어진다. 또한 그러한 남자들은 여성이 이전에 결혼해 낳은 아이들에게 재산을 물려주어야 할 가능성도 크다. 그리고 그들은 갓 사춘기가 지난 젊은 여자만을 좋아하는 남자들보다 언제나 더 적은 수의 자손을 남기게 될 것이다. 그러므로 여성들이 부와 권력에 관심을 쏟는 반면, 남자들은 젊고 건강한 여자를 찾게 될 것이라고 예측할 수 있다.

이 예측은 놀라우리만큼 들어맞는 것 같다. 낸시 손힐은 "남자들은 확실히 젊고 아름다운 여자를 원하며, 여자들은 높은 지위의 부유한 남자를 찾는다는 것에 대해 심각하게 의문을 제기하는 사람은 없는가?"하고 물었다.[30] 물론 의문을 가져본 사람들이 있다. 바로 사회학자들이었다. 그러나 최근의 연구에 대한 사회학자들의 반응으로 미루어볼 때, 그들이 그 사실을 기각하려면 훨씬 직접적인 증거가 필요할 것 같다. 미국의 미시간대학인 데이비드 버스David Buss 교수는 대단히 많은 수의 미국 학생들에게 가장 선호하는 섹스 상대의 요소에 대해 순위를 매기도록 하였다. 그 결과 남자들은 친절함, 지성, 아름다움, 그리고 젊음을 선호하였고, 여자들은 친절함, 지성, 재산, 그리고 사회적 지위를 들었다. 그러나 이것은 미국에 한정된 경우이지 인간 본성의 보편적인 면을 뜻하는 것이 아니라는 비판을 받았다.

그래서 버스는 33개국에서 37개의 서로 다른 표본 집단을 추출하여, 1,000명이 넘는 사람들에게 같은 질문을 하였다. 그 결과는 정확하게 앞서 이루어진 조사 결과와 동일하였다. 남성은 젊음과 미모에 더 많은 관심을 기울이며, 여성은 부와 지위에 대해 더 큰 관심을 가진다. 여성들이 부유함에 더 많은 관심을 가지는 것은 물론 남자들이 부를 지배하기 때문이라고 생각할 수 있다. 만약 여성이 부를 지배한다면 여자들에게 부유함이 배우자를 고르는 기준이 되지 못했을지도 모른다. 그러나 버스는 또 다른 연구에서, 평균 소득 이상을 버는 미국 여성들의 경우, 장래 배우자의 소득 수준에 대해 평균치 이상으로 더 많은 관심을 쏟는다는 것을 발견하였다.[31] 전문직 여성들이 저소득층 여성들보다 오히려 남편의 돈벌이에 더 많이 신경을 쓴다는 것이다. 열성적인 여권 운동 지도자 15명에 대한 설문 조사 결과에서도, 여성들은 여전히 힘이 센 남자를 원하고 있음이 밝혀졌다. 버스의 동료인 브루스 엘리스Bruce Ellis에 따르면, "여성들의 성적 취향은 그들의 재산, 권력, 사회적 지위가 높아짐에 따라 더욱 차별적이 된다".[32]

버스를 비판하는 사람들은 그가 그 이면의 배경을 무시하고 있다고 꼬집는다. 서로 다른 문화, 서로 다른 시대에는 배우자 선정의 기준이 다르게 발전했을 것이다. 이에 대해 버스는 단순한 유비로 응수한다. 남자들이 자랑하는 평균적인 근육의 양은 나라마다 조금씩 다르다. 예를 들면, 미국의 젊은이들은 영국 젊은이들보다 어깨가 더 건장한 편이다. 그것은 부분적으로는 아마도 미국 젊은이들의 영양 상태가 더 좋다거나 미국 젊은이들이 즐기는 스포츠가 민첩성보다는 던지기에 주력하기 때문일 것이다. 그러나 이것이 '남자들은 여자들보다 어깨에 근육이 더 많다'는 일반적인 이야기를 부정하지는 않는다. 그러므로 어떤 지역의 여성들이 다른 지역의 여성보다 남성의 부에 더 많은 관심을 가진다는 사실이 여성들은 장래 배우자의 부유한 정도에 남성들보다 더 많은 관심을 쏟는다는 일반적인 이

야기를 부정하는 것도 아니다.³³

　버스의 연구가 직면한 가장 큰 어려움은 배우자로 선택되는 사람과 그냥 즐기기 위해 선택되는 사람을 구별할 수 없다는 것이다. 미국 애리조나주립대학의 더글러스 켄릭Douglas Kenrick 교수는 일단의 학생들에게 친밀함의 4단계에 따라 미래의 배우자의 조건에 대해 순위를 매기도록 하였다. 결혼 상대자를 고를 때는 지성이 남자나 여자 모두에서 중요하게 나타났다. 하지만 하룻밤 상대의 조건으로는 지성이 별로 큰 비중을 차지하지 못했으며, 이러한 경향은 특히 남성들에서 더 뚜렷이 나타났다. 남녀 모두, 그들의 여생을 함께 보낼 사람의 조건으로는 친절, 화목, 재치 등에 높은 점수를 줄 만큼 분별력 있는 사람들이었음은 물론이다.³⁴

　성적 선호도를 측정하는 어려움은 사람들이 어느 정도 타협적이라는 데 있다. 늙고 못생긴 남자는 여러 명의 젊고 아름다운 여자와 짝을 이루지 못한다(남자가 엄청나게 부자라면 몰라도). 남자는 자기와 비슷한 나이의 신실한 아내 곁에 머물게 되어 있다. 젊은 여자는 부유한 재벌과만 결혼하는 것은 아니다. 여자는 자신보다 약간 나이가 더 들고, 돈은 없더라도 안정된 직장을 가진 사람을 고르기도 한다. 사람들은 자신의 나이와 외모, 재산 정도에 따라 자신의 기대치를 낮춘다. 남성과 여성의 성적 정신 구조의 차이를 발견하기 위해서는 대조 실험이 필요하다. 평균치의 남자와 평균치의 여자를 취해서, 친숙한 파트너와의 성실한 결혼 생활과 낯선 미인과의 끊임없는 연애라는 선택권을 주는 것이다. 이 실험은 아직까지 행해진 적이 없고 행해질 리도 없다. 하지만 꼭 그렇지만도 않다. 왜냐하면 사람

 붉은 여왕

들의 머릿속을 들여다보거나, 그들의 환상을 살펴보는 것만으로도 동일한 효과를 기대할 수 있기 때문이다.

브루스 엘리스와 도널드 시먼스는 캘리포니아 주 학생들 307명을 대상으로 그들의 성적 환상에 대한 설문 조사를 하였다. 이 두 사람의 연구 대상이 아랍 사람이었거나 영국 사람이었다면, 이 연구는 사회학자들에게 쉽게 평가절하되었을 것이다. 왜냐하면 이 조사에서 나온 성에 의한 어떠한 차이라도 남녀 차별주의자들은 사회적 압력의 탓으로 돌렸을 것이기 때문이다. 그러나 캘리포니아 대학생들은 심리적인 성 차이는 존재하지 않는다는 정치적 이데올로기에 어느 곳, 어느 시대 사람들보다도 더 푹 빠져 있었다. 그러므로 여기서 나온 차이점은 총괄적으로 한 종의 특징이라고 여길 수 있을 것이다.

엘리스와 시먼스는 남녀 모두에서 전혀 성 차이를 보이지 않는 두 가지 공통점을 발견하였다. 첫째는 성적인 환상에 대한 학생들의 태도이다. 죄책감, 자랑스러움, 그리고 무관심은 남성이나 여성 모두에게서 흔히 나타났다. 또 하나는 양쪽 모두 그 환상 속에서 파트너의 얼굴을 똑똑히 그린다는 것이다. 하지만 다른 기준에서는 모두 실질적인 차이점을 보였다. 남자들은 많은 수의 상대와의 성적인 환상을 더 자주 꿈꾼다. 남자들 세 명 중 한 명은 그들의 일생에서 1,000명이 넘는 파트너와 관계하는 성적인 환상을 품는다고 말한 반면, 여성들은 단지 8퍼센트만이 많은 수의 파트너와의 관계를 상상한다고 대답하였다. 여성들의 거의 절반은 성적인 환상을 꿈꿀 때 절대로 파트너를 바꾸지 않는다고 말했지만, 남자들은 겨우 12퍼센트만이 그렇다고 하였다. 남성들에게는 파트너의 시각적 이미지가 촉감이나 파트너의 반응 혹은 어떤 느낌이나 감정보다도 더욱 중요하다고 나타났다. 여성들은 그 정반대이다. 여성들은 파트너보다는 그 자신의 반응에 초점을 맞추는 경향이 두 배나 더 높았다. 여성들은 대부분 잘 아는 파트너와의 섹스를 꿈꾼다.[35]

이러한 연구 결과가 단 하나만 나와 있는 것은 아니다. 성적 환상에 관한 다른 모든 연구에서, '남성들의 성적 환상은 더 빈번하고, 흔하며, 시각적이고, 특히 성적이며, 난잡하고, 능동적'이라는 결론을 내리고 있다. 여자들의 성적 환상은 더 정황적이고, 감정적이며, 친밀한 상대를 택하고, 수동적인 경향이 있다.[36]

굳이 이와 같은 설문 조사를 들먹이지 않아도 된다. 남자와 여자들에게 성적 환상을 집요하게 유발시키는 두 가지 산업인 포르노와 연애 소설만 봐도 그렇다. 포르노 영화는 거의 전적으로 남성을 겨냥해 만들어진다. 이것은 전세계적으로 똑같다. '가벼운 포르노'에서도 대부분 전라나 반라의 여자들이 도발적인 포즈를 취하고 있다. 이 같은 사진은 남자들을 자극하지만, 이름을 숨긴 벌거벗은 남자의 사진은 여자들에게 특별한 감흥을 주지 못한다. 단순히 남자를 보는 것만으로도 자극을 받는다면, 아무나하고 성관계를 맺는 일이 훨씬 늘어날 것이며, 이로써 여자들은 생식적인 면에서 수확은 없으면서 많은 것을 잃어버리게 될 것이다.[37]

실제 성행위를 보여주는 '심한 포르노'는 거의 예외없이 몸매가 좋고, 도발적이며, 기꺼이 나서는 듯한 여러 명의 다양한 여자(동성애자용 포르노의 경우는 남자)들에 의해 남성의 욕망이 충족되는 내용을 담고 있다. 대부분 배경 설명도, 줄거리도, 시시덕거리는 장면도,

유혹하는 이야기도, 심지어 전희까지도 생략되어 있다. 거추장스러운 인간관계도 없고, 대개 낯선 사람들끼리 만나 이루어지는 것으로 그려진다. 위의 두 과학자가 학생들(동성애자가 아닌)에게 포르노 영화를 보여주고 여기에서 자극받은 정도를 스스로 측정하도록 하였는데 그 결과는 상식적이고 예측한 대로였다. 우선 남자들이 여자들보다 더 많은 자극을 받았다. 둘째로 남자들은 남녀 두 명이 나오는 영화보다 그룹 섹스를 그린 영화에 더 많은 자극을 받는 반면, 여자들은 그 반대였다. 셋째, 여자나 남자 모두 레즈비언이 나오는 장면에서 자극을 받았지만, 게이가 나오는 장면에 대해서는 남녀 모두 자극을 받지 않았다(여기에서 모든 학생들은 동성애자가 아니라는 것을 기억해야 한다). 포르노 영화를 보는 동안, 남자와 여자 모두 여자 배우에 대해서 관심을 기울였다. 하지만 포르노는 본래 여자가 아닌 남자들을 겨냥해서 만들어진 것이다.[38]

반대로 연애 소설은 전적으로 여성들을 겨냥하고 있다. 이것 역시 그다지 큰 변화 없이 허구의 세계를 묘사하고 있다. 예외가 있다면, 여자가 열망적인 성격을 가진 것으로 그려지고, 섹스를 묘사하는 장면에서 좀 더 분방한 태도를 보이는 것으로 나타나는 정도이다. 작가들은 출판사가 제시하는 형식을 그대로 고수한다. 성교 행위는 이런 소설 속에서 큰 비중을 차지하지 않는다. 대부분의 내용은 사랑, 서약, 가정사, 그리고 관계를 형성하며 서로를 길들이는 이야기로 채워진다. 난잡한 성교 같은 것은 거의 없으며, 성교가 있더라도 주로 여자 주인공의 감정 반응(특히 촉각적으로 그녀가 느끼는 것에 대한)에 대해서만 묘사될 뿐이지, 남자 몸에 대한 구체적인 서술은 거의 없다. 하지만 그의 성격에 관해서만은 매우 자세히 묘사되게 마련이다.

엘리스와 시먼스는 연애 소설과 포르노가 남녀 모두에게 상대적이고 이상적인 환상을 나타낸다고 지적하였다. 캘리포니아 대학생들의 성적 환상에 대한 데이터는 이러한 결론을 뒷받침하는 듯하다. 여성들을 대상으로 남자 포르노를 배급하려는 잡지가 계속 실패하고(이러한 목적으로 제작된 포르노 잡지《플레이걸Playgirl》의 주독자층은 남자 동성애자들이다), 남자들을 대상으로 공항에서 파는 난잡한 성관계를 주제로 한 소설이 유행하는 것도 이를 뒷받침해준다. 서점에 가면 표지에 여자 사진이 크게 실려 있고 책 속에는 더 많은 여자 사진이 들어 있을 것이 분명한 남성용 잡지가 있으며, 표지에 여자가 나오고 책 속에는 성관계를 발전시키는 방법이 나와 있는 여성용 잡지들이 있다. 연애 소설은 여자 사진을 표지에 실어 여성을 겨냥하고, 성적인 소설은 여자 사진을 표지에 담아 남자를 겨냥한다. 유행하는 이데올로기에 의해서가 아니라 시장성에 의해 움직이는 출판 산업은 성에 대한 여자와 남자의 차이점을 결코 의심하지 않는다.

엘리스와 시먼스는 다음과 같이 발표했다.

성적 환상에 관한 과학적 논문으로서 여기에 보고된 데이터는 (남성 위주의 포르노와 여성 지향적인 연애 소설 사이의 역사적으로 견고하게 형성된 차이점을 보여주는) 자유시장에서의 소비자 선택의 압력이나, 인간의 성 문제에 대한 각 인종별 민속학적 기록, 그리고 진화적인 관점에서 우리 인간이 불가피하게 보여주는 경향성과 같은 것들을 종합해볼 때, 성 심리에서 성차가 존재함을 보여준다.[39]

이것은 여성들이 억압되어왔기 때문에 남성의 누드나 포르노에 덜 경도된다는, 정치계에서 나온 괴상하고 삭막한 관점보다 확실히 현명한 관점이다.

까다로운 남자들

역설적인 이야기가 있다. 남자들은 마음속에서나 환상 속에서나 성적으로 난잡한 기회주의자들이다. 정말로 난잡한 기회주의자라면 그렇게 까다롭지 않을 것이라고 생각할 수도 있다. 하지만 남자들은 여자들이 남자의 외모를 중시하는 것보다 더 여자의 외모를 중요하게 생각한다. 여성들에게는 스포츠카나 엄청난 액수의 은행 잔고만 있으면 개구리도 왕자가 될 수 있지만, 여자는 아무리 그녀가 부자라도 못생겼다면 어쩔 수가 없다(요즘에는 돈만 있으면 성형 수술로 예뻐질 수도 있지만). 바람을 피우는 남자들이 모두 상대를 예쁜 여자로만 한정하지는 않지만 대개는 그렇게 한다. 반대의 경우는 드물다. 고릴라나 뇌조의 수컷은 암컷의 모양새 때문에 짝짓기를 거부하지는 않는다. 그들은 모양새에 상관없이 취할 수 있는 모든 기회를 다 이용한다. 일부다처제를 누리던 고대의 전제 군주들은 난잡했을지라도 여전히 까다로운 경향이 있어서 하렘에는 항상 젊고 아름다운 처녀들로 가득했다.

이제 그 역설이 풀린다. 동물의 어느 한쪽 성이 까다로운 정도와 부모 역할에 얼마만큼 투자하는가 하는 정도는 분명히 관계가 있다. 검은뇌조는 정자 외에는 투자하는 것이 없으며, 이들은 암컷과 닮은 것이면 무엇이든, 심지어 박제된 새나 모형 새와도 짝짓기를 하려고 든다.[40] 수컷 신천옹은 한 마리의 암컷에서 나온 자식을 정성껏 보살핀다. 수컷 신천옹은 암컷을 고를 때 매우 신중하고 까다로우며 최고의 짝을 고르려 노력한다. 그러므로 남성의 까다로움은 자신과 비슷한 원숭이 사촌과는 달리, 남자들이 실제로 부부를 이루고 아이들을 키우는 데 노력을 투자한다는 사실을 다시 한번 반영해주는 것이다. 이것은 과거의 일부일처제가 남성에게 남긴 유물이다. 즉, 단 한 번의 기회일지 모르기 때문에 잘 골라야 한다. 사실 젊은 여자에게 남자들이 압도적으로 끌리는 것은 부부관계가 일생 동안 지속될 수 있기 때문이라는 주장도 있다. 이것이 바로 우리가 다른 포유동물과 크게 다른 부분이다. 발정기에 있는 침팬지는 늙은 암컷도 젊은 암컷만큼 매력적으로 여긴다. 남성들이 20대 여성을 선호한다는 사실은 홍적세의 남자들이 현대 남성들처럼 일생을 걸고 결혼한다는 이론에 증거를 하나 더해주는 것이다.

인류학자인 헬렌 피셔Helen Fisher는 결혼에는 자연적 기간이 있어서 결혼 후 4년이 되었을 때 이혼율이 가장 높은 이유를 설명해준다고 주장하였다. 4년은 아이를 부모에게 전적으로 의지하지 않아도 될 만큼 키우는 데 충분한 시간이다. 그래서 아이가 4세가 되면,

붉은 여왕

홍적세의 여자들은 다음 아이를 갖기 위해 새 남편을 찾으러 나섰을 것이라고 피셔는 믿는다. 그래서 피셔는 이혼이 자연스런 일이라고 주장한다. 하지만 여기에는 몇 가지 문제점이 있다. 4년이 절정이라는 것은 이른바 통계학자들이 말하는 유형일 뿐이지 확연히 구별되는 정도는 아니며, 이혼율은 결혼 후 4년 동안 어느 해에나 정상에 도달할 수 있다. 게다가 이상하게도 피셔의 이론은 남자들이 일관되게 젊은 여자를 선호하는 사실과 남편들이 아이가 4세가 훨씬 넘은 뒤에도 양육을 돕는다는 사실을 양립시키고 있다. 아이가 태어난 후 4년마다 이혼을 하는 여성은 점점 더 늙어간다는 이유뿐만 아니라 의붓자식이 점점 불어나게 된다는 이유 때문에 매번 다시 만난 남자들에게 별로 매력적이지 못할 것이다. 남자들의 젊은 여성 선호는 바로 일생 동안 지속되는 관계를 의미한다.[41]

　신문에 실리는 구혼 광고를 대강 살펴보아도 우리 모두가 알고 있는 사실을 확인할 수 있다. 남성들은 자기보다 어린 아내를 구하려 하며, 여성들은 남편보다 10년 이상을 더 살 수 있음에도 불구하고 자기보다 나이가 많은 남편을 원한다. 버스는 설문 조사에서 남자들이 25세 정도의 여성을 배우자로 찾으려 한다는 사실을 알아냈다. 그 연령은 최대 생식력을 넘긴 나이(이때는 이미 아이를 낳을 햇수를 몇 년 보낸 뒤에)이지만 최대 가임 기간에 가깝다. 그러나 버스의 데이터에 대한 두 가지 논평에서 거론된 것처럼 이 결과는 잘못 해석될 수 있다. 첫째는 도널드 시먼스가 지적한 대로 25세의 현대 서구 여성은 20세의 원시 부족 여자만큼 이미 늙은 것일지 모른다. 야노마뫼 족 남자들에게 어떤 여성을 좋아하느냐고 물으면, 그들은 주저하지 않고 모코 멋쟁이 여자라고 말하는데, 이는 사춘기와 첫 아이 출산기 사이를 말한다. 다른 조건이 모두 같다면, 이것은 서구 남성들의 이상과도 같다.[42]

인종차별주의와 성차별주의

이번 장에서는 남녀의 성 차이를 다루느라, 인종 간의 차이점은 무시해왔다. 그런데 현대의 이상한 편견은 두 문제를 꼭 엮어서 보는 경향이 있다. 참으로 이상한 공식인데, 남녀 간의 차이를 주장하는 것은 인종 간의 차이를 주장하는 것이라는 것이고, 성차별주의는 인종차별주의의 동생이라는 것이다. 이 때문에 골치가 아프다는 것을 실토한다. 하지만 나는 주어진 증거에 따라, 여러 인종 간의 남자의 본성에는 별로 차이가 없는 반면에 같은 인종에서 남녀의 본성에는 상당히 큰 차이가 있음을 믿는 것이 논리적이고 타당하다고 생각한다.

인종별, 문화별 차이는 분명히 존재한다. 백인 남자가 흑인 남자와 피부색이 다른 것처럼, 생각도 얼마든지 다를 수 있다. 그러나 우리가 진화에 대해 알고 있는 것을 고려해보면, 실제는 별로 그럴 것 같지 않다. 인간의 심리—주로 친척들, 자기 부족 또는 성 상대들 간의 경쟁관계—를 만들어온 진화의 압력은 백인 남자나 흑인 남자에게 동일하게 작용해왔으며, 지금도 그렇다. 이 진화의 압력은 백인들의 조상이 10만 년 전 아프리카를 떠나기 전에 주로 작용했다.

붉은 여왕

피부색은 아프리카와 북유럽 간의 큰 날씨 차이 같은 것에 영향을 받지만, 심리 구조는 인간 외적인 문제, 즉 어떤 방법으로 사냥을 하는지, 어떤 방법으로 따뜻하게 하거나 시원하게 하는지 등에 매우 미미하게 영향을 받을 뿐이다. 무엇보다 가장 중요한 것은 어떻게 동료들과 잘 지내며 살아가느냐로, 이것은 어디에서나 똑같다. 이 말은 어디에 있는 남자든 같고, 또 어디에 있는 여자든 같다는 말이다. 하지만 남자와 여자가 같은 것은 아니다.

이 점이 인류학과 다윈의 진화학 사이의 결정적 차이이다. 인류학자들은 서구 도회지 남자의 습관이나 생각이 그의 아내보다는 부시맨 원주민과 훨씬 큰 차이를 보인다고 주장한다. 사실 이것은 이 학문 연구의 기본이다. 왜냐하면 인류학은 민족 간의 차이를 연구하는 학문이기 때문이다. 하지만 이것이 인류학자들에게 인종 사이의 티끌만한 차이는 과장하게 하고, 들보만한 유사성은 무시하게 했다. 지구상 어디에서나 남자들은 싸우고, 경쟁하며, 사랑하고, 으스대며, 사냥한다. 단지 부시맨은 창과 몽둥이로 싸우고, 시카고의 남자들은 총과 법률 소송으로 싸울 뿐이다. 부시맨은 추장이, 시카고 사람은 고위 간부가 되려고 하는 것이 다를 뿐이다. 인류학에서 다루는 주제들, 즉 전통, 신화, 손재주, 언어, 의례들이란 내게는 그저 표면에 떠 있는 거품으로만 보인다. 어느 곳에서든지 동일하게 남자와 여자를 특징짓는 인간성이라는 거대한 주제가 그 밑에 흐르고 있다. 화성인에게는 지구의 인류학자들이 인종 간의 다른 점을 연구하는 것이 마치 농부가 밭에서 키우는 밀 한 포기 한 포기의 차이를 연구하는 것과 똑같이 보일 것이다. 화성인은 보편적인 밀의 특징에 더

큰 관심을 가질 것이다. 정말로 흥미로운 것은 인간이 지닌 보편성이지 차이점이 아니다.[43]

이러한 보편성 중 가장 지속적인 것은 성 역할놀이이다. 에드워드 윌슨은 다음과 같이 말했다.

> 다양한 여러 문화권에서, 남자들은 뭔가를 추구하고 획득하려는 반면에 여자들은 보호되고, 물물교환의 대상이 되었다. 아들은 젊은 혈기로 방탕하지만 딸들은 순결을 잃을지 모를 위험을 무릅쓰게 된다. 성의 매매가 이루어질 때 대체로 구매자는 남자들이다."[44]

존 투비와 리다 코스미데스는 이와 같은 보편적 형태에 대한 문화적 해석에 좀 더 과감하고 도전적인 주장을 했다.

> '문화'가 인간의 다양성을 설명해준다는 주장은 여자들이 마을을 습격하는 전쟁 축제에서 남자들을 잡아 남편으로 삼거나, 부모들이 딸이 아닌 아들의 정조를 지키기 위해 수도원에 아들을 도피시켰다는 보고가 있을 때, 혹은 신체적인 매력, 경제력, 상대적인 나이 등에 대한 선호도의 문화적 분포가 한쪽으로 왜곡되어 있는 만큼 다른 쪽으로도 왜곡되어 있을 때 비로소 진지하게 다룰 수 있을 것이다.[45]

여기에 열거된 증거 앞에서 남녀 사이의 성 차이를 부정하는 것도, 그것을 과장하는 것도 모두 어리석은 일이다. 예를 들어, 지능이라는 면만을 살펴보자. 남자들이 여자들보다 더 어리석다고, 혹은 그 반대라고 믿을 만한 이유가 전혀 없다. 진화적 사고에서 어떤 것도 그런 제안을 하지 못하고 그 명제를 검증한 자료도 없다. 앞에서도 말했듯이, 자료들은 남자들이 추상적인 것과 공간 지각력에서는 더 나을지 모르며, 여자들은 언어 능력과 사회 능력에서 더 나을지도 모른다는 것을 보여줄 뿐이다. 그래서 남녀 어느 쪽에도 치우치지 않는 중립적인 테스트를 고안하기는 대단히 어렵다. 사실 이것은 남녀 모두 일반적이고 일원적인 지능을 지니고 있다는 터무니없는 생각을 불식시키는 데 도움을 주었다.

물론 성 차이로 모든 것에 면죄를 줄 수도 없다. 앤 모어와 데이비드 제셀은 이렇게 말했다.

> 우리는 자연스러운 것을 신성시하지는 않는다. 왜냐하면 그것은 생물학적으로 진실일 뿐이기 때문이다. 예를 들면, 남자들은 살인이나 난잡한 성 활동 기질을 자연적으로 지니고 있다. 하지만 이것이 사회에서 행복하게 생존하는 비법은 아니다.[46]

사람들은 '~이다'라는 말과 '~이어야 한다'는 말 사이의 차이점을 쉽게 망각하는 것 같다. 우리가 만일 정책을 통해 남자와 여자의 심리에 존재하는 성 차이를 교정하려 한다면, 그것은 분명 본성에 위배되는 일이다. 그렇지만 법으로 살인을 금지하는 것과 크게 다를 바는 없다. 하지만 우리는 성적 동일성을 추구하려는 것이 아니라 성의 차이를 교정하려 한다는 것을 명백히 해야 할 것이다. 남자와 여자가 같을 것이라는 생각은 단지 정치적인 선전일 뿐이고 남녀 어느 편에도 득이 될 것이 없다.

The Uses of Beauty

⑨ 아름다움의 쓰임새

울지 말아요, 여인들이여, 울지를 말아요,
못 믿을 것은 언제나 사내들.
한 발은 바다에, 한 발은 땅에 두고
어떤 일에도 절개가 없는 것을.
셰익스피어, 『헛소동』, 2막 3장

붉은 여왕

몇몇 남성을 남성 동성애자로 만드는 '게이 유전자'가 인간에게 존재할 것이라고 생각하고 그 유전자를 찾는 일을 하고 있는 과학자들이 미국에 세 팀이 있다. 그 과학자들은 테스토스테론과 같은 남성 호르몬에 민감한 유전자가 X염색체에 있으며, 그것으로 남성 동성애자와 남성 이성애자 사이의 차이를 증명할 수 있으리라 믿고 있다. 만약 이 과학자들의 믿음이 옳다면, 그것은 어마어마한 의미를 갖는 발견이 될 것이다.

게이 유전자에 대한 가장 강력하고 새로운 증거는 이란성 쌍둥이들이 같은 어머니의 자궁에서 자랐고 같은 가정 환경에서 성장하였음에도 동성애적 경향을 공유하는 비율이 겨우 4분의 1에 불과하다는 점이다. 그러나 일란성 쌍둥이들은 같은 가정 환경에서 자랐을 때 동성애적 경향을 공유하는 비율이 2분의 1에 이른다. 이것은 만약 일란성 쌍둥이 중의 하나가 동성애자라면 나머지 하나가 동성애자일 확률이 50퍼센트임을 의미한다. 그리고 그 유전자가 아버지가 아니라 어머니에게서 유전되었다는 분명한 증거도 있다.[1]

일반적으로 동성애자가 자식을 가질 수 없다고 가정해본다면, 어떻게 그러한 유전자가 살아남을 수 있었겠는가? 거기에는 두 가지 대답이 가능하다. 첫째는 그 유전자가 남자에게 존재할 때는 생식에 해롭지만, 여자에게 존재할 때에는 그와 같은 정도로 생식에 이로운 경우이다. 둘째 가능성은 더욱 미묘하다. 영국 옥스퍼드대학의 로렌스 허스트와 데이비드 헤이그는 게이 유전자가 X염색체에 존재하지 않을 수도 있다고 생각하고 있다. X염색체의 유전자가 어머니를 통하여 유전되는 유일한 유전자는 아니다. 4장에서도 이야기했듯이 미토콘드리아의 유전자도 어머니를 통하여 유전되므로, 게이 유전자를 X염색체의 한 부위와 관련시키는 증거 역시 통계적으로 매우 불확실하다. 만약 게이 유전자가 미토콘드리아 안에 존재한다면, 허스트와 헤이그의 번뜩이는 머리에는 곧 음모 이론이 떠오를 것이다. 어쩌면 게이 유전자는 많은 곤충에서 발견되는 웅성 살해 유전자와 같은 종류의 유전자일지도 모른다. 그 유전자는 효과적으로 수컷들을 불임으로 만들어 재산 상속이 암컷인 친족들에게 유용되도록 한다. 또한 (적어도 최근까지) 게이 유전자 확산을 유발하는 그 암컷 친족들의 자손들의 생식 성공을 강화해온 것이다.

　만약 동성애자들의 성적인 선호가 유전자에 의해 (전적으로는 아니더라도) 상당한 영향을 받는다면, 이성애자들의 성적인 선호 역시 그럴 수 있을 것이다. 그리고 인간의 성적 본능이 대부분 인간의 유전자에 따라 결정된다면, 자연선택과 성선택이 성적 본능을 진화시켜온 것이며, 이는 곧 그들이 청사진을 지니고 있음을 의미한다. 성적 본능은 적응력이 있다. 아름다운 사람들이 매력적인 것에는 이유가 있다. 그들이 매력적인 이유는 다른 사람들이 아름다운 사람들에게 매혹되는 유전자를 가지고 있기 때문이다. 사람들이 그러한 유전자를 가지고 있는 이유는 아름다움의 기준이 되는 것을 가진 사람들이 가지지 못한 사람들보다 더 많은 자손들을 남기기 때문이다. 아름다움이란 임의의 것이 아니다. 진화생물학자들의 통찰력은 마침내 우리가 왜 어떤 형상에 대해서는 아름다움을 느끼고 다른 형상에 대해서는 추함을 느끼는지에 관하여 논의하기 시작함으로써, 성적

 붉은 여왕

매력에 대한 우리의 관점에 전환을 가져왔다.

보편적 아름다움

보티첼리의 〈비너스〉나 미켈란젤로의 〈다비드〉는 모두 아름답다고 여겨진다. 그러나 신석기 시대의 수렵-채집인이나 일본인 또는 에스키모인들도 이들을 아름답다고 생각할 것인가? 우리의 증손자들도 그렇게 생각할 것인가? 성적 매력이란 유행하고 변하는 것인가, 아니면 변함없이 영원한 것인가?

우리 모두가 10년 전의 미인들이나 유행이 얼마나 구식이며 매력없게 보이는지 알고 있는데, 하물며 100년 전의 모습에 있어서야 어떻겠는가? 16~17세기경에 유행하던 다리에 꼭 끼는 바지와 허리가 잘록한 겉옷을 입은 남자들에게 아직도 섹시함을 느끼는 사람들이 혹 있을지 모르나, 프록코트를 입은 남자들에게는 어림없는 일이다. 사람들이 아름답다거나 성적 매력이 있다고 느끼는 것은 사람들의 감각이 유행하는 패션의 형태를 좋아하도록 은연중에 교육되었기 때문이라는 결론을 피할 수가 없다. 루벤스는 트위기(매우 마른 몸매로 1960년대를 풍미한 유명한 모델—옮긴이)를 그림의 모델로 쓰지 않을 것이다. 게다가 아름다움은 틀림없이 상대적이다. 몇 달 동안 이성을 보지도 못한 채 감옥에 갇혀 있던 죄수의 미적 감각을 확인해보라.

그렇지만 이러한 융통성에는 한계가 있다. 10대의 어린 소녀나

40대의 중년 여자를 20대의 처녀들보다 더 섹시하다고 여겼던 시대를 찾아보기는 불가능하다. 배가 볼록 튀어나온 남자가 여자들에게 실제로 매력적이라거나 키가 큰 남자가 작은 남자보다 못생겼다고 여겨진다거나 하는 일은 있을 수 없다. 약하게 생긴 턱이 남자와 여자에게 아름답게 여겨졌다고 상상하기는 매우 어렵다. 만약 아름다움이 유행의 문제일 뿐이라면, 어째서 주름진 피부나 회색 머리카락, 털이 많이 난 등, 바돌프의 코와 같이 못생긴 코가 유행하는 시절은 없었던 것일까? 아무리 세월이 흘러도 변하지 않는 것들도 있다. 유명한 네페르티티의 머리와 목의 조각은 3,300년이나 지난 오늘날에도 아케나텐이 맨 처음 뜰에 세워놓았을 때처럼 놀랄 만큼 아름답다.

 말하자면 이 책에서 나는 무엇이 사람들로 하여금 서로에게 성적으로 끌리게 하는가에 대해서, 유럽의 백인들과 북유럽인에 관해 내가 아는 거의 모든 예들을 거론할 것이다. 물론 나는 여기서 아름다움에 대한 유럽식의 기준이 절대적이라거나 우수하다고 말하고자 하는 것은 아니다. 단지 그것들이 내가 유일하게 설명할 수 있을 만큼 충분히 아는 것들일 뿐이다. 따로 흑인들이나 동양인들 혹은 다른 인종들이 적용하는 아름다움의 기준에 대하여 조사할 여유가 없었다. 그러나 내가 주로 관심을 갖고 있는 '아름다움의 기준이란 문화적 변덕인가, 아니면 천부적 욕구인가?' 하는 문제는 모든 사람들에게 보편적인 것이다. 무엇이 변하고 무엇이 지속되는가? 나는 이 글에서, 성적 매력이 어떻게 진화되어왔는지를 이해해야 문화와 본능의 혼합을 이해할 수 있다는 점과 왜 어떤 특성들은 유행에 따라 변하는 반면, 다른 특성들은 유행에 저항하는지에 대하여 논할 것이다. 첫째 단서는 근친상간에 대한 연구에서 얻을 수 있다.

프로이트와 근친상간의 금기

자신들의 누이와 성관계를 갖는 남자들은 매우 적다. 폭군으로 유명한 로마 제국의 황제 칼리굴라와 체사레 보르지아는 그러한 예외적인 일을 저질렀기 때문에(그러한 풍문이 돌았으므로) 악명이 높았다. 프로이트에 의하면, 그렇게 하고 싶은 열망이 강함에도 불구하고 자신의 어머니와 성관계를 갖는 남자는 극히 드물다. 딸에 대한 아버지의 성적 학대는 이보다는 훨씬 더 흔한 편이다. 그러나 이것 역시 드문 현상이다.

이러한 사실들에 대한 두 가지 설명을 비교해보도록 하자. 첫째, 사람들은 은밀히 근친상간을 갈망하나, 사회적 금기와 규율의 도움을 빌려서 그 갈망들을 극복할 수 있다. 둘째, 사람들은 자신의 매우 가까운 혈족에 대하여 성적으로 매력을 느끼지 못하며, 이에 대한 금기는 마음속 깊이 각인되어 있다. 첫번째 설명은 프로이트의 설명이다. 그는 사람들이 처음으로 가장 강렬하게 느끼는 성적 매력은 이성의 부모를 향한 것이라고 주장하였다. 그는 계속해서 이것이 바로 모든 인간 사회가 그 구성원들에게 근친상간에 대해 엄격하고 특정적인 금기를 부여하는 이유라고 하였다. 그러한 금기는 개개인의 심리 속에는 존재하지 않으므로, 엄격한 금지가 필요하다는 것이다. 그는 그러한 금기들이 없다면 우리는 모두 혈족 간에 결혼을 하게

될 것이고 그로 인해서 유전적으로 비정상적인 증세들을 겪게 될 것이라고 말했다.[2]

프로이트는 이치에 맞지 않는 세 가지 가정을 하였다. 첫째, 프로이트는 매력과 성적 매력을 동일시하였다. 두 살 난 소녀가 아버지를 사랑할 수는 있으나, 그것이 아버지에 대한 성적 욕구를 의미하지는 않는다. 둘째, 프로이트는 아무런 증거도 없이 사람들이 근친상간에 대한 욕구를 가지고 있다고 가정했다. 프로이트 학파의 사람들은 매우 적은 수의 사람들이 이러한 욕구를 표현한다는 사실을 대부분의 사람들이 그들의 욕구를 억제하고 있기 때문이라고 하였고, 그러한 주장은 반박할 여지조차 주지 않는다. 셋째, 프로이트는 사촌 간의 결혼에 대한 사회적 규범이 '근친상간의 금지'라고 가정하였다. 최근까지도 과학자들과 일반인들은 사촌간의 결혼을 금지하는 법규들이 근친상간과 근친결혼을 막기 위하여 존재한다고 믿는다는 점에서 프로이트의 견해를 따라왔다. 그러나 그러한 법규들은 사실은 그렇지 않을 수도 있다.

이 분야에서 프로이트의 경쟁자로 알려진 에드워드 웨스터마크 Edward Westermark는 1891년에 남자들이 자기 어머니나 누이들과 결혼하지 않는 이유는 사회적 규율 때문이 아니라, 단순히 남자들이 자신들과 함께 생활해온 여자들에 대해서 매력을 느끼지 못하기 때문이라고 주장하였다. 웨스터마크의 생각은 간단했다. 남자들과 여자들은 외모로는 자신의 친척을 친척으로서 알아볼 수 없으며 따라서 근친결혼을 막아주는 어떠한 수단도 가지고 있지 않다(흥미로운 사실로, 메추리의 경우에는 다르다. 메추리들은 따로 떨어져 자랐어도 형

붉은 여왕

제자매끼리는 서로 알아본다). 그러나 사람들은 100명에 99명 정도는 근친상간적 관계를 방지할 수 있는 간단한 심리학적 규칙을 사용할 수 있다. 사람들은 어린 시절에 매우 잘 알고 지내던 사람들과는 결혼을 피한다. 가장 가까운 친척들 사이의 성적 회피는 그렇게 형성되었다. 실제로 이런 사실이 사촌 간의 결혼을 막을 수는 없으나, 한편 사촌 간의 결혼이 그렇게 나쁠 것도 없다. 해로운 열성 유전자가 그러한 교배로 나타날 확률은 적으며, 도리어 서로 같이 작용하도록 적응된 유전자 복합체를 보존할 수 있는 이익이 해로울 확률을 능가할 것이다(메추리는 전혀 관련이 없는 상대보다는 사촌과 교미하기를 더 선호한다). 물론 웨스터마크는 이 점을 몰랐으나, 이 섬은 그의 논거를 뒷받침해주고 있다. 왜냐하면 사람들이 피해야 할 유일한 근친상간적 관계는 남매간의 관계나 부모와 자식 간의 관계뿐이라고 제시해주기 때문이다.[3]

웨스터마크의 가설에서 단순한 몇 가지를 예측해볼 수 있다. 의붓남매들은 그들이 따로 떨어져 자라지 않은 한 일반적으로 결혼한 예가 발견되지 않아야 한다는 것과 어렸을 때의 아주 가까운 친구들끼리도 결혼한 예가 일반적으로 발견되지 않아야 한다는 것이다. 여기에 가장 적절한 증거를 이스라엘의 키부츠와 옛 중국의 결혼 풍습에서 찾아볼 수 있다. 키부츠의 탁아소에서는 어린이들이 인척이 아닌 다른 아이들과 함께 자란다. 평생을 통해 우정은 형성되지만, 동료였던 키부츠 아이들 간의 결혼은 매우 드물다. 타이완의 몇몇 가문에는 심푸아shim-pua라는 결혼 풍습이 있는데, 이것은 어린 딸을 앞으로 결혼하게 될 남자의 집으로 보내 거기서 자라게 하는 것이다.

따라서 그녀는 실제적으로 의붓오빠와 결혼하게 된다. 이렇게 결혼한 부부들은 흔히 자식이 없는데, 그 이유는 대부분 부부가 서로에게 성적 매력을 느끼지 못하기 때문이다.[4] 반대로 따로 떨어뜨려 키운 남매는 놀랍게도 그들이 적령기에 만나게 되면 서로 사랑에 빠지는 경향이 있음을 발견하였다.

  이 모든 예들은 어린 시절에 서로 자주 보아온 사람들 간의 성적 억제를 의미한다. 따라서 웨스터마크가 제의하였듯이, 남매간의 근친상간은 남매가 서로에게 보이고 있는 본능적인 반감에 의해 억제되고 있는 것이다. 그러나 웨스터마크의 가설은 만약 근친상간이 일어난다면 그것은 부모와 자식 간에 일어날 것이며, 그중에서도 특히 아버지와 딸 사이에 일어날 것이라고 예측하고 있다. 그 이유는 아버지는 친숙함에 의한 성적인 반감을 느낄 나이를 이미 지났으며, 일반적으로 남자들이 성관계를 시도하기 때문이다. 물론 바로 그것이 가장 흔한 형태의 근친상간이다.[5]

  이러한 현상은 사람들에게 근친상간을 저지르지 말라고 끊임없이 말해주어야 하기 때문에 근친상간에 대한 금기가 있다는 프로이트의 이론과는 모순된다. 사실 프로이트의 가설이 성립하려면 진화가 근친상간을 피하도록 하는 데 실패했을 뿐 아니라, 실제로 부적절한 근친상간적 본능을 부추기므로 그러한 본능을 금기로 억제하는 것이라는 이론이 선행되어야 한다. 프로이트 학파의 사람들은 웨스터마크의 가설이 근친상간의 금기에 대한 필요성을 없애려 한다고 심심치 않게 비판하곤 한다. 그러나 사실은 핵가족 내에서 결혼의 법칙을 깨는 근친상간은 매우 드물다. 프로이트가 관찰했던 금기들은

 붉은 여왕

거의 모두 사촌 간의 불법적 결혼에 관한 것들이었다. 대부분의 사회에서 핵가족 내에서 일어나는 근친상간을 불법화할 필요는 없는데, 그 이유는 그러한 근친상간이 일어날 위험이 거의 없기 때문이다.[6]

그렇다면 왜 금기가 존재하는가? 클로드 레비스트로스Claud Lévi-Strauss는 '동맹 가설alliance theory'이라는 새로운 가설을 생각해냈는데, 이 가설은 종족들 사이의 유리한 협상 조건으로서 여자가 중요하기 때문에 부족 내의 결혼을 방지하였다고 주장하였다. 그러나 정확히 레비스트로스가 말하는 바가 무엇인가에 대하여 모든 인류학자들이 제각기 다른 의견들을 가지고 있으므로 그의 이론을 시험해보기는 매우 어렵다. 낸시 손힐은 이른바 근친상간 금기란 힘 있는 남자들이 고안해낸 것으로서 경쟁자들이 자기네 사촌들끼리 결혼함으로써 쉽게 부를 축적하는 것을 방지하기 위한 결혼 관습에 대한 규율이라고 주장하였다. 그 금기들이 근친상간이 아니라 권력에 대한 것이라는 말이다.[7]

늙은 되새에게 새로운 기술 가르치기

근친상간 이야기는 본성과 교육의 상호 의존성을 잘 설명해준다. 근친상간 회피 메커니즘은 사회적으로 유발된다. 사람들은 아동기에 형제자매를 성적으로 멀리하게 된다. 이런 점에서 보면 여기에 유전적 요소는 전혀 없다. 그럼에도 이것은 유전적이다. 왜냐하면 배운 것이 아니라 바로 두뇌 안에서 생겨난 것이기 때문이다. 어릴 때 친구와 결혼하지 않는 본능은 본성이지만, 친구를 알아보게 해주는 것은 교육이다.

웨스터마크의 주장에서는 친숙한 사람들에 대한 성적 기피가 후에 새로운 사람들을 만났을 때에는 사라져야 한다는 점이 매우 중요하다. 그렇지 않다면 사람들은 결혼한 지 몇 주일만 지나면 자신의 결혼 상대에 대해 성적으로 기피하게 될 것이다. 그러나 실제로는 결코 그렇지 않다. 생물학적으로 이런 사실을 설명하기는 어렵지 않다. 동물의 뇌에서 가장 놀라운 특징의 하나로 유아기의 '결정적 시기critical period'라는 것이 있는데, 그때 배운 어떤 것은 그 시기가 지나도 잊혀지지 않을 뿐만 아니라 다른 것들로 대체되지도 않는다. 콘라트 로렌츠Konrad Lorenz는 병아리들이나 새끼 오리들은 맨 처음 본 움직이는 물체에 '각인' 되는데, 그 물체는 보통 그들의 어미이고 매우 드물게는 오스트리아의 동물학자(로렌츠 그 자신)가 될 수도 있으며, 그 후로 병아리나 새끼 오리들은 그 물체를 쫓아다니기를 좋아한다는 것을 발견하였다. 그러나 태어난 지 2~3시간이 지난 병아리나 2일이 지난 병아리들에게는 각인 현상이 일어나지 않는다. 병아리들은 생후 13시간에서 16시간 사이에 가장 민감하게 각인을 한다. 바로 그 민감한 기간에 병아리들은 부모의 모습을 머리에 새겨두는 것이다.

되새가 노래를 배우는 것 역시 같은 방식으로 이루어진다. 되새는 다른 되새의 지저귐을 듣지 못하면 자기 종의 특이한 노래를 결코 배우지 못한다. 만약 되새가 다 자랄 때까지 다른 되새의 노래를 듣지 못했다면, 그 되새는 노래를 제대로 부르지 못하고 불완전한 반쪽 노래밖에 부를 줄 모르게 된다. 그뿐만 아니라 되새가 생후 2~3일이 되었을 때는 다른 되새의 노랫소리를 들려주어도 노래를 배우지 못한다. 단지 결정적 시기인 생후 2주일에서 2개월 사이에 다른 되새의 노랫소리를 들었을 때에만 노래를 올바로 배워서 부를 수 있다. 그 시기가 지난 후에는 더 이상 다른 노래를 모방하여 따라 부르지 않는다.[8]

사람들에게서 학습의 결정적 시기에 대한 예를 찾아보기는 어렵지 않다. 사람들은 25세 후에는 그들이 설령 미국에서 영국으로 이주한다고 해도 자신의 억양을 거의 바꾸지 못한다. 그러나 만약 10세에서 15세 사이에 이주하였다면, 금방 영국식 억양을 받아들이게 될 것이다. 마치 흰머리참새가 그들이 생후 2개월 때 살던 지방의 방언으로 노래하는 것과 흡사하다.[9] 마찬가지로 아이들은 외국어에 접하기만 하면 놀랍도록 빨리 외국어를 습득하나, 어른들은 노력하여 배워야만 한다. 우리가 병아리나 되새는 아니지만 우리에게도 결정적 시기가 있어서, 그 기간에 습득한 선호나 습관들은 고치기가 매우 어렵다.

아마도 웨스터마크의 근친상간을 피하는 본능 이면에는 이 결정적 시기의 개념이 존재할 것이다. 우리는 결정적 시기에 함께 자란 사람들에 대하여 성적으로 무관심해진다. 아무도 그 결정적 시기가 언제인지 확신하지 못하나, 사춘기 직전인 8세에서 13세 사이라는 추측은 설득력이 있다. 상식적으로 생각하면, 성적인 지향은 유전적인 소인이 결정적 시기에 실제 예들을 접함으로써 결정된다고 할 수 있다. 새끼 되새의 경우를 기억해보자. 6주일 동안 되새는 노래를 배우는 데 민감한 감수성을 보인다. 그러나 그 민감한 6주일 동안 되새는 온갖 종류의 소리를 함께 듣게 된다. 우리 정원에서만도 고양이 소리, 전화기 소리, 잔디 깎는 기계 소리, 천둥소리, 까마귀 울음소리, 개 짖는 소리, 참새 지저귀는 소리, 찌르레기 소리들이 들린다. 그러나 되새는 오로지 되새들의 소리만을 모방한다. 되새는 되새의 노래를 배우기를 좋아한다(만약 되새가 아니라 개똥지빠귀나 찌르레기라면 실제로 다른 소리들을 모방하기도 한다. 영국에서 어떤 새는 전화기 벨 소리를 배워 지저귀는 바람에 정원에서 일광욕을 하던 사람들이 혼동한 적이 있다).[10] 이것이 흔히 학습에 동반되는 현상이다. 일찍이 1960년대의 니콜라스 틴버겐Nikolaas Tinbergen과 피터 말러Peter Marler의 연구 이래로, 동물들 자신은 아무것도 배우지 않으며, 자신들의 뇌가 배우기를 원하는 것만 배운다는 사실이 잘 알려져 왔다. 남자들은 유전자와 호르몬의 상호 작용 때문에 본능적으로 여자들에게 이끌리지만, 그러한 성향은 결정적 시기에 역할 모델과 동료들의 압력, 스스로의 의지 등에 영향을 받아 좌우된다. 학습되는 것도 있고, 타고난 소질도 있다.

    이성애 성향의 남자들은 사춘기 때부터 모든 여자들에 대해 일반적인 것 이상의 성적인 호감을 갖는다. 그리고 그는 아름다움과 추함에 대해 명확한 자기 의견을 나타낸다. 그는 어떤 여자들에게는 매력을 느끼지만, 다른 여자들에게는 무관심해지며, 또 어떤 여자들에게는 성적인 혐오감을 느끼기도 한다. 이러한 현상도 유전자와 호르몬과 사회적인 영향이 모두 합쳐져서 일어난 것일까? 물론 그렇겠지만, 흥미로운 것은 그 요소들이 각각 얼마만큼이나 작용하는가

붉은 여왕

하는 문제이다. 만약 사회적인 영향이 전부라면, 우리가 두 성의 아이들에게 영화나 책, 또한 광고물 등을 통하여 보여주는 이미지나 교훈들이 결정적으로 중요해지게 될 것이다. 그렇지 않다면, 예를 들어 남자들이 날씬한 여자들을 좋아하는 경향은 유전자나 호르몬 때문에 결정되는 것이지 일시적인 유행은 아닐 것이다.

당신이 화성인이고, 윌리엄 소프 William Thorpe가 되새를 연구하듯이 사람들에 대한 연구에 흥미가 있다고 가정하자. 당신은 어떻게 남자들이 아름다움에 대한 기준을 학습하게 되는지 알고 싶어한다. 그리하여 당신은 소년들에게, 뚱뚱한 남자들과 여자들은 서로 사랑하고 사랑받는 반면에 날씬한 남자들과 여자들은 욕을 먹는 영화를 끊임없이 보여주었다. 다른 그룹의 소년들에게는 여자들의 존재를 전혀 모르게 하여 그들이 20세가 된 후에 여자들의 존재를 충격적으로 받아들이게 하였다.

당신이 그 화성인의 실험 결과에 대하여 어떻게 생각할 것인지 충분히 짐작할 수 있다. 당신의 생각은 그보다 덜 세련된 실험과 사실과 그 결과들을 꿰어맞춘 것일 터이니 말이다. 그 전에 한 번도 여자들을 보지 못한 남자들이 일단 여자들의 존재에 대한 충격을 극복하고 나면 어떤 종류의 여자들을 선호하게 될 것인가? 늙은 여자인가, 아니면 젊은 여자인가? 또 뚱뚱한 여자인가, 날씬한 여자인가? 그리고 뚱뚱한 여자가 아름답다고 믿도록 키워진 남자들은 정말로 날씬한 모델보다 뚱뚱한 여자를 더 좋아할 것인가?

우리들이 집중적으로 남자들의 선호에 대하여 생각하고 있음을 명심하자. 우리가 앞 장에서 보았듯이, 남자들은 여자들이 남자들의 외모에 관심을 보이는 것보다 훨씬 더 많이 여자들의 외모에 치중한다. 젊음과 건강은 남자의 가치보다는 결혼 상대이자 미래의 어머니로서의 여자의 가치를 따지는 데 더 좋은 단서가 된다. 여자들은 젊음과 건강에 무관심한 것은 아니지만, 그보다는 다른 점들에 대하여 남자들보다 더 많은 관심을 갖고 있다.

깡마른 여자들

그러나 유행은 변한다. 만약 아름다움이 유행에 달렸다면, 현재 아무리 압도적인 듯 보인다 해도 결국엔 변할 수 있을 것이다. 근래에 아름다움의 개념은 철저하게 변한 듯이 보이는데, 그것은 '날씬함'이다. 윈저 공작 부인(영국 에드워드 8세의 부인인 심프슨 부인—옮긴이)은 "여자는 부자이거나 날씬할수록 좋다"는 말로 명성을 얻었지만, 아무리 그녀일지라도 평균적인 현대 모델들의 마른 모습에는 놀랄 것이다. 로버타 세이드Roberta Seid는 날씬함이 1950년대에는 '편견'이었고, 1960년대에는 '신화', 1970년대에는 '강박 관념', 그리고 1980년대에는 '종교'가 되었다고 하였다.[11] 톰 울프는 '사회적 X선'이라는 단어를 만들었는데, 그것은 지금 유행하고 있는 날씬한 몸매를 만들기 위하여 밥을 굶는 상류 사회의 여자들을 의미한다. 미스 아메리카의 몸무게는 매년 줄어들고 있다. 《플레이보이》의 표지 모델 역시 마찬가지이다. 두 부류의 여자들은 그들 또래의 평균 몸무게보다 15퍼센트가 더 가볍다.[12] 날씬해지는 식이요법이 신문들과 돌팔이 의사들의 지갑을 두둑하게 해주고 있다. 거식증(음식을 거부하다가 급기야는 죽음에 이르는 병―옮긴이)과 폭식증(끊임없이 공복감을 느끼는 증세―옮긴이) 등의 질환들이 극단적인 식이요법 끝에 발생해, 젊은 여성들의 건강을 해치고, 끝내는 그들을 죽음으로 몰아가고 있다.

괴로운 일이지만 한 가지 분명한 것이 있다. 평균적인 것에 대한 선호는 없다는 것이다. 영양이 풍부하고 고급스러운 음식들이 싸고 흔해져서 여자들이 1,000년이나 2,000년 전의 평균적인 여자들보다 더 뚱뚱해졌다는 사실을 감안해도, 지금 유행하고 있는 갈대와 같은 몸매를 만들기 위하여 여자들은 보통 이상의 노력을 기울여야 한다. 또한 남자들이 되도록 가장 마른 여자를 고르려 하는 것이 이치에 맞아보이던 시대 역시 없었다. 마치 홍적세 때와 마찬가지로 오늘날 마른 여자를 고르는 것은 가장 자식을 적게 낳을 여자를 고르는 확실한 방법이다. 여자들은 체지방량이 단지 평균의 10~15퍼센트 이하로 떨어져도 불임이 될 수 있다. 실제로 어떤 가설에 따르면, 젊은 여자들에게 널리 퍼진 몸무게에 대한 강박관념은 너무 어려서 임신하거나, 남자가 가족들을 부양하기로 결정되기 전에 임신하는 것을 피하기 위해 진화된 전략이라고 한다. 그러나 이것은 남자들이 날씬한 것을 좋아하는 이유를 설명해주지는 못하는데, 왜냐하면 이것은 분명히 반反적응적으로 보이기 때문이다.[13]

만약 날씬함에 대한 남자들의 선호가 이율배반적이라면, 이것이 새로운 현상처럼 보인다는 점은 그 얼마나 수수께끼 같은 사실인가? 르네상스 시대의 조각과 그림들로 미루어보면, 아름다운 여자들은 풍만한 여자들이었다는 증거가 많이 있다. 물론 예외도 있었다. 네페르티티의 목은 날씬하고 우아한 여자의 목이다. 보티첼리의 비너스도 뚱뚱하지는 않다. 그리고 빅토리아 시대의 사람들은 한동안 말벌의 허리를 부러워하여 많은 여자들이 코르셋으로 심하게 몸을 조였고, 심지어는 한 쌍의 갈비뼈를 없애서 허리를 더욱 가늘게 하였다. 릴리 랭트리는 두 손으로 18인치인 허리를 감쌀 수 있었으나, 오늘날 가장 날씬한 모델도 허리가 22인치는 된다. 풍만한 여자들이 날씬한 여자들보다 더 매력적일 수 있다는 증거를 우리들의 문화에서만 찾을 필요는 없다. 전세계적으로 보면, 분명히 진심으로 풍만한 여자를 더 좋아하는 부족들이 있으며, 지금도 많은 부족들 사이에서는 날씬한 여자들이 거부되고 있다.

미국 미시간대학의 로버트 스머츠Robert Smuts 교수가 주장하듯이, 날씬함이란 한때는 너무나 평범한 것이었고 상대적인 빈곤의 표시였다. 오늘날에는 가난 때문에 생긴 날씬함은 제3세계에서나 볼 수 있다. 그러나 산업화된 나라의 부유한 여자들은 지방분이 적은 음식을 사 먹을 여유가 있으며, 운동을 하거나 몸을 날씬하게 하는데 돈을 쓰고 있다. 날씬함은 이제 예전의 풍만함처럼 지위를 나타내는 표시가 되었다.

스머츠는 유행하는 사회적 지위를 나타내주는 것이 무엇인가에 따라 남자들의 선호도가 간단히 변할 수 있다고 주장하였다. 오늘날 젊은 남자들은 특히 패션 산업이 만들어낸 날씬함과 부유함의 상관관계를 수없이 목격하며 성장한다. 젊은이의 무의식적 사고는 이상적인 여성의 선호도를 형성하게 되는 결정적 시기에 그러한 상관관

계를 형성하기 시작하였고, 따라서 날씬한 여성을 이상적인 여성으로 생각하게 된 것이다.[14]

사회적 지위에 대한 의식

　불행하게도 이 이론은 앞 장에서 내린 결론과 직접적으로 상반된다. 어느 한쪽은 포기해야 할 것이다. 왜냐하면 장래 결혼 상대의 사회적 지위에 특히 민감한 사람은 남자들이 아니라 여자들이었기 때문이다. 사회생물학자들은 여자들의 용모는 그들이 갖고 있는 부와 상관이 있는 것이 아니라, 그들이 갖고 있는 생식 능력과 연관이 있기 때문에 남자들이 이에 관심을 갖는다고 주장했다. 그러나 앞의 이론이 옳다면 갑자기 남자들이 여자의 허리를 그녀의 은행 예금액에 대한 단서로 이용하며 아이를 갖지 못할 마른 여자들을 갈망하게 된 것 아닌가.
　많은 연구를 통해, 아름다운 여자들과 부유한 남자들이 함께하는 경우가 그 반대의 경우보다 많다는 확실한 결론이 도출되었다. 한 연구에서는 여자들의 아름다운 용모가 그녀들 자신의 사회경제적 지위나 지능 혹은 교육 정도보다도, 그녀들이 결혼한 남자들의 직업 계층에 대해 더욱 정확한 지표가 된다는 사실이 밝혀졌다. 그것은 많은 사람들이 자신과 비슷한 직업, 교육 정도, 사회적 계층의 범주 안에서 배우자를 결정한다는 점을 고려해볼 때, 매우 놀라운 결과라고 할 수 있다.[15] 만약 남자들이 용모를 사회적 지위를 대표하는 요소로 사용한다면, 왜 그들은 사회적 지위 그 자체에 대한 지식은 사용하지 않는 것인가?

여자들의 날씬함과는 달리, 사회적 신분에 대한 남자들의 상징은 일반적으로 '정직'한 편이다. 그렇지 않았다면, 그러한 상징들은 이미 신분의 상징으로 남아 있지 않았을 것이다. 단지 소수의 능란한 사기꾼만이 허세를 부리면서 부자인 척 속일 수 있으며, 그 자신의 신분 혹은 무용담에 대해 오랫동안 과장해서 늘어놓을 수 있다. 반면에 날씬함은 훨씬 더 교활한데, 그 이유는 가난하고 신분이 낮은 여자들이 부자이고 신분이 높은 여자들보다는 자신들이 날씬해지기가 훨씬 더 쉽다는 것을 알고 있던 시절이 있었기 때문이다. 가난한 여자들이 칼로리만 높고 영양가는 없는 싸구려 음식을 먹는 반면, 부유한 여자들은 양상추를 먹는 오늘날에도 날씬한 여자들은 모두 부유하고 뚱뚱한 여자들은 모두 가난하다고 말하기는 어렵다.[16]

그래서 날씬함과 사회적 지위를 연관짓는 논거는 설득력이 없다. 날씬함은 부유함에 대한 단서로는 매우 부정확하며, 또한 어쨌든 간에 남자들은 여자들의 지위나 부유함에 대해 그리 관심이 많지 않다. 실제로 이 논쟁은 돌고 돈다. 사회적 지위와 날씬함은 연관성이 있는데, 그 이유는 남자들의 날씬함에 대한 선호 때문이다. 나는 그저 남자들이 여자들의 날씬함을 그녀의 사회적 지위에 대한 단서로 받아들이고 있다는 설명에 반대할 뿐이다.

문제점은 그 이론 대신에 무엇을 제안해야 할지 확실하지 않다는 것이다. 루벤스가 살던 시절의 남자들은 통통한 여자들을 선호했고 오늘날의 남자들은 날씬한 여자들을 선호한다는 것이 사실이라고 가정해보자. 루벤스의 그림에 등장하는 통통한 여자들과 월리스 심

붉은 여왕

프슨의 '지나치게 마른 여자란 없다'는 시대 사이에서, 남자들은 가장 뚱뚱한 여자나 중간 정도로 뚱뚱한 여자들을 이상형으로 선호하기를 그만두고, 되도록 최고로 마른 여자들을 선호하기 시작하였다. 로널드 피셔 경의 성선택 이론에 따르면, 남자들은 적응에 의하여 마른 여자들을 좋아하게 된 것이다. 날씬한 여자들을 선호함으로써 남자들은 사회적 위치가 높은 다른 남자들의 시선을 끌 수 있는 날씬한 딸을 가지게 될지도 모르기 때문인데, 그 이유는 다른 모든 남자들도 날씬한 여자들을 선호하기 때문이다. 다시 말하자면, 날씬한 아내는 뚱뚱한 아내보다 아이들을 적게 낳을지는 모르나, 그녀가 낳은 딸들은 더 부유하고 좋은 자리로 시집을 가서 더 많은 아이들을 충분히 키울 수 있다는 것이다. 그러므로 날씬한 여자와 결혼한 남자는 뚱뚱한 여자와 결혼한 남자보다 더 많은 손주들을 가질 수 있을지도 모른다. 이제, 문화적인 성적 선호가 모방에 의하여 퍼져 나가며, 젊은 남자들은 다른 사람들이 하는 행동을 관찰함으로써 날씬함이 곧 아름다움이라는 공식을 배우게 된다고 생각해보자. 그러한 현상은 본질적으로 적응이라고 할 수 있는데, 그 이유는 그럼으로써 남자들에게 널리 퍼져 있는 유행에서 자기가 동떨어지지 않았다는 확신을 주기 때문이다(마치 암컷 검은뇌조가 배우자를 고를 때에 서로 모방하는 것이 적응 현상이듯이). 만약 남자들이 통통하거나 날씬한 여자들에 대한 문화적 선호를 무시한다면, 마치 암컷 공작이 꼬리가 짧은 수컷을 고름으로써 독신으로 평생을 지내게 될지도 모르는 아들들을 갖게 되는 위험 부담을 안게 되듯이, 남자들은 독신자가 될지도 모르는 딸들을 갖게 될 위험 부담을 안게 된다. 다시 말하면,

선호는 문화적이지만 선호되는 형질 자체는 유전적인 것이며, 따라서 '유행은 독재'라는 피셔의 통찰력은 아직도 유효하다.[17]

그러나 솔직히 이러한 이론들이 진실로 나에게 확신을 주지는 않는다. 만약 유행이 독재라면, 유행은 그리 쉽게 변할 수 없을 것이다. 수수께끼는 어떻게 남자들이 자손들의 숫자를 줄이지 않고 통통한 여자를 선호하기를 그만둘 수 있었는가에 있다. 남자들이 통통한 여자를 좋아했던 유행이 적응 때문에 변한 것은 아니라는 결론을 피하기는 어렵다. 남자들의 선호가 자발적으로 혹은 아무런 납득할 만한 이유 없이 변했거나, 아니면 남자들은 언제나 상당히 날씬한 모습을 이상으로 선호해왔다고 할 수 있을 것이다.

왜 허리둘레가 문제인가?

이 수수께끼에 대한 해답은 인도의 탁월한 심리학자이자 현재 미국 오스틴의 텍사스대학에 있는 디벤드라 싱Devendra Singh의 연구에서 찾을 수 있을지도 모른다. 그의 관찰에 의하면, 남자와 달리 여자의 몸은 사춘기와 중년 사이에 두 번의 극심한 변화를 겪게 된다. 10세의 소녀는 이미 그녀가 40세에 갖게 될 몸매와 거의 다름이 없는 몸을 가지고 있다. 그러다가 갑자기 신체 수치가 변화하게 되고, 가슴이나 엉덩이에 대한 허리의 비율이 급격히 감소하게 된다. 그 비율은 그녀가 30세가 되면서 가슴이 팽팽함을 잃어가고 허리가 굵어짐에 따라 다시 증가한다. 바로 그 가슴과 엉덩이에 대한 허리의

붉은 여왕

비율이야말로 신체 수치일 뿐 아니라, 몇몇 드문 예외만 빼고는 유행이 항상 그 무엇보다 강조해왔던 핵심이다. 보디스(끈으로 가슴과 허리를 조여 매는 여성복 상의—옮긴이), 코르셋, 후프(옛날에 숙녀복 스커트를 팽팽하게 펼치기 위해 썼던 버팀테—옮긴이), 버슬(스커트의 뒤를 부풀게 하는 허리받이—옮긴이), 페티코트 등은 모두 가슴과 엉덩이에 비해 상대적으로 허리를 가늘게 보이기 위해서 만들어진 것들이다. 오늘날의 브래지어, 유방 성형, 어깨 패드, 그리고 꼭 끼는 벨트 등도 같은 역할을 한다.

싱은 《플레이보이》 표지 모델의 몸무게가 아무리 변한다고 해도 한 가지 변하지 않는 것이 있다는 데 주목하였다. 그것은 엉덩이둘레에 대한 허리둘레의 비율이었다. 미시간대학의 바비 로 교수가 주장했듯이, 엉덩이와 유방에 있는 지방은 넓은 골반과 잘 발달된 유선 조직을 닮은 반면에 가는 허리의 모양은 그것이 지방에 의한 것이 아님을 나타낸다. 싱의 이론은 이와는 약간 다르나 미묘하게 거의 일치한다. 그의 이론에 따르면, 남자는 여자의 허리가 그녀의 엉덩이에 비하여 훨씬 가늘기만 하다면 여자의 몸무게와 상관없이 매력을 느낀다.[18]

만약 이 말이 너무 터무니없이 들린다면, 싱의 실험 결과를 살펴보기로 하자. 첫번째 실험에서 그는 남자들에게 짧은 바지를 입은 젊은 여자의 허리 부분 사진을 4장 보여주었다. 각각의 사진들은 엉덩이에 대한 허리의 비율을 0.6, 0.7, 0.8, 그리고 0.9로 달리한 것이었다. 당연히 남자들은 가장 가는 허리를 가장 매력적이라고 선택하였다. 놀랄 일이 아니었으나, 그는 실험 대상자들 사이에 놀랍게 일치하는 것이 있음을 발견하였다. 다음 실험에서 그는 대상자들에게 몸무게와 엉덩이에 대한 허리 비율을 달리한 여러 사진들을 보여주었다. 그는 남자들이 말랐으면서 엉덩이에 대한 허리의 비율이 높은 여자보다는, 뚱뚱하면서 엉덩이에 대한 허리 비율이 낮은 여자를 더 선호한다는 것을 발견하였다. 이상적인 형태는 가장 마른 몸매가 아니라 엉덩이에 대한 허리 비율이 가장 낮은 것이었다.

싱의 관심은 거식증이나 폭식증, 또는 날씬한데도 몸무게를 줄이려는 강박관념에 사로잡힌 여자들에게 있었다. 이미 충분히 날씬한 여자들은 다이어트를 해봐야 엉덩이에 대한 허리 비율에는 아무런 효과도 없으며, 단지 엉덩이의 크기를 더욱 줄여 역효과만 내므로 자신들을 더 매력적으로 만들 수 없을 뿐이다.

왜 엉덩이에 대한 허리의 비율이 중요한 것일까? 싱은 여성형 지방 분포(즉, 엉덩이에 더 많은 지방이 축적되는 반면에 몸통에는 덜 축적되는)가 여성의 생식과 관련된 호르몬 변화에 필요하다는 것을 관찰했다. 남성형 지방 분포(즉, 배에 지방이 축적되고 엉덩이에는 축적되지 않는)는 심장병과 같은 남성 질환의 증상들과 관련이 있으며, 그것은 여자들에게도 마찬가지였다. 그럼 어떤 것이 원인이며, 어떤 것이 그 효과인가? 내가 보기에는, 남자들이 그러한 형태를 좋아하는 이유는 그 형태가 호르몬이 작용할 수 있는 유일한 형태라서이기보다는, 여러 세대에 걸쳐서 성적으로 그 형태 자체와 그것에 대한 호르몬의 효과 두 가지를 선택했기 때문인 것 같다. 여자들이 15세에서 35세 사이의 비교적 짧은 기간에 모래시계 형태의 몸을 갖는 것

붉은 여왕

은 성선택을 보여주는 현상이다. 남자들을 매혹하는 것은 생물학적인 필요보다는 경쟁심이다. 남자들은 자기도 모르게 여자들을 마치 선택적으로 번식시켜온 것처럼 행동해왔다.

로 교수는 남자들이 엉덩이에 대한 허리 비율이 낮은 여자를 선호하는 것에 대해 하나의 가능한 이유를 제시하였는데, 그것은 엉덩이가 큰 여자가 아이를 수월히 낳을 수 있기 때문이라는 것이다. 대부분의 유인원은 뇌의 크기가 성체의 절반 정도밖에 되지 않는 새끼를 낳는다. 사람의 아기도 태어날 때는 뇌가 어른의 3분의 1 정도밖에 되지 않으며, 사람의 수명을 고려해볼 때 어머니의 자궁 속에서 자라는 기간도 다른 포유류에 비하여 훨씬 짧다. 그 이유는 자명하다. 아기들이 태어날 때 통과하는 골반의 통로가 더 컸다면 인류의 어머니들은 걸을 수 없었을 것이기 때문이다. 인간의 골반의 크기는 어느 한계 이상으로는 더 커질 수 없었으며, 뇌의 크기가 점점 커짐에 따라 덜 자란 상태에서 분만하는 것만이 인간이라는 종에게 유일하게 남은 선택이었다. 여자들의 엉덩이 크기에 더해진 이와 같은 진화의 압박을 상상해보라. 수백만 년 동안 여러 세대에 걸쳐서 남자들이 큰 엉덩이를 가진 여자를 배우자로 고른 것은 언제나 현명한 처사였다. 어떤 한계에 도달한 후 엉덩이는 더 이상 커질 수 없었으나 남자들은 아직도 큰 엉덩이를 선호하고 있다. 따라서 그 대신에 남자들은 상대적으로 엉덩이가 커 보이기 때문에 가는 허리를 가진 여자들을 선호한다는 것이다.[19]

나는 이 이야기를 믿어야 할지 말아야 할지 잘 모르겠다. 나는 여기서 논리적인 흠을 찾을 수 없다(비록 처음에는 많은 논리의 흠이 있는 듯이 보였으나). 그러나 남자들이 가는 허리의 여자들을 선호하는 데는 훨씬 더 분명한 이유가 있으리라고 생각한다. 신생대의 홍적세에는 유산율과 유아의 치사율이 매우 높았고, 성인 여자들은 일생의 대부분을 임신하고 있거나 아기들에게 젖을 먹이면서 지냈을 것이다. 따라서 그 기간에는 일시적으로나마 생식 능력을 상실하였을 것이고 생식 능력을 회복하자마자 곧 임신하였을 것이다. 즉, 생식 가능한 상태에 있는 여자들은 매우 드물었다. 뜻하지 않게 의붓자식들을 키우게 되는 것을 피하기 위해, 남자들은 임신의 초기 단계가 아니어도 조금이라도 굵은 허리에 대해서는 회피하는 쪽으로 발달해야만 했을 것이다.

젊음이 곧 아름다움인가?

남자는 여자의 나이를 바로 알 수가 없다. 남자는 여자의 외모나 태도, 소문으로 여자의 나이를 짐작할 수밖에 없다. 여자의 가장 아름다운 모습들이 대부분 나이가 들어감에 따라 금방 시들어간다는 것은 흥미로운 일이다. 깨끗한 피부, 통통한 입술, 맑은 눈동자, 봉긋한 가슴, 잘록한 허리, 날씬한 다리, 염색하지 않은 금발의 머리카락 등은 대부분의 바이킹 족을 제외한다면 20대를 채 넘기지 못하고 사라진다. 이러한 것들은 제5장에서 다룬 바에 의하면 정직한 장애들이다. 성형 수술이나 화장 또는 베일이 아니고는 쉽게 속일 수 없는 나이에 대한 이야기를 하는 것이다.

▌붉은 여왕

　유럽 사람들은 오랫동안 금발의 여인이 갈색이나 검은색 머리카락의 여인보다 더 미인이라고 생각해왔다. 고대 로마의 여인들은 머리카락을 노랗게 염색했다. 중세 이탈리아에서는 금발이 곧 최고의 아름다움이었다. 영국에서는 금발과 아름다움은 동의어였다.[20] 날렵한 제비 꼬리와 마찬가지로 어른의 금발은 성적으로 선택된 정직한 장애일 것이다. 아이들에게서 나타나는 금발은 유럽인에게는 아주 흔한 유전자이다(그리고 흥미로운 것은 호주 원주민에서도 금발이 아주 흔한 유전자에 의해 나타난다는 것이다). 그렇게 오래되지 않은 옛날에, 예를 들어 노르웨이의 스톡홀름 근처 어딘가에서 이 금빛 유전자에 돌연변이가 생겨 성인이 될 때까지만, 그러나 20세는 넘기지 않을 때까지만 금발을 유지할 수 있게 되었다고 가정해보자. 이럴 때에는 유전적으로 금발의 여인을 좋아하는 남성이라면 누구나 젊은 여자하고만 결혼을 하였을 것이다. 같은 문화권에서도 금발을 좋아하지 않는 사람들은 그렇게 하지 않았을 일이다. 따라서 금발을 좋아한 남성들은 더 많은 자손을 남기게 되었고 금발에 대한 선호는 퍼져나갔을 것이다. 이는 여성의 생식력에 대한 솔직한 지표가 되기 때문에, 결국 금발 자체가 널리 분포하게 되었을 것이다. 이때부터 신사는 금발을 좋아한다는 말이 생겨났다.[21]
　물론 남자들이 금발을 유전적으로 선호한다는 표현은 일종의 비유, 말하자면 가정이라 할 수 있다. 그보다는 북유럽 남자들 사이의 금발 선호(만약 그러한 것이 존재한다면)는 문화적 특징으로서 금발과 젊음 사이의 상관관계에 의하여 무의식적으로 남자들의 마음에 스며들었다는 것이 더 타당하며, 또한 부수적으로 이 금발과 젊음의 상관관계는 화장품 산업이 빠르게 약화시키고 있는 것이기도 하다. 그러나 그 효과는 같았다. 성적인 선호에 의하여 유전적 변화가 일어난 것이다. 또 다른 가설은 금발이기 때문에 이점을 갖게 되는 어떤 자연적 이유가 있었으리라는 것이다. 예를 들어 금발은 하얀 피부와 함께하게 마련이고, 하얀 피부는 자외선을 흡수하여 비타민 D의 결핍을 막을 수 있기 때문이라는 것이다. 그러나 진한 색깔의 머리카락을 가진 스웨덴 사람들보다 금발을 가진 스웨덴 사람들의 피부가 더 하얀 것은 아니며, 실제로 하얀 피부는 금발보다 빨간색 머리카락을 가진 사람들의 특징이다.

최근까지 성선택은 환경에 의한 자연선택이라는 호소가 실패했을 때 마지막 은신처로 남아 있던 논법이었다. 그러나 왜 그래야만 하는가? 왜 발트 해 부근의 사람들의 금발이 비타민 D의 결핍 때문에 선택되었다는 것이 성적인 선호에 의하여 선택되었다는 것보다 더 인정받아야 하는가? 인류가 대단히 성적으로 선택된 종이라는 데 대한 증거들이 축적되고 있다. 이것이 인종 간의 털의 많고 적음, 코의 길이, 머리카락의 길이, 곱슬머리의 정도, 수염, 눈의 색깔 등의 다양성을 설명해주며, 이 다양성은 기후나 그 외의 물리적 요소들과는 거의 상관관계가 없다. 꿩의 경우, 서로 떨어져 있는 중앙 아시아의 46개 야생 집단에서 수컷의 깃털 장식은 하얀 깃, 녹색 머리, 파란 엉덩이, 주황색 가슴 등 서로 다르게 나타난다. 마찬가지로 인류에게도 성선택이 작용하고 있다.[22]

젊음에 대한 남자들의 강박관념은 사람에게만 있는 특징적인 것이다. 다른 동물들에게서 이러한 강박관념이 사람처럼 강하게 나타나는지에 대한 연구가 이루어진 적은 없다. 수컷 침팬지들은 암컷 침팬지들이 수태할 수 있는 시기에는 중년에 접어든 암컷에게도 어린 암컷과 거의 같은 정도로 끌린다. 이것은 분명히 사람들의 유일한 특징인 일생을 통한 결혼 습관과 오랜 시간이 걸리는 자손들의 양육 기간에 기인한 것이라고 할 수 있다. 만약 어떤 남자가 한 명의 아내에게 그의 전생애를 바쳐야 한다면, 그는 상대 여자가 앞으로 생식 가능한 기간이 얼마나 긴지를 알아야 할 것이다. 만약 그가 일생 동안 짧은 기간의 결속관계를 여러 번 맺을 수 있다면, 상대방이 얼마나 젊은가는 별로 문제가 되지 않을 것이다. 달리 말해서, 우리는 젊은 여자를 상대로 선택하여 다른 남자들보다 많은 아들과 딸들을 세상에 남긴 남자들의 후예들인 것이다.[23]

1,000척의 배를 진수시킨 각선미

모든 여자와 화장품 회사들은 여자들의 아름다움의 요소들 그 자체가 나이에 대한 단서임을 잘 알고 있다. 그러나 아름다움에는 젊음 이상의 그 무엇이 있다. 많은 젊은 여성들이 아름답지 않은 이유는 일반적으로 두 가지가 있다. 그들이 너무 뚱뚱하거나 너무 말랐을 때, 혹은 그들의 얼굴 모습이 우리들이 갖고 있는 아름다움의 이미지와 맞지 않을 경우이다. 아름다움은 젊음, 몸매, 얼굴의 삼위일체이다.

1970년대의 유행가 중에는 잔인하도록 성차별주의적 가사가 나오는데, 그것은 '멋진 다리여, 얼굴을 부끄러워하라' 는 구절이다. 규격에 맞는 대칭적인 얼굴의 중요성이란 약간 복잡하다. 어찌하여 한 남자가 젊고 생식 능력이 있는 여자와 결혼할 기회를 단지 여자의 코가 너무 길다거나, 이중턱이라는 이유만으로 포기해야 하는가?

얼굴 생김새는 유전자의 품질이나 그가 받은 교육의 수준을 나타내는 단서가 될 수 있으며, 혹은 성품이나 성격 등을 나타내주는 단서가 될 수도 있다. 얼굴의 대칭성은 발생 도중에 건강 상태가 좋았다거나 유전자가 좋았다는 사실을 반영하기도 한다.[24] 도널드 시먼스가 언젠가 내게 이야기했듯이, "얼굴은 몸에서 가장 정보가 집약된 부분이다." 그리고 얼굴의 대칭성이 결여될수록 매력은 더욱 떨어지게 된다. 그러나 비대칭성이 못생긴 얼굴의 공통적인 이유는 아니다. 많은 사람들이 완벽한 대칭임에도 불구하고 못생긴 얼굴을 지니고 있다. 얼굴의 아름다움에 대해 주목할 만한 또 다른 특성은 평균적인 얼굴이 어떤 극단적인 얼굴보다 더 아름답다는 점이다. 1883년에 프랜시스 골턴Francis Galton은 여러 여자 얼굴 사진을 조합해서 만든 얼굴이 그것을 만드는 데 쓰인 어떤 얼굴들보다도 항상 더 아름답다는 것을 발견하였다.[25] 이 실험은 좀 더 최근에 여대생들의 얼굴을 컴퓨터로 합성한 사진을 통해 반복된 적이 있다. 더 많은 얼굴 사진들을 조합할수록 더욱 아름다운 여자의 얼굴이 나타났다.[26] 실제로 모델들의 얼굴은 눈 깜박할 사이에 잊어버리기가 쉽다. 거의 매일 잡지 표지에서 그들의 얼굴을 보는데도 우리는 모델들을 거의 알아보지 못한다. 정치가들의 얼굴이 아름다워서 알려진 것이 아님에도 불구하고 훨씬 기억하기가 쉽다. 정의에 의하면 '개성이 뚜렷한' 얼굴은 결코 평균적인 얼굴이 아니다. 평균 얼굴에 가까울수록, 그리고 얼굴에 흠집이 없을수록 아름다워지지만, 그 얼굴을 지닌 사람의 개성은 점점 희미해지게 된다.

이러한 평균에 대한 매력, 즉 너무 길지도 짧지도 않은 코, 서로 너무 떨어져 있지도 붙어 있지도 않은 눈, 너무 튀어나오지도 들어가지도 않은 턱, 도톰하지만 너무 두껍지 않은 입술, 너무 길지도 넓지도 않은 달걀형의 평균형 얼굴 등은 여자의 아름다움에 대한 주제로서 문학 작품을 통하여 제기되어왔다. 그 현상은 피셔 식의 성적 매력이 있는 아들이라는 이론의 효과가, 혹은 차라리 이 경우에는 피셔 식의 성적 매력이 있는 딸이라는 이론의 효과가 발현하는 경우라고 여겨진다. 얼굴의 아름다움에 대한 중요성을 감안해보면, 못생긴 여자를 아내로 선택한 남자는 아마도 늦게 결혼하거나 이류 남편과 결혼하게 될 딸을 갖게 될 것이다. 인류의 역사를 보면, 남자들은 자신의 야망을 딸의 외모를 수단으로 하여 성취해왔다. 사회적 신분의 수직 이동이 매우 어려운 사회에서도 뛰어난 미인은 언제나 자신의 사회적 신분보다 높은 신분의 남자와 결혼할 수 있었다.[27] 물론 여자들은 자신의 외모를 어머니뿐만 아니라 아버지에게서도 물려받기 때문에 여자 역시 표준적인 외모를 가진 남자를 선호하게 마련이고 또 대부분의 여자들이 그러하다.

피셔 식의 효과가 발생하기 위해서는, 남자들이 표준적인 얼굴을 선호하는 경향이 있어야 하고 일방적인 선택이 이루어져야 한다. 표준적인 외모를 가진 여자를 선호하지 않은 남자들은 더 적은 수의 손주나 더 가난한 손주들을 갖게 되는데, 그 이유는 그의 딸들이 평균보다 덜 아름다웠을 것이기 때문이다. 그러나 유행은 단지 외모가 평범하다는 이유로 똑똑하고 친절하며 재능 있는 많은 여자들을 희생시켜가며 그 무자비한 논리를 강제했다는 점에서도 그렇거니와, 정해진 일부일처제를 인구통계학적으로 이행함으로써 역설적으로 더 나빠진, 잔인하고도 흉포한 풍조이다. 중세 유럽이나 고대 로마에서는 권력을 가진 남자들이 모든 미녀들을 그들의 하렘에 들여앉혔으므로, 다른 남자들에게는 대개 여자들이 모자랐고, 따라서 못생긴 여자라도 필사적으로 그녀와 결혼하기를 원하는 남자를 찾을 수 있는 기회가 많았다. 아주 옳은 이야기가 아닐지는 모르지만, 성선택의 결과는 정의와 거리가 멀다.

개성

남자가 여자에게 끌리는 데는 여러 가지 이유가 있다. 그렇다면 여자는 무엇 때문에 남자에게 끌리게 되는가? 남자 역시 여자와 마찬가지로 삼위일체적 요소, 즉 얼굴, 젊음, 몸매로 잘생겼다고 평가된다. 그러나 연구를 거듭할수록, 여자들은 이러한 요소들이 개성이나 사회적 지위에 비하여 덜 중요하다는 데 동의하고 있다. 남자는 여자를 볼 때 성품이나 사회적 지위보다는 일관되게 육체적 특징을 우선적으로 보지만, 여자가 남자를 볼 때에는 그렇지가 않다.[28]

단 하나의 예외는 남자의 키이다. 여자에게는 일반적으로 키 큰 남자가 키 작은 남자보다 더 매력적이다. 데이트를 주선하는 기관에서는 남자가 그의 상대방보다 키가 커야 한다는 원칙이 너무나도 일반적이어서 '데이트의 기본 원칙'이라 부르고 있다. 한 조사에서는 은행 계좌를 신청한 720쌍의 남녀 중에서 단 1쌍만이 여자의 키가 남자보다 컸다. 그러나 인구에서 무작위로 뽑은 남녀의 쌍들 중에는 그런 경우가 몇십 건 있었다. 사람들은 키에 관한 한 선별적으로 결혼을 한다. 남자들은 자신보다 키가 작은 아내를 찾고 여자들은 자신보다 키가 큰 남편을 찾는다. 이 현상이 오로지 남자들에게만 책임이 있는 것은 아니다. 남자와 여자가 함께 있는 그림을 보여주고 그들에 관한 이야기를 쓰라고 하면, 남자의 키가 상관이 없다고 자신 있게 말하던 여자들조차도 그림에 나온 남자가 상대방 여자보다 키가 작을 때, 몸이 약하다거나 걱정을 하고 있는 남자에 대한 이야기를 훨씬 자주 쓰곤 한다. 칭찬의 의미를 지닌 비유인 '그는 아주 큰 남자이다'라는 말은 여러 문화에서 발견된다. 현대의 미국에서는 키가 인치당 연봉 6,000달러 어치의 가치가 있다고 계산되기도 했다.[29]

브루스 엘리스Bruce Ellis는 남자들에게는 성품이 결정적이라는 증거를 요약해서 내놓았다. 일부일처제 사회에서 여자는 흔히 상대방 남자가 우두머리가 되는 기회를 갖기 전에 그 남자를 고르게 되므로, 그가 여태까지 성취한 것에 의존하기보다는 그가 가진 미래의 가능성에 대한 단서를 찾아야만 한다. 안정성, 자기 확신, 낙관성, 효율성, 인내성, 용기, 결단력, 지능, 야망—이런 것들이 남자들을 자신들이 하는 일에서 최고로 올라설 수 있도록 해주고 있으며, 이러한 것들에 여자들이 매력을 느낀다는 것은 우연이 아니다. 그러한

아름다움의 쓰임새

것들은 미래의 사회적 지위에 대한 단서가 된다. 이렇게 뻔한 것에 대한 실험으로, 세 명의 과학자들이 그들의 연구 대상자들에게 성별을 밝히지 않고 두 사람이 테니스 경기를 하고 있으며, 둘 다 똑같이 잘하고 있다는 이야기를 해주었다. 그리고 한 명은 강하고 경쟁적이며 지배적이고 의지가 강한 데 비하여, 상대방은 일관성이 있으며 이기기 위해서보다는 즐기기 위하여 게임을 하고 더 강한 상대방에 대하여 쉽게 위축되며 비경쟁적이라고 했다. 이 두 사람에 대하여 요약해보라고 했을 때, 여자들과 남자들은 비슷한 묘사를 하였다. 그러나 여자들이 (만약 남자라면) 지배적으로 표현된 쪽을 더 매력적으로 생각한 데 비하여, 남자들은 (만약 여자라면) 그쪽을 더 매력적이라고 생각하지 않았다.[30]

마찬가지로 같은 과학자들이 한 배우가 두 개의 가상 인터뷰를 하는 장면을 비디오로 찍었는데, 하나는 그 배우가 온순하게 고개를 수그리고 앉아 인터뷰를 하는 사람에게 고개를 끄덕이고 있는 장면이고, 다른 하나는 그 배우가 긴장을 풀고 등을 기대고 앉아서 자신 있는 몸짓을 하고 있는 장면이었다. 이 비디오를 보여주었을 때 여자들은 (남자) 배우가 더 지배적일수록 데이트 상대로서 더 적합하며 성적으로 매력이 있다고 한 반면, 남자들은 배우가 여자였을 경우 그런 반응을 보이지 않았다. 신체 언어body language는 남자의 성적 매력과 연관 있는 것이다.[31]

만약 여자들이 남자들보다 상대방의 성품을 기반으로 결혼 상대를 선택한다면, 이것은 많은 부부들에게 잘 알려져 있듯이, 여자들이 성품을 더 잘 판단한다고 언급한 이 책의 제8장과 관련이 있다.

붉은 여왕

성품을 잘 판단하는 여자들이 판단을 못 하는 여자에 비하여 더 많은 자손을 남긴다. 성품에 대한 판단을 잘 하는 남자는 그렇지 않은 남자에 비하여 나을 게 없다.

성품의 중요성은 할리우드의 감독들이 완벽하게 영화가 돈을 벌 수 있으려면 유명한 남자 스타와 좀 덜 알려진 예쁜 여배우를 (걸맞는 출연료도 지불하며) 써야 한다고 믿는 이유를 설명하여준다. 숀 코너리나 멜 깁슨 같은 남자 스타들은 그들의 명성을 점차적으로 쌓아나갔다. 줄리아 로버츠나 샤론 스톤 같은 여자 스타들은 단 한 편의 영화로 명성이 치솟았다. 제임스 본드가 등장하는 007 영화를 만드는 비법은 완벽하다. 매번 새로운 젊은 여자들, 그러나 제임스 본드는 예전 그대로(남자는 일부 다른 수컷 포유류보다는 덜 할지 모르나 '쿨리지Coolidge 효과' 를 보인다. 새로운 여성은 그의 성욕을 다시 충전시킨다. 그 이름은 캘빈 쿨리지 대통령과 그 영부인이 농장을 구경할 때 일어난 유명한 일화로 붙여졌다. 수탉이 하루에 수십 번이나 교미를 한다는 것을 알게 된 후, 영부인이 "대통령께 이 이야기를 해주세요" 하고 말하였다. 이 말을 듣고 난 쿨리지 대통령이 "수탉이 매번 같은 암탉하고만 그러던가?" 라고 묻자, "아닙니다. 매번 다른 암탉과 합니다"라는 답변이 나왔다. 대통령은 "내 아내에게 그 이야기를 해주시오"라고 말하였다).[32]

여자들이 남자의 사회적 지위를 중요하게 여기는 사례는 무수히 많다. 미국에서 기혼 남자가 한 해 동안 벌어들이는 돈의 액수는 같은 나이의 미혼 남자에 비해 1.5배 정도 많다. 200개의 종족 사회를 대상으로 한 조사에서, 두 명의 과학자들은 남자가 잘생겼는지의 여부는 그의 외모보다 기술과 용맹성에 좌우된다는 것을 확인하였다.

남자의 권위는 일반적으로 여자들에게 매력으로 여겨졌다. 37개의 사회를 대상으로 한 데이비드 버스의 연구에서, 여자들은 남자들의 경제적 전망에 남자들이 여자에게 그러는 것보다 더 많은 가치를 둔다. 모든 것으로 미루어볼 때, 브루스 엘리스가 최근의 연구에서 지적했듯이, "사회적 지위와 경제적 성취도는 남자의 매력에서 육체적 특징보다 더 높은 상관관계가 있는 지표이다".[33]

사회적 지위에 대한 단서에는 무엇이 있는가? 엘리스는 옷차림과 장식품들이 일련의 단서가 될 수 있다고 제언하였다. 아르마니 양복, 롤렉스 시계, BMW 자동차 등은 해군 제독의 옷소매에 있는 줄무늬나 인디언인 수 족 추장의 머리 장식처럼 명백하게 신분을 드러내준다. 최근까지 유행이 어떻게 해서 언제나 계급 간의 경쟁 문제였는지를 연대기적으로 기록한 책에서 퀸틴 벨Quentin Bell은 "옷의 유행의 역사는 계급 간의 경쟁으로 귀착된다. 처음에는 부르주아 계급의 귀족 계급에 대한 경쟁에서 비롯했고, 다음으로는 프롤레타리아 계급이 중산층과 경쟁할 능력이 생기게 됨에 따라 더 확산된 경쟁 등…… 가치를 금전적으로만 평가하는 재봉사의 도덕 체계를 내포한다"라고 썼다.[34]

바비 로는 수백 개의 사회를 조사한 후, 남자들의 장식품은 항상 신분과 사회적 지위(성숙도, 상급자, 육체적 용맹성, 사나움, 마음껏 소비할 수 있는 능력 등)에 관련되어 있으며, 여자들의 장식품은 결혼 상태나 성숙된 정도, 혹은 남편의 부유함을 표시하는 경향이 있다는 결론에 도달하였다. 빅토리아 시대의 공작 부인은 계급의 훌륭함이 드러나는 옷차림에서 자신의 부유함이 아니라 남편의 부유함을 강조한 것이었다. 이것은 현대 도시 사회에서도 고대 종족 사회에서와 마찬가지로 단순히 적용된다. 톰 울프는 메르세데스벤츠의 앞머리에 붙어 있는 동그란 장식이 어떻게 할렘의 마약 판매자들 간에서 신분의 상징이 되었는지에 대하여 언급하였다.

 이 시점에서, 어떤 진화론자들은 여자들이 BMW 자동차에 관심을 갖는 능력을 진화시켰다는 위험한 논쟁을 벌이려 하는 것 같다. 그러나 BMW는 단지 한 세대 동안만 존재했다. 진화가 괴상할 정도로 빨리 진행되었거나 아니면 무언가가 잘못되었을 것이다. 이러한 어려움을 피하는 방법이 두 가지 있는데, 그중 하나는 미시간대학에서 지지를 얻었고 다른 하나는 산타바바라에서 지지를 얻었다. 미시간대학의 과학자들은 여자들이 BMW에 관심을 갖는 능력을 진화시킨 것이 아니라 그들이 자라난 사회의 압력에 맞춰 변화하고 적응하는 능력을 진화시켰다고 하였다. 산타바바라대학의 과학자들은 행동 그 자체가 진화하는 경우는 거의 없으며 진화한 것은 밑에 깔린 심리적인 태도라고 했다. 현대의 여성들은 홍적세 동안에 진화된 심리적 메커니즘을 가지고 있는데, 그것으로 여자들은 남자들 사이에서 사회적 신분에 관련되는 것들을 읽어내고 그러한 단서들을 매력적으로 여기게 되었다는 것이다.

 어떤 의미에서는 두 그룹은 모두 똑같은 이야기를 하고 있다. 여자들은 그것이 무엇이건 간에 사회적 지위의 상징들에 관심을 갖는다는 것이다. 아마도 어느 순간에 여자들은 BMW와 부유함 간의 상관관계를 깨달았을 것이며, 그것은 풀기 어려운 공식이 아니다.[35]

패션 사업

우리는 귀에 익은 역설로 다시 돌아왔다. 진화론자들과 예술가들은 패션이 온통 사회적 지위에 대한 것이라는 데에 동의한다. 옷차림에서 여자들은 남자들보다 더 유행을 따른다. 그러나 여자들은 유행과 함께 변하는 사회적 지위에 대한 단서들을 찾지만, 남자들은 유행과 함께 변하지 않는 생식 능력에 대한 단서들을 찾는다. 남자들은 여자들이 부드러운 피부를 가졌고, 날씬하며, 젊고, 건강하여 대체로 결혼 적령기이기만 하다면, 그녀들이 무엇을 입었든 간에 별 관심이 없게 마련이다. 반면에 여자들은 남자들이 무엇을 입었는가에 큰 관심이 있는데, 그 이유는 남자들의 옷차림이 그들의 배경, 부유한 정도, 사회적 지위, 심지어는 야망에 대해서까지 많은 것을 말해주기 때문이다. 그렇다면 왜 여자들이 남자들보다 옷의 패션에 더 열중하는가?

이 질문에 대하여 여러 답변을 생각할 수 있다. 첫째, 가설 자체가 틀린 것이며, 실제로는 남자들은 신분의 상징물을, 여자들은 육체를 선호한다는 것이다. 그러나 아마도 이 답변은 끔찍하게 많은 탄탄한 증거들에 직면하여 사라져버릴 것이다. 둘째, 애초에 여자들의 패션은 사회적 신분에 관한 것이 아니라는 것이다. 셋째, 현대의 서구 사회는 불과 두 세기밖에 되지 않은 이상한 시기라는 것이다. 영국의 왕정 시기, 프랑스의 루이 14세 시절, 중세 기독교도들, 고대 그리스 시대에는, 혹은 현대의 야노마뫼 족 사이에서는 남자들이 여자들만큼 유행을 열심히 따라갔다. 남자들은 화려한 색의 옷, 치렁치렁

하게 긴 옷, 보석들, 값비싼 옷감, 아름다운 제복, 번쩍번쩍하게 장식된 갑옷 등을 입었다. 기사들은 그들이 구해낸 아가씨들만큼 유행에 따르는 복장을 하고 있었다. 단지 빅토리아 시대에만 획일적인 검정색의 프록코트였고, 그 암울한 현대의 자손인 회색 양복이 남성들을 전염시켰으며, 오로지 금세기에 들어와서만 여자들의 치마 길이가 마치 요요처럼 올라갔다 내려갔다 하고 있다.

이로부터 가장 흥미로운 넷째 설명이 등장한다. 여자들이 의상에 남자들보다 더 관심을 갖는 것은 사실이지만, 그 관심사는 남자들보다 동성인 여자들에게 영향을 끼친다는 것이다. 남성이나 여성 모두 스스로의 선호에 따라 자신의 행동을 결정한다. 실험에 의하면, 남자들은 여자들이 실제보다 훨씬 더 육체에 관심이 많을 거라고 생각하고 있으며, 여자들은 남자들이 실제보다 훨씬 더 사회적 지위에 대한 단서들에 관심이 있으리라고 생각하고 있다. 그래서 어쩌면 각각의 성은 상대방 성도 자신들이 좋아하는 것과 같은 것을 좋아하리라는 신념 아래 단순히 자신들의 본능에 따라 행동하고 있을지도 모른다.

한 실험 결과가 남자와 여자들 모두 자신들이 선호하는 것과 상대방 성이 선호하는 것을 착각한다는 이론을 뒷받침하고 있다. 펜실베이니아대학의 에이프릴 팔론April Fallon과 폴 로진Paul Rozin 교수는 500명 정도의 대학생들에게 단순한 선으로 그려진 수영복 차림의 남자나 여자 그림 4장을 보여주었다. 그림 속 사람들의 몸매는 마른 정도에서만 차이가 있었다. 그들은 실험의 대상자들에게 현재 자신들의 몸매, 이상적으로 생각하는 몸매, 상대 성에게 가장 매력적으로 보일 것으로 생각되는 몸매, 자신들이 생각하기에 가장 매력

아름다움의 쓰임새

적인 상대 성의 몸매 등을 물어보았다. 남자들이 지적한 현재의 자기 몸매, 이상적 몸매, 매력적인 몸매들은 거의 일치하였다. 남자들은 평균적으로 자신들의 몸매에 만족하고 있었다. 여자들은 예측한 대로 자신이 남자들에게 매력적일 것이라고 여겨지는 몸매보다 훨씬 뚱뚱하다고 생각했다. 그러나 흥미롭게도 양쪽 성 모두 상대 성이 가장 좋아할 것이라고 여기는 몸매에 대해서는 틀리게 판단하고 있었다. 남자들은 여자들이 실제로 여자들이 좋아하는 몸매보다 굵은 몸매를 좋아하리라고 생각하고 있었고, 여자들은 남자들이 실제로 남자들이 좋아하는 몸매보다 마른 몸매를 좋아하리라고 생각하고 있었다.[36]

그러나 그런 혼동은 왜 여자들이 유행을 따르는지에 대한 완전한 설명이 될 수가 없는데, 그 이유는 다른 매력에 대해서는 패션이 효과가 없기 때문이다. 여자들은 자신들보다 더 젊은 남자를 찾지 않는 데도 불구하고, 남자들보다 훨씬 더 자신들의 젊음에 관심을 쏟는다.

그렇지만 패션이 사회적 지위에 관한 것이라는 말은 민주적 사회에서 사는 우리들에게 불쾌감을 준다. 그 대신 우리는 패션이 몸매를 가장 좋게 보이게 하기 위해서 존재한다고 생각한다. 새로운 패션의 옷들은 멋진 모델들이 입고 있고, 어쩌면 여자들은 잠재의식적으로 그 아름다움을 모델들이 아니라 옷 때문이라고 돌리면서 그 옷들을 사는지도 모른다. 조사 결과, 모든 사람들이 알고 있는 사실이 드러났다. 남자들은 몸에 딱 붙고 몸을 노출시키며 몸매가 드러나는 옷을 입은 여자들에게 매력을 느낀다. 여자들은 그런 옷을 입은 남

461

자들에게 매력을 덜 느낀다. 대부분의 여성 패션들은 확실히 더 아름답게 보이도록 디자인되었다. 거대한 페티코트는 대조적으로 허리를 가늘어 보이게 한다. 여자는 옷을 고를 때 자신의 몸매와 머리카락 색깔에 어울리도록 주의를 한다. 더욱이 남자들은 옷을 입은 여자들을 보고 자라며, '결정적 시기'에 옷을 입은 여자들을 보며 지내기 때문에, 그들의 이상적인 미인에는 옷을 벗은 여자들뿐만 아니라 옷을 입은 여자들의 이미지도 포함되어 있다. 해블록 엘리스 Havelock Ellis는 〈파리스의 판결〉이라는 그림 앞에 서 있는 소년에게 어떤 여신이 가장 아름다운지 물어보았는데, 그 소년은 "이 여신들이 옷을 입고 있지 않아서 모르겠어요"라고 대답했다고 한다.[37]

그러나 최소한 오늘날 패션의 가장 특징적인 모습은 새로운 것에 대한 강박관념이다. 우리는 이미 벨이 어떻게 이런 결과가 생겼다고 생각하는지 알고 있다. 즉, 유행을 창조하는 사람들은 저속한 모방자들을 따돌리려고 한다. 바비 로는 여성 패션의 열쇠가 새로움이라고 생각한다. '패션의 경향을 읽을 능력이 있다는 것을 알려주는 어떠한 눈에 띄는 표시'라도 여자의 신분에 대한 단서가 된다.[38] 패션의 으뜸이 된다는 것은 분명히 여자들 사이에서 신분의 상징이다. 끊임없이 새로운 유행을 만들어내는 능력이 없었다면, 패션 디자이너들은 지금보다 훨씬 가난했을 것이다.

이것은 미인의 문화적 기준에 대한 변화를 상기해보게 한다. 미인이란 인류와 같이 일부일처제인 종에게는 흔하지 않으므로 눈에 띄게 마련이다. 남자들은 까다롭게 (상대를) 고른다. 왜냐하면 결혼할 수 있는 기회가 한 번 아니면 두 번 정도이기 때문에, 항상 평범한 여자가 아니라 그들이 찾을 수 있는 가장 좋은 여자에게 관심을 갖게 마련이다. 전부 검은 옷을 입고 있는 한 무리의 여자들 중에 빨간 옷을 입고 있는 여자가 한 명 있다면, 그 여자는 몸매나 얼굴 모습이 어떠하든 간에 분명히 남자들의 눈길을 끌게 될 것이다.

패션이라는 단어는 예전에는 관습과 순응을 의미했으나, 오늘날에는 새로움과 현대성을 의미한다. 청교도 사회에서 유행한 고통스러운 코르셋과 깊게 패인 목둘레의 위선 등에 대하여 언급하면서, 퀸틴 벨은 다음과 같이 말했다. "패션에 대한 반대는 항상 강했다. 그런데 왜 효과적인 판결로 결론지어지지 않는가? 왜 사람들은 공공의 의견이나 승인된 규율은 변함 없이 무시하면서, 합리적인 승인 없이 마구 적용되는 온갖 규칙들에 휘둘리는 재봉사의 관습, 비합리적이고 임의적이며 때로 잔인하기까지 한 그 관습에는 놀랍도록 양순하게 복종하는가?"[39]

현재의 진화학적이고 사회학적인 사고로는 이 수수께끼를 풀 수 없을 것 같다. 패션이란 변화이며, 폭군적인 강요의 형태로 부과되는 위축이다. 패션은 사회적 신분에 관한 것이지만, 패션에 사로잡혀 있는 성은 정작 사회적 신분에는 별 관심이 없는 성에게 감동을 주려고 노력한다.

어리석은 성적 완벽주의

무엇이 성적 매력을 결정하든 간에 붉은 여왕은 작용하고 있다.

붉은 여왕

인류 역사의 대부분에서 만약 아름다운 여자와 지배적인 남자가 그들의 경쟁자들보다 더 많은 자손들을 가졌다면(실제로 지배적인 남자들은 아름다운 여자들을 선택하였고, 그들은 함께 자신들의 경쟁자들의 노고에 기식하여 살아왔다), 각 세대마다 여자들은 조금씩 더 아름다워졌을 것이며 남자들은 조금씩 더 지배적이 되었을 것이다. 그러나 그들의 경쟁자들 역시 그와 같은 성공적인 부부들의 자손들이므로 그렇게 하였을 것이고, 그리하여 전반적인 기준 역시 향상되었을 것이다. 아름다운 여자는 새로운 창공에서 눈에 띄기 위해서 더욱더 밝게 빛날 필요가 있었다. 그리고 지배적인 남자는 그가 원하는 것을 쟁취하기 위해서 난폭해지거나 더욱더 무자비한 책략을 짤 필요가 있었다. 다른 곳이나 다른 시대라면 아무리 예외적으로 보일 만한 것이라도, 흔한 것이 되면 그에 대해 우리의 감각은 쉽게 무디어진다. 찰스 다윈이 이렇게 썼듯이 말이다.

> 만약 우리의 여자들이 메디치의 비너스처럼 아름다워진다면 우리는 당분간은 매혹될 것이다. 그러나 얼마 지나지 않아 우리는 다양성을 원하게 될 것이다. 그리고 다양성을 얻게 되자마자 우리는 그때 흔히 볼 수 있는 평균적인 것을 뛰어넘는, 약간은 과장된 어떤 특징을 우리의 여자들에게서 보기를 원할 것이다.[40]

이 말이야말로 왜 우생학이 결코 효과가 없는가에 대한 이유를 가장 간결하게 표현한 구절이다. 그 다음 쪽에서 다윈은 여자들이 아름답기로 유명한 서아프리카의 졸로프 족에 대하여 묘사하였는데,

그 종족은 의도적으로 못생긴 여자들을 노예로 팔아넘겼다. 그러한 나치식의 우생학은 실제로 종족 내에서 아름다움의 정도를 향상시켰으나, 남자들의 아름다움에 대한 주관적 기준 역시 빠른 속도로 올라갔다. 아름다움이란 전적으로 주관적인 개념이기 때문에, 졸로프 족은 영원히 실망에서 헤어나오지 못할 수밖에 없다.

  다윈의 통찰력에서 우울한 부분은 어째서 아름다움은 추함 없이는 존재할 수 없는가를 보여주고 있다는 것이다. 붉은 여왕 식의 성선택은 개개인에게 피할 수 없는 실망, 허무한 노력, 그리고 불행의 원인이 된다. 모든 사람은 언제나 그들 주변에서 발견한 것보다 더 아름다운 것과 더 멋진 것을 찾으려고 한다. 이것이 또다시 역설을 불러온다. 남자들은 아름다운 여자들과 결혼하기를 원하고 여자들은 영향력 있는 남자들과 결혼하기를 원하지만, 우리들 대부분은 결코 그런 기회를 갖지 못한다고 말할 수 있다. 현대 사회는 일부일처제이다. 그러므로 대부분의 가장 아름다운 여자들은 이미 지배력 있는 남자들과 결혼하였다. 그렇다면 평범한 남자와 평범한 여자에게는 무슨 일이 일어나는가? 그들은 독신으로 남지는 않는다. 그들은 그 다음으로 좋은 것을 선택한다. 검은뇌조의 경우에 암컷들은 완벽주의자이고 수컷들은 전혀 고르지 않는다. 일부일처제인 인간 사회에서는 그 어느 쪽도 완벽주의자가 되거나 전혀 고르지 않을 수가 없다. 평범한 남자는 수수한 여자를 선택하고, 평범한 여자는 약한 남자를 선택한다. 그들은 자신들의 이상적인 선호를 현실주의로 억제한다. 사람들은 자신과 비슷한 정도의 매력을 가진 사람과 결혼하게 된다. 대학 축제의 여왕은 축구 팀의 영웅과 결혼한다. 공부벌레는 안경을 쓴 여자와 결혼한다. 보통의 전망을 가진 남자는 보통의 외모를 가진 여자와 결혼한다. 이러한 관습은 매우 널리 퍼져 있어서, 예외인 경우는 두드러지게 눈에 띄게 된다. 우리들은 여성 모델의 남편이 성공하지 못한 평범한 남자인 걸 보면 "도대체 그녀가 그 남자에게서 볼 수 있는 게 무엇일까?"라고, 마치 그에게는 (당사자인 모델을 제외한) 나머지 사람들이 보지 못한 그의 가치에 대한 숨겨진 단서가 분명히 있는 것처럼 말한다. 우리는 잘나가는 남자가 못생긴 여자와 결혼한 것에 대해 "어떻게 그 여자가 저 남자를 사로잡을 수 있었을까?"라고 반문한다.

그 대답은 제인 오스틴 시대의 사람들이 사회적 계급 체제에서 자신들이 처한 위치를 알고 있었듯이, 우리가 본능적으로 우리의 상대적인 가치를 알고 있다는 것이다. 브루스 엘리스는 어떻게 우리가 '분별적 결혼' 양식을 갖게 되는지 그 방법을 보여주었다. 그는 30명의 학생들에게 각각 번호가 매겨진 카드를 이마에 붙이게 하였다. 각각의 학생들은 다른 사람의 이마에 붙여진 번호는 볼 수 있지만 자신의 이마에 붙여진 번호는 알 수 없었다. 그는 학생들에게 그들이 찾을 수 있는 가장 큰 번호를 가진 학생과 짝을 지으라고 하였다. 즉시 이마에 30번을 붙인 여학생 주위로 학생들이 몰려들었다. 그래서 그 여학생은 자신의 기대 수준을 상승시키고 아무하고나 짝짓는 것을 거부하였으며, 마침내 20번대에서 높은 숫자를 붙인 사람을 선택하였다. 그러는 동안 1번을 붙인 학생은 30번을 붙인 사람에게 자신의 가치를 설득해보다가 그의 눈높이를 낮추었고, 점차적으로 수준을 낮추어나가는 동안 서서히 자신의 낮은 위치를 발견했으

며, 마침내 그를 받아들이는 첫번째 사람(아마도 2번을 붙였을)과 짝을 짓게 되었다.**41**

 이 게임은 우리가 어떻게 다른 사람들의 반응을 통해 자신의 상대적인 매력을 측정하는가를 냉혹한 현실로 보여준다. 계속 거절을 당하면 우리는 눈높이를 낮추게 된다. 끊임없는 일련의 성공적 유혹은 우리로 하여금 조금 더 높이 겨냥하도록 격려한다. 그러나 당신은 당신이 지쳐 쓰러지기 전에 붉은 여왕의 쳇바퀴에서 내려오는 것이 좋겠다.

The Intellectual Chess Game

⑩ 지능적인 체스 게임

(이미 대가를 치르고 '인간' 이라는 이상하고도 위대한 신의 창조물 중 하나로 태어났지만)
내가 만약 영혼이 자유로워져, 내 자신의 의지로, 기꺼이 걸치고
싶은 살과 뼈를 선택할 수 있다면, 나는 개나 원숭이나 곰이 되고 싶다.
아니, 이성적이라고 자처하며 너무나 잘난 체하는 인간이라는
그 허깨비 '동물'을 빼고는 무엇이 되어도 좋다. 감각을 역겹게 여긴 나머지,
인간은 오감에 어긋나는 여섯 번째 감각을 만들어냈으니, 본능보다
오십 배나 실수를 더 저지를 '이성'을 인간은 본능보다 더 좋아할 것이다.

로체스터 백작 존 월로트

시간: 30만 년 전. 장소: 태평양 한가운데. 사건: 병코돌고래들이 개최하는 자신들의 지능 진화에 관한 학회. 그 학회는 30제곱킬로미터 정도의 넓은 바다에서 열렸으며, 회의 사이사이에 참가자들이 고기를 잡을 수 있도록 하였다. 때는 오징어 철이었다. 회의는 초청 연사의 긴 발표와 연이어 스퀵어Squeak(태평양 병코돌고래의 언어)로 된 일련의 논평으로 이루어졌다. 대서양에 사는 스퀵어Squawk를 쓰는 돌고래들은 녹음된 번역을 밤에 들을 수 있었다. 논란이 되고 있는 사항은 간단했다. 병코돌고래의 두뇌는 왜 다른 동물들의 두뇌에 비해 훨씬 큰가 하는 것이었다. 어쨌든 병코돌고래의 두뇌는 다른 돌고래보다 두 배나 컸다. 첫째 연사는 이것이 전적으로 언어 문제라고 하였다. 돌고래는 개념이나 자신을 표현하기 위한 문법을 머릿속에 집어넣기 위하여 큰 두뇌가 필요하다고 했다. 이에 대해 신랄한 비평이 뒤따랐다. 논평자들은 언어 이론이 아무것도 해결한 것이 없다고 말했다. 고래들은 매우 복잡한 언어를 가지고 있으나, 돌고래들은 고래들이 얼마나 멍청한지 알고 있었다. 지난해에도 한 떼의 돌고래가 흑고래의 언어로 간통에 대한 혼잣말을 보내서, 한 늙은 흑고래가 자신의 가장 친한 친구를 공격하게 장난을 친 적이 있었다. 수컷인 둘째 연사의 발표는 좀 더 호의적으로 받아들여졌다. 왜냐하면 그는 이처럼 속이는 것이 실제로 돌고래의 지능의 목적이라고 주장했기 때문이다. "우리는 속임수와 조작에 관한 한 지구상의 대가가 아닙니까?" 하고 그가 말했다. "우리는 암컷 돌고래를 차지하려고 온 시간을 들여 서로의 뒤통수를 치고 속이려 하지 않습니

지능적인 체스 게임

까? 우리는 독립된 개체의 동맹관계들 중에서 '3인조' 상호관계가 알려진 유일한 종이 아닙니까?" 셋째 연사는 "이 모든 것이 매우 찬미 받을 만한 것이기는 하지만 왜 우리들일까요?" 하고 말하였다. "왜 병코돌고래가 그럴까요? 왜 상어나 참돌고래가 아닐까요? 갠지스 강에는 뇌의 무게가 단지 500그램밖에 안 되는 돌고래가 있습니다. 병코돌고래의 뇌는 1,500그램입니다. 아니요, 그 대답은 단순히 지구 위의 모든 생물들 중에서 병코돌고래들이 가장 다양하고 융통성 있는 식사를 한다는 사실에 있습니다." 그들은 오징어나 생선, 말하자면 온갖 종류의 생선들을 먹을 수 있었다. 그 다양성이 융통성을 요구하였고, 융통성은 학습할 수 있는 커다란 뇌를 요구하였다. 그날의 마지막 연사는 앞의 모든 발표자들을 비웃었다. 만약 사회적 복잡성이 지능을 요구한다면, 왜 다른 땅 위의 사회적 동물들은 지적이지 않은 것인가? 그 연사는 거의 돌고래만큼 뇌가 크다는 한 유인원 종에 대한 이야기를 들어본 적이 있었다. 사실 몸 크기에 비한다면 그 종의 뇌는 더 크다고까지 할 수 있었다. 그 종은 아프리카의 초원에서 무리를 지어 살며, 도구를 사용하고, 먹기 위해 식물을 모을 뿐만 아니라 고기를 사냥하였다. 그 종은 비록 스쿽어만큼 풍부하지는 않을지라도 일종의 언어까지 갖고 있었다. 그 종은 생선을 먹지 않는다고 그는 익살스럽게 말했다.[1]

 붉은 여왕

성공한 유인원

1,800만 년 전 아프리카에는 수십 종의 유인원이 있었고, 아시아에도 다른 많은 종들이 살고 있었다. 그 후 1,500만 년에 걸쳐서 그들 대부분은 멸종되었다. 300만 년 전쯤에 아프리카에 화성인 동물학자가 왔다면, 그는 유인원들이 쓸모없이 만들어졌고 시대에 뒤떨어진 모습을 한 동물로서 원숭이들과의 경쟁에서 뒤떨어져 역사의 쓰레기통 속에나 들어갈 것이라고 결론지었을 것이다. 그 화성인이 침팬지와 가까운 친척이면서 두 발로 완전히 직립해서 설 수 있는 어떤 종의 유인원을 보았다 하더라도 그 동물의 미래를 예측할 수는 없었을 것이다.

직립원인으로서 현재 과학계에서 오스트랄로피테쿠스 아파렌시스로 불리고 있으며, 세상에는 '루시'[2]로 알려져 있는 유인원은 몸 크기가 침팬지와 오랑우탄의 중간쯤 되는 데 비해 '보통' 크기의 뇌를 가지고 있었다. 그 크기는 대략 400세제곱센티미터인데, 현대의 침팬지 뇌보다는 크고 오랑우탄의 뇌보다는 작다. 루시의 자세나 몸의 형태는 의심할 여지 없이 특히 인간의 자세와 같았으나, 머리의 모양은 닮지 않았다. 신기하게도 사람과 같은 발과 다리를 가지고 있음에도 불구하고, 우리는 루시를 별 문제 없이 유인원으로 생각한다. 그러나 그 다음 300만 년 동안 루시의 후손들의 머리 크기는 폭발적으로 커졌다. 뇌용량은 처음 200만 년 동안 두 배로 늘어났고 다음 100만 년 동안에는 다시 거의 두 배로 늘어나서 현대인의 뇌용량인 1,400세제곱센티미터 크기에 도달하였다. 같은 기간에 침팬

지능적인 체스 게임

지, 고릴라, 그리고 오랑우탄의 머리는 거의 비슷한 크기에 머물러 있었다. 루시의 다른 후손들과, 이른바 튼튼한 오스트랄로피테쿠스라고 불리거나 특별하게 식물을 먹어서 '견과류를 먹는 사람 nutcracker people'으로 불린 유인원들 역시 마찬가지였다.

여러 가지 일들을 일으킨 어떤 유인원의 머리는 무엇 때문에 갑자기 어마어마하게 커지게 되었는가? 왜 뇌의 확장이 한 종류의 유인원에게만 일어났고 다른 유인원들에게는 일어나지 않았는가? 무엇이 그 놀라운 속도와 변화하는 가속도를 설명해줄 수 있는가? 이러한 질문들은 이 책의 주제와는 관련이 없는 듯이 보이나, 그 해답은 성에 있을 수도 있다. 만약 이 새로운 이론이 옳다면, 사람의 큰 머리의 진화는 동일한 성 안에서 일어난 붉은 여왕 식의 성적 경쟁의 결과이다.

어떤 단계에서는 인류 조상의 머리가 크게 진화한 것이 쉽게 설명된다. 머리가 큰 조상들은 그렇지 못한 조상들보다 자손을 많이 두었다. 그리하여 큰 머리의 유전자를 물려받은 자손들은 부모들 세대보다 더 큰 머리를 갖게 되었다. 이러한 과정은 발작적으로 일어나고, 어떤 곳에서는 다른 곳보다 더 빠른 속도로 일어나, 궁극적으로는 인류의 뇌용량을 세 배 정도 커지게 만들었다. 다른 방법으로는 일어날 수 없는 일이다. 그러나 흥미로운 것은 어떻게 뇌가 큰 사람들이 작은 사람들보다 더 많은 자손들을 가질 수 있었는가 하는 점이다. 찰스 다윈에서 싱가포르 전 수상 리콴유에 이르기까지 다양한 관찰자들이 애석하게 여기며 언급한 바와 같이, 똑똑한 사람들은 확실히 멍청한 사람들보다 더 많은 자식을 낳지는 않는다.

473

붉은 여왕

　시간 여행을 하는 화성인이라면 시간을 거슬러 올라가 오스트랄로피테쿠스의 결정적인 세 자손들, 즉 호모 하빌리스, 호모 에렉투스, 그리고 이른바 고대의 호모 사피엔스를 살펴볼 수도 있다. 그 화성인은 뇌 크기의 꾸준한 증가를 발견할 것이고(우리가 화석으로 알고 있는 만큼), 영리한 종족이 그들의 더 커진 뇌를 어디에 썼는지 우리에게 이야기해줄 수 있을 것이다. 우리도 단순히 현대인들이 어디에 머리를 쓰는지 살펴봄으로써 그와 비슷한 이야기를 찾아낼 수 있을 것이다. 문제는 우리가 유일하게 인간에게만 적용된다고 여겨온 인간 지능의 모든 면들이 다른 유인원에게도 적용된다는 점이다. 우리 뇌의 상당 부분은 시각의 지각에 쓰이고 있다. 그러나 루시에게 갑자기 다른 먼 친척보다 더 뛰어난 시각적 지각력이 필요하게 되었다는 것은 납득하기 어렵다. 기억, 청각, 후각, 얼굴 인식, 자각, 손의 조작 등은 모두 침팬지의 뇌보다 인간의 뇌에서 더 많은 영역을 차지하고 있는 감각들이지만, 왜 이러한 감각들로 인해 침팬지보다 인간이 더 많은 자손들을 가질 수 있었는지는 이해하기가 힘들다. 유인원에서 인간으로 넘어가는 데는 질적인 도약이 필요하다. 그 도약은 정도의 차이가 아닌 종류의 차이를 말한다. 이는 먼저 가장 커다란 뇌인 인간의 뇌가 가장 효율적인 뇌가 되는 방식으로 인간의 의식을 변화시켰다.

　한때 인류가 다른 동물들과 다른 점들을 쉽게 정의하던 시절이 있었다. 인류는 학습을 하고 동물들은 본능이 있는 식이다. 인류는 도구를 쓰고 의식, 문화, 그리고 자각을 가지고 있으나, 동물들은 그렇지 않다. 그러나 점점 이러한 차이점들은 흐릿해지거나 종류의 차이가 아닌 정도의 차이로 보였다. 달팽이도 학습을 한다. 피리새는 도구를 사용한다. 돌고래는 언어를 사용한다. 개들에게도 의식이 있다. 오랑우탄은 거울에 비친 자신을 알아볼 수 있다. 일본원숭이는 문화적 기술을 전수한다. 코끼리는 다른 코끼리의 죽음을 슬퍼할 줄 안다.

  이것은 모든 동물들이 이러한 각각의 과업을 사람만큼 잘할 수 있다는 말은 아니다. 그러나 사람은 한때 동물들보다 나을 게 없었는데도 다른 동물과 달리 갑자기 점점 더 우수해지도록 압력을 받게 된 것이라는 사실을 기억해야 한다. 노련한 인본주의자라면 이미 그러한 궤변에 냉소할 것이다. 오로지 인류만이 도구를 쓸 뿐 아니라 만들 수도 있다. 인류만이 어휘뿐 아니라 문법을 사용할 수 있다. 오로지 인간만이 감정을 느낄 뿐 아니라 공감할 수도 있다. 그러나 이 말은 괴상하게도 변명처럼 들린다. 내게는 인문과학에 젖어 있는 인간의 본능적 오만에 전혀 신빙성이 없어 보이는데, 그 이유는 인문과학의 요새 중 많은 것들이 이미 동물 챔피언들에게 함락되었기 때문이다. 자리를 연이어 빼앗기고 난 인본주의자들은 마치 처음부터 그 자리를 전혀 고수하려고 한 적이 없던 것처럼, 후퇴를 전략으로 재정의한다. 의식에 대한 논쟁들은 대부분 의식이 인간에게 유일한 선험적 특성이라는 전제를 가정하고 있다. 그러나 개를 키워본 적이 있는 사람들은 누구나 보통의 개가 꿈을 꿀 수 있으며, 슬픔과 기쁨을 느끼고, 사람들 개개인을 알아본다는 것을 분명히 알고 있다. 그러한 것들을 저절로 일어나는 무의식적인 행동이라고 부르는 것은 잘못이다.

♟ 붉은 여왕

학습의 진화

 이 시점에서 인본주의자는 그의 가장 튼튼한 요새로 후퇴한다. 그것이 바로 학습이다. 사람은 고층 건물이나, 사막, 탄광, 그리고 툰드라 같은 여러 환경에 적응할 수 있으며, 이에 알맞은 행동을 취할 수 있다. 그것은 사람이 동물들보다 학습하는 것이 훨씬 많으며 본능에 훨씬 덜 의지하기 때문이라고 인본주의자는 말한다. 단순히 생존을 위하여 완성된 프로그램을 지니고 세상에 오는 것보다는 세상을 학습하는 것이 더 우수한 전략이지만, 그러기 위해서는 더 큰 뇌가 필요하다. 그러므로 인간의 더 큰 뇌는 본능에서 학습으로 신속한 전이가 이루어졌다는 것을 보여준다는 것이다.

 일찍이 이러한 것들에 대하여 생각해본 적이 있음직한 다른 모든 사람들과 마찬가지로 나 역시 산타바바라 소재 캘리포니아대학의 리다 코스미데스 교수와 존 투비 교수가 쓴 『적응된 마음 The Adapted Mind』이라는 책을 읽을 때까지는 그러한 논리가 나무랄 데 없는 듯이 보였다.[3] 그들은 수십 년 동안 심리학과 대부분의 사회과학을 지배해온, 본능과 학습은 스펙트럼의 양 끝에 존재하며 본능에 의존하는 동물은 학습에 의존하지 않고 그 역의 관계도 마찬가지라는 관례적인 진리에 도전장을 던졌다. 그 통념은 한마디로 거짓이다. 학습은 적응성이란 뜻이고 본능은 준비성이란 뜻이다. 예를 들어 모국어의 어휘를 배우는 어린아이는 거의 무한할 정도로 적응력이 뛰어나다. 어린아이는 소를 지칭하는 단어가 vache 혹은 cow, 또는 그 외의 어떤 단어라도 배울 수 있다. 마찬가지로 어린아이는 공이 빠른 속도로 얼굴을 향하여 날아오면 눈을 감거나 고개를 숙여야 한다는 것을 알고 있으며, 거기에는 어떠한 적응성도 필요하지 않다. 그러한 반사작용을 배워야만 한다면 고통스러울 것이다. 그렇게 눈을 깜박이는 반사작용은 준비된 것이며, 그 아이의 뇌에 저장된 어휘는 적응성을 지니고 있다.

그러나 그 아이는 어휘의 축적이 필요하다는 것을 따로 배운 것이 아니다. 아이는 그것과 함께 사물들의 이름들을 배우고자 하는 굉장한 호기심을 타고난다. 더 나아가 아이가 컵이라는 단어를 배웠을 때, 그 아이는 아무도 말해주지 않았음에도 불구하고, 그 단어가 컵의 손잡이 혹은 그 내용물에 상관없이 어떤 컵에나 적용되는 일반적인 이름이며, 그런 종류의 모든 물체들을 컵이라고 부른다는 것을 안다. 이러한 두 가지 타고난 본능, 즉 '사물 전체에 대한 가정'과 '분류적 가정'이 없었다면, 언어는 훨씬 더 배우기 어려웠을 것이다. 아이들은 전에 본 적이 없는 동물을 가리키며 그 지역 안내원에게 "저것은 무엇입니까?" 하고 물어보는 별 볼일 없는 탐험가 같은 자신을 발견할 것이다. 그 안내인은 '캥거루'라고 답변하였고, 그 지역 말로 그것은 '나는 모르겠습니다'라는 뜻이었다.

다른 말로 하면, 사람들이 공유하는(준비된) 가정 없이 어떻게 배울(적응성을 지닐) 수 있는가 하는 것은 매우 이해하기 어렵다는 것이다. 적응성과 준비성이 정반대라는 종전의 관념은 명백하게 틀렸다. 한 세기 전의 심리학자인 윌리엄 제임스William James는 사람은 본능보다 학습 능력을 더 많이 가지고 있는 것이 아니라 둘 다 똑같이 많이 가지고 있다고 주장했다. 그는 이 때문에 비웃음을 샀으나,

 붉은 여왕

그가 옳았다.

언어의 예로 되돌아가보자. 과학자들은 언어에 대하여 연구하면 할수록 언어에서 무척 중요한 점들을 깨닫게 되는데, 그것은 바로 문법이나 말하고자 하는 욕구 등은 전혀 모방을 통해 배울 수 없다는 것이다. 아이들은 언어를 개발한다. 이 말이 정신 나간 것처럼 들릴 것이다. 따로 격리해서 기른 아이들은 잉글랜드의 왕 제임스 1세가 바랐던 것과는 달리, 자라나면서 저절로 유대어를 말하지는 않기 때문이다. 어떻게 그럴 수 있겠는가? 아이들은 자신의 언어의 특이한 어휘와 억양의 특별한 법칙과 구문들을 배워야 한다. 이것이 사실이다. 그러나 오늘날 거의 모든 언어학자들은 모든 언어에는 공통된 '기본 구조'가 있으며, 그것은 학습이 아니라 뇌에 프로그램되어 있다는 노엄 촘스키Noam Chomsky의 의견에 동의한다. 그러므로 모든 문법들이 비슷한 기본 구조(예를 들어, 언어는 단어의 순서나 억양을 사용해서 어떤 명사가 주어인지 목적어인지 강조한다)를 형성하고 있는 이유는 모든 뇌가 같은 '언어 기관'을 가지고 있기 때문이다.

아이들은 명백하게 '언어 기관'을 이미 두뇌에 가지고 있으며, 규칙을 적용하려고 기다리고 있다. 그들은 배우지 않고도 기초적인 문법 규칙들을 웬만큼 터득한다. 이런 능력은 컴퓨터도 없다.

한 살 반부터 사춘기 직후까지 아이들은 언어 배우기에 매혹되며, 어른들보다 훨씬 쉽게 여러 개의 언어를 배울 수 있다. 아이들은 얼마나 많이 격려를 해주는가에 상관없이 말하기를 배운다. 아이들은 최소한 그들이 들어오던 일상 언어에 관해서는 문법을 배울 필요가 없다. 그들은 문법을 스스로 알아차린다. 아이들은 자기가 들은 말의 순서가 뒤바뀌어도 상관하지 않고 끊임없이 규칙들을 일반화해 간다. 아이들은 사물을 보는 방식을 배우는 것과 똑같이, 즉 규칙들을 적용하기를 주장하는 뇌의 준비성에다 어휘의 적응성을 추가하는 방식으로 말하기를 배운다. 두뇌는 젖통을 지닌 큰 동물을 암소라고 부르는 것을 배운다. 그러나 들판에 서 있는 암소를 보기 위해서는 뇌의 시각 담당 부분이 눈으로 받아들인 영상에 대하여 일련의 세련된 수학적 여과 과정을 적용시켜야 하는데, 이 작용은 모두 무의식적으로 일어나며 선천적으로 타고난 것이고 배울 수 없는 것이다. 같은 방식으로 뇌의 언어 담당 부분은 배우지 않고도 젖통을 지닌 커다란 동물을 지칭하는 단어가 문법적으로 동사가 아니라 다른 명사들처럼 움직인다는 것을 안다.[4]

중요한 점은 언어를 배우는 소질보다 더 본능적인 것은 없다는 것이다. 궁극적으로 그 소질은 가르칠 수 있는 것이 아니라 단단히 고정되어 있다. 그 소질은 배울 수가 없다. 무서운 생각일지는 모르나 그 소질은 유전적으로 결정되어 있다. 언어를 배우는 능력은 거의 모든 인간 두뇌의 다른 기능처럼 학습에 대한 본능이다.

만약 내가 옳다면, 그래서 사람들이 단지 훈련될 수 있는 많은 본능들을 지닌 동물에 불과하다면, 나는 본능적인 행동을 변명하고 있는 것처럼 보일 것이다. 어떤 남자가 다른 남자를 죽이거나 여자를 유혹하려고 할 때, 그 남자는 단순히 자신의 본성에 솔직한 것뿐이다. 이 얼마나 차갑고 부도덕한 말인가? 인간의 심리에는 도덕에 대해 본성적 기반이 더 있지 않겠는가? 여러 세기 동안 계속되어온 루소와 홉스의 추종자들 간의 논쟁(즉, 인간성은 타락해버린 고결한 야만

인가, 아니면 문명화된 야수인가에 대한)은 중요한 점을 간과하고 있다. 증거는 홉스의 견해를 뒷받침한다. 우리들은 본능적인 야수이며 우리의 본능에는 역겨운 것도 있다. 물론 어떤 본능들은 대단히 도덕적이며, 언제나 사회를 함께 살아가도록 유지하는 데 접착제 역할을 하는 이타주의나 자선 등은 이기주의와 마찬가지로 본성적이다. 그러나 이기적인 본능 역시 존재한다. 예를 들어, 남자들은 여자들보다 본능적으로 살인을 하거나 성적으로 문란할 수 있는 가능성이 훨씬 더 높다. 그러나 홉스의 입증은 무의미한데, 그 이유는 본능이 학습과 결합하기 때문이다. 우리의 본능 중 그 어떤 것도 피할 수 없거나 억누를 수 없는 것은 아니다. 도덕성은 결코 본성에 근거를 두고 있지 않다. 도덕성은 결코 사람들이 천사라거나 혹은 사람들이 도덕이 요구하는 것들을 자연스럽게 행할 것이라고 가정하지 않는다. '살인하지 말라'는 계명은 부드러운 경고가 아니다. 이를 어겼을 경우 징벌을 받을 것이며, 그러기 싫다면 본능을 극복해야 한다는 강경한 명령인 것이다.

교육이 반드시 본성과 반대되는 것은 아니다

사람에게는 사물들을 배우려는 본능이 있다고 한 제임스의 말은 일찍이 데카르트 이후 인간 두뇌의 연구에 퍼져 있던 이분된 논리, 즉 본능 대 학습, 본성 대 교육, 환경 대 유전, 인간의 본성 대 인간의 문화, 선천적인 것 대 후천적인 것 등의 모든 이원론을 일격에 붕

괴시켰다. 만약 뇌가 매우 특이하고 복잡하게 설계되기는 했지만 내용에 융통성이 있도록 진화된 메커니즘이라면, 어떤 행동에 융통성이 있다고 해서 그것이 '문화적'이라고 등치시킬 수는 없다. 언어를 사용하는 능력은, 그것이 언어 획득 기구를 포함한 사람의 몸을 구성하는 데 소용되는 유전자의 교시 안에 본래 포함되어 있다는 점에서 유전적이다. 그 능력은 또한 언어의 어휘와 문구들이 임의적이고 학습될 수 있다는 점에서 '문화적'이기도 하다. 그 능력은 언어 획득 기구가 출생 후에 자라나며 주변의 예들을 소화하며 커간다는 점에서 발생적이기도 하다. 단지 언어가 획득되는 것이라서 문화적인 것은 아니다. 치아 역시 출생 후에 획득된다.

스티븐 제이 굴드는 "공격성에 관한 유전자가 사랑니에 관한 유전자보다 더 많은 것은 아니다"라고 서술하였으며, 그것은 행동은 '생물학적'이 아니라 문화적이라는 의미를 함축하고 있다.[5] 물론 굴드가 옳았지만 그 점이 바로 그의 말이 틀린 이유였다. 사랑니는 문화적 작품이 아니다. '사랑니를 자라게 하라'고 지시하는 특정한 하나의 유전자가 존재하는 것은 아니지만, 어쨌든 사랑니는 분명 유전적으로 결정되는 현상이다. 굴드는 '공격성에 관한 유전자'라는 용어를 썼는데, 그것은 A라는 사람과 B라는 사람의 공격성의 차이가 X라는 유전자의 차이에서 비롯된다는 것을 의미한다. 그러나 마치 온갖 종류의 환경적 차이(영양 상태, 치과 의사 등)로 A가 B보다 더 큰 사랑니를 가질 수 있는 것과 마찬가지로, 온갖 종류의 유전적 차이들(즉, 얼마나 얼굴이 자라는지, 얼마나 몸이 칼슘을 잘 흡수하는지, 또 치아의 배열이 어떻게 되는지 등에 영향을 끼치는) 역시 A가 B보다 더

 붉은 여왕

큰 사랑니를 가질 수 있는 이유가 된다. 공격성에도 정확히 같은 논리가 적용된다.

우리는 교육을 받는 과정 어디에선가 무의식적으로 본성(유전자)이 교육(환경)과 반대되며 둘 중의 하나를 선택해야 한다는 이론을 흡수하였다. 만약 우리가 환경주의를 선택한다면, 문화라는 펜을 기다리는 백지와 같은 범세계적인 인간성을 신봉하는 것이며, 따라서 그것은 인간들은 동등하게 태어났으며 완벽해질 수 있다는 의미이다. 만약 우리가 유전자를 선택한다면, 개인 간 또는 인종 간의 불변하는 유전적 차이를 신봉하게 될 것이다. 우리는 운명주의자와 엘리트주의자가 된다. 온 마음으로 유전학자들이 틀렸기를 바라지 않을 사람이 있겠는가?

인류학자인 로빈 폭스Robin Fox는 이러한 진퇴양난을 인간의 원죄와 완벽성 사이의 투쟁이라고 부르며, 환경주의의 신조를 다음과 같이 묘사하였다.

> 이와 같은 루소주의 전통은 르네상스 이후 서방 세계의 상상력을 놀랍도록 강하게 부여잡고 있었다. 루소주의가 없었다면 우리는 여러 종류의 악당들(즉, 사회적 진화론자에서 우생학자, 파시스트, 신新보수주의자에 이르는 사람들)의 설득에 넘어가 먹이가 되었을지도 모른다고 우려해왔다. 이 악당들을 물리치기 위하여 우리는 인간에게 천성적인 중립성tabula rasa이나 천성적인 선善을 부여하여 나쁜 환경이야말로 인간을 악하게 만드는 것임을 주장해야 한다.[6]

존 로크까지 거슬러 올라가는 '천성적인 중립성'이라는 말은 금세기에 와서야 그 주도권을 제대로 잡게 되었다. 사회적 다윈주의자들과 우생학자들에게 조금도 동의할 수 없었던 일련의 사상가들(처음에는 사회학, 다음에는 인류학, 마침내는 심리학)은 점차 문제를 증명할 대상으로 교육보다는 본성에 초점을 맞추게 되었다. 다르게 증명될 때까지는, 문화가 사람 본성의 산물이 아니라 사람이 문화의 창조물이라고 보아야 하는 것이다.

1895년에 사회학의 시조인 에밀 뒤르켐은 사회과학은 사람들이 텅 빈 서판과 같아서 그 위에 문화가 글을 쓰게 된다고 가정해야 한다고 단언했다. 그 후 이 생각은 세 가지 확고한 가정으로 고착되었다. 첫째, 문화 간의 차이는 그 어떤 것이라도 생물학적이라기보다는 문화적으로 얻은 것이다. 둘째, 태어날 때부터 완전히 형성되어 나타난 것이 아닌 발달되는 모든 것은 학습할 수 있다. 셋째, 유전적으로 결정된 것은 바뀔 수 없다. 사회과학이 사람의 행동은 어떤 것도 '타고난 것'은 없다는 말과 단단히 결합하는 것은 이상한 일이 아니다. 실제로 사물에는 문화에 따라 차이가 있게 마련이고, 사물들은 출생 후에 발달하며 간단히 변할 수 있다. 그러므로 인간 정신의 메커니즘은 타고난 것일 수 없다는 주장이 제기된다. 모든 것은 문화적이라는 것이다. 남자들이 나이든 여자들보다 젊은 여자들에게 더 성적 매력을 느끼는 이유는 젊음에 대한 타고난 선호를 지닌 조상들이 더 많은 후손들을 남겼기 때문이 아니라, 그들의 문화가 젊음을 선호하도록 미묘하게 가르쳤기 때문이다.[7]

다음은 인류학의 차례이다. 마거릿 미드 Margaret Mead 의 저서인

붉은 여왕

『사모아의 성년Coming of Age in Samoa』의 출판은 이 분야에 변화를 불러일으켰다. 미드는 성적·문화적 다양성은 사실상 무한하며, 따라서 그것은 양육의 결과라고 단언하였다. 미드는 양육의 우월성에 대해 거의 아무것도 증명한 것이 없으나(실제로 미드가 인용한 경험적 증거들은 대부분 그렇기를 바라던 그녀의 생각으로 보인다)[8] 증명해야 할 필요도 느끼지 않았다. 인류학의 주류는 오늘날까지도 오직 백지상태인 인간성이 있을 뿐이라는 생각에 얽매인 채 남아 있다.[9]

심리학의 전환은 좀 더 서서히 일어났다. 프로이트는 보편적인 인간의 속성(예를 들어 오이디푸스 콤플렉스 같은)이 있다고 믿었다. 그러나 그 추종자들은 모든 것을 개개인의 어린 시절의 영향으로 설명하려는 강박관념에 사로잡혀 있었다. 그래서 따라서 프로이트주의는 한 사람의 천성을 어린 시절의 양육 탓으로 돌리는 것을 의미하게 되었다. 얼마 지나지 않아 심리학자들은 어른의 두뇌까지도 배우기 위해 존재하는 하나의 '기구'로 보았다. 이러한 접근은 스키너B. F. Skinner의 행동심리학에서 그 정점에 도달하였다. 스키너는 두뇌가 단순히 어떠한 원인과 효과를 연결하는 기구에 불과할 뿐이라고 주장하였다.

1950년대에 이르러 나치주의자들이 본성이라는 이름 아래 저지른 일들을 돌아보며, 몇몇 생물학자들이 인문과학자 동료들의 주장에 도전할 필요를 느꼈다. 그러나 부정할 수 없는 몇 가지 달갑지 않은 사실들은 이미 수면으로 떠오르고 있었다. 인류학자들은 미드가 약속한 다양성을 찾는 데 실패하였다. 프로이트주의자들은 거의 아무것도 설명하지 못했으며, 어린 시절의 영향에 대한 그들의 관심은 하나도 변한 것이 없었다. 행동심리학자들은 여러 종의 동물들이 각각 다른 것들을 학습하고자 하는 타고난 선호에 대하여 설명할 수 없었다. 쥐는 비둘기보다 미로에서 더 빨리 달린다. 범죄의 원인들을 설명하거나 바로잡으려는 데 있어서 사회학의 무능함은 당황스러운 것이었다. 1970년대에 들어와서 몇몇 용감한 '사회생물학자'들이 만약 동물들이 본성을 진화시켰다면 왜 인간만이 예외라고 할 수 있겠냐고 묻기 시작했다. 사회과학의 기존 체제는 그들을 비방했고 돌아가서 개미나 관찰하라고 충고했다. 그러나 그들이 제기한 질문들은 사라지지 않았다.[10]

사회생물학에 대한 적대감의 주원인은 사회생물학이 편견을 정당화하는 듯이 보였기 때문이다. 그러나 이것은 혼동에 의한 오해이다. 인종차별주의나 계급주의 혹은 그 어떤 주의들을 유전적으로 지지하는 이론들과 일반적이며 본능적인 인간 본성이 존재한다는 말과 어떤 공통점도 없다. 실제로 이 둘은 정반대인데, 그 이유는 하나는 보편주의를 믿는 반면에 다른 하나는 인종적 혹은 계급적인 차이를 믿기 때문이다. 사람들은 단지 유전자가 관여했다는 이유로 유전적 차이를 상정한다. 왜 차이가 필요한 것인가? 두 사람이 같은 유전자를 가질 수는 없는가? 두 대의 보잉 747 비행기의 꼬리에 그려져 있는 마크는 그 비행기가 소속된 항공사에 따라 달라진다. 그러나 그 항공기 꼬리를 빼면 두 대의 비행기는 근본적으로 같다. 둘 다 같은 공장에서 같은 금속으로 만들어졌기 때문이다. 우리들은 그 두 비행기를 소유한 항공사가 다르다고 해서 그 비행기들이 다른 공장에서 만들어졌으리라고 가정하지는 않는다. 그렇다면 우리는 왜 프

붉은 여왕

랑스 사람과 영국 사람의 언어에 차이가 있다고 해서, 그들이 유전자의 영향을 전혀 받지 않는 뇌를 가지고 있음에 틀림없다고 가정해야 하는가? 그들의 뇌는 유전자의 산물이며, 다른 유전자가 아니라 같은 유전자의 산물이다. 일반적인 인간에게 신장이 있는 것과 마찬가지로, 또 일반적인 보잉 747 비행기에 꼬리 구조가 있는 것과 마찬가지로, 일반적인 언어 획득 기구가 있는 것이다.

순수한 환경주의의 전체주의적인 함의를 생각해보자. 스티븐 제이 굴드는 한때 유전적 결정론자들의 견해에 대하여 다음과 같이 말한 적이 있었다. "만약 우리들이 지금과 같아지도록 프로그램되었다면, 이러한 특성들은 불가피할 것이다. 기껏해야 우리는 그 특성들을 유도할 뿐이며 결코 그 특성들을 변화시킬 수는 없을 것이다."[11] 굴드는 유전적인 프로그램화를 의미했으나, 같은 논리를 더한 강도로 환경적 프로그램화에 적용하였다. 몇 년 후 굴드는 "문화적 결정주의는 심각한 선천적 질환이나 자폐증 같은 것들을 부모의 지나친 사랑이나 애정 부족에 관한 심리학의 횡설수설 탓으로 돌린다는 점에서 마찬가지로 잔인할 수 있다"고 썼다.[12]

만약 실제로 우리가 교육의 산물이라면(그 누가 어린 시절의 많은 영향들을 피할 수 없다는 것을 부인하겠는가-목격자 같은 어투?), 우리는 다양한 교육에 의하여 현재의 우리(부자이건, 가난하건, 거지이건, 도둑이건 간에)가 되도록 프로그램되었고, 우리가 그것을 바꿀 수는 없을 것이다. 대부분의 사회학자들이 신봉하는 그러한 환경적 결정론은 그 사회학자들이 공격하는 생물학적 결정주의만큼이나 잔인하고 무시무시한 주의이다. 다행스럽게도 진실은 우리가 그 두 가지가 뒤엉켜 있는 변화 가능한 혼합체라는 점이다. 우리가 유전자의 산물이라 할 경우, 그 유전자들은 언제나 모두 경험에 의하여 발전하고 재조절될 수 있을 것이고, 우리의 눈이 물체의 외곽을 인지하기를 배우는 것 또는 두뇌가 어휘를 배우는 것과 같을 것이다. 우리가 환경의 산물이라 할 경우, 환경이란 특수하게 설계된 우리의 뇌가 배우기로 선택한 바로 그 환경이다. 우리는 일벌이 유충에게 먹여 여왕벌로 만드는 데 쓰는 '로열 젤리'에 반응하지는 않는다. 벌역시 어머니의 미소가 행복의 근원임을 배우지 못한다.

마음의 프로그램

1980년대에 인공지능 연구자들이 정신의 메커니즘을 찾는 행렬에 낄 때 그들 역시 행동주의자의 가정에서 시작하였다. 그 가정은 인간의 두뇌가 컴퓨터와 같은 장치들의 집합체라는 것이었다. 그들은 곧 컴퓨터의 질은 그 속에 들어 있는 프로그램에 따라 달라진다는 것을 발견하였다. 워드 프로세싱 프로그램을 갖고 있지 않다면 우리는 컴퓨터를 워드 프로세서로 사용할 꿈도 꾸지 않을 것이다. 같은 방식으로 컴퓨터가 사물을 알아보도록, 또는 운동을 감지하도록, 혹은 의학적 진단을 내리거나 장기를 두도록 하기 위해서는 우리가 지식을 가지고 컴퓨터를 프로그램해야만 한다. 1980년대 말의 '신경회로망neural network'에 열광한 이들조차도 연상에 의한 일반학습 기관을 발견했다는 그들의 주장이 잘못되었다는 것을 곧 시인하였다. 결정적으로 신경회로망은 어떤 대답을 찾으라거나 어떤 패턴을 발견하라는 지시, 혹은 어떤 특정 목적에 맞춰 설계되었는지, 학습의 발판이 될 직접적인 예가 주어지는지 등에 크게 의존한다. 신경회로망에 큰 희망을 걸었던 '연결주의자'들은 한 세대 전에 행동주의자들이 빠진 함정에 그대로 빠져 들어갔다. 훈련이 안 된 연결주의자의 (신경)회로망은 영어의 과거시제조차도 배울 수 없다는 것이 증명되었다.[13]

연결주의와 그 전의 행동주의에 대한 대안인 '인지적'인 접근은 정신 내면의 메커니즘을 발견하려는 것이었다. 이러한 접근 방식은 1957년에 출판된 노엄 촘스키의 저서인 『통사 구조 Syntactic Structures』로 처음 꽃을 피웠으며, 여기서 그는 일반적 목적의 연상 학습 장치로는 말에서 문법의 규칙들을 추론해낼 수 없다고 주장하였다.[14] 거기에는 무엇을 찾을 것인지 미리 알고 있는 메커니즘이 필요하였다. 언어학자들은 차차 촘스키의 주장을 받아들였다. 그러는 동안 인간의 시야를 연구하는 학자들은 MIT의 영국 출신 젊은 과학자인 데이비드 마David Marr가 주창한 '계산적' 접근이 연구할 만한 가치가 있음을 발견하였다. 마와 토마소 포지오Tomaso Poggio는 두뇌가 눈에 형성되는 이미지에서 물체를 알아보기 위하여 쓰는 수학적 기교를 체계적으로 나타냈다. 예를 들면, 눈의 망막은 특별히 이미지의 대조되는 명암 사이의 경계에 예민하게 (신경이) 배선되어 있다. 시각적 환각은 사람들이 물체의 윤곽을 묘사하는 데 그런 경계를 사용한다는 것을 증명하였다. 두뇌의 이런 것들과 다른 메커니즘들은 타고나는 것이며, 각각의 과제에 따라 매우 전문화되어 있다. 그러나 타고난 메커니즘들은 아마도 현실의 예들을 접함으로써 완벽해졌을 것이다. 어느 목적에나 맞게 분화할 수 있는 범용 메커니즘이란 없다.[15]

현재 언어나 지각을 연구하는 과학자들은 두뇌가 메커니즘들을 갖고 있으며, 그 메커니즘들은 문화에서 배우는 건 아니지만 세계를 접함으로써 발전하는 것이고, 감지된 신호들을 해석하도록 전문화되어 있다는 것을 거의 모두 인정하고 있다. 투비와 코스미데스는 '더 고차원적'인 정신의 메커니즘 역시 마찬가지라고 주장하였다. 정신에는 전문화된 메커니즘이 있는데, 그것은 얼굴을 알아보고, 감정을 읽으며, 어린아이들을 관대하게 대하고, 뱀을 무서워하며, 이성의 어떤 구성원에 대해서 매력을 느끼고, 말의 의미를 추측하고, 문법을 획득하며, 사회적 사태를 해석하고, 어떠한 과제를 하기에 적당한 기구의 설계를 알아보고, 사회적 의무를 계산해보는 등 각각의 행동에 맞도록 진화에 의하여 설계되어 있다. 이러한 각각의 '모듈들'은 그런 과업들을 수행하는 데 필요한 세상의 어떤 지식들을 갖추고 있는데, 그것은 마치 신장이 피를 거르도록 설계되어 있는 것과 같다.

우리에게는 얼굴 표정의 해석을 배우는 데 쓰는 모듈이 있는데, 우리 뇌의 일부분은 오직 그것만을 배운다. 생후 10주가 되면 우리들은 물체들이 단단해서 두 개의 물체가 동시에 같은 장소를 점유할 수 없다는 것을 짐작하게 되며, 그러한 추측은 나중에 아무리 만화영화를 많이 본다고 하더라도 무효화되지 않는다. 아기들은 두 개의 물체가 한 장소를 점유할 수 있다는 것을 암시하는 속임수를 보여주면 놀라움을 표시한다. 생후 18개월이 된 아기들은 떨어져 있는 물체 사이에는 움직임이 있을 수 없다는 가정을 하게 된다. 즉, 서로 건드리지 않는 한 물체 B는 물체 A를 움직이게 할 수 없다는 것이다. 같은 시기의 아기들은 물체들을 색깔보다는 기능에 따라 분류하는 데 더 흥미를 보인다. 고양이처럼 스스로 움직일 수 있는 물체는 어느 것이나 동물이라고 가정하며, 그것은 기계로 가득 찬 세상에서 우리가 부분적으로 잊고 있는 것이기도 하다.[16]

마지막으로 언급할 예는 우리들의 머릿속의 얼마나 많은 본능들이 지금 이 세계가 자동차가 있기 전인 홍적세라는 가정 아래서 발달하였는가에 대한 것이다. 뉴욕에 사는 어린 아기들은 자동차가 뱀보다 훨씬 더 위험한데도 자동차보다는 뱀에 대해 더 쉽게 공포를 느낀다. 그것은 그 아기들의 두뇌가 뱀에 대한 공포를 갖기 쉽도록 설계되어 있기 때문이다.

뱀을 무서워하는 것과 스스로 움직이는 것은 동물의 표시라는 가정은 사람과 마찬가지로 원숭이에게도 잘 발달된 본능이다. 예를 들어 어른들이 어렸을 때 같이 산 사람들과 성관계를 갖기를 꺼려하는 것(근친상간을 피하는 본능) 역시 인간만의 독특한 특성은 아니다. 그렇게 하기 위해 루시에게 개보다 더 큰 두뇌가 필요하지는 않았다.

루시는 세대마다 세상을 새로 배우기 위하여 처음부터 시작해야 할 필요는 없었다. 문화는 루시에게 시각에서 물체의 외곽선을 잘 감지하도록 가르칠 수 없다. 문화는 또한 루시에게 문법의 규칙을 가르치지 않는다. 문화는 루시에게 뱀을 무서워하도록 가르칠 수 있었을지 모르나, 왜 구태여 그래야만 했을까? 왜 루시가 뱀에 대한 두려움을 지니고 태어나게 하지 않았는가? 진화론적인 견해를 가진 사람들에게는 왜 우리가 학습을 그렇게도 가치 있게 여기는지가 명확히 이해되지 않을 것이다. 만약 학습이 본능의 능력을 더하거나 훈련시키는 것이 아니라 본능 자체를 대체한다면, 우리는 원숭이들이 저절로 알게 되는 일들, 예를 들어 부정한 배우자는 간통을 한다는 사실 같은 것들을 다시 배우기 위하여 삶의 절반을 소모하게 될 것이다. 왜 성가시게 그런 것들을 배워야만 하는가? 어째서 볼드윈 효과는 그런 일들을 본능으로 전환시키지 않고 힘든 사춘기의 현상들을 거치는 데에다 시간을 더 쓰게 하는가? 만약 박쥐가 타고난 초음파 비행 능력을 단순히 개발하기보다 매번 부모에게 배워야만 했다면, 또 뻐꾸기가 겨울에 아프리카로 가는 길을 출발하기도 전에 알지 못하고 배워야만 했다면, 세대마다 죽은 박쥐와 길을 잃은 뻐꾸기의 숫자가 훨씬 더 많았을 것이다. 자연은 박쥐에게 메아리 되어 울리는 음파로 대상의 위치를 아는 본능을 부여하고, 뻐꾸기에게는 이동하는 본능을 주었다. 그 이유는 그러는 것이 그 동물들에게는 학습보다 더 효율적이기 때문이다. 사람들이 박쥐나 뻐꾸기보다 더 많은 것을 배우는 것은 사실이다. 우리는 수학과 수천 개의 어휘와 사람들이 어떤 성품을 가졌는가를 배운다. 그러나 이것은 우리가 이러한 것들을 배우고자 하는 본능을 가졌기 때문이지(아마도 수학의 경우는 예외가 될지도 모르나), 우리가 박쥐나 뻐꾸기보다 본능을 덜 가졌기 때문은 아니다.

도구 제작자의 신화

1970년대 중반까지, 왜 사람들이 다른 동물들보다 큰 두뇌를 가졌는가 하는 질문은 고대 인간들의 뼈와 도구들을 연구하는 인류학자들이나 고고학자들만이 제시한 의문이었다. 그 대답은 케네스 오클리Kenneth Oakley가 1949년에 쓴 『도구 제작자로서의 인간Man the Toolmaker』이라는 책에 설득력 있게 요약되어 있는데, 그 책에는 사람이 뛰어난 도구 사용자이면서 도구 제작자이고, 그런 목적(도구 제작과 도구 사용)을 위하여 커다란 두뇌를 발전시켰다고 씌어 있다. 인간의 역사를 통하여 사람들의 도구가 점점 더 세련되어갔고 (호모 하빌리스에서 호모 에렉투스에 이르기까지, 호모 에렉투스에서 호모 사피엔스에 이르기까지, 네안데르탈인에서 현대인에 이르기까지) 두뇌 크기의 변화에 동반하여 공예 기술이 껑충 뛰어올랐던 것처럼 보이는 것을 감안하면 이 주장은 그럴 듯해 보인다. 그러나 거기에는 두 가지 문제점이 있다. 첫째, 1960년대에 도구를 만드는 동물, 특히 침팬지의 능력이 발견되었으며, 그 능력은 호모 하빌리스의 기초 능력에 비해 오히려 우수하다고 할 수 있었다. 둘째, 그 주장은 의심쩍은 편견에 기초한 것이었다. 고고학자들은 돌로 만들어진 도구들을 연구하는데, 그 이유는 그런 도구들이 유일하게 보전된 것들이기 때문이다. 100만 년 후의 고고학자가 우리 시대를 콘크리트 시대라고 부른다면 크게 틀린 말은 아닐 테지만 그는 책이나 신문, 텔레비전 방송, 의류 산업, 석유 산업, 심지어는 자동차 산업 등에 대하여 전혀 모를 수도 있다. 그러한 모든 것들이 녹슬어 사라지기 때문이다. 그 미래

지능적인 체스 게임

의 고고학자는 우리 문명의 특징이 콘크리트의 성벽 위에서 벌거벗은 사람들이 손으로 전쟁을 하는 것이었다고 가정할지도 모른다. 마찬가지로 어쩌면 신석기 시대는 당시의 도구 기술이 아니라 언어의 발명 혹은 결혼 제도, 족벌주의같이 화석화될 수 없는 징후들에 의하여 구석기 시대와 구분되는지도 모른다. 목재가 돌보다 사람들의 생활에 더 크게 쓰였을 것임에도 불구하고, 나무로 된 도구가 남아 있지 않은 것처럼 말이다.[17]

더욱이 도구들에서 얻은 증거들은 계속되는 발명의 재주가 아니라 불변하고 지루한 보수주의를 말해주고 있다. 250만 년 전 이집트에서 호모 하빌리스가 올도완기紀의 기술로 만든 석기는 거칠게 쪼개진 돌덩어리로 정말로 매우 단순했다. 그 도구들은 그 후 100만 년을 거치는 동안 거의 개선되지 않고 점차 규격화되어 갔다. 그리고 호모 에렉투스가 만든 아슐기紀의 석기들로 대체되었는데, 그 석기들은 돌로 된 도끼와 눈물방울 모양을 한 석기로 구성되어 있다. 또다시 100만 년 이상 아무 일도 일어나지 않다가 약 20만 년 전, 호모 사피엔스가 나타날 무렵에 갑작스럽고 극적으로 도구의 다양성과 기교가 증가하였다. 그 이후부터는 퇴보란 없었으며, 금속의 발명이 있기까지 도구들은 점점 더 다양해지고 다듬어져갔다. 그러나 인간의 커진 머리를 설명하기에는 시기가 너무 늦다. 머리는 300만 년 전부터 커지고 있었다.[18]

호모 에렉투스가 쓰던 도구들을 만들기는 그리 어렵지 않다. 예측건대 누구라도 만들 수 있었을 것이며, 그랬기 때문에 아프리카 전역에서 그러한 도구들이 만들어졌을 것이다. 거기에는 발명의 재능

 붉은 여왕

이나 창의성이 없다. 100만 년 동안 이 사람들은 똑같은 둔탁한 손도끼들을 만들었다. 그러나 그들의 두뇌는 유인원을 기준으로 볼 때 이미 매우 커져 있었다. 단순히 손재주에 대한 본능, 형태 감지 본능, 기능에서 형태에 이르기까지의 역분석공학 본능들은 이 사람들에게 유용하였지만, 두뇌의 확장이 전적으로 이러한 본능들의 확장에 의해 이루어졌다고는 받아들이기 어렵다.

도구 제작 가설에 맞서는 첫째 가설은 '사냥꾼으로서의 남자' 가설이다. 1960년대에는 레이먼드 다트 Raymond Dart의 연구와 함께 사람이 삶을 유지하는 방법으로 사냥을 하고 고기를 먹은 유일한 유인원이라는 주장에 대하여 관심이 높아졌다. 논리적으로 생각할 때, 사냥을 하기 위해서는 예측과 지략, 협동, 그리고 어디에서 사냥감을 찾아야 하고 어떻게 가까이 다가가는지에 대한 기술을 배우는 능력이 있어야 한다. 모두 사실이며 지극히 평범한 이야기이다. 세렝게티 자연 공원에서 사자들이 얼룩말을 사냥하는 영화를 본 적이 있는 사람은 누구나 위에서 언급한 각각의 과제에 대하여 사자들이 얼마나 기술이 좋은지를 알 것이다. 사자들은 걷고, 숨고, 협동하고, 먹이를 속이는 데 사람들의 어느 집단에 못지않다. 사자에게는 큰 두뇌가 필요하지 않는데 왜 우리는 큰 두뇌가 필요한가? '사냥꾼으로서의 남자' 가설의 유행은 '채집인으로서의 여자' 가설에 자리를 내주었으나 그 또한 다르지 않았다. 땅에서 식물의 뿌리를 캐내는 데에 철학과 언어 능력은 전혀 필요하지 않다. 개코원숭이들도 인간 여자들만큼 그런 일들을 잘 할 수 있다.[19]

더욱이 나미브 사막에 사는 쿵산 족에 대한 1960년대 연구에서

지능적인 체스 게임

드러난 가장 놀라운 사실들은 그 수렵-채집인들이 보유하고 있는 방대한 양의 전승 지식이다. 그 지식은 언제 어디서 각종 동물들을 사냥할 수 있는지, 들짐승의 발자취를 어떻게 읽는지, 어디서 먹을 수 있는 식물을 찾을 수 있는지, 비가 온 후에는 어떤 종류의 음식물을 구할 수 있는지, 무엇이 독이 있으며 무엇이 약이 될 수 있는지에 대한 것들이었다. 쿵산 족에 대하여 멜빈 코너는 "그들의 식물과 동물에 관한 지식은 전문적인 식물학자들과 동물학자들을 놀라게 하고 정보를 주기에 충분할 정도로 깊고 세세한 것이었다"고 저술하였다.[20]

이런 축적된 지식이 없었다면, 인류는 이토록 다양하고 풍요로운 식사법을 발달시킬 수 없었을 것이다. 왜냐하면 시행착오의 결과들이 축적되지 않았다면 각 세대마다 새로 배워야 했을 것이기 때문이다. 우리의 음식은 과일과 산양의 고기 정도로 제한되었을 것이며, 감히 식물 뿌리나 버섯 같은 것들을 먹으려 시도하지 않았을 것이다. 사람과 아프리카의 꿀길잡이새 사이의 놀라운 공생관계를 보면, 그 새는 사람을 꿀벌의 집으로 안내하고 사람이 떠난 후에 남기고 간 나머지 꿀을 먹는다. 이 관계는 꿀길잡이새가 꿀이 있는 곳으로 인도한다는 것을 사람이 전해들었기 때문에 형성된 것이다. 이러한 지식을 축적하고 전승하는 데에는 방대한 양의 기억력과 언어 능력이 요구된다. 따라서 커다란 두뇌가 필요하게 된 것이다.

이것으로도 충분하지만, 또 한 번 그 논증은 아프리카의 모든 잡식성 동물에게 똑같은 정도로 적용된다. 개코원숭이들은 언제 어디에서 먹이를 찾아야 하는지, 또 지네류나 뱀을 먹어야 하는지 말아야 하는지에 대해서도 분명히 알고 있다. 침팬지들은 실제로 특별한 종류의 식물을 찾아나서는데 그 식물의 잎으로는 선충에 의한 감염을 치료할 수 있다. 또한 침팬지들은 견과류를 쪼개는 방법에도 문화적인 전통을 가지고 있다. 여러 세대가 함께 집단으로 모여 사는 어떤 동물이라도 자연사에 대한 지식을 축적할 수 있으며, 이러한 지식은 단순히 모방에 의하여 전승된다. 그 설명은 오로지 인간에게만 적용되어야 한다는 시험을 통과하지 못하였으므로 실패하였다.[21]

아기 유인원

인본주의자는 아마도 이런 논증으로 다소 좌절을 느낄지도 모른다. 어쨌든 우리는 커다란 두뇌를 가지고 쓰고 있다. 사자와 개코원숭이가 작은 뇌를 가지고도 잘 지낸다고 해서 우리가 더 커진 두뇌의 도움을 받고 있지 않다고는 할 수 없다. 우리는 사자나 개코원숭이보다 훨씬 더 잘 지내고 있다. 우리는 도시를 건설하였으나 그들은 그렇지 못하다. 우리는 농업을 발명하였고 빙하 시대의 유럽을 정복하였으나 그들은 그렇지 못하다. 우리는 사막과 열대 우림에서 살 수 있으나 그들은 초원 지대에서만 살 수 있다. 그러나 이 논쟁은 아직도 큰 힘을 가지고 있는데, 그 이유는 커다란 두뇌를 거저 갖게 된 것은 아니기 때문이다. 사람은 매일 소모하는 에너지의 18퍼센트를 두뇌를 운영하는 데에 쓰고 있다. 성性 그 자체가 단지 새로운

지능적인 체스 게임

제도를 이끈다고 해서 빠져들기에는 그 대가가 너무 비싼 것이듯이, 두뇌 역시 단지 농업을 발명하는 데에 도움이 될까 해서 몸통 위에 붙이고 다니는 것이라면 매우 비싼 장식물이라고 할 수 있다(제2장 참조). 인간의 두뇌는 거의 섹스만큼이나 비싸게 먹히는 발명품인데, 그 말은 두뇌의 이점이 섹스만큼 즉각적이고 방대하다는 것을 암시한다.

이런 이유로 최근 주로 스티븐 제이 굴드에 의하여 유명해진 지성의 진화에 대한 중립 이론을 반박하기는 쉽다.[22] 굴드의 논증의 핵심은 '유형성숙幼形成熟'의 개념이다. 유형성숙은 성체나 어른이 된 후에도 어렸을 때의 형질을 지니고 있는 현상을 말한다. 오스트랄로피테쿠스에서 호모로, 호모 하빌리스에서 호모 에렉투스로, 또한 그 다음 호모 사피엔스로 이어지는 인류 진화의 공통점은 신체의 발달 기간이 길어지고 발달 속도도 더디다는 것이며, 따라서 어른이 되었을 때에도 아기처럼 보인다는 점이다. 비교적 큰 두개골과 작은 턱, 가느다란 사지, 털이 없는 피부, 벌어지지 않은 엄지발가락, 가는 뼈대, 심지어는 여자의 외음부에 이르기까지 우리는 아기 유인원과 같은 모습을 하고 있다.[23]

새끼 침팬지의 두뇌는 어른 침팬지의 두뇌나 사람의 아기 두뇌보다는 인간 어른의 두뇌와 흡사하게 보인다. 유인원에서 사람으로의 변화는 어른의 특징을 발달시키는 속도에 영향을 주는 유전자가 바뀌는 것이며, 그렇기 때문에 우리는 바야흐로 성장을 멈추고 생식을 시작하였을 때 아직도 아기처럼 보이는 것이다. 1961년에 애슐리 몬터규Ashley Montagu는 "사람은 다른 어떤 동물보다 덜 성숙한 상

 붉은 여왕

태에서 태어나며, 그 상태에 머무른다"고 서술하였다.²⁴

유형성숙의 증거들은 많다. 사람의 치아는 일련의 순서대로 턱에서 솟아난다. 사람은 6살에 첫 어금니를 갖게 되는 데 비해, 침팬지는 그때 3개의 어금니를 갖는다. 이러한 패턴은 그 외의 모든 현상들의 지표가 되는데, 그 이유는 치아가 턱의 성장에 맞춰 적절한 때에 생겨나야 하기 때문이다. 미국 미시간대학의 인류학자인 홀리 스미스Holy Smith는 21종의 유인원들에게 첫 어금니가 나는 시기와 몸무게, 임신 기간, 젖을 떼는 시기, 출산의 간격, 성적 성숙도, 수명, 그리고 특히 두뇌의 크기 사이에 긴밀한 상관관계가 있음을 밝혀냈다. 스미스는 화석으로 남아 있는 인류의 두뇌 크기를 알고 있었기 때문에, 루시는 첫 어금니가 3살에 솟아났고 침팬지같이 40세까지 산 반면에 평균적인 호모 에렉투스는 5살에 첫 어금니가 솟았고 거의 52세까지 살았다는 것을 예측할 수 있었다.²⁵

유형성숙 현상이 인간에게만 국한된 것은 아니다. 그 현상은 여러 종류의 가축들, 그중에서도 특히 개에게서 나타나는 특징이다. 어떤 종류의 개들은 늑대의 성장 단계로 본다면 아직 초기임에도 불구하고 성적으로 성숙된다. 즉, 그 개들은 코가 짧고 귀가 부드러우며, 물건을 찾아가지고 오는 것과 같이 새끼 늑대들이 보이는 행동들을 한다. 그 외의 다른 개들은 다른 성장 단계에 머무르게 된다. 즉, 코가 좀 더 길고 귀는 반쯤 꺾여 있으며, 그리고 양치는 개와 같이 쫓는 행동들을 보이게 된다. 반면에 또 다른 개들은 늑대의 발달에서 완전히 성장한 단계에 있는데, 사냥하고 공격하는 행동을 보이며 코가 길고 귀가 꺾여 있다. 그런 종류의 개로는 알사시안 종이 있다.²⁶

그러나 개들이 어린 나이에 생식을 하고 새끼 늑대처럼 행동하는 등 진실로 유형성숙적인 데 반하여, 사람들의 경우는 특이하다. 사람들은 아기 유인원처럼 보이는 외모와는 달리 좀 더 나이가 든 후에야 생식을 한다. 사람의 머리 모양이 서서히 변하고 어린 시절이 길다는 것은 성인이 되었을 때 유인원으로서는 놀랄 만큼 큰 두뇌를 가지게 된다는 의미이다. 실제로 유인원이 사람으로 변하는 메커니즘에는 분명히 발생의 시계를 느리게 돌아가게 하는 유전적 스위치가 있었다. 스티븐 제이 굴드는 언어 같은 특성을 적응적 논증으로 설명하려 애쓰지 말고, 대신 그저 '우연한' 것, 유용하긴 하지만 아마 유형성숙으로 갖게 된 것일 큰 뇌의 부산물에 불과한 것으로 보자고 주장한다. 만약 언어와 같이 굉장한 현상이 단순히 커다란 두뇌와 문화의 산물이라면, 왜 더 큰 두뇌가 필요했느냐는 질문에 대해서는 특별한 설명이 필요하지 않을 것이다. 더 큰 두뇌가 주는 이점이 너무나 분명하기 때문이다.[27]

이 이론은 잘못된 전제를 근거로 하고 있다. 촘스키와 그 외의 다른 사람들이 충분히 증명했듯이 언어는 상상할 수 있는 한 가장 고차원적으로 설계된 능력들의 하나이며, 언어는 커다란 두뇌의 부산물과는 거리가 멀고, 가르치지 않아도 아이들에게서 발달하는 매우 특정한 패턴을 가진 메커니즘이다. 언어는 또한 진화적으로 볼 때도 명백한 이점을 갖는 현상이다. 조금만 생각해보면 금방 알 수 있는 일이다. 예를 들어, 재귀의 기술, 즉 종속절을 구성하는 기술이 없다면 아무리 간단한 이야기라도 제대로 전달하기가 불가능할 것이다. 스티브 핑커Steve Pinker와 폴 블룸Paul Bloom의 말처럼 "멀리 떨어

붉은 여왕

진 장소에 도달하기 위하여 '커다란 나무 앞에 있는 길을 따라가야 하는 것' 과 '커다란 나무가 앞에 있는 길을 따라가야 하는 것' 은 큰 차이가 있다. 어떤 장소에 '당신이 먹을 수 있는 동물이 있다는 것' 과 '당신을 먹는 동물이 있다는 것' 은 많은 차이가 있다." 재귀용법은 홍적세 인류가 생존하고 자손을 퍼뜨리는 데 도움이 되었을 것이다. 핑커와 블룸은 '언어는 진화의 압력에 대한 반응으로 신경회로망이 갖게 된 설계' 라고 결론지었다. 언어는 마음의 기계인 뇌가 우연히 발생시킨 시끄러운 부산물이 아니다.

유형성숙의 주장에는 한 가지 유리한 점이 있다. 유형성숙은 유인원과 개코원숭이가 더 큰 두뇌를 갖는 사람의 발자취를 왜 따라오지 않았는지 설명할 수 있다. 우리 영장류 사촌들에게 유형성숙의 돌연변이가 일어나지 않은 것뿐일 수 있는 것이다. 혹은 좀 더 복잡하게 말하면, 뒤에 설명하겠지만 그런 돌연변이는 생겨났을 수도 있지만 결코 널리 퍼져나갈 이유가 없었다.[28]

소문의 지배력

인류학계에 속하지 않은 사람들은 도구의 인간이라는 개념이나 지성을 설명하는 다른 말에 그리 경의를 표하지 않았다. 대부분의 사람들에게 지성을 가짐으로써 얻는 이점은 명확한 것이었다. 지성은 학습을 가능하게 하여 본능으로부터 더 잘 벗어날 수 있도록 해주었다. 이것은 더 적응력 있는 행동으로 이어지고, 따라서 진화에

지능적인 체스 게임

게 보상을 받는 것이다. 우리는 이것이 얼마나 허술한 논리인지를 이미 확인하였다. 학습이란 개체에게 주어지는 짐이되 유연한 본능이 이미 있는 자리에 주어지는 것이고, 둘은 어떤 경우에도 대립하지 않는다. 인간은 학습하는 유인원이 아니라, 단지 경험에 개방적인 본능을 지닌 지혜로운 유인원일 뿐이다. 이런 일을 연구하리라 예상되는 학문, 가령 철학은 이런 논리적 결점을 보지 못한 채, 이상하리만치 지성이라는 문제에 대해 무관심했다. 철학자들은 지성과 의식에 분명히 장점이 있다고 가정하고 의식이 무엇인지에 대해 심각한 논쟁을 계속한다. 1970년대 이전에 이들은 "지성이 왜 좋은 것인가?"라는 진화학적으로 의미 있는 질문조차도 하지 않은 것 같다.

그랬기 때문에 서로 개별적으로 연구하던 두 동물학자가 1975년에 이 질문에 실어준 힘은 아주 큰 영향을 미치게 되었다. 그중 한 명은 미시간대학의 리처드 알렉산더 Richard Alexander이다. 붉은 여왕 이론의 전통에 따라서, 그는 찰스 다윈이 '자연의 악의 있는 힘'이라고 한 것들이 과연 지성과 맞설 수 있는 상대이기나 할까 하고 회의하게 되었다. 요점은 석기나 식물의 덩이줄기라는 도전은 대체로 예측 가능한 수준이라는 것이다. 세대가 아무리 흘러도 큰 암석을 조각내어 연장을 만드는 법이나 덩이줄기를 찾기 위해서 어디를 뒤져야 하는지 아는 것에는 매번 비슷한 수준의 기술이 요구된다. 경험이 쌓이면서 이러한 도전은 훨씬 쉬워진다. 이것은 자전거 타는 방법을 배우는 것과 같다. 일단 방법을 알고 나면 그 다음부터는 아주 능숙해진다. 실제로 이런 일은 무의식중에 하게 되는데, 마치 매번 의식적인 노력을 할 필요가 없는 것 같다. 이와 마찬가지로 얼룩

붉은 여왕

말을 사냥할 때 얼룩말이 냄새를 맡지 못하도록 언제나 바람이 불어오는 반대 방향에서 접근해야 한다는 것이나 어떤 나무 밑에 덩이줄기가 있는지를 알기 위해서 의식이 필요하지는 않다. 우리에게 자전거 타는 것이 자연스럽듯이 그러한 지식 또한 호모 에렉투스에게는 자연스러운 것이다. 첫수 한 가지만을 둘 줄 아는 컴퓨터와 체스를 한다고 생각해보라. 그 첫수가 아주 뛰어나다고 하더라도, 그것을 깨는 방법을 알기만 하면 게임을 할 때마다 똑같은 방법으로 이길 수 있다. 체스의 의미는 상대편이 당신의 수마다 수많은 대응책 중 하나를 선택한다는 데 있다.

이 같은 논리로 알렉산더는 지성이라는 보상을 준 인간 환경의 핵심적인 요인은 다른 사람들의 존재라고 주장했다. 매 세대에 걸쳐서 당신의 후손이 똑똑해질수록, 상대편의 후손들도 똑똑해진다. 당신이 아무리 빨리 달리더라도, 언제나 그들과의 상대적인 위치는 동일하다. 인류는 자신의 기술적 재능을 통해서 생태적으로 우점종優占種이 되었고, (자신의 기생체들을 제외하고는) 자신의 유일한 적수가 되었다. 알렉산더는 "오직 인간만이 자신의 진화에 대해서 설명할 수 있는 능력을 갖고 있다"고 썼다.[29]

이것은 사실이다. 하지만 스코틀랜드의 곤충이나 아프리카의 코끼리는 그 적들보다 수가 많거나 몸이 크다는 점에서 '생태학적으로 우점종'이다. 하지만 둘 다 상대성 이론을 이해하는 능력과 같은 것을 개발할 필요는 느끼지 못했다. 어떤 경우에서도 루시가 생태학적으로 우수하다는 증거는 없다. 모든 것을 고려해보아도 그녀의 종족은 그녀가 살던 건조하고 울창한 사바나에서 동물군群의 중요하

지 않은 일부분을 차지하고 있었을 뿐이다.[30]

　케임브리지대학의 젊은 동물학자인 니콜라스 험프리는 이와는 개별적으로 알렉산더와 유사한 결론에 도달하였다. 험프리는 이 주제에 대한 글을 헨리 포드가 이사들에게 T형 자동차의 부속품에서 절대로 고장이 나지 않는 부분을 찾아내라고 명령했다는 이야기로 시작하였다. 그 이사들은 중심 핀이 고장나지 않는다고 보고했고, 포드는 돈을 절약하기 위해서 중심 핀이 결점을 지니도록 제조하라고 하였다. "자연은 적어도 포드만큼 조심성 있는 경영인이다"라고 험프리는 말했다.[31]

　그렇다면 지성은 반드시 목적을 지니고 있을 것이다. 지성은 부담이 큰 사치품일 수 없기 때문이다. 험프리는 지성을 '증거를 바탕으로 유효한 추론을 통해서 행동을 변화시키는' 능력이라고 정의하면서, 실용적인 발명을 위해 지성을 사용하는 것은 쉽게 파괴되는 지푸라기 인형과 같다고 말했다. "모순적이지만 지성을 요구하는 것보다 생존 기술을 요구하는 것이 더 나을 수 있다." 험프리에 의하면 고릴라는 동물 가운데 가장 똑똑한 편에 속한다. 하지만 우리가 생각하기에 그들은 기술이 전혀 필요없는 삶을 산다. 그들은 주변에 풍부하게 자라고 있는 잎을 먹는다. 하지만 고릴라의 생애는 사회적 문제에 의해서 지배된다. 그들이 하는 지적인 노력의 대부분은 지배하거나 종속되거나 다른 고릴라의 감정을 읽거나 다른 고릴라들의 삶에 영향을 주는 데 사용된다.

　이와 비슷하게 로빈슨 크루소의 무인도 생활은 기술적으로 상당히 단순한 것이었다고 험프리는 주장한다. "프라이데이의 출현이야

붉은 여왕

말로 그에게 어려움을 가져다준 사건이다." 험프리는 인간은 대체로 상황 속에서 자신의 지성을 이용한다고 제시한다. "체스 게임과 마찬가지로 사회적인 모략과 역모략은 단순히 축적된 지식을 바탕으로 이루어질 수 없다." 개인은 자신의 행동의 결과를 예측해야 하며 다른 이들의 가능한 반응 또한 예측해야 한다. 그렇기 때문에 비슷한 상황에서 다른 이들의 생각을 예측하기 위해서 그는 최소한 자기 자신의 의도를 어느 정도 알아야 한다. 그리고 이러한 자신에 대한 지식의 필요로부터 자의식이 성장할 수 있게 된 것이다.[32]

케임브리지대학의 호레이스 발로Horace Barlow가 지적했듯이, 우리가 의식하는 것은 대부분 사회적 행동과 관련된 정신적 작용들이다. 우리는 보고, 걷고, 테니스 공을 치거나 글을 쓰는 방법 등에 대해서는 의식하지 않는다. 군대의 위계 질서와 같이 의식은 '알아야 할 필요' 원칙에 의해서 작용한다. "나는 다른 이들에게 말할 수 있는 것은 의식하고, 말하기 불가능한 것은 의식하지 못한다는 법칙에 대한 예외를 아직 발견하지 못했다."[33] 동양철학에 특별한 관심을 가진 존 크룩John Crook이라는 심리학자도 이와 비슷한 말을 하였다. "그렇기 때문에 주의는 인식을 의식의 세계로 인도한다. 그리고 그곳에서 인식은 언어 형성 및 남들에게 표현하는 일에 종속된다."[34]

험프리와 알렉산더가 묘사한 것은 본질적으로 붉은 여왕 식 체스 게임이다. 인류가 더 빨리 달릴수록, 즉 인류가 더 똑똑해질수록 인류는 더욱더 같은 자리에 계속 머무르게 되는 것이다. 그가 심리적으로 지배하고자 한 사람들은 전 세대에 좀 더 지능이 높았던 이들의 후손이자 자신의 친척이기 때문이다. 핑커와 블룸이 말했듯이,

"때로는 분명히 악의적인 의도를 지니기도 하고 자신과 지적 수준이 거의 비슷하기도 한 개체와의 교류는 인식에게 끊임없이 상승해야 한다는 힘겨운 요구를 가한다."[35]

만약 투비와 코스미데스가 정신 모듈에 대해 옳게 보았다면, 이러한 지능적 체스 게임에 의해 선택되어 크기가 커진 모듈 중에는 '마음의 원리'라는 것이 있을 것이다. 이것은 우리가 상대방의 생각을 읽을 수 있게 하고, 우리는 언어 모듈을 통해서 우리 자신의 생각을 표현할 수도 있게 된다.[36] 주위를 둘러보면 이런 가설에 대한 증거가 상당히 많다. 소문은 인류의 가장 보편적인 습관의 하나이다. 직장 동료, 가족들, 오래된 친구처럼 서로를 잘 아는 사람들 사이의 대화를 보면, 그 주제가 그곳에 없는(같이 있을 때도 있다) 동료의 행동, 야망, 의도, 약점이나 그와 관련된 일에서 크게 벗어나지 않는다. 이것이 바로 연속극이 사람들을 즐겁게 하는 아주 효과적인 방법이 되는 이유이다.[37] 이것은 단지 서구적 습관만은 아니다. 코너는 다음과 같이 쿵산 족과 함께했던 생활을 기록한다.

그들과 2년을 생활한 후에, 인류 역사(우리가 진화한 300만 년 동안)에서 홍적세 시기가 끝없는 마라톤을 뛰고 있는 그룹과 같은 게 아닌가 생각하게 되었다. 그들의 마을에 있는 어떤 오두막에서 자게 되었는데, 우리는 그 오두막의 허술한 벽 덕분에 모닥불 주변의 사람들이 초저녁에 불을 지핀 후 해가 뜰 때까지 서로 솔직하게 감정과 주장을 나누는 것을 매일 밤 들었다.[38]

붉은 여왕

대체적으로 모든 소설과 희곡은 역사나 모험이라는 형태로 위장되었더라도 동일한 주제를 다룬다. 인간의 동기에 대해 알고 싶다면, 프루스트, 트롤로프, 톰 울프, 프로이트, 피아제나 스키너의 글을 읽어보라. 우리는 다른 이들의 마음에 아주 많이 집착한다. "우리의 직관적인 상식의 심리학은 범위나 정확도에서 그 어떤 과학적인 심리학보다도 우수하다"고 도널드 시먼스는 말했다.[39] 호레이스 발로는 위대한 작가들은 거의 전적으로 뛰어난 독심술을 지닌 이들이라고 지적하기도 하였다. 셰익스피어는 프로이트보다 훨씬 뛰어난 심리학자이고, 제인 오스틴 또한 뒤르켐보다 뛰어난 사회학자이다. 우리가 똑똑한 것은 우리가 본능적인 심리학자이기 때문이고, 우리의 지적 능력도 이 본능적인 심리학자의 능력 이상일 수 없다.[40]

실제로 이것을 맨 먼저 발견한 사람은 소설가라고 할 수 있다. 조지 엘리엇은 『급진주의자 펠릭스 홀트』에서 알렉산더-험프리의 학설에 대해 상세한 요약문을 제시하였다.

만약에 체스 판의 말들이 열정과 지성을 지녀서 비록 약간이나마 어느 정도는 교활하다면 체스 게임이 어떻게 될지 생각해보라. 그리고 상대방 말들뿐 아니라 자기의 말들에 대해서도 어느 정도 확신할 수 없다면 어떻게 될까? 오만하게도 자신의 계산적인 상상력만 믿고 열정적인 자신의 체스 말을 무시한다면 확실히 지게 될 것이다. 하지만 이런 가상의 체스 게임은 다른 사람을 도구로 사용하여 또 다른 이들을 상대로 치르는 경기보다는 아주 쉽다.

지능적인 체스 게임

마키아벨리 가설Machiavellian hypothesis[41]이라고 널리 알려진 알렉산더-험프리의 학설은 참으로 당연한 말로 들리지만, 행동 연구에서 '이기적인' 변혁이 일어나기 전인 1960년대 전에는 누구도 몰랐다. 정통 사회과학에 심취한 사람도 인식하지 못했다. 이것은 동물의 의사소통을 냉소적 관점에서 보아야 했기 때문이다. 1970년대 중반까지 동물학자들은 의사소통을 정보의 전달이라는 관점에서만 고려했다. 정보 제공자와 받는 자의 상호 이익을 위해서는 정보가 명확하고 솔직하며 유용해야 한다는 것이다. 하지만 매콜리 경Lord Macaulay이 말했듯이 "웅변 자체의 목적은 설득에 있지 진실에 있지 않다".[42] 1978년에 리처드 도킨스와 존 크렙스는 본질적으로 동물들이 정보를 전달하기보다는 서로를 조종하기 위해서 의사소통을 사용한다고 지적했다. 수컷 새는 암컷이 자신과 짝짓기를 하도록 유혹하거나 경쟁자로 하여금 자기 구역 내로 침입하지 못하게 하기 위해서 길고 아름다운 노래를 부른다. 새가 단지 정보를 전달하기 위해서 노래를 한다면, 노래를 그렇게 화려하게 부를 필요는 없다. 도킨스와 크렙스에 의하면, 동물들의 의사소통은 비행기 시간표보다는 우리들의 광고와 더 유사하다. 상호 이익의 가장 좋은 예라고 생각되는 어머니와 유아 간의 의사소통도 순수한 조종의 의미를 지닌다. 단지 누군가 옆에 있어주길 바라서 아주 애절하게 우는 아이 때문에 한밤중에 깨어난 어머니라면 누구나 다 알 것이다. 과학자들이 이런 식으로 생각하게 된 후부터 그들은 동물의 사회적 삶에 대해 새로운 시각을 지니게 되었다.[43]

정보 교환의 가장 인상적인 예는 리다 코스미데스 박사가 스탠퍼

붉은 여왕

드대학에 있을 때 한 실험과 게르트 기거렌저 Gerd Gigerenzer와 그 동료들이 잘츠부르크대학에서 수행한 실험이다. 웨이슨 Wason 실험이라는 단순한 논리 퍼즐이 있다. 그런데 사람들은 이상할 정도로 이 퍼즐을 잘하지 못한다. 이 퍼즐은 책상 위에 놓인 4장의 카드를 가지고 시작한다. 각 카드는 한 면에는 글자가, 다른 면에는 숫자가 적혀 있다. 지금 그 카드에는 각각 D, F, 3, 7이라고 적혀 있다. 피실험자가 해야 할 일은, 카드에 D가 적혀 있다면 다른 면에는 3이 적혀 있다는 규칙이 맞는지 틀리는지를, 4장 가운데 1장만 뒤집어서 증명하는 것이다.

이 퍼즐이 주어졌을 때 스탠퍼드대학의 재학생 중 4분의 1 이하가 통과했는데 이는 평균적인 결과이다(정답은 D나 7이 적힌 카드를 뒤집는 것이다). 하지만 수년 동안, 이 퍼즐이 다른 형태로 주어지면 통과하는 사람이 더 많다는 사실이 알려져왔다. 다음과 같은 예가 있다. 당신은 보스턴의 술집 경비원이고, 손님이 맥주를 마시려면 적어도 20세 이상이어야 한다는 규칙을 손님들에게 요구하지 않으면 실직하게 된다. 이제 각 카드에는 '맥주를 마신다' '콜라를 마신다' '25세' '16세'라고 적혀 있다. 이렇게 하면 '맥주를 마신다'는 카드와 '16세'라고 적힌 카드를 뒤집어서 통과하는 재학생이 4분의 3이 된다. 하지만 이 문제는 처음 것과 논리적으로 동일하다. 어쩌면 보스턴 술집이라는 좀 더 익숙한 조건 덕에 사람들이 쉽게 통과하는지도 모른다. 하지만 이와 유사한 다른 예에서는 통과율이 그리 높지 않다. 왜 어떤 웨이슨 퍼즐이 다른 것보다 더 쉬운지, 그에 대한 비밀은 심리학의 오랜 수수께끼이다.

코스미데스와 기거렌저는 이 수수께끼를 풀었다. 아무리 논리가 쉽더라도 강요되는 규칙이 사회적인 접촉을 요구하지 않으면 문제는 어려운 것이지만, 만약 위의 맥주 마시기의 예처럼 사회적인 접촉이 요구되면 쉽다는 것이다. 기거렌저의 실험 중 하나에서, 사람들은 '퇴직금을 받는다면 10년 이상 근무한 것이다'는 규칙이 적용되는 경우, '8년간 근무'와 '퇴직금 받음'이라는 카드 뒤에 무엇이 있는지 궁금해했기 때문에 통과율이 높았는데, 이것은 피실험자를 고용주라고 가정했을 때의 상황이다. 하지만 그들에게 그들이 고용인이라고 말한 후 같은 규칙을 적용하게 되면, 그들은 '12년간 근무'와 '퇴직금을 못 받음'이라고 적힌 카드를 뒤집는다. 마치 부정한 고용주가 규칙을 어긴다는 논리가 없는데도 부정한 고용주를 찾아내려는 것처럼 말이다.

여러 종류의 실험을 통해서, 코스미데스와 기거렌저는 사람들이 이 퍼즐을 전혀 논리 게임이라고 생각하지 않음을 밝혀냈다. 사람들은 퍼즐을 사회적인 계약으로 여기고, 속임수를 찾으려고 한다. 그들은 인간의 마음은 논리에 전혀 적합하지 않을지 모르며, 오히려 사회적 거래의 정당성과 사회적 제안의 진실함을 판단하는 데 적합하다고 결론지었다. 이것은 불신하는 마키아벨리적인 세상이다.[44]

세인트앤드루스대학의 리처드 번Richard Byrne과 앤드루 휘텐Andrew Whiten은 동아프리카의 개코원숭이를 연구했는데, 폴이라는 어린 원숭이가 멜이라는 성숙한 암컷이 큰 식물 뿌리를 찾아낸 것을 목격한 사건을 본 적이 있다. 폴은 주위를 둘러본 후 큰 소리로 울부짖었다. 이 울음소리를 듣고 폴의 어미가 왔고, 그 어미는 멜이 폴의 먹이를 훔쳤거나 어떤 방법으로든 위협했다고 '추정' 하고는 멜을 쫓아버렸다. 폴은 그 식물 뿌리를 먹을 수 있었다. 어린 원숭이가 행한 이 사회적 조작은 지성을 요구했다. 자신의 울음이 어미를 불러올 것이라는 지식과 어미가 무슨 일이 벌어진 것인지 '추정' 하리라는 추측과 이로써 자신이 먹이를 차지할 수 있으리라는 예상이다. 이것은 속임수를 쓰기 위해 지성을 사용한 것이기도 하다. 번과 휘텐은 계산된 속임수를 쓰는 습관은 인류에게는 보편적이고, 침팬지에게는 가끔 있으며, 개코원숭이에게는 드물고, 다른 동물의 경우에는 거의 알려진 것이 없다고 말했다. 기본적으로 지성이 필요한 이유는 속이기 위해서와 속임수를 감지하기 위해서일 것이다. 그들은 유인원들이 속임수를 위한 수단으로써 대안 가능한 세계를 상상하는 독특한 재능을 획득하게 되었다고 주장했다.[45]

로버트 트리버스는 동물이 상대를 잘 속이기 위해서는 자신을 속여야 하며, 이런 자기기만의 증거는 의식에서 무의식 세계로 전이가 쉽게 일어나는 것이라고 했다. 따라서 기만은 잠재의식이 만들어지게 된 이유가 된다.[46] 하지만 번과 휘텐이 기술한 개코원숭이 사건은 마키아벨리 가설이 갖는 문제점의 핵심을 지적한다. 이것은 모든 사회적 동물에 적용된다. 한 예로 침팬지 무리의 삶에 대해서 쓴 이야기를 읽어보면, 그 이야기의 '구성'에서 인간은 아주 끔찍할 정도의 결과를 쉽게 예상할 수 있을 것이다. 제인 구달이 고블린이라는 우수한 수컷의 생애에 대해 기록한 것을 보면, 고블린은 먼저 무리 안에 있는 암컷들에게 도전하여 이긴 후 수컷인 험프리, 호미오, 셰리, 사탄, 그리고 에버레드에게 개별적으로 도전하여 승리하면서, 조숙하고 자신감에 찬 모습으로 그 무리의 위계 질서 속에서 상승해가는 과정을 보여준다.

우두머리 수컷인 피간만이 예외였다. 실로 그와의 관계 덕분에 고블린은 이렇게 더 성숙하고 경험 많은 수컷들에게 도전할 수 있었다. 고블린은 피간이 근처에 없으면 거의 도전하지 않았다.

이를 읽은 사람들은 그 다음에 일어날 일을 충분히 짐작할 수 있을 것이다.

얼마 동안 우리는 고블린이 피간에게 도전할 것이라고 예상했다. 실로 나는 아직도 다른 모든 일에서는 사회적으로 빈틈없던 피간이 고블린을 후원함으로써 부딪히게 될 결과를 왜 예측하지 못했는지 궁금하다.[47]

이 이야기의 구성에서 몇 가지 뜻밖의 사건이 일어나지만 그리 놀랄 정도는 아니다. 곧 피간은 세력을 잃는다. 최소한 마키아벨리는 왕자에게 배신을 조심하라고 경고했다. 브루투스와 카시우스는 자신들의 음모를 율리우스 카이사르가 눈치채지 못하도록 상당한 노력을 기울였다. 자신들의 광활한 야심이 명확하게 드러났다면 암살은 성공하지 못했을 것이다. 권력에 눈먼 독재자도 피간처럼 무방비 상태에서 당하지는 않았다. 물론 이것은 사람이 침팬지보다 똑똑하다는 것을 증명하지만, 놀랄 만한 일은 아니다. 하지만 이 사

붉은 여왕

건은 '왜'라는 질문을 하게 만든다. 피간이 더 똑똑했다면 앞으로 일어날 일을 알 수 있었을 것이다. 그렇다면 니콜라스 험프리가 제시한 사회적 문제를 푸는 능력, 독심술, 반응의 예견 능력을 더욱더 성장시켜야 한다는 진화적인 압력이 침팬지와 개코원숭이에게도 적용될 것이다. 스탠퍼드대학의 심리학자 제프리 밀러 Geoffrey Miller는 다음과 같이 말했다. "모든 유인원과 원숭이들은 의사소통, 조작, 그리고 장기적인 관계로 가득한 복잡한 행동을 보인다. 그렇다면 사회적인 복잡성에 따라 마키아벨리적 지성이 선택된다는 이론에 의해, 우리는 유인원과 원숭이들도 지금보다 더 큰 두뇌를 가져야 한다고 추측하게 된다."⁴⁸

이 문제에 대한 답은 여러 개가 있지만 완벽한 설득력을 지닌 것은 없다. 그중 첫째는 험프리 자신의 답으로, 인간 사회에는 젊은 세대가 그들 종種의 실용적인 기술을 익힐 수 있는 '다기능적 학교'를 필요로 하기 때문에 유인원의 사회보다 더 복잡하다는 것이다. 이것은 도구 제조자 학설로 후퇴하는 것처럼 보인다. 둘째는 무관한 개인들 간에 동맹을 형성하는 것이 인류에게는 성공의 열쇠라는 것이다. 그리고 이런 복잡성은 지성이 가져다주는 보상을 굉장히 증가시킨다고 하는데, 여기서 돌고래의 경우에는 어떠한가 하는 질문이 제기된다. 돌고래 사회는 수컷 간, 그리고 암컷 간의 끝없이 변하는 동맹관계를 기초로 하고 있다는 증거가 계속 나오고 있다. 이것은 리처드 코너의 관찰에서 볼 수 있다. 그는 한 무리의 수컷이 생식 능력을 지닌 암컷을 그 암컷의 무리에서 납치한 다른 수컷들의 작은 무리와 마주친 경우를 관찰하였다. 처음의 무리는 암컷을 놓고 싸우지 않고 자리를 피해 다른 수컷들과 동맹을 맺은 후, 더 우세해진 수로 돌아와서 그 무리에서 암컷을 빼앗아간다.[49] 침팬지 사회에서도 수컷이 우두머리로 상승하는 것과 그 자리를 지키는 것은 동맹을 맺은 개체들의 충성을 얻는 능력에 달려 있다.[50] 그래서 동맹설은 또다시 인류의 지성이 갑작스럽게 증가한 이유에 대한 설명으로는 너무나 보편적인 것으로 보인다. 그리고 다른 주장들과 마찬가지로 이 주장은 언어, 전술적 사고, 사회적 교류 등을 설명하지만, 음악이나 유머 같이 사람이 자신의 지적 능력 대부분을 할애하는 것들에 대해서는 설명하지 못한다.

재치와 성적 매력

최소한 마키아벨리 가설은 인간의 두뇌가 아무리 똑똑해지더라도 그와 동격인 경쟁자를 제시해준다. 독자들에게 인간이 개인적 이익을 추구할 때 보이는 잔인함을 다시 말해줄 필요는 없을 것이다. 체스에서 그만하면 충분히 잘한다는 것이 있을 수 없듯이 그만하면 충분히 똑똑하다는 것도 있을 수 없다. 승리하든지 패배하든지 둘 중 하나일 뿐이다. 세대를 반복하면서 이루어지는 진화 경쟁이 그러하듯이, 경기에서 이김으로써 더 우수한 상대를 만나게 된다면 더 나아지기 위한 압력은 끊이지 않는다. 인류의 두뇌가 가속적으로 커지는 것은 한 종 내에서 무기 경쟁이 일어나고 있음을 암시한다.

이는 제프리 밀러가 주장하는 것이다. 지성에 대한 진부한 이론들의 부적절함을 파헤친 후, 그는 놀랍고도 새로운 주장을 선보인다.

 나는 대뇌의 신피질이 도구 제작, 직립보행, 불의 사용, 전쟁, 사냥, 수렵이나 초원의 포식자를 피하는 데 기본적으로나 전적으로 사용되는 것은 아니라고 생각한다. 이런 가상적인 기능들만으로는 우리 인간이나 다른 가까운 종들에서 일어나는 신피질의 폭발적인 발생을 설명하지 못한다. …… 신피질은 대체적으로 교미할 짝을 유혹하고 구속하는 데 쓰는 짝짓기 도구와 같다. 그리고 그 특별한 진화적인 기능은 다른 사람들을 자극하고 기쁘게 하며, 다른 사람들의 이 같은 시도를 판단하는 것이다.[51]

밀러는 갑작스럽고 불규칙하게 한 종 내에서 어떤 기관이 보통 크기보다 더 커지는 것을 유지할 수 있도록 적절한 진화의 압력이 작용하는 방법은 성선택뿐이라고 제시하였다. "공작의 암컷이 수컷의 가시적인 깃털의 화려함에만 만족하듯이, 나는 호미니드hominid(현대 인간과 모든 원시 인류—옮긴이) 남녀 모두가 정신적으로 뛰어나며 흥미롭고 똑똑하며, 즐겁게 해주는 배우자에게만 만족감을 얻게 되었다고 생각한다." 밀러가 공작을 예로 든 것은 의도적이었다. 동물계의 다른 어떤 곳에서나, 굉장히 과장되고 거대해진 몸치장을 보게 된 경우는 폭주, 성적 매력이 뛰어난 아들, 집적된 성선택이라는 피셔 효과(아니면 이와 동등하게 위력적인, 제5장에서 설명한 좋은 유전자 효과)를 통해서 설명할 수 있었다. 우리가 보았듯이 성선택은 생존 문제를 풀기보다는 오히려 더 어렵게 만든다는 점에서 자연선택과 그 효과에서 큰 차이를 보인다. 암컷의 선호도는 수컷 공작의 꼬리가 짐이 될 때까지 계속 길어지게 만들며, 그런 후에도 더 길어지도록 요구한다. 밀러의 단어 선택은 잘못되었다. 암컷은 결코 만족하지 않는다. 따라서 몸치장의 폭발적인 증가에 대한 원인을 찾은 마당에, 뇌 용적의 폭발적 증가를 설명하려 할 때 같은 요인을 후보로 올리지 않는 것은 부당한 일이다.

밀러는 몇몇 정황 증거들로 자신의 관점을 뒷받침했다. 통계 조사에 의하면, 남녀 모두 이상적인 배우자의 조건으로 언제나 지성, 유머 감각, 창조력, 흥미로운 성격을 부유함이나 아름다움 같은 것보다 우위에 두고 있다.[52] 하지만 이런 조건들로는 젊음, 지위, 생식 능력이나 부양 능력 등에 대해서 전적으로 예측할 수 없기 때문에 진화학자들은 이를 무시하는 경향이 있다. 그렇더라도 그 조건들은 모든 목록의 위에 있다. 수컷 공작새의 꼬리가 아비로서의 능력을 보여주는 것은 아니지만 이 독재적 유행이 그것을 존중하지 않는 새들에게 벌을 내리는 것처럼, 밀러는 남자나 여자나 짝으로서 가장 재치가 있고, 창의적이며 분별 있는 사람을 고르는 쳇바퀴에서 감히 내려서는 안 된다고 제안한다(밀러가 말하는 것은 시험에 의해서 측정되는 관례적인 개념의 '지성'이 아니라는 점에 주목해야 한다).

마찬가지로 성선택이 변덕스럽게도 기존의 지각적 편향을 사로잡는 방식은 유인원이 천성적으로 '호기심 많고, 장난꾸러기이며, 쉽게 싫증을 내고, 자극을 잘 받아들인다'는 사실과 잘 맞는다. 밀러는 아이 키우는 데 도움을 얻을 수 있을 만큼 오랫동안 남편을 붙잡아두기 위해서 아내들은 되도록 다양하고 창의적인 행동을 할 필요가 있다고 말한다. 이것을 밀러는 세헤라자데 효과 Scheherazade effect라고 부르는데, 이는 술탄이 자신을 버리고(마침내는 죽이고) 다른 첩을 얻지 못하도록 1,001가지의 이야기를 들려줘 술탄을 매료시킨 아라비아의 이야기꾼에게서 따온 이름이다. 밀러는 똑같은 일이 여성을 유혹하고 싶어 하는 남성들에게 적용될 때는 그리스 신화에 나오는 춤, 음악, 술 취함과 유혹을 주관하는 신의 이름을 빌려 디오니소스 효과Dionysos effect라고 부른다. 또 그는 이것을 믹 재거 효과Mick Jagger effect라고 할 수도 있었을 것이다. 어느 날 그는 내게 무엇 때문에 거들먹거리는 중년 록스타들에게 여자들이 반하는지 모르겠다고 실토한 적이 있다. 이런 점에서 부족장은 재능 있는 연설가일 뿐만 아니라 부인을 아주 많이 둔 사람들이라고 지적한 도널드 시먼스의 통찰은 의미가 있다.[53]

  밀러는 뇌가 점점 더 커질수록 장기적인 부부 사이의 유대가 더 필요하였다는 것을 강조한다. 사람의 아기는 미숙하고 무력한 채로 태어난다. 사람의 아기가 유인원처럼 태어날 때 어느 정도 발육이 되어 있으려면 어머니의 자궁에서 21개월은 있어야 할 것이다.[54] 그러나 사람의 골반은 그렇게 큰 머리를 가진 태아를 배고 있을 수 없으며, 따라서 아이는 9개월째에 태어나서 무력한 자궁 밖의 태아가 되어 처음 일 년을 보내게 된다. 유인원이라면 세상에 나가야 할 때이지만 인간 아이는 아직 채 걷지도 못한다. 이러한 무력함이 여자들에게 압력으로 작용해, 아이 때문에 옴쭉달싹하지 못할 때 남편을 곁에 붙잡아두어 아이 키우기를 돕게 한다. 이것이 바로 셰헤라자데 효과이다.

  밀러는 셰헤라자데 효과에 대해 가장 흔히 듣는 반대가 대부분의 사람들은 재치가 있는 편도 아니고 창의적이지도 않으며 그저 멍청하고 예측 가능하다는 의견이라는 것을 알고 있다. 사실이다, 그러나 무엇에 비해 그렇다는 말인가? 만약 밀러가 옳다면, 여흥에 대한 우리의 기준은 우리의 재치만큼 빨리 진화했다. 밀러는 루시에 대해 내게 이런 편지를 쓴 적이 있다. "나는 남성 독자들이 120센티미터 정도 키에, 머리는 반쯤 벗겨지고, 가슴은 납작한 여자가 비슷한 다른 사람보다 더 섹시하다고 생각하기는 어렵다는 것을 알 것이라고 생각한다. 우리는 성선택이 이미 사람에게 너무 많이 일어나서 인간이 지나온 어떤 시점이 어떻게 개선이라고 생각될 수 있는지 알아내기가 어렵기 때문에 싫증을 낸다. 50만 년 전이었더라면 틀림없이 섹시하다고 여겼을 형질에 우리는 확실히 흥미를 잃는다."[55]

밀러의 이론은 다른 이론에서는 설명되지 않고 있는 몇 가지 사실에 집중한다. 즉 춤, 음악, 유머, 그리고 성교 전의 전희 등이 인간에서만 나타나는 유일한 특징이라는 사실이다. 투비-코스미데스 논리에 따라, 우리는 이런 것들을 단지 '사회'라는 이름으로 우리에게 떠맡겨진 문화적 습관이라고 주장할 수는 없다. 리듬이 있는 가락을 듣고자 하는 마음이나 재치에 웃게 되는 것은 확실히 선천적으로 발달한다. 밀러의 이론에 따라 우리는 이런 것들이 진기함과 기교에 대한 집착을 특징으로 하고, 이것을 젊은이들이 애용한다는 것을 알고 있다. 비틀스 팬부터 마돈나까지 (그리고 오르페우스까지 거슬러 올라가 보면) 젊은 층의 성에 대한 호기심이 음악적 창조성과 연관되는 것은 명백하다. 이것은 인류에게 보편적인 것이다.

인간이 자기 배우자에 대해서 아주 선택적이라는 것은 밀러의 이론에서 필수 조건이다. 실제로 유인원 중에서도 인간은 남녀 모두가 아주 까다롭다는 점에서 독특하다. 암컷 고릴라는 자신이 속한 하렘을 '소유'하는 그 어떤 수컷과도 기꺼이 관계를 갖는다. 수컷 고릴라는 자신이 찾을 수 있는 어떤 발정기의 암컷과도 짝짓기를 한다. 암컷 침팬지는 무리 속의 수많은 수컷들 모두와 관계를 맺고자 한다. 수컷 침팬지는 발정기에 있는 그 어떤 암컷과도 관계를 맺는다. 하지만 인간의 경우에 여성은 배우자를 선택할 때 상당히 까다롭고, 이 점은 남성들도 마찬가지이다. 물론 남성들은 젊고 아름다운 여자와 자는 것에 쉽게 유혹되는데, 바로 이것이 문제이다. 대부분의 여성은 그다지 젊지도 예쁘지도 않을 뿐만 아니라 낯선 남자를 유혹하지도 않는다. 이런 면에서 인류가 얼마나 이상한지는 굳이 강조할 필요조차 없을 것 같다. 조류 중 일부일처제인 비둘기[56] 같은 몇몇 새들의 수컷은 암컷을 고르는 데 신중하지만, 다른 많은 새들의 경우에는 수컷이 아무 암컷하고나 짝짓기를 하려 한다. 이것은 정자 경쟁 이론(제7장을 보라)의 증거가 제시한 바와 같다. 비록 남자가 여자보다 다양성을 더 선호하더라도, 남자는 뭇 동물계 수컷들의 기준에서 보아도 성적으로 상당히 선택적인 수컷이다.

   한쪽 성이 선택을 한다는 것은 성선택의 필수 조건이다. 그런데 앞 장에서 말했듯 단지 선결 조건이기만 한 것은 아니다. 그것은 거의 틀림없이 성선택이 가동될 것이라는 사실을 예견하는 바이기도 하다. 피셔의 '성적 매력이 뛰어난 아들'을 위한 과정과 자하비-해밀턴의 좋은 유전자 효과는 남성 혹은 여성이 선택적이 되면 피할 수 없게 된다. 그렇기 때문에 우리는 인류의 과장된 특성 중 어떤 것

은 단순히 성선택의 결과물일 것임을 예상해야 한다.[57]

실제로 밀러의 주장은 성선택에서 그리 관심받지 못하던 점에 주목한다. 바로 성선택이 선택자와 피선택자 양쪽 모두에게 영향을 준다는 것이다. 한 예로 미국 까마귀 중에서 암컷이 큰 종은 수컷들 또한 상당히 큰 종이다. 많은 포유류와 조류들이 여기에 해당된다. 꿩, 뇌조, 바다표범과 사슴의 경우에 덩치가 큰 종에서 암수의 크기 비율이 더 큰 것을 볼 수 있다. 이런 효과의 최근 분석에 의하면, 이것이 성선택의 결과이다. 그 종에서 일부다처의 습성이 심해질수록 수컷은 크기가 더 큰 것이 유리해진다. 그리고 수컷이 몸의 크기에 의해 선택될수록, 자신의 아들뿐 아니라 딸에게도 큰 체격의 유전자를 남겨주게 되는 것은 당연한 일이다. 유전자는 '성에 연결되어' 있을 수 있지만, 불완전하게 연결되어 있거나 이런 효과를 딸이 물려받을 때 아주 불리한 경우에만 연결된다고 할 수 있다. 이것은 암컷 새와 화려한 색깔의 경우에서 알 수 있다. 그렇기에 더 큰 뇌를 지닌 암컷을 향한 수컷의 성선택은 암수 모두 큰 뇌를 지니게 하는 결과를 가져오는 것이다.[58]

젊음에 대한 집착

내 개인적인 생각으로는 밀러의 이야기(비록 그가 확신하지는 않지만)는 유형성숙 이론을 특별하게 변형시킨 것 같다. 인류학자들은 유형성숙 이론을 확고히 받아들이고 있다. 그리고 사회생물학자들

붉은 여왕

은 인간의 일부일처제에 의한 자식 양육의 개념이 분명하게 확립되어 있다. 하지만 아직까지 그 누구도 이 둘을 합치지 못하고 있다. 만약 남자들이 젊어보이는 여자들을 선택하기 시작한다면, 여자들에게서 어른의 모습이 나타나는 속도를 더디게 하는 어떤 유전자가 여자들을 같은 나이의 다른 여자들보다 훨씬 더 매력적으로 보이게 해줄 것이다. 따라서 그 여자는 더 많은 자손을 낳을 것이고, 그 자손들은 그 여자에게 바로 그 유전자를 물려받게 될 것이다. 유형성숙에 관한 유전자라면 어떤 것이라도 젊음의 모습을 가져다줄 것이다. 달리 말하면, 유형성숙은 성선택의 결과일 수 있으며, 유형성숙은 지적 능력의 증가(어른이 되었을 때 두뇌의 크기도 커지므로)를 말하므로 인간의 위대한 지능은 바로 성선택에서 유래한 것이라고 할 수 있다.

이 주장은 쉽게 이해하기에는 어려움이 있다. 한 가지 예를 상상해보면 이해하는 데 도움이 될 것이다. 원시시대에 두 여인이 있었다고 가정해보자. 한 여자는 정상적으로 신체 발달이 이루어졌지만, 다른 여자는 유형성숙 유전자를 하나 더 가지고 있어서 몸에는 털이 나 있지 않고, 두뇌는 크며, 턱은 작고, 성숙도 늦어서 오래 살게 되었다. 두 여자 모두 25세에 과부가 되었으며, 둘 다 첫 남편과의 사이에 아이를 한 명 두었다. 같은 부족의 남자들은 젊은 여자를 더 좋아했고 여자 나이 25세는 젊은 나이가 아니었다. 따라서 두 여자는 모두 다 두 번째 남편을 맞이할 기회가 거의 없었다. 그런데 마침 아내를 찾지 못한 한 남자가 있었다. 궁여지책으로 이 남자는 젊어보이는 그 여자를 선택하게 되었다. 그래서 그 여자는 아이를 셋이나 더 가질 수 있었고, 그 동안에 다른 여자는 하나뿐인 자식을 어렵게 키워야만 했다.

이 이야기의 자세한 내용이 중요한 것은 아니다. 중요한 것은 남성들이 젊은 여성을 선호하게 되면 노화 현상을 지연시키는 유전자는 정상 유전자를 밀어내고 더 번성할 것이며, 바로 유형성숙에 관한 유전자가 그런 일을 한다는 것이다. 유형성숙 유전자의 그 영향이 여성에게만 국한된 것이 아니어서, 그 어머니가 낳은 딸만 젊어보이게 하는 것이 아니라 아들까지도 젊어보이게 한다. 따라서 전체 개체가 모두 유형성숙을 하게 된다.

항상 진화에 대한 관심과 프로이트에 대한 흥미를 연결하여 생각하던 런던대학 경제학과의 크리스토퍼 배드콕Christopher Badcock 교수는 이와 비슷한 이론을 내놓았다. 배드콕은 유형성숙 형질(혹은 그의 주장대로 유형진화 형질)이 남성보다는 여성에 의해서 선택되는 형질이라고 했다. 그의 주장에 의하면, 젊은 남성은 훨씬 더 유능한 사냥꾼일 것이므로 고기를 원하는 여성들은 젊은 남성들을 선택했을 것이다. 기본 원칙은 다름이 없다. 즉 유형성숙의 발달은 한쪽 성에 의한 선택의 결과인 것이다.[59]

큰 두뇌가 권모술수의 지능이나, 언어, 이성을 유혹하는 데 유익하다는 것을 부정하는 것은 아니다. 사실 이러한 유익한 점이 명백해지면, 젊어보이는 여자를 고르는 데 무척 까다로운 남자는 가장 성공한 남자가 될 것이다. 왜냐하면 그런 남자는 두뇌가 큰 유형성숙의 여자를 고를 것이고, 따라서 지능이 더 발달한 어린아이를 낳을 수 있을 것이기 때문이다. 그러나 이것은 왜 이런 현상이 개코

붉은 여왕

원숭이에서는 일어나지 않는가 하는 질문에서 벗어나지 못하는 주장이다.

그러나 밀러의 성선택 이론은 거의 치명적인 결점을 한 가지 지니고 있는 듯 보인다. 그의 이론은 한쪽 성이나 다른 쪽 성에 의한 선택을 전제하고 있다. 그렇다면 그러한 선택은 왜 일어나는가? 아마도 그 원인은 남자가 자식 양육의 책임을 나누어가지므로 여자는 한 남자에게만 아버지의 권한을 주며, 남자는 아버지라는 게 확실한 한 여자와 장기간의 관계를 유지하는 게 좋겠다고 생각했기 때문일 것이다. 그렇다면 남자는 왜 자식 양육의 책임을 나누어 가지는가? 왜냐하면 그렇게 함으로써 남자는 새로운 짝을 찾으려 애쓰는 대신에 자신의 아이를 키울 수 있는 기회를 더 많이 가질 수 있기 때문이다. 그 원인은 유인원과 달리 인간 어린이는 성인이 될 때까지 오랜 시간이 걸리는 데에 있다. 또한 남자는 여자들이 아이를 돌보는 동안 그들이 먹을 고기를 사냥해야 하기 때문이다. 왜 어린아이들이 크는 데 시간이 오래 걸리는가? 이유는 하나, 바로 머리가 크기 때문이다. 이야기는 다시 돌아가고 만다.

이야기가 돌고 도는 것이 치명적인 것은 아니다. 피셔의 고삐 풀린 성선택 이론처럼 아주 훌륭한 주장 중에도 순환적인 게 있다. 닭이 먼저인가, 달걀이 먼저인가 하는 것과 같은 이야기이다. 밀러는 자신의 이론이 이처럼 순환하는 것에 대해 오히려 뿌듯해하는 것 같다. 밀러는 컴퓨터 시뮬레이션에서 배운 것처럼, 진화란 스스로 나아가는 과정임을 믿고 있기 때문이다. 결과는 다시 원인에 영향을 줄 수 있기 때문에 하나의 원인에 의한 하나의 결과란 없다. 만약에 어떤 새가 자신이 씨앗을 쪼는 데 능숙한 것을 안다면 그 새는 씨앗만 쪼아댈 것이며, 이것은 더 나아가 새의 씨앗 쪼는 능력이 진화하는 데 추진력이 될 것이다. 진화는 돌고 도는 것이다.

막다른 골목

성적 과시를 위한 장식인 수컷 공작새의 꼬리와 같은 신경학적 장치가 인간의 머릿속에 있다는 이론은 확실한 것이 아니다. 미적분에서 조각에 이르기까지 못할 것이 없는 그 능력이 단지 상대방을 유혹하는 능력의 부수물일 뿐이라는 주장 말이다. 확실하지도 않으며 논란의 여지도 있는 이야기이다. 인간의 마음에 관한 성선택은 이 책에서 다룬 수많은 진화 이론 중에서 가장 추론적이고 허약한 이야기의 하나이겠지만, 다른 이론들과 마찬가지로 같은 줄거리 위에 있는 이야기이다. 나는 왜 모든 사람들은 서로 비슷비슷하면서 또 서로 다른가 하는 질문과 함께 그 답은 성의 독특한 연금술에 있을 것이라는 제안을 하면서 이 책을 쓰기 시작했다. 질병과의 끊임없는 체스 게임에서 유성생식이 만들어내는 유전적 다양성 때문에 각 개체는 유일무이한 것이다. 인간의 유전자 풀에 있는 유전적 다양성이 끊임없이 섞인다는 점에서 각 개인은 인류의 한 구성원이다. 이제 성에 관한 가장 기묘한 결론 하나를 내리며 이야기를 마치고자 한다. 그 결론은 인류의 정신이 광적이라 할 정도로 확장되어 온 것은 사람들이 짝을 까다롭게 고르기 때문이며, 기지와 재능, 창의성과

붉은 여왕

개성이 다른 사람들을 성적으로 매료시키기 때문이라는 것이다. 그 외의 다른 이유는 있을 수 없다. 물론 종교적인 시각과 비교하자면 이런 식으로 인간성의 목적을 바라보는 시각은 다소 덜 고상한 것이 사실이다. 하지만 좀 더 자유로운 시각이기는 하지 않은가. 그저 달라지라고만 하니 말이다.

 에필로그

스스로 길들여진 원숭이

　인간의 본성에 대한 연구는 인간의 유전자에 대한 연구와 거의 같은 단계에 있다. 이는 마치 헤로도토스 시절에 세계 지도를 그리려는 것과 같은 단계이다. 우리가 상세히 아는 부분도 조금은 있고, 큰 줄거리만 대충 아는 부분도 얼마 정도 있다. 그러나 아직도 어마어마하고 놀랄 만한 일이 우리를 기다리고 있으며 실수 또한 생길 것이다. 만약 우리가 천성이냐, 교육이냐 하는 비생산적인 교리주의적 논쟁에서 자유로워질 수 있다면, 그 나머지는 우리의 힘으로 서서히 밝혀낼 수 있으리라.
　그러나 마치 메르카토르가 경도와 위도에 대한 개념을 깨우치기 전에는 유럽과 아프리카의 상대적 크기를 지도 위에 올바르게 그릴

붉은 여왕

수 없었던 것처럼, 인간의 본성에 대한 연구에는 다른 동물들에 대한 통찰이 매우 중요하다. 지느러미발도요새나 뇌조나 코쟁이바다표범 또는 침팬지에 이르기까지, 동물들을 하나씩 떼어놓고서는 동물의 사회생활을 이해할 수 없다. 동물 한 마리 한 마리의 행동을 매우 자세히 관찰하고 묘사하는 것은 쉽다. 지느러미발도요새는 일처다부형이고, 뇌조는 레크 형이며, 코쟁이바다표범은 많은 첩을 두는 형이고, 침팬지는 이합집산형이다. 그러나 오직 진화의 관점에서 볼 때만 왜 이런 행동을 하는지 제대로 이해할 수 있다. 그때 가서야 부모로서의 투자에 대한 기회의 차등이라든지, 서로 다른 서식지라든지, 먹이라든지, 서로 다른 역사적 유물 등이 그들의 천성을 결정짓는 데 담당한 역할을 이해할 수 있게 된다. 인간만이 배울 줄 아는 변덕스런 동물이라는 바로 그 오만한 믿음 때문에 다른 동물들과 비교해볼 생각도 하지 않는다는 것은 말도 안 되는 소리다. 따라서 이 책에서 인간의 이야기와 동물들의 이야기를 마구 섞어가면서 다룬 것에 대해서는 변명할 생각이 없다.

 인류의 문명이라는 것도 인간의 편협한 자기중심주의를 변명해주지는 못한다. 인간도 개나 고양이와 마찬가지로 길들여져 있다는 것은 사실이며, 어쩌면 더 잘 길들여져 있는지도 모른다. 마치 인간이 홍적세 시대의 들소가 지닌 많은 특성을 퇴화시키면서 젖소를 길들여온 것처럼, 인간은 홍적세에 살던 인류의 독특한 천성이었을 여러 본성을 퇴화시키며 현재에 이르렀다. 그러나 소를 한번 쓰다듬어보면 우리는 아직도 들소의 밑바닥에 남아 있는 야성을 이내 발견할 수 있다. 한 떼의 젖소 송아지들을 숲 속에다 풀어놓으면, 소들은 어

에필로그

느새 일부다처적으로 변하고 수컷들은 지위를 놓고 싸우게 된다. 개들도 나름대로 살게 놓아두면 세력권 안에 모여 사는 동물이 되는데, 세력권 안에서는 나이 많은 동물들이 번식을 독점한다. 아프리카 사바나에는 한 무리의 젊은 브리튼인들이 흩어져 살고 있는데, 이들은 자기 조상들과는 다른 형태로 살아가고 있다. 음식을 구하는 장소와 살아가는 방법 같은 문화적 전통에 오랜 기간 의존해 있지 않았다면 이들은 오래전에 굶어 죽었을 것이다. 그렇다고 해서 이들이 완전히 비인간적인 사회 구조를 이루고 있다는 것은 아니다. 오리건의 라즈니시푸람을 포함해 수레바퀴처럼 돌아가는 공동 사회에서 행해진 모든 실험에서 볼 수 있었듯이, 인간의 공동 사회는 항상 위계 질서를 창조해내고 그 안에 소유욕이 지배하는 성적 유대관계들을 여기저기 만들어놓는다.

인간은 스스로 길들여진 동물이자 포유류이고 유인원인데, 그중에서도 사회적 유인원이다. 즉, 수컷이 짝짓기의 주도권을 쥐고 있고, 암컷은 자신이 태어난 사회를 떠나야 하는 유인원이다. 수컷은 포식자이고 암컷은 초식성 채집인인 유인원이다. 수컷은 비교적 위계 질서를 이루고 있고, 암컷은 비교적 평등주의자인 유인원이다. 수컷은 자식을 키우는 데 엄청난 투자를 하면서 자식과 아내에게 음식과 보호와 동반을 제공해주는 유인원이다. 일부일처적 부부관계가 법칙이지만 많은 수컷들이 아내 몰래 부정을 저지르고, 몇몇 수컷들은 일부다처제를 누리고 있는 유인원이다. 신분이 낮은 수컷과 사는 암컷들이 가끔은 신분 높은 수컷의 유전자를 얻기 위해 수컷 몰래 간통을 하는 유인원이다. 특이할 정도로 강력한 상호 성선택의 영향을 받는 유인원이기 때문에 암컷의 여러 신체적 특징(입술, 가슴, 허리)과 남녀 모두의 마음(노래, 경쟁적 야망, 신분 상승)은 짝찾기 경쟁에 쓰기 위해 발달하였다. 연계해서 배울 수 있고, 언어로 소통할 수 있으며 전통을 전수하는 새로운 본능의 특이한 영역을 개발한 유인원이다. 그러나 여전히 유인원일 뿐이다.

어쩌면 이 책에 나오는 이론의 절반 정도가 틀린 것인지도 모른다. 인류 과학의 역사는 그렇게 고무적이지 못하다. 골턴의 우생학, 프로이트의 무의식, 뒤르켐의 사회학, 미드의 문화인류학, 스키너의 행동주의, 피아제의 유아 학습 이론과 윌슨의 사회생물학 등은 모두 다 시행착오와 잘못된 전망으로 꼬여 있는 듯이 보인다. 붉은 여왕식 접근법도 이 상처의 역사에 한 장을 더할 뿐인지도 모른다. 이 이론을 정치적으로 쟁점화하려는 사람들, 또 이 이론에 반대할 이유가 있는 기득권자들의 반격 때문에 과거 숱하게 그랬던 것처럼 인간의 본성을 이해하고자 하는 시도들이 일격을 맞을지도 모른다. 스스로 정치적으로 올바르다고 일컫는 서구 문화 혁명은 남성과 여성 사이의 정신적 차이에 대한 쟁점처럼, 좋아하지 않는 질문은 가차 없이 없애버린다. 때때로 나는 운명적으로 우리 자신을 결코 이해할 수 없을 것이라고 느낀다. 왜냐하면 바로 그 인간의 본성 때문에 우리의 탐구 작업조차 인간의 본성의 속성을 드러내며 채색될 것이기 때문이다. 야심 차지만 비논리적이고, 조작적이고, 종교적인 속성이 묻어날 것이기 때문이다. "나의 책 『인성론』보다 더 불행한 문헌은 없을 것이다. 그것은 인쇄되어 나오는 순간부터 죽은 문헌이었다"라고 한 데이비드 흄의 말 그대로이다.

에필로그

  하지만 나는 흄의 시기 이후에 우리가 얼마나 큰 진전을 이루었는지 기억하며, 예전보다는 인간의 본성을 이해하려는 목표에 얼마나 근접했는가를 기억한다. 우리는 결코 그 목표에 도달하지 못할 것이고, 그렇게 되는 편이 더 나을지도 모른다. 그러나 우리가 '왜'라는 질문을 끊임없이 던질 수 있는 한, 우리는 고귀한 목적을 지니고 있는 셈이다.

❶ 인간의 본성

1. Dawkins 1991.
2. Weismann 1889.
3. Weismann 1889.
4. 몇몇 과학자들은 중국 사람들이 호모 에렉투스의 지역적 변형인 '북경 원인 Peking man'의 후손이라고 주장하지만, 현재까지의 증거는 그들에게 대단히 불리하다.
5. 미하일 바쿠닌Mikhail Bakunin이 공표한 "기능에 의한 개인에서 필요에 의한 개인으로"를 칼 마르크스Karl Marx가 'Criticism of the Gotha Programme' (1985)에서 바꾸어 말했다. 바쿠닌은 리옹에서의 무정부주의자 봉기가 실패한 후의 공판에서 그렇게 단언하였다.
6. 현대인이 10만 년 전까지 아프리카에서만 살았던 인종의 후손이라는 점에 모든 인류학자들이 동의하지는 않을 것이다. 그러나 대부분은 동의한다.
7. Tooby and Cosmides 1990.

8. Mayr 1983; Dawkins 1986.
9. Hunter, Nur and Werren 1993.
10. Dawkins 1991.
11. Dawkins 1996.
12. Tiger 1991.
13. 왜 그러한지는 '보복 이론Revenge Theory'에 관한 에드워드 테너Edward Tenner의 논문을 보라. *Harvard Magazine*, March/April 1991.
14. Winson 1975.

❷ 성의 수수께끼

1. Bell 1982.
2. Weismann 1889.
3. Brooks 1988.
4. J. Maynard Smith와의 인터뷰.
5. Levin 1988.
6. Weismann 1889.
7. Bell 1982.
8. Fisher 1930.
9. Müller 1932.
10. Crow and Kimura 1965.
11. Wynne-Edwards 1962.
12. Darwin 1859.
13. Humphrey 1983.
14. Williams 1966.
15. Fisher 1930; Wright 1931; Haldane 1932.

붉은 여왕

16. Huxley 1942.
17. Hamilton 1964; Trivers 1971.
18. Ghiselin 1974, 1988.
19. Maynard Smith 1971.
20. Stebbins 1950; Maynard Smith 1978.
21. Jaenike 1978.
22. Gould and Lewontin 1979.
23. Williams 1975; Maynard Smith 1978.
24. Maynard Smith 1971.
25. Ghiselin 1988.
26. Bernstein, Hopf and Michod 1988.
27. Bernstein 1983; Bernstein, Byerly, Hopf and Michod 1985.
28. Maynard Smith 1988.
29. Tiersch, Beck and Douglas 1991.
30. Bull and Charnov 1985; Bierzychudek 1987b; Kondrashov and Crow 1991; Perrot, Richerd and Valero 1991.
31. Bernstein, Hopf and Michod 1988.
32. Kondrashov 1988.
33. Flegg, Spencer and Wood 1985.
34. Stearns 1987; Michod and Levin 1988.
35. Kirkpatrick and Jenkins 1989; Wiener Feldman and Otto 1992.
36. Müller 1964.
37. Bell 1988.
38. 최근의 바이러스에 대한 연구에서 뮐러의 톱니바퀴를 볼 수 있다: Chao 1992 ; Chao, Tran and Matthews 1992.
39. Crow 1988.
40. Kondrashov 1982.

41. M. Meselson과의 인터뷰.
42. Kondrashov 1988.
43. Hamilton 1990a.
44. C. Lively와의 인터뷰.

❸ 기생생물의 힘

1. Hurst, Hamilton and Ladle 1992.
2. M. Meselson과의 인터뷰.
3. Maynard Smith 1986.
4. Williams 1966; Williams 1975.
5. Maynard Smith 1971.
6. Williams and Mitton 1973.
7. Williams 1975.
8. Bell 1982.
9. Bell 1982.
10. Ghiselin 1974.
11. Darwin 1859.
12. Bell 1982.
13. Schmitt and Antonovics 1986; Ladle 1992.
14. Williams 1966.
15. Bierzychudek 1987a.
16. Harvey 1978.
17. Burt and Bell 1987.
18. Eldredge and Gould 1972.
19. Williams 1975.

붉은 여왕

20. Carroll 1871.
21. Van Valen 1973; L. Van Valen과의 인터뷰.
22. Zinsser 1934; McNeill 1976.
23. Washington Post 1991년 12월 16일.
24. Krause 1992.
25. Dawkins 1990.
26. 박테리아의 한 세대가 30분이라고 가정하면, 70년이라는 사람의 생애는 박테리아의 1,226,400세대에 해당한다. 침팬지와 조상을 공유한 이래로 700만 년 동안 각각 30년인 '인간의' 세대는 막 200,000세대를 넘었다.
27. O'Connell 1989.
28. Dawkins and Krebs 1979.
29. Schall 1990; May and Anderson 1990.
30. Levy 1992.
31. Ray 1992.
32. Ray 1992; T. Ray와의 인터뷰.
33. L. Hurst와의 인터뷰.
34. Burt and Bell 1987.
35. Bell and Burt 1990.
36. Kelly 1985; Schmitt and Antonovics 1986; Bierzychudek 1987a.
37. Haldane 1949; Hamilton 1990.
38. Hamilton, Axelrod and Tanese 1990; W. Hamilton과의 인터뷰.
39. Haldane 1949; Clarke 1979.
40. Clay 1991.
41. Bremermann 1987.
42. Nowak 1992; Nowak and May 1992.
43. Hill, Allsopp, Kwiatkowski, Anstey, Twumasi, Rowe, Bennett, Brewster, McMichael and Greenwood 1991.

주

44. Potts, Manning and Wakeland 1991.
45. Haldane 1949.
46. Jayakar 1970; Hamilton 1980.
47. Jaenike 1978; Bell 1982; Bremermann 1980; Tooby 1982; Hamilton 1980.
48. Hamilton 1964; Hamilton 1967; Hamilton 1971.
49. Hamilton, Axelrod and Tanese 1990.
50. Hamilton, Axelrod and Tanese 1990.
51. W. Hamilton과의 인터뷰.
52. W. Hamilton과의 인터뷰; A. Pomiankowski와의 인터뷰.
53. Glesner and Tilman 1978; Bierzychud다 1987b.
54. Daly and Wilson 1983.
55. Edmunds and Alstad 1978, 1981; Seger and Hamilton 1988.
56. Harvey 1978.
57. Gould 1978.
58. C. Lively와의 인터뷰.
59. Lively 1987.
60. C. Lively와의 인터뷰.
61. lively, Craddock and Vrijenhoek 1990.
62. Tooby 1982.
63. Bell 1987.
64. Hamilton 1990a.
65. Hamilton 1990a.
66. Bell and Maynard Smith 1987.
67. W. Hamilton과의 인터뷰.
68. M. Meselson과의 인터뷰.
69. R. Ladle과의 인터뷰.

70. G. Bell과의 인터뷰; A. Burt와의 인터뷰; Felsenstein 1988; W. Hamilton 과의 인터뷰; J. Maynard Smith와의 인터뷰; G. Williams와의 인터뷰.
71. Metzenberg 1990.

❹ 유전적 반란과 성

1. Hardin 1968.
2. '성별sex(남성과 여성)'을 의미할 때 '성gender'이라는 단어를 사용한 것에 대해 변명하지 않았다. 이것이 본래 문법적 범주를 지시하는 단어임을 알고 있지만 의미는 변하기 마련이며, 남성과 여성을 뜻하기 위해 성별이라는 단어를 사용하는 것보다 덜 애매하다.
3. Cosmides and Tooby 1981.
4. Leigh 1990.
5. 이 사례에 대한 가장 명확한 해설은 Dawkins 1976, 1982 참고.
6. Hickey 1982; Kickey and Rose 1988.
7. Coolittle and Sapienza 1980; Orgel and Crick 1980.
8. Nee and Maynard Smith 1990.
9. Mereschkovsky 1905; Margulis 1981; Margulis and Sagan 1986.
10. Beeman, Friesen and Denell 1992.
11. Hewitt 1972; Hewitt 1976; Hewitt and East 1978; Shaw, Hewitt and Anderson 1985; Bell and Burt 1990; Jones 1991.
12. D. Haig와의 인터뷰.
13. Haig and Grafen 1991.
14. Charles worth and Har시 1978.
15. '감수분열 추진자'에 대한 종합적인 개관을 위해서는 다음을 보라. *American naturalist*, Volume 137, pp. 281-456, 'The Genetics and

Evolutionary Biology of Meiotic Drive* : a symposium organized by T. W. Lyttle, L. M. Sandler, T. Prout and D. D. Perkins, 1991.
16. Haig and Grafen 1991.
17. D. Haig와의 인터뷰; S. Spandrel(미출간)도 참조하라.
18. Hamilton 1967; Dawkins 1982; Bull 1983; Hurst 1992a; L. Hurst와의 인터뷰.
19. Heigh 1977.
20. Cosmides and Tooby 1981.
21. Margulis 1981.
22. Cosmides and Tooby 1981; Hurst and Hamilton 1992.
23. Anderson 1992; Hurst 1991b; Hurst 1992b.
24. Werren, Skinner and Huger 1986; Werren 1987; Hurst 1990; Hurst 1991c.
25. Mitchison 1990.
26. L. Hurst와의 인터뷰; Parker, Baker and Smith 1972도 보라. 이형접합과 두 가지 성의 진화 특성에 대해서 추가적으로 Hoekstra 1987를 참조하라 (필적할 만하지는 않지만).
27. Frank 1989.
28. Gouyon and Couvet 1987; Frank 1989; Frank 1991; Hurst and Pomiankowski 1991.
29. Hurst 1991a.
30. Hurst and Hamilton 1992.
31. Hurst, Godfray and Harvey 1990.
32. Hurst, Godfray and Harvey 1990.
33. Olsen and Marsden 1954; Olsen 1956; Olsen and Buss 1967.
34. lienhart and Vermelin 1946.
35. Hamilton 1967.

36. Cosmides nad Tooby 1981.
37. Bull and Bulmer 1981; Frank 1990.
38. Bull and Bulmer 1981; J. J. Bull과의 인터뷰.
39. Frank and Swingland 1988; Charnov 1982; Bull 1983; J. J. Bull과의 인터뷰.
40. Warner, Robertson and Leigh 1975.
41. Bull 1983; Bull 1987; Conover and Kynard 1981.
42. Dunn, Adams and Smith 1990; Adams, Greenwood and Naylor 1987.
43. Head, May and Pendleton 1987.
44. J. J. Bull과의 인터뷰.
45. Bull 1983; Werren 1991; Hunter, Nur and Werren 1993.
46. Trivers and Willard 1973.
47. Trivers and Willard 1973.
48. 대통령의 아들딸의 성비에 최초로 주목한 사람들은 미시건대학의 Laura Betzig와 Samantha Weber이다.
49. Trivers and Willard 1973.
50. Austad and Sunquist 1986.
51. Clutton-Brock and Iason 1986; Clutton-Brock 1991; Huck, Labov and Lisk 1986.
52. T. H. Clutton-Brock과의 인터뷰.
53. Clutton-Brock, Albon and Guinness 1984.
54. Symington 1987.
55. 개코원숭이에 대해서는 Altmann 1980을 보라; 리서스원숭이에 대해서는 Silk 1983, Simpson and Simpson 1982, 그리고 Small and Hrdy 1986을 참조하라; 일반적인 요약은 van Schaik and Hrdy 1991에 나와 있다; 고함원숭이에 대해서는 K. Glander와의 인터뷰에 의존하였다; 이 자료에 대한 회의적인 관점은 T. Hasegawa와의 교환 서신을 참고하였다.

56. Hrdy 1987.
57. van Schaik and Hrdy 1991.
58. Goodall 1986.
59. Grant 1990; Betzig and Weber 1992.
60. Grant 1990; V. J. Grant와의 서신 왕래.
61. Bromwich 1989.
62. K. McWhirter, 'The gender vendors', Independent, London, 27 October 1991, pp. 54-5.
63. B. Gledhill과의 인터뷰.
64. 금화조에 관해서는 Burley 1981, 붉은벼슬딱따구리에 관해서는 Gowaty and Lennartz 1985, 흰머리수리는 Bortolotti 1986, 매에 관해서는 Olsen and Cockburn 1991을 보라.
65. N. D. Kristof, 'Asia, vanishing point for as many as 100 million women', *International Herald Tribune*, 6 November 1991, p. 1.
66. Rao 1986 ; Hrdy 1990.
67. M. Nordborg와의 인터뷰.
68. Bromwich 1989.
69. James 1986, James 1989 ; W. H. James와의 인터뷰.
70. Unterberger and Kirsch 1932.
71. Dawkins 1982.
72. A. C. Hurlbert와의 개인 교신.
73. Fisher 1930 ; R. L. Trivers와의 인터뷰.
74. Betzig 1992a.
75. Dickermann 1979; Boone 1988 ; Voland 1988; Judge and Hrdy 1988.
76. Hrdy 1987; Cronk 1989 ; Hrdy 1990.
77. Dickmann 1979.
78. Dickmann 1979 ; Kitcher 1985 ; Alexander 1988 ; Hrdy 1990.

붉은 여왕

79. S. B. Hrdy와의 인터뷰.
80. Dickemann 1979.

❺ 공작새의 꼬리

1. Troy and Elger 1991.
2. Trivers 1982; Dawkins 1976도 참고.
3. Atmar 1991.
4. Darwin 1871.
5. Diamond 1991b.
6. Cronin 1992.
7. Marden 1992.
8. Baker 1985; Gotmark 1992.
9. Ridley, Rands and Lelliott 1984.
10. Halliday 1983.
11. Cronin 1992.
12. Höglund and Robertson 1990.
13. Møller 1988.
14. Höglund, Eriksson and Lindell 1990.
15. Andersson 1982.
16. Cherry 1990.
17. Houde and Endler 1990.
18. Evans and Thomas 1992.
19. Fisher 1930.
20. Jones and Hunter 1993.
21. Ridley and Hill 1987.

22. Taylor and WIlliams 1982.
23. Boyce 1990.
24. Cronin 1992.
25. 성선택의 두 파벌에 관한 가장 훌륭한 책은 Bradbury and Andersson 1987과 Cronin 1992이다.
26. O'Donald 1980 ; Lande 1981 ; Kirkpatrick 1982 ; Arnold 1983 참고.
27. Weatherhead and Robertson 1979.
28. Pomiankowski, Iwasa and Nee 1991.
29. Pomiankowski 1990.
30. Dugatkin 1992; Gibson and Höglund 1992. 모방은 다마사슴에서도 증명되었다: Balmford 1991.
31. Pomiankowski 1990; 카푸친새capuchinbird와 그 밖의 레크 행동을 하는 단형성 종들이 왜 암컷끼리 경쟁하는지에 대해서는 Traill 1990을 보라.
32. Partridge 1980.
33. Balmford 1991.
34. Alatalo, Höglund and Lundberg 1991.
35. Hill 1990.
36. Diamond 1991a.
37. Zahavi 1975.
38. Dawkins 1976; Cronin 1992.
39. Andersson 1986; Pomiankowski 1987; Grafen 1990; Iwasa, Pomiankowski and Nee 1991.
40. Møller 1991.
41. Hamilton and Zuk 1982.
42. Ward 1988; Pruett-Jones, Pruett-Jones and Jones 1990; Zuk 1991; Zuk 1992.
43. Low 1990.

붉은 여왕

44. Cronin 1992.
45. Møller 1990.
46. Hillgarth 1990; N. Hillgarth and M. Zuk와의 인터뷰.
47. Kirkpatrick and Ryan 1991.
48. Boyce 1990; Spurrier, Boyce and Manly 1991.
49. Thornhill and Sauser 1992.
50. Møller 1992.
51. Møller and Pomiankowski (출간 예정); Balmford, Thomas and Jones 1993도 참고; A. Pomiankowski와의 인터뷰.
52. Maynard Smith 1991.
53. Zuk 1992.
54. Zuk (출간 예정).
55. Zuk, Thornhill, Ligon and Johnson 1990; Ligon, Thornhill, Zuk and Johnson 1990.
56. Flinn 1992.
57. Daly and Wilson 1983.
58. Folstad and Karter 1992; Zuk 1992.
59. Zuk (출간 예정).
60. Wederkind 1992.
61. Hamilton 1990b.
62. Kodric-Brown and Brown 1984.
63. Dawkins and Krebs 1978.
64. Dawkins and Guilford 1991.
65. Low, Alexander and Noonan 1987.
66. T. Guilford와의 인터뷰; B. Low와의 인터뷰.
67. Ryan 1991; M. Ryan과의 인터뷰.
68. Basolo 1990.

69. Green 1987.
70. Eberhard 1985.
71. Kramer 1990.
72. Enquist and Arak 1993.
73. Gilliard 1963.
74. Houde and Endler 1990; J. Endler와의 인터뷰.
75. Kirkpatrick 1989.
76. Searcy 1992.
77. Burley 1981.
78. 최면술에 관한 것은 내가 생각해낸 것이다; Ridley 1981 참고. 공작새와 꿩에 대한 이후의 실험들은 이 생각을 간접적으로 지지한다: Rands, Ridley and Lelliott 1984를 보라; Davison 1983 ; Ridley, Rands and Lelliott 1984 ; Petrie, Halliday and Sanders 1991.
79. Gould and Gould 1989.
80. Pomiankowski and Guilford 1990.
81. A. Pomiankowski와의 인터뷰.

❻ 일부다처제와 남자의 본성

1. Betzig 1986.
2. Brown 1991 ; Barkow, Cosmides and Tooby 1992.
3. Crook and Crook 1988.
4. Betzig and Weber 1992.
5. Trivers 1972.
6. Bateman 1948.
7. Alexander 1974, 1979 ; Irons 1979.

8. Clutton-Brock and Vincent 1991 ; Gwynne 1991.
9. 수컷이 새끼를 돌보면 암컷이 구애에서 주도권을 쥔다는 논증과 그에 대한 증거의 명확한 요약은 나와 이름이 같은 사람의 논문을 보라: Ridley (Mark) 1978.
10. Symons 1979; D. Symons와의 인터뷰.
11. Symons 1979.
12. Symons 1979.
13. Tripp 1975; Symons 1979.
14. Maynard Smith and Price 1973.
15. Trivers 1971; Maynard Smith 1977; Emlen and Oring 1977.
16. Pleszczynska and Hansell 1980; Garson, Pleszczynska and Holm 1981. 그런데, 중혼polygamy은 각각의 성이 많은 배우자를 갖는 것을 의미할 수 있다; 일부다처제polygyny는 특히 남성이 많은 여성 배우자를 가지는 경우를 뜻한다. 일부다처제가 더 정확한 단어이지만 이 책에서는 더 친숙한 단어를 사용하고자 하였다: 그래서 남성에 대해서는 중혼, 여성에 대해서는 일처다부제polyandry를 사용하였다. (우리말에서는 '일부다처제'가 친숙하므로 '중혼'을 맥락에 따라 '일부다처제'로 표기하였다—옮긴이)
17. L. Betzig와의 인터뷰.
18. Borgehoff Mulder, 1988, 1992; M. Borgehoff Mulder와의 인터뷰.
19. Dirk Johnson의 'Polygamists emerge from secrecy seeking not just peace but respect', *New York Times*, 9 April 1991, p. A22.
20. Green 1993.
21. Symons 1979는 다음과 같이 말하였다: '이성 간의 관계는 본질적으로 자연 및 인간 여성의 관심에 의해 체계화되었다.'
22. Crook and Gartlan 1966 ; Jarman 1974 ; Clutton-Brock and Harvey 1977.
23. Avery and Ridley 1988 ; de Vos 1979.

주

24. Smith 1984.
25. Foley and Lee 1989.
26. Foley 1987 ; Foley and Lee 1989 ; Leakey and Lewin 1992 ; Kingdon 1993.
27. Symons 1987 ; K. Hill과의 인터뷰.
28. Alexander 1988 ; R. D. Alexander와의 인터뷰.
29. Kaplan and Hill 1985b ; Hewlett 1988.
30. Kaplan and Hill 1985a ; Hill and Kaplan 1988 ; Hawkes 1992 ; Cosmides and Tooby 1992; K. Hawkes와의 인터뷰.
31. Cashdan 1980; Cosmides and Tooby 1992.
32. N. Chagnon과의 인터뷰; Cronk 1991.
33. Rosenberg and Birdzell 1986.
34. Goodall 1990.
35. Daly and Wilson 1983.
36. N. Angier의 'Dolphin courtship: brutal, cunning and complex', *New York Times*, 18 February 1992, p. C1.
37. Dickemann 1979.
38. hartung 1982.
39. L. Betzig와의 인터뷰.
40. Betzig 1986.
41. Betzig 1986.
42. Finley는 Betzig 1992b에서 인용하였으며, Gibbon의 글은 *The Decline and Fall of the Roman Empire*, Volume I, Chapter 7에서 인용하였다.
43. Betzig 1992c.
44. Betzig 1992a.
45. 이것이 초기 교회가 그토록 성 문제에 매달렸던 이유라고 추측할 수 있다. 성 경쟁이 살인과 상해의 일차적인 원인 중 하나로 파악되었기 때문이다.

붉은 여왕

기독교에서 성과 원죄를 어느 정도로 같은 것으로 본 것은 성 자체가 본질적으로 죄스러운 것이었기 때문이 아니라 성이 종종 문제를 일으킨다는 사실에 바탕을 둔다.

46. Brown and Hotra 1988.
47. D. E. Brown과의 인터뷰.
48. Goodall 1986. 그렇지만 늙은 암컷들은 정복자가 죽여버린다.
49. N. Chagnon과의 인터뷰.
50. Chagnon 1968 ; Chagnon 1988.
51. Archie Fraser의 도움으로 이 이야기의 유사성에 주목하였다.
52. Chagnon 1968.
53. Smith 1984.
54. D. E. Brown과의 인터뷰.

❼ 일부일처제와 여자의 본성

1. Møller 1987 ; Birkhead and Møller 1992.
2. Murdock and White 1969 ; Fisher 1992는 여성 차별, 전제 정치, 일부다처제, 그리고 남성의 아내 '소유권'이 모두 쟁기와 함께 고안되었다는 흥미로운 주장을 펼쳤다. 쟁기는 식량 획득에서 여성의 참여를 박탈하였다. 최근 수십 년 동안 여성이 노동 인구로 되돌아오자 여성의 주장과 지위는 향상되었다.
3. Hrdy 1981 ; Hrdy 1986.
4. Bertram 1975 ; Hrdy 1979 ; Hausfater and Hrdy 1984. Emlen, Demong and Emlen 1989의 주목할 만한 실험은 영아살해가 적응의 전략이었다는 주장에 힘을 실어주었다. Emlen이 한 지역의 암컷을 제거하였더니 암컷 자카나(역할이 반대인 종)는 새로 획득한 영역의 둥지에 있는 수컷의 알들을 죽여

버렸다.
5. Dunbar 1988.
6. Wrangham 1987 ; R. W. Wrangham과의 인터뷰.
7. Goodall 1986, 1990 ; Hiraiwa-Hasegawa 1988 ; Yamamura, Hasegawa and Ito 1990.
8. Daly and Wilson 1988.
9. Martin and May 1981.
10. Hasegawa and Hiraiwa-Hasegawa 1990; Diamond 1991b.
11. White 1992 ; Small 1992.
12. Short 1979.
13. Eberhard 1985 ; Hyde and Elgar 1992 ; Bellis, Baker and Gage 1990 ; Baker and Bellis 1992.
14. Harcourt, Harvey, Larson and Short 1981 ; Hyde and Elger 1992.
15. Connor, Smolker and Richards 1992.
16. Smith 1984 ; 서늘한 정소가 정자의 저장 수명을 증가시키도록 설계되었다는 설명은 정사가 서늘한 기관에서 생산되지 않으면 변질된다는 예전의 개념보다 훨씬 사실에 잘 부합한다.
17. Harvey and May 1989.
18. Payne and Payne 1989.
19. Birkhead and Møller 1992.
20. Hamilton 1990b.
21. Westneat, Sherman and Morton 1990 ; Birkhead and Møller 1992.
22. Potts, Manning and Wakeland 1991.
23. Burley 1981.
24. Møller 1987.
25. Baker and Bellis 1989 ; Baker and Bellis 1992.
26. Birkhead and Møller 1992.

27. Hill and Kaplan 1988 ; K. Hill과의 인터뷰.
28. K. Hill과의 인터뷰.
29. Wilson and Daly 1992 ; R. W. Wrangham과의 인터뷰.
30. Cherfas and Gribbin 1984 ; Flinn 1988.
31. Morris 1967.
32. Birkhead and Møller 1992.
33. Alexander and Noonan 1979.
34. 이것을 이러한 방식으로 바라본 최초의 저자는 Cherfas and Gribbin 1984 이다.
35. Hrdy 1979 ; Symons 1979 ; Benshoof and Thronhill 1979 ; Diamond 1991b ; Fisher 1992 ; Sillen -Tullberg and Møller 1993.
36. K rpimaki 1991.
37. Alatalo, Lundberg and Stahlbrandt 1982. 최근 연구에 따르면 아내는 적어도 무슨 일이 벌어지는지는 알고 있다: Veiga 1992, Slagsv ld, Amundsen, Dale and Lampe 1992.
38. Veiga 1992.
39. Møller and Birkhead 1989.
40. Darwin 1803.
41. Wilson and Daly 1992.
42. Wilson and Daly 1992.
43. Thornhill and Thornhill 1983, 1989; Posner 1992.
44. Gaulin and Schlegel 1980 ; Wilson and Daly 1992 ; Regalski and Gaulin 1992.
45. A. Fraser와의 개인 교신.
46. Malinowski 1927.
47. Wilson and Daly 1992.
48. 프랑스 혁명법. Wilson and Daly 1992의 번역물에서 인용.

주

49. Alexander 1974; Kurland 1979.
50. Betzig 1992a.
51. Boland 1988, 1992.
52. Boone 1988.
53. Darwin 1803.
54. Betzig 1992a.
55. Betzig 1992a.
56. Betzig 1992a.
57. Thornhill 1990.
58. Thornhill 1990.
59. Kitcher 1985; Vining 1986.
60. Perusse 1992.
61. W. Irons와의 인터뷰; N. Polioudakis와의 인터뷰.

❽ 마음과 성

1. Gaulin and Fitzgerald 1986; Jacobs Gaulin, Sherry and Hoffman 1990.
2. Konner 1982.
3. Darwin 1871.
4. Silverman and Eals 1992.
5. Maccoby and Jacklin 1974 ; Daly and Wilson 1983 ; Moir and Jessel 1991.
6. M. Bailey와의 인터뷰.
7. Gaulin and Hoffman 1988.
8. Silverman and Eals 1992.
9. Wilson 1975; Kingdon 1993.

붉은 여왕

10. Daly and Wilson 1983.
11. Symons 1979.
12. Hudson and Jacot 1991.
13. Tannen 1990.
14. Gaulin and Hoffman 1988.
15. maccoby and Jacklin 1974 ; Ehrhardt and Meyer-Bahlburg 1981 ; Rossi 1985 ; Moir and Jessel 1991.
16. Moir and Jessel 1991.
17. McGuinness 1979.
18. McGuinness 1979.
19. Imperato-Mcginley, Peterson, Gautier and Sturla 1979.
20. Daly and Wilson 1983 ; Moir and Jessel 1991.
21. Hoyenga and Hoyenga 1980.
22. Tannen 1990.
23. Tiger and Shepher 1977 ; Daly and Wilson 1983 ; Moir and Jessel 1991.
24. Fisher 1992.
25. *Sunday Times* (London), 7 June 1992의 인터뷰.
26. Dörner 1985, 1989 ; M. Bailey와의 인터뷰; Le Vay 1992.
27. M. Bailey와의 인터뷰, D. Hamer와의 인터뷰.
28. Dickemann 1992.
29. Symons 1987.
30. Thornhill 1989a.
31. Buss 1989, 1992.
32. Ellis 1992.
33. Buss 1989, 1992.
34. Kenrick and Keefe 1989.

주

35. Ellis and Symons 1990.
36. Ellis and Symons 1990.
37. Symons 1987.
38. Mosher and Abramson 1977.
39. Ellis and Symons 1990.
40. Alatalo, Höglund and Lundberg 1991.
41. Fisher 1992.
42. Symons 1989.
43. Brown 1991.
44. Wilson 1978.
45. Tooby and Cosmides 1989.
46. Moir and Jessel 1991.

❾ 아름다움의 쓰임새

1. M. Bailey와의 인터뷰; F. Whitam과의 인터뷰; D. Hammer와의 인터뷰; Le Vay 1993.
2. Freud 1913.
3. Westermarck 1891.
4. Wolf 1966, 1970; Degler 1991.
5. Daly and Wilson 1983.
6. Shepher 1983.
7. Thornhill 1989b.
8. Thorpe 1954, 1961.
9. Marler and Tamura 1964.
10. Slater 1983.

붉은 여왕

11. Seid 1989.
12. *Washington Post*, 28 July 1992.
13. Frisch 1988; Anderson and Crawford 1992.
14. Smuts 1993.
15. Elder 1969; Buss 1992.
16. Ellis 1992.
17. Fisher 1930.
18. D. Singh과의 인터뷰.
19. Low, Alexander and Noonan 1987 ; Leakey and Lewin 1992 ; D. Singh과의 인터뷰.
20. Ellis 1905.
21. 이와 같이 금발이 성적으로 선택된 형질이라는 생각은 최근 Jonathan Kingdon에 의해 발전되었다: Kingdon 1993을 보라.
22. Kingdon 1993.
23. 이것이 내가 남녀 한 쌍의 유대가 평균적으로 약 4년 지속된다는 Helen Fisher의 이론(1992)을 납득할 수 없는 추가적인 이유이다.
24. R. Thornhill과의 인터뷰.
25. Galton 1883.
26. M. Ridley의 'No better than average'를 보라, Science, Volume 257, p.328.
27. Dickemann 1979.
28. Buss 1992 ; Gould and Gould 1989.
29. Berscheid and Walster 1974 ; Gillis and Avis 1980 ; Ellis 1992 ; Shellberg 1992.
30. Sadalla, Kenrick and Vershure 1987 ; Ellis 1992.
31. Sadalla, Kenrick and Vershure 1987.
32. Daly and Wilson 1983.

33. Ellis 1992.
34. Bell 1976.
35. Symons 1992 ; R. Alexander와의 인터뷰.
36. Fallon과 Rozin 1985.
37. Ellis 1905.
38. Low 1979.
39. Bell 1976.
40. Darwin 1871.
41. B. Ellis와의 인터뷰.

❿ 지능적인 체스 게임

1. Connor, Smolker and Richards 1992는 돌고래 종의 사회적 복잡성이 대략 두뇌 크기와 상관된다고 주장하였다. 병코돌고래는 가장 복잡한 사회성을 보이며, 가장 거대한 두뇌를 가진 종이기도 하다.
2. Johansen and Edey 1981.
3. Tooby and Cosmides 1992.
4. Bloom 1992; Pinker and Bloom 1992.
5. Gould 1981.
6. Fox 1991.
7. Durkheim 1895.
8. Brown 1991.
9. Mead 1928.
10. Wilson 1975.
11. Gould 1978.
12. Gould 1987.

붉은 여왕

13. Pinker and Bloom 1992.
14. Chomsky 1957.
15. Marr 1982 ; Hurlbert and Poggio 1988.
16. Tooby and Cosmides 1992.
17. Leakey and Lewin 1992.
18. Lewin 1984.
19. Dart 1954 ; Ardrey 1966.
20. Konner 1982.
21. R. Wrangham과의 인터뷰.
22. Gould 1981.
23. Badcock 1991.
24. Montagu 1961.
25. Leakey and Lewin 1992.
26. Budiansky 1992.
27. S. J. Gould. Pinker and Bloom 1992에 기록됨.
28. Pinker and Bloom 1992.
29. Alexander 1974, 1990.
30. Potts 1991.
31. humphrey 1976.
32. Humphrey 1976, 1983.
33. Barlow (미출간)
34. Crook 1991.
35. Pinker and Bloom 1992.
36. Tooby and Cosmides 1992.
37. Barlow 1990; Barkow 1992.
38. Konner 1982.
39. Symons 1987.
40. Barlow 1987.

41. Byrne and Whiten 1985, 1988, 1992.
42. Macaulay의 *Works*, Volume XI, 'Essay on the Athenian Orators'.
43. Dawkins and Krebs 1978.
44. Cosmides 1989 ; Cosmides and Tooby 1992 ; Gigerenzer and Hug (출간 예정).
45. Byrne and Whiten 1985, 1988, 1992.
46. Trivers 1991.
47. Goodall 1986.
48. Miller 1992.
49. Connor, Smolker and Richards 1992.
50. de Waal 1982.
51. Miller 1992.
52. Buss 1989.
53. Symons 1979 ; G. Miller와의 인터뷰.
54. Leakey and Lewin 1992.
55. G. Miller의 서신.
56. Erickson and Zenone 1976.
57. Miller 1992 ; Miller and Todd 1990도 참고.
58. Webster 1992.
59. Badcock 1991.

 참고문헌

Adams, J., Greenwood, P. and Naylor, P., 1987, 'Evolutionary Aspects of Environmental Sex Determination', *International Journal of Invertebrate Reproductive Development*, 11:123-36

Alatalo, R. V., Höglund, J. and Lundberg, A., 1991, 'Lekking in the Black Grouse – a Test of Male Viability', *Nature*, 352:155-6

– Lundberg, A. and Stahlbrandt, K,. 1982, 'Why Do Pied Flycatcher Females Mate with Already Mated Males?', *Animal Behaviour*, 30:585-93

Alexander, R. D., 1974, 'The Evolution of Social Behavior', *Annual Review of Ecology and Systematics*, 5:325-83

– 1979, *Darwinism and Human Affairs*, University of Washington Press, Seattle

– 1988, 'Evolutionary Approaches to Human Behavior: What Does the Future Hold?', *Human Reproductive Behavior*, ed. L. Betzig, M. Borgehoff Mulder and P. Turke, Cambridge University Press,

Cambridge, pp. 317-41

— 1990, 'How Did Humans Evolve? Reflections on the Uniquely Unique Species', *Museum of Zoology*, The University of Michigan, Special Publication No. 1

— and Noonan, K. M., 1979, 'Concealment of Ovulation, Parental Care and Human Social Evolution', *Evolutionary Biology and Human Social Behavior*, ed. N. Chagnon and W. Irons, Duxbury, North Scituate, Massachusetts, pp.436-53

Altmann, J., 1980, *Baboon Mothers and Infants*, Harvard University Press, Cambridge, Massachusetts

Anderson, A., 1992, 'The Evolution of Sexes', *Science*, 257:324-6

Anderson, J. L. and Crawford, C. B., 1992, 'Modeling Costs and Benefits of adolescent Weight Control as a Mechanism for Reproductive Suppression', *Human Nature*, 3:299-334

Andersson, M., 1982, 'Female Choice Selects for Extreme Tail Length in a Widow Bird', *Nature*, 299:818-20

— 1986, 'Evolution of Condition-dependent Sex Ornaments and Mating Preferences: Sexual Selection Based on Viability Differences', *Evolution*, 40:804-16

Ardrey, R., 1966, *The Territorial Imperative*, Atheneum, New York

Arnold, S. J., 1983, 'Sexual Selection: the Interface of Theory and Empiricism', *Mate Choice*, ed. P. Bateson, Cambridge University Press, Cambridge, pp. 67-107

Atmar, W., 1991, 'On the Role of Males', *Animal Behaviour*, 41:195-205

Austad, S. and Sunquist, M. E., 1986, 'Sex-ratio Manipulation in the Common Opossum', *Nature*, 324:58-60

Avery, M. I. and Ridley, M. W., 1988, 'Gamebird Mating Systems', *The*

Ecology and Management of Gamebirds, ed. P. J. Hudson and M. R. W. Rands, Blackwell, Oxford

Badcock, C., 1991, *Evolution and Individual Behavior: An Introduction to Human Sociobiology*, Blackwell, Oxford

Baker, R. R., 1985, 'Bird Coloration: In Defence of Unprofitable Prey', *Animal Behaviour*, 33:1387-8

— and Bellis, M. A., 1989, 'Number of Sperm in Human Ejaculates Varies in Accordance With Sperm Competition', *Animal Behaviour*, 37:867-9

— and Bellis, M. A. 1992, 'Human Sperm Competition: Infidelity, the Female Orgasm and Kamikaze Sperm', paper delivered to the fourth annual meeting of the Human Behavior and Evolution Society, Albuquerque, New Mexico, July 22-6, 1992

Balmford, A., 1991, 'Mate Choice on Leks', *Trends in Ecology and Evolution*, 6:87-92

— Thomas, A. L. R., and Jones, I. L., 1993, 'Aerodynamics and the Evolution of Long Tails in Birds', *Nature*, 361:628-31

Barkow, J. H., 1992, 'Beneath New Culture is Old Psychology: Gossip and Social Stratification', *The Adapted Mind*, ed. J. H. Barkow, L. Cosmides and J. Tooby, Oxford University Press, New York, pp. 627-37

— Cosmides, L. and Tooby, J., eds, 1992, *The Adapted Mind*, Oxford University Press, New York.

Barlow, H., 1987, 'The Biological Role of Consciousness', *Mindwaves*, ed. C. Blakemore and S. Greenfield, Blackwell, Oxford, pp. 361-74

— 1990, 'The Mechanical Mind', *Annual Review of Neuroscience*, 13:15-24

참고문헌

- (unpublished) 'The Inevitability of Consciousness', Chapter draft
Basolo, A. L., 1990, 'Female Preference Predates the Evolution of the Sword in Swordtail Fish', *Science*, 250:808-10
Bateman, A. J., 1948, 'Intrasexual Selection in Drosophila', *Heredity*, 2:349-68
Beeman, R. W., Friesen, K. S. and Denell, R. E., 1992, 'Materna-leffect Selfish Genes in Flour Beetles', *Science*, 256:89-92
Bell, G., 1982, *The Masterpiece of Nature*, Croom Helm, London
- 1987, 'Two Theories of Sex and Variation', *The Evolution of Sex and Its Consequences*, ed. S. C. Stearns, Birkhauser, Basel, pp.117-33
- 1988, *Sex and Death in Protozoa: The History of an Obsession*, Cambridge University Press, Cambridge
- and Burt, A., 1990, 'B-chromosomes: Germ-line Parasiters Which Induce Changes in Host Recombination', *Parasitology*, 100:S19-S26
- and Maynard Smith, J., 1987, 'Short-term Selection for Recombination among Mutually Antagonistic Species', *Nature*, 328:66-8
Bell, Q., 1976, *On Human Finery* (second edition), Hogarth Press, London
Bellis, M. A., Baker, R. R. and Gage, M. J. G., 1990, 'Variation in Rat Ejaculates Consistent with the Kamikaze–sperm Hypothesis', *Journal of Mammalogy*, 71:479-80
Benshoof, L. and Thornhill, R., 1979, 'The Evolution of Monogamy and Concealed Ovulation in Humans', *Journal of Social and Biological Structures*, 2:95-106
Bernstein, H., 1983, 'Recombinational Repair May Be an Important

Function of Sexual Reproduction', *Bioscience*, 33:326-31
- Byerly, H. C., Hopf, F. A. and Michod, R. E., 1985, 'Genetic Damage, Mutation and the Evolution of Sex', *Science*, 229:1277-81
- Hopf, F. A. and Michod, R. E., 1988, 'Is Meiotoc Recombination an Adaptation for Repairing DNA, Producing Genetic Variation, or Both?', *The Evolution of Sex*, ed. R. E. Michod and B. R. Levin, Sinauer, Sunderland, Massachusetts, pp. 139-60

Berscheid, E. and Walster, E., 1974, 'Physical Attractiveness', *Advances in Experimental Social Psychology*, Vol. 7, ed. L. Berkowitz, Academic Press, New York

Bertram, B. C. R., 1975, 'Social Factors Influencing Reprodction in Wild Lions', *Journal of Zoology*, 177:463-82

Betzig, L. L., 1986, *Depotism and Differential Reproduction: A Darwinian View of History*, Aldine, Hawthorne, New York
- 1992a, 'Medieval Monogamy', *Darwinian Approaches to the Past*, ed. S. Mithen and H. Maschner, Plenum, New York
- 1992b, 'Roman Polygyny', *Ethology and Sociobiology*, 13:309-49
- 1992c, 'Roman Monogamy', *Ethology and Sociobiology*, 13:351-83
- and Weber, S., 1992, 'Polygyny in American Politics', *Politics and Life Sciences*, 12:no. 1

Bierzychudek, P., 1987a, 'Resolving the Paradox of Sexual Reproduction: A Review of Experimental Tests', *The Evolution of Sex and Its Consequences*, ed. S. C. Stearns, Birkhauser, Basel, pp. 163-74
- 1987b, 'Patterns in Plant Parthenogenesis', *The Evolution of Sex and Its Consequences*, ed. S. C. Stearns, Birkhauser, Basel, pp. 197-217

Birkhead, T. R. and Møller, A. P., 1992, *Sperm Competition in Birds*, Academic Press, London

Bloom, P., 1992, 'Language as a Biological Adaptation', Paper delivered to the fourth annual meeting of the Human Behavior and Evolution Society, Albuguerque, New Mexico, July 22-6, 1992

Boone, J., 1988, 'Parental Investment, Social Subordination and Population Processes among the 15th and 16th Century Portuguese Nobility', *Human Reproductive Bebavior*, ed. L. Betzig, M. Borgehoff Mulder and P. Turke, Cambridge University Press, Cambridge, pp. 201-19

Borgehoff Mulder, M., 1988, 'Is the Polygyny Threshold Model Relevant to Humans? Kipsigis Evidence', *Mating Patterns*, ed. C. G. N. Mascie-Taylor and A. J. Boyce, Cambridge University Press, Cambridge, pp. 209-30

— 1992, 'Women's Strategies in Polygynous Marriage', *Human Nature*, 3:45-70

Bortolotti, G. R., 1986, 'Influence of Sibling Competition on Nestling Sex Ratios of Sexually Dimorphic Birds', *American Naturalist*, 127:495-507

Boyce, M. S., 1990, 'The Red Queen Visits Sage Grouse Leks', *American Zoologist*, 30:263-70

Bradbury, J. W. and Andersson, M. B., eds, 1987, *Sexual Selection: Testing the Alternatives*, Dahlem Workshop Report, Life Sciences 39, John Wiley, Chichester

Bremermann, H. J., 1980, 'Sex and Polymorphism as Strategies in Host-pathogen Interactions', *Journal of Theoretical Biology*, 87:671-702

— 1987, 'The Adaptive Significance of Sexuality', *The Evolution of Sex and Its Consequences*, ed. S. C. Stearns, Birkhauser, Basel, pp. 135-61

Bromwich, P., 1989, 'The Sex Ratio and Ways of Manipulating It', *Progress in Obstetrics and Gynaecology*, 7:217-31

Brooks, L., 1988, 'The Evolution of Recombination Rates', *The Evolution of Sex*, ed. R. E. Michod and B. R. Levin, Sinauer, Sunderland, Massachusetts, pp. 87-105

Brown, D. E., 1991, *Human Universals*, MacGraw-Hill, New York

— and Hotra, D., 1988, 'Are Prescriptively Monogamous Societies Effectively Monogamous?', *Human Reproductive Behavior*, ed. L. Betzig, M. Borgehoff Mulder and P. Turke, Cambridge University Press, Cambridge, pp. 153-60

Budiansky, S., 1992, *The Covenant of the Wild: Why Animals Chose Domestication*, William Morrow, New York

Bull, J. J., 1983, *The Evolution of Sex-determining Mechanisms*, Benjamin-Cummings, Menlo Park, California

— 1987, 'Sex-determining mechanisms: an Evolutionary Perspective', *The Evolution of Sex and Its Consequences*, ed. S. C. Stearns, Birkhauser, Basel, pp. 93-115

Bull, J. J., and Bulmer, M. G., 1981, 'The Evolution of X Y Females in Mammals', *Heredity*, 47:347-65

— and Charnov, E. L., 1985, 'On Irreversible Evolution', *Evolution*, 39:1149-55

Burley, N., 1981, 'Sex Ratio Manipulation and Selection for Attractiveness', *Science*, 211:721-2

Burt, A. and Bell, G., 1987, 'Mammalian Chiasma Frequencies as a Test of Two Theories of Recombination', *Nature*, 326:803-5

Buss, D., 1989, 'Sex Differences in Human Mate Preferences: Evolutionary Hypotheses Tested in 37 Cultures', *Behavioral and*

Brain Sciences, 12:1-49

— 1992, 'Mate Preference Mechanisms: Consequences for Partner Choice and Intrasexual Competition', *The Adapted Mind*, ed. J. H. Barkow, L. Cosmides and J. Tooby, Oxford University Press, New York, pp. 249-66

Byrne, R. W. and Whiten, A., 1985, 'Tactical Deception of Familiar Individuals in Baboons', *Animal Behaviour*, 33:669-73

— and Whiten, A., eds, 1988, *Machiavellian Intelligence: Social Expertise and the Evolution of Intellect in Monkeys, Apes and Humans*, Clarendon Press, Oxford

— and Whiten, A., 1992, 'Cognitive Evolution in Primates: Evidence from Tactical Deception', *Man*, 27:609-27

Carroll, L., 1871, *Through the Looking Glass and What Alice Found There*, Macmillan, London

Cashdan, E., 1980. 'Egalitarianism among Hunters and Gatherers', *American Anthropologist*, 82:116-20

Chagnon, N. A., 1968, *Yanomamö: The Fierce People*, Holt, Rinehart & Winston, New York

— 1988, 'Life Histories, Blood Revenge and Warfare in a Tribal Population', *Science*, 239:935-92

— and Irons, W., eds, 1979, *Evolutionary Biology and Human Social Behavior: An Anthropological Perspective*, Duxbury, North Scituate, Massachusetts

Chao, L., 1992, 'Evolution of Sex in RNA Viruses', *Trends in Ecology and Evolution*, 7:147-51

— Tran, T., and Matthews, C., 1992, 'Müller's Ratchet and the Advantage of Sex in the Virus phi-6', *Evolution*, 46:289-99

Charlesworth, B. and Hartl, D. L., 1978. 'Population Dynamics of the Segregation Distorter Polymorphism of Drosophila melanogaster', *Genetics*, 89:171-92

Charnov, E. L., 1982, *The Theory of Sex Allocation*, Princeton University Press, Princeton

Cherfas, J. and Gribbin, J., 1984, *The Redundant Male*, Pantheon, New York

Cherry, M, I., 1990 'Tail Length and Female Choice', *Trends in Ecology and Evolution*, 5:349-50

Chomsky, N., 1957, *Syntactic Structures*, Mouton, The Hague

Clarke, B. C., 1979, 'The Evolution of Genetic Diversity', *Proceedings of the Royal Society of London B*, 205:453-74

Clay, K., 1991, 'Parasitic Castration of Plants by Fungi', *Trends in Ecology and Evolution*, 6:162-6

Clutton-Brock, T. H., 1991, *The Evolution of Parental Care*, Princeton University Press, Princeton

– Albon, S. D. and Guiness, F. E., 1984, 'Maternal Dominance, Breeding Success and Birth Sex Ratios in Red Deer', *Nature*, 308:358-60

– and Harvey, P. H., 1977, 'Primate Ecology and Social Organization', *Journal of Zoology*, 183:1-39

– and Iason, G. R., 1986, 'Sex Ratio Variation in Mammals', *Quarterly Review of Biology*, 61:339-74

– and Vincent, A. C. J., 1991, 'Sexual Selection and the Potential Reproductive Rates of Males and Females', *Nature*, 351:58-60

Connor, R. C., Smolker, R. A. and Richards, A. F., 1992, 'Two Levels of Alliance Formation among Male Bottlenose Dolphins (Tursiops sp.)', *Proceedings of the National Academy of Sciences USA*, 89:987-90

Conover, D. O. and Kynard, B. E., 1981, 'Environmental Sex Determination: Interaction of Temperature and Genotype in a Fish', *Science*, 213:577-9

Cosmides, L. M., 1989, 'The Logic of Social Exchange: Has Natural Selection Shaped how Humans Reason? Studies with the Wason Selection Task', *Cognition*, 31:187-276

— and Tooby, J., 1981, 'Cytoplasmic Inheritance and Intragenomic Conflict', *Journal of Theoretical Biology*, 89:83-129

Cosmides, L. M., and Tooby, J., 1992, 'Cognitive Adaptations for Social Exchange', *The Adapted Mind*, ed. J. H. Barkow, L. Cosmides and J. Tooby, Oxford University Press, New York, pp. 163-228

Crook, J. H., 1991, 'Consciousness and the Ecology of Meaning : New Findings and Old Philosophies', *Man and Beast Revisited*, ed. M. H. Robinson and L. Tiger, Smithsonian, Washington, DC, pp. 203-23

— and Crook, S. J., 1988, 'Tibetan Polyandry: Problems of Adaptation and Fitness', *Human Reproductive Behavior*, ed. L. Betzig, M. Borgehoff Mulder and P. Turke, Cambridge University Press, Cambridge, pp. 97-114

— and Gartlan, J.S., 1966, 'Evolution of Primate Societies', *Nature*, 210:1200-1203

Cronin, H., 1992, *The Ant and the Peacock*, Cambridge University Press, Cambridge

Cronk, L., 1989, 'Low Socioeconomic Status and Female-biased Parental Investment. The Mukogodo Example', *American Anthropologist*, 9:414-29

- 1991, 'Wealth, Status and Reproductive Success among the Mukogodo of Kenya', *American Anthropologist*, 93:345-60
Crow, J. F., 1988, 'The Importance of Recombination', *The Evolution of Sex*, ed. R. E. Michod and B. R. Levin, Sinauer, Sunderland, Massachusetts, pp. 56-73
- and Kimura, M., 1965, 'Evolution in Sexual and Asexual Populations', *American Naturalist*, 99:439-50
Daly, M. and Wilson, M., 1983, *Sex, Evolution and Behavior* (second edition), Wadsworth, Belmont, California
- and Wilson, M., 1988, *Homicide*, Aldine, Hawthorne, New York
Dart, R., 1954, 'The Predatory Transition from Ape to Man', *International Anthropological and Linguistic Review*, 1:201-13
Darwin, C., 1859, *The Origin of Species by Means of Natural Selection, or the Preservation of Favoured Races in the Struggle for Life*, John Murray, London
- 1871, *The Descent of Man and Selection in Relation to Sex*, John Murray, London
Darwin, E., 1803, *The Temple of Nature, or, the Origin of Society*, J. Johnson, London
Davison, G. W. H., 1983, 'The Eyes Have It: Ocelli in a Rainforest Pheasant', *Animal Behaviour*, 31:1037-42
Dawkins, M. and Guilford, T., 1991, 'The Corruption of Honest Signalling', *Animal Behaviour*, 41:865-73
Dawkins, R., 1976, *The Selfish Gene*, Oxford University Press, Oxford
- 1982, *The Extended Phenotype*, Oxford University Press, Oxford
- 1986, *The Blind Watchmaker*, Longman, London
- 1990, 'Parasites, Desiderata Lists and the Paradox of the Organism',

Parasitology, 100:S63-S73
- 1991, 'Darwin Triumphant: Darwinism as a Universal Truth', *Man and Beast Revisited*, ed. M. H. Robinson and L. Tiger, Smithsonian, Washington, DC, pp. 23-39
- and Krebs, J. R., 1978, 'Animal Signals: Information or Manipulation?', *Behavioural Ecology*, ed. J. R. Krebs and N. B. Davies, Blackwell, Oxford, pp. 282-309
- and Krebs, J. R., 1979, 'Arms Races between and within Species', *Proceedings of the Royal Society of London B*, 205:489-511

Degler, C. N., 1991, *In Search of Human Nature*, Oxford University Press, Oxford

de Vos, G. J., 1979, 'Adaptedness of Arena Behaviour in Black Grouse (Tetrao tetrix) and Other Grouse Species (Tetraonidae)', *Behaviour*, 68:277-314

de Waal, F., 1982, *Chimpanzee Politics*, Jonathan Cape, London

Diamond, J. M., 1991a, 'Borrowed Sexual Ornaments', *Nature*, 349:105
- 1991b, *The Rise and Fall of the Third Chimpanzee*, Radius, London

Dickemann, M., 1979, 'Female Infanticide and Reproductive Strategies of Stratified Human Societies', *Evolutionary Biology and Human Social Behavior*, ed. N. Changnon and W. Irons, Duxbury, North Scituate, Massachusetts, pp. 321-67
- 1992, 'Phylogenetic Fallacies and Sexual Oppression', *Human Nature*, 3:71-87

Doolittle, W. F. and Sapienza, C., 1980, 'Selfish Genes, the Phenotype Paradigm and Genome Evolution', *Nature*, 284:601-3

Dörner, G., 1985, 'Sex-specific Gonadotrophin Secretion, Sexual Orientation and Gender Role Behaviour', *Endokrinologie*, 86:1-6

Dörner, G., 1989, 'Hormone-dependent Brain Development and Neuroendocrine Prophylaxis', *Experimental and Clinical Endocrinolgy*, 94:4-22

Dugatkin, L., 1992, 'Sexual Selection and Imitation: Females Copy the Mate Choice of Others', *American Naturalist*, 139:1384-9

Dunbar, R. I. M., 1988, *Primate Social Systems*, Croom Helm, London

Dunn, A. M., Adams, J. and Smith, J. E., 1990, 'Intersexes in a Shrimp: A Possible Disadvantage of Environmental Sex Determination', *Evolution*, 44:1875-8

Durkheim, E., 1895/1962, *The Rules of the Sociological Method*, Free Press, Glencoe, Illinois

Eberhard, W. G., 1985, *Sexual Selection and Animal Genitalia*, Harvard University Press, CAmbridge, Massachusetts

Edmunds, G. F. and Alstad, D. N., 1978, 'Coevolution in Insect Herbivores and Conifers', *Science*, 199:941-5

— and Alstad, D. N., 1981, 'Responeses of Black Pine Leaf Scales to Host Plant Variability', *Insect Life-history Patterns: Habitat and Geographic Variation*, ed. R. F. Denno and H. Dingle, Springer Verlag, New York.

Ehrhardt, A. A. and Meyer-Bahlburg, H. F. L., 1981, 'Effects of Parental Sex Hormones on Gender-related Behavior', *Science*, 211:1312-14

Elder, G. H., 1969, 'Appearance and Education in Marriage Mobility', *American Sociological Review*, 34:519-33

Eldredge, N. and Gould, S. J. 1972, 'Punctuated Equilibria: An Alternative to Phyletic Gradualism', *Models in Paleobiology*, ed. T. J. M. Schopf, Freeman Cooper, San Francisco, pp. 82-115

Ellis, B. J., 1992, 'The Evolution of Sexual Attraction: Evaluative

Mechanisms in Women', *The Adapted Mind*, ed. J. H. Barkow, L. Cosmides and J. Tooby, Oxford University Press, New York, pp. 267-88

— and Symons, D., 1990, 'Sex Differences in Sexual Fantasy: An Evolutionary Psychological Approach', *Journal of Sex Research*, 27:527-55

Ellis, H., 1905, *Studies in the Psychology of Sex*, F. A. Davis, New York

Emlen, S. T. and Oring, L. W., 1977, 'Ecology, Sexual Selection and the Evolution of Mating Systems', *Science*, 197:215-23

— Demong, N. J. and Emlen, D. J., 1989, 'Experimental Induction of Infanticide in Female Wattled Jacanas', *The Auk*, 106:1-7

Enquist, M. and Arak, A., 1993, 'Selection of Exaggerated Male Traits by Female Aesthetic Senses', *Nature*, 361:446-8

Erickson, C. J. and Zenone, P. G., 1976, 'Courtship Differences in Male Ring Doves: Avoidance of Cuckoldry?', *Science*, 192:1353-4

Evans, M. R. and Thomas, A. L. R., 1992, 'Aerodynamic and Mechanical Effects of Elongated Tails in the Scarlet-tufted Malachite Sunbird: Measuring the Cost of a Handicap', *Animal Behaviour*, 43:337-47

Fallon, A. E. and Rozin, P., 1985, 'Sex Differences in Perception of Desirable Body Shape', *Journal of Abnormal Psychology*, 94:102-5

Felsenstein, J., 1988, 'Sex and the Evolution of Recombination', *The Evolution of Sex*, ed. R. E. Michod and B. R. Levin, Sinauer, Sunderland, Massachusetts, pp.74-86

Fisher, H. E., 1992, *Anatomy of Love: The Natural History of Monogamy, Adultery and Divorce*, Norton, New York

Fisher, R. A., 1930, *The Genetical Theory of Natural Selection*, Clarendon Press, Oxford

Flegg, P. B., Spencer, D. M. and Wood, D. A., 1985, *The Biology and Technology of the Cultivated Mushroom, John Wiley*, Chichester

Flinn, M. V., 1988, 'Mate Guarding in a Caribbean Village', *Ethology and Sociobiology*, 9:1-28

— 1992, 'Evolution and Function of the Human Stress Respones', paper delivered to the fourth annual meeting of the Human Behavior and Evolution Society, Albuquerque, New Mexico, July 22-6, 1992

Foley, R. A., 1987, *Another Unique Species*, Longman, London

— and Lee, P. C., 1989, 'Finite Social Space, Evoltionary Pathways and Reconstructing Hominid Behaviour', *Science*, 243:901-5

Folstad, I. and Karter A. J., 1992, 'Parasites, Bright Males and the Immunocompetence Handicap', *American Naturalist*, 139:603-22

Ford, C. S and Beach, F. A., 1951, *Patterns of Sexual Behavior*, Harper & Row, New York

Fox, R., 1991, 'Aggression Then and Now', *Man and Beast Revisited*, ed. M. H. Robinson and L. Tiger, Smithsonian, Washington, DC, pp. 81-93

Frank, S. A., 1989, 'The Evolutionary Dynamics of Cytoplasmic Male Sterility', *American Naturalist*, 133:345-76

— 1990, 'Sex Allocation Theory for Birds and Mammals', *Annual Review of Ecology and Systematics*, 21:13-55

— 1991, 'Divergence of Meiotic Drive Suppression Systems as an Explanation for Sex-biased Hybrid Sterility and Inviability', *Evolution*, 45:262-7

— and Swingland, I, R., 1988, 'Sex-ratio under Conditional Sex Expression', *Journal of Theoretical Biology*, 135:415-18

Freud, S., 1913, *Totem and Taboo*, Vintage Books, New York

Frisch, R. E., 1988, 'Fatness and Fertility', *Scientific American*, 258:70-77

Galton, F., 1883, *Inquiries into the Human Faculty and Its Development*, Macmillan, London

Garson, P. J., Pleszczynska, W. K. and Holm, C. H., 1981, 'The "Polygyny Threshold" Model: A Reassessment', *Canadian Journal of Zoology*, 59:902-10

Gaulin, S. J. C. and Fitzgerald, R. W., 1986, 'Sex Differences in Spatial Ability: An Evolutionary Hypothesis and Test', *American Naturalist*, 127:74-88

— and Hoffman, G. E., 1988, 'Evolution and Development of Sex Differences in Spatial Ability', *Human Reproductive Behavior*, ed. L. Betzig, M. Borgehoff Mulder and P. Turke, Cambridge University Press, Cambridge, pp. 129-52

— and Schlegel, A., 1980, 'Paternal Confidence and Paternal Investment: A Cross-cultural Test of a Sociobiological Hypothesis', *Ethology and Sociobiology*, 1:301-9

Ghiselin, M. T., 1974, *The Economy of Nature and the Evolution of Sex*, University of California Press, Berkeley

— 1988, 'The Evolution of Sex: A History of Competing Points of View', *The Evolution of Sex*, ed. R. E. Michod and B. R. Levin, Sinauer, Sunderland, Massachusetts, pp. 7-23

Gibson, R. M. and Höglund, J., 1992, 'Copying and Sexual Selection', *Trends in Ecology and Evolution*, 7:229-31

Gigerenzer, G. and Hug, K., (in press), *Reasoning about Social Contracts: Cheating and Perspective Change*, Institut Für Psychologie, Universität Salzburg, Austria

Gilliard, E. T., 1963, 'The Evolution of Bowerbirds', *Scientific American*, 209:38-46

Gillis, J. S. and Avis, W. E., 1980, 'The Male-taller Norm in Mate Selection', *Personality and Social Psychology Bulletin*, 6:396-401

Glesner, R. R. and Tilman, D., 1978, 'Sexuality and the Components of Environmental Uncertainty: Clues from Geographical Parthenogenesis in Terrestrial Animals', *American Naturalist*, 112:659-73

Goodall, J., 1986, *The Chimpanzees of Gombe*, Belknap, Cambridge, Massachusetts

– 1990, *Through A Window*, Weidenfeld & Nicolson, London

Gotmark, F., 1992, 'Anti-predator Effect of Conspicuous Plumage in a Male Bird', *Animal Behaviour*, 44:51-5

Gould, J. L. and Gould, C. G., 1989, *Sexual Selection*, Scientific American Library, New York

Gould, S, J., 1978, *Ever since Darwin: Reflections in Natural History*, André Deutsch, London

– 1981, *The Mismeasure of Man*, Norton, New York

– 1987, *An Urchin in the Storm: Essays about Books and Ideas*, Norton, New York

– and Lewontin, R. C., 1979, 'The Spandrels of San Marco and the Panglossian Paradigm: A Critique of the Adaptationist Program', *Proceedings of the Royal Society of London B*, 205:581-98

Gouyon, P.-H. and Convet, D.,1987, 'A Conflict between Two Sexes, Females and Hermaphrodites', *The Evolution of Sex and Its Consequences*, ed. S. C. Stearns, Brikhauser, Basel, pp. 243-61

Gowaty, P. and Lennartz, M. R., 1985, 'Sex Ratios of Nestling and

Fledgling Red-cockaded Woodpeckers (Picoides borealis)', *American Naturalist*, 126:347-53

Grafen, A., 1990, 'Maternal Personality and Sex of Infant', *British Journal of Medical Psychology*, 63:261-6

Green, M., 1987, 'Scent Marking in the Himalayan Musk Deer (Moschus chrysogaster)', *Journal of Zoology*, 1987:721-37

Green, R., 1993, *Sexual Science and the Law*, Harvard University Press, Cambridge, Massachusetts

Gwynne, D. T., 1991, 'Sexual Competition among Females: What Causes Courtship-role Reversal?', *Trends in Ecology and Evolution*, 6:118-21

Haig, D. and Grafen, A., 1991, 'Genetic Scrambling as a Defence against Meiotic Drive', *Journal of Theoretical Biology*, 153:531-58

Haldane, J. B. S., 1932, *The Causes of Evolution*, Longman, London

— 1949, 'Disease and evolution', *Symposium sui fattori ecologi e genetici della speciazione negli animali, Supplemento a La Ricerca Scientifica Anno 19°*, 68-75

Halliday, T. R., 1983, 'The Study of Mate Choice', *Mate Choice*, ed. P. Bateson, Cambridge University Press, Cambirdge

Hamilton, W. D., 1964, 'The Genetical Evolution of Social Behaviour', *Journal of Theoretical Biology*, 7:1-52

— 1967, 'Extraordinary Sex Ratios', *Science*, 156:477-88

— 1971, 'Geometry for the Selfish Herd', *Journal of Theoretical Biology*, 31:295-311

— 1980, 'Sex versus Non-sex versus Parasite', *Oikos*, 35:282-90

— 1990a, 'Memes of Haldane and Jayakar in a Theory of Sex', *Journal of Genetics*, 69:17-32

— 1990b, 'Mate Choice near and far', *American Zoologist*, 30:341-51

붉은 여왕

- Axelrod, R. and Tanese, R., 1990, 'Sexual Reproduction as an Adaptation to Resist Parasites (a Review)', *Proceedings of the National Academy of Sciences of the USA*, 87:3566-73
- and Zuk, M., 1982, 'Heritable True Fitness and Bright Birds: A Role for Parasites?', *Science*, 218:384-7

Harcourt, A. H., Harvey, P. H., Larson, S. G. and Short, R. V., 1981, 'Testis Weight, Body Weight and Breeding System in Primates', *Nature*, 293:55-7

Hardin, G., 1968, 'The Tragedy of the Commons', *Science*, 162:1243-8

Hartung, J., 1982, 'Polygyny and the Inheritance of Wealth', *Current Anthropology*, 23:1-12

Harvey, H, T., 1978, *The Sequoias of Yosemite National Park*, Yosemite Natural History Association, Yosemite, California

Harvey, P. H. and May, R. M., 1989, 'Out for the Sperm Count', *Nature*, 337:508-9

Hasegawa, T. and Hiraiwa-Hasegawa, M., 1990, 'Sperm Competition and Mating Behavior', *The Chimpanzees of the Mahale Mountains: Sexual and Life-history Strategies*, ed. T. Nishida, University of Tokyo Press, Tokyo, pp. 115-32

Hausfater, G. and Hrdy, S. B., 1984, *Infanticide: Comparative and Evolutionary Perspectives*, Aldine, Hawthorne, New York

Hawkes, K., 1992, 'Why Hunter-gatherers Work', paper delivered to the fourth annual meeting of the Human Behavior and Evolution Society, Albuquerque, New Mexico, July 22-6, 1992

Head, G., May, R. M. and Pendleton, L., 1987, 'Environmental Determination of Sex in Reptiles', *Nature*, 329:198-9

Hewitt, G. M., 1972, 'The Structure and Role of B-chromosomes in the

Mottled Grasshopper', *Chromosomes Today*, 3:208-22
- 1976, 'Meiotic Drive for B-chromosomes in the Primary Oocytes of Myrmeleotettix maculatus (Orthoptera: Acrididae)', *Chromosoma*, 56:381-91
- and East, T. M., 1978, 'Effects of B-chromosomes on Development in Grasshopper Embryos', *Heredity*, 41:347-56

Hewlett, B. S., 1988, 'Sexual Selection and Paternal Investment among Aka Pygmies', *Human Reproductive Behavior*, ed. L. Betzig, M. Borgehoff Mulder and P. Turke, Cambridge University Press, Cambirdge, pp. 263-75

Hickey, D. A., 1982, 'Selfish DNA: A Sexually Transmitted Nuclear Parasite', *Genetics*, 101:519-31
- and Rose, M. R., 1988, 'The Role of Gene Transfer in the Evolution of Eukaryotic Sex', *The Evolution of Sex*, ed. R. E. Michod and B. R. Levin, Sinauer, Sunderland, Massachusetts, pp. 161-75

Hill, A., Allsopp, C. E. M., Kwiatkowski, D., Anstey, N. M., Twumasi, P. T., Rowe, P. A., Bennett, S., Brewster, D., McMichael, A. J. and Greenwood, B. M., 1991, 'Common West African HLA Antigens are Associated with Protection from Severe Malaria', *Nature*, 352:595-600

Hill, G. E., 1990, 'Plumage Coloration is a Sexually Selected Indicator of Male Quality', *Nature*, 350:337-9

Hill, K. and Kaplan, H., 1988, 'Tradeoffs in Male and Female Reproductive Strategies among the Ache', *Human Reproductive Behavior*, ed. L. Betzig, M. Borgehoff Mulder and P. Turke, Cambirdge University Press, Cambirdge, pp. 277-305

Hillgarth, N., 1990, 'Parasites and Female Choice in the Ring-necked

Pheasant', *American Zoologist*, 30:227-33

Hiraiwa-Hasegawa, M., 1988, 'Adaptive Significance of Infanticide in Primates', *Trends in Evolution and Ecology*, 3:102-5

Hoekstra, R. F., 1987, 'The Evolution of Sexes', *The Evolution of Sex and Its Consequences*, ed. S. C. Stearns, Birkhauser, Basel, pp. 59-92

Höglund, J. and Robertson, J. G. M., 1990, 'Female Preferences, Male Decision Rules and the Evolution of Leks in the Great Snipe, Gallinago media', *Animal Behaviour*, 40:15-22

- Eriksson, M. and Lindell, L.E., 1990, 'Females of the Lek-breeding Great Snipe, Gallingo media, Prefer Males with White Tails', *Animal Behaviour*, 40:23-32

Houde, A. E. and Endler, J. A., 1990, 'Correlated Evolution of Female Mating Preferences and Male Color Patterns in the Guppy Poecilia reticulata', *Science*, 248:1405-8

Hoyenga, K. B. and Hoyenga, K., 1980, *Sex Differences*, Little, Brown, Boston

Hrdy, S. B., 1979, 'Infanticide among Animals: A Review, Classification and Examination of the Implications for the Reproductive Strategies of Females', *Ethology and Sociobiology*, 1:13-40

- 1981, *The Woman That Never Evolved*, Harvard University Press, Cambirdge, Massachusetts

- 1986, 'Empathy, Polyandry, and the Myth of the Coy Female', *Feminist Approaches to Science*, ed. R. Bleier, Pergamon, New York

- 1987, 'Sex-biased Parental Investment among Primates and Other Mammals: A Critical Re-evaluation of the Trivers–Willard Hypothesis', *Child Abuse and Neglect: Bio-social Dimensions*, ed. R. Gelles and J. Lancaster, Aldine, Hawthorne, New York, pp. 97-147

- 1990, 'Sex Bias in Nature and in History: A Late 1980s Reexamination of the "Biological Origins" Argument', *Yearbook of Physical Anthropology*, 33:25-37
Huck, U. W., Labov, J. D. and Lisk, R. D., 1986, 'Food-restricting Young Hamsters (Mesocricetus auratus) Affects Sex Ratio and Growth of Subsequent Offspring', *Biology of Reproduction*, 35:592-8
Hudson, L. and Jacat, B., 1991, *The Way Men Think*, Yale University Press, New Haven
Humphrey, N. K., 1976, 'The Social Function of Intellect', *Growing Points in Ethology*, ed. P. P. G. Bateson and R. A. Hinde, Cambridge University Press, Cambirdge, pp. 303-18
- 1983, *Consciousness Regained: Chapters in the Development of Mind*, Oxford University Press, Oxford
Hunter, M. S., Nur, U. and Werren, J. H., 1993, 'Origin of Males by Genome Loss in an Autoparasitoid Wasp', *Heredity*, 70:162-71
Hurlbert, A. C. and Poggio, T., 1988, 'Making Machines (and Artificial Intelligence) See', *Daedalus*, 117:213-39
Hurst, L. D., 1990, 'Parasite Diversity and the Evolution of Diploidy, Multicellularity and Anisogamy', *Journal of Theoretical Biology*, 144:429-43
- 1991a, 'The Evolution of Cytoplasmic Incompatibility or When Spite Can Be Successful', *Journal of Theoretical Biology*, 148:269-77
- 1991b, 'Sex, Slime and Selfish Genes', *Nature*, 354:23-4
- 1991c, 'The Incidences and Evolution of Cytoplasmic Male Killers', *Proceedings of the Royal Society of London B*, 244:91-9
- 1992a, 'It Stellate a Relic Meiotic Driver?', *Genetics*, 130:229-30
- 1992b, 'Intragenomic Conflict as an Evolutionary Force',

Proceedings of the Royal Society of London B, 248:135-48
- Godfray, H. C. J. and Harvey, P. H., 1990, 'Antibiotics Cure Asexuality', *Nature*, 346:510-11
- and Hamilton, W. D., 1992, 'Cytoplasmic Fusion and the Nature of Sexes', *Proceedings of the Royal Society of London B*, 247:189-207
- Hamilton, W. D. and Ladle, R. J., 1992, 'Covert Sex', *Trends in Ecology and Evolution*, 7:144-5
- and Pomiankowski, A., 1991, 'Causes of Sex Ratio Bias May Accouunt for Unisexual Sterility in Hybirds: A New Explanation of Haldane's Rule and Related phenomena', *Genetics*, 128:841-58

Huxley, J., 1942, *Evolution: The Modern Synthesis*, George Allen & Unwin, London

Hyde, L. M. and Elgar, M. A., 1992, 'Why Do Hopping Mice Have Such Tiny Testes?', *Trends in Ecology and Evolution,* 7:359-60

Imperato-McGinley, J., Peterson, R. E., Gautier, T. and Stutla, E., 1979, 'Androgens and the Evolution of Male Pseudohermaphrodites with 5-alpha-reductase deficiency', *New England Journal of Medicine*, 300:1233-7

Irons, W., 1979, 'Natural Selection, Adaptation and Human Social Behavior', *Evolutionary Biology and Human Social Behavior*, ed. N.Chagnon and W. Irons, Duxbury, North Scituate, Massachusetts, pp.4-39

Iwasa, Y., Pomiankowski, A. and Nee, S., 1991, 'The Evolution of Costly Mate Preferences II: The Handicap Principle', *Evolution*, 45:1431-42

Jacobs, L.F., Gaulin, S. J.C., Sherry, D. and Hoffman, G.e., 1990, 'Evolution of Spatial Cognition: Sex-specific Patterns of Spatial Behavior Predict Hippocampal Size', *Proceedings of the National Academy of Sciences, USA*, 87:6 349-52

Jaenike, J., 1978, 'An Hypothesis to Account for the Maintenance of Sex within Populations', *Evolutionary Theory*, 3:191-4

James, W. H., 1986 'Hormanal Control of the Sex Ratios at Birth', Journal of Theoretical Biology, 118:427-41

— 1989, 'Parental Hormone Levels and Manmalian Sex Ratios at Birth', *Journal of Theortical Biology*, 139:59-67

Jarman, P.J., 1974, 'The social Organization of Antelope in Relation to Their Ecology', *Behaviour*, 48:215-67

Jayakar, S., 1970, 'A Mathematical Model for Interaction of Gene Frequencies in a Parasite and Its Host', *Theoretical Population Biology*, 1:140-64

Johansen, D. C. and Edey, M., 1981, *Lucy: The Beginnings of Mankind*, Simon & Schuster, New York

Jones, I. L and Hunter, F. M., 1993, 'Mutual Sexual Selection in a Monogamous Seabird', *Nature*, 362:238-9

Jones, R. N., 1991, 'B-chromosome Drive', *Ameirican Naturalist*, 137:430-42

Judge, D. S. and Hrdy, S. B., 1988, 'Bias and Equality in American Legacies', paper presented at 87th annual meeting of AmericanAnthropological Association, Phoenix, Arizona, November 1988

Kaplan, H. and Hill, K., 1985a, 'Hunting Ability and Reproductive Success among Male Ache Foragers', *Current Anthropology*, 26:131-3

— and Hill,K., 1985b, 'Food Sharing among Ache Foragers: Test of Explanatory Hypotheses', *Current Anthropology*, 26:223-45

Kelley, S. E., 1985, 'The Mechanism of sib Competition for the Maintenance of Sex in *Anthoxantbum odoratum*', PhD thesis(unpublished), Duke University, Durham, North Carolina

Kenrick, D. T. and Keefe, R. C., 1989, 'Time to Integrate Sociobiology and Social Psychology', *Behavioral and Brain Sciences*, 12:24-6

Kingdon, J.,1993, *Self-made Man and His Undoing*, Simon & Schuster,

붉은 여왕

New York

King-Hele, D., 1977, *Doctor of Revolution: The Life and Cenius of Erasmus Darwin*, Faber & Faber, London

Kirkpatrick, M., 1982, 'Sexual Selection and the Evolution of Female Choice.', *Evolution*, 36:1-12

— 1989, 'Is Bigger always Better?', *Nature*, 337:116-17

— and Jenkins, C., 1989, 'Genetic Segregation and the Maintenance of Sexual Reporduction', *Nature*, 339:300-301

— and Ryan, M. J., 1991, 'The Evolution of Mating Preferences and the Paradox of the Lek', *Nature*, 350:33-8

Kitcher, P., 1985, *Vaulting Ambition: Sociobiology and the Quest for Human Nature*, MIT press, Cambridge, Massachusetts

Kodric-Brown, A. and Brown, J. H., 1984, 'Truth in Advertising: The kind of Traits Favored by Sexual Selection', *American Naturalist*, 124:309-23

Kondrashov, A. S., 1982, 'Selection against Harmful Mutations in Large Sexual and Asexual Populations', *Genetic Research Cambridge*, 40:325-32

— 1988, 'Deleterious Mutations and the Evolution of Sexual Reproduction', *Nature*, 336:435-4.

Krodrashov, A. S. and Crow, J. F., 1991, 'Haploidy or Diploidy: Which is Better?' *Nature*, 351:314-15

Konner, M., 1982, *The Tangled Wing: Biological Constraints on the Human Spirit*, Holt, Rinehart & Winston, New York

Körpimaki, E., 1991, 'Poor Reproductive Success of Polygynously Mated Female Tengmalm's Owls: Are Better Options Available?', *Animal Behaviour*, 41:37-47

Kramer, B., 1990, 'Sexual Signals in Electric Fishes', *Trends in Ecology and Evolution*, 5:247-9

Krause, R. M., 1992, 'The Origin of Plagues: Old and New', *Science*, 257:1073-8

Kurland, J. A., 1979, 'Matrilines: The Primate Sisterhood and the Human Avunculate', *Evolution ary Biology and Human Social Behavior*, ed. N. Chagnon and W. Irons, Duxbury, North Scituate, Massachusetts, pp. 145-80

Ladle, Richrd J., 1992, 'Parasites and Sex: Catching the Red Queen', *Trends in Ecology and Evolution*, 7:405-8

Lande, R., 1981, 'Models of Speciation by Sexual Selection on Polygenic Traits', *Proceedings of the National Academy of Sciences of the USA*, 78:3721-5

Leakey, R. and Lewin, R., 1992, *Origins Reconsidered: In Search of What Makes Us Human*, Little, Brown, London

Leigh, E. G., 1977, 'How does Selection Reconcile Individual Advantage with the Good of the Group?', *Proceedings of the National Academy of Sciences of the USA*, 74:4542-6

— 1990, 'Fisher, Wright, Haldane and the Resurgence of Darwinism', *Introduction to the Princeton Science Library edition of The Causes of Evolution*, J. B. S. Haldane

Le Vay, S., 1992, *Born That Way? The Biological Basis of Homosexuality*, Channel Four, London

— 1993, *The Sexual Brain*, MIT Press, Cambridge, Massachusetts

Levin, B. R., 1988, 'The Evolution of Sex in Bacteria', *The Evolution of Sex*, ed. R. E. Michod and B. R. Levin, Sinauer, Sunderland, Massachusetts, pp. 194-211

Levy, S., 1992, *Artificial Life: The Quest for a New Creation*, Jonathan Cape, London

붉은 여왕

Lewin, R., 1984, *Human Evolution: An Illustrated Introduction*, Blackwell Scientific Publications, Oxford

Lienhart, R. and Vermelin, H., 1946, *Observation d'une famille humaine à descendance exclusivement féminine. Essai d'interprétation de ce phénomène. Comptes rendus de science de la société de biologie de Nancy et de ses filiales de Paris*, 140:537-40

Ligon, J. D., Thornhill, R., Zuk, M. and Johnson, K., 1990, 'Male-male Competition: Ornamentation and the Role of Testosterone in Sexual Selection in Red Junglefowl', *Animal Behaviour*, 40:367-73

Lively, C. M., 1987, 'Evidence from a New Zealand Snail for the Maintenance of Sex by Parasitism', *Nature*, 328:519-21

Lively, C. J., Craddock, C. and Vrijenhoek, R. C., 1990, 'Red Qeen Hypothesis Supported by Parasitism in Sexual and Clonal Fish', *Nature*, 344:864-6

Low, B. S., 1979, 'Sexual Selection and Human Ornamentation', *Evolutionary Biology and Human Social Behavior*, ed. N. Chagnon and W. Irons, Duxbury, North Scituate, Massachusetts, pp. 462-87

— 1990, 'Marriage Systems and Pathogen Stress in Human Societies', *American Zoologist*, 30:325-40

— Alexander, R. D. and Noonan, K. M., 1987, 'Human Hips, Breasts and Buttocks: Is Fat Deceptive?', *Ethology and Sociobiology*, 8:249-57

Maccoby, E. E. and Jacklin, C. N., 1974, *The Psychology of Sex Differences*, Stanford University Press, Palo Alto

McGuinness, D., 1979, 'How Schools Discriminate against Boys', *Human Nature*, February 1979:82-8

McNeill, W. H., 1976, *Plagues and Peoples*, Anchor Press/Doubleday,

New York

Malinowski, B., 1927, *Sex and Repression in Savage Society*, World Press, Cleveland

Marden, J. H., 1992, 'Newton's Second Law of Butterflies', *Natural History*, 1/92:54-61

Margulis, L., 1981, *Symbiosis in Cell Evolution*, W. H. Freeman, Sna Francisco

– and Sagan, D., 1986, *Origins of Sex: Three Billion Years of Genetic Recombination*, Yale University Press, New Haven

Marler, P. R. and Tamura, M., 1964, 'Culturally Transmitted Patterns of Vocal Behavior in Sparrows', *Science*, 146:1483-6

Marr, D., 1982, *Vision*, Freeman Cooper, San Francisco

Martin, R.D. and May, R. M., 1981, 'Outward Signs of Breeding', *Nature*, 293:7-9

May, R. M. and Anderson, R. M., 1990, 'Parasite-host Coevolution', *Parasitology*, 100:S89-S101

Maynard Smith, J., 1971, 'What Use is Sex?', *Journal of Theoretical Biology*, 30:319-35

– 1977, 'Parental Investment – A Prospective Analysis', *Animal Behaviour*, 25:1-9

– 1978, *The Evolution of Sex*, Cambridge University Press, Cambridge

– 1986, 'Contemplating Life Without Sex', *Nature*, 324:300-301

– 1988, 'The Evolution of Recombination', *The Evolution of Sex*, ed. R. E. Michod and B. R. Levin, Sinauer, Sunderland, Massachusetts, pp. 106-25

– 1991, 'Theories of Sexual Selection', *Trends in Ecology and Evolution*, 6:146-51

- and Price, G. R., 1973, 'The Logic of Animal Conflict', *Nature*, 246:15-18

Mayr, E., 1983, 'How to Carry out the Adaptationist Program,' *American Naturalist*, 121: 324-34

Mead, M., 1982, *Coming of Age in Samoa*, William Morrow, New York.

Mereschkovsky, C., 1905, *La Plante Considérée comme une Complex Symbiotique*, Bulletin Société Science Naturelle, Ouest, 6:17-98

Metzenberg, R. L., 1990, 'The Role of Similarity and Difference in Fungal Mating', *Genetics*, 125:457-62

Michod, R. E. and Levin, B. R., eds, 1988, *The Evolution of Sex*, Sinauer, Sunderland, Massachusetts

Miller, G. F., 1992, 'Sexual Selection for Protean Expressiveness: A New Model of Hominid Encephalization', paper delivered to the fourth annual meeting of the Human Behavior and Evolution Society, Albuquerque, New Mexico, July 22-6, 1992

- and Todd, P. M., 1990, 'Exploring Adaptive Agency I: Theory and Methods for Simulating the Evolution of Learning', *Proceedings of the 1990 Connectionist Models Summer School*, ed. D. S. Touretzky, J. L. Elman, T. J. Sejnowski and G. E. Hinton, Morgan Kauffmann, San Mateo, California, pp. 65-80

Mitchison, N. A., 1990, 'The Evolution of Acquired Immunity to Parasites', *Parasitology*, 100:S27-S34

Moir, A. and Jessel, D., 1991, *Brain Sex: The Real Difference between Men and Woman*, Lyle Stuart, New York

Møller, A. P., 1987, 'Intruders and Defenders on Avian Breeding Territories: The Effect of Sperm Competition', *Oikos*, 48:47-54

- 1988, 'Female Choice Selects for Male Sexual Tail Ornaments in the

Monogamous Swallow', *Nature*, 332:640-2

— 1990, 'Effects of a Haematophagous Mite on Secondary Sexual Tail Ornaments in the Barn Swallow (Hirundo rustica): A Test of the Hamilton and Zuk Hypothesis', *Evolution*, 44:771-84

— 1991, 'Sexual Selection in the Monogamous Barn Swallow (Hirundo rustica). I. Determinants of Tail Ornament Size', *Evolution*, 45:1823-36

— 1992, 'Female Preference for Symmetrical Male Sexual Ornaments', *Nature*, 357:238-40

— and Birkhead, T. R., 1989, 'Copulation Behaviour in Mammals: Evidence that Sperm Competition is Widespread', *Biological Journal of the Linnean Society*, 38:119-31

— and Pomiankowski, A., (in press), 'Fluctuating Asymmetry and Sexual Selection', *Genetica*

Montagu, A., 1961, 'Neonatal and Infant Immaturity in Man', *Journal of the American Medical Association*, 178:56-7

Morris, D., 1967, *The Naked Ape*, Dell, New York

Mosher, D. L. and Abramson, P. R., 1977, 'Subjective Sexual Arousal to Films of Masturbation', *Journal of Consulting and Clinical Psychology*, 45:796-807

Müller, H. J., 1932, 'Some Genetic Aspects of Sex,' *American Naturalist*, 66:118-38

— 1964, 'The Relation of Recombination to Mutational Advance', *Mutation Research*, 1:2-9

Murdock, G. P. and White, D. R., 1969, 'Standard Cross-cultural Sample', *Ethnology*, 8:329-69

Nee, S. and Maynard Smith, J., 1990, 'The Evolutionary Biology of

Molecular Parasites', *Parasitology*, 100:S5-S18

Nowak, M. A., 1992, 'Variability of HIV Infections', *Journal of Theoretical Biology*, 155:1-20

Nowak, M. A. and May, R. M., 1992, 'Coexistence and Competition in HIV Infetions' *Journal of Theoretical Biology*, 159:329-42

O'Connell, R. L., 1989, *Of Arms and Men: A History of War, Weapons and Aggression*, Oxford University Press, Oxford

O'Donald, P., 1980, *Genetic Models of Sexual Selection*, Cambridge University Press, Cambridge

Olsen, M. W., 1956, 'Fowl Pox Vaccine Associatde with Parthenogenesis in Chicken and Turkey Eggs', *Science*, 124:1078-9

– and Marsden, S. J., 1954, 'Netural Parthenogenesis of Turkey Eggs' *Science*, 120:545-6

– and Buss, E. G., 1967, 'Role of Genetic Factors and Fowl Pox Virus in Parthenogenesis in Turkey Eggs', *Genetics*, 56:727-32

Olsen, P. D. and Cockburn, A., 1991, 'Female-biasde Sex Allocation in Peregrine Falcons and Other Raptors', *Behavioral Ecology and Sociobiology*, 28:417-23

Orgel, L. E. and Crick, F. H. C., 1980, 'Selfish CNA: The Ultimate Parasite' *Nature*, 284:604-7

Parker, G. A., Baker R. R. and Smith, V. G. R., 1972, 'The Origin and Evolution of Camete Cimorphism and the Male-Female Phenomenon', *Journal of Theoretical Biology*, 36:529-33

Partridge, L., 1980, 'Mate Choice Increases a Component of Offspring Fitness in Fruit Flies', *Nature*, 283:290-91

Payne, R. B. and Payne, L. L., 1989, 'Heritability Estimates and Behaviour Observations: Extra-pair Mating in Indigo Buntings', *Animal Behaviour*, 38:457-67

Perrot, V., Richerd, S. and Valero, M., 1991, 'Transitin from Haploidy to Diplody', *Nature*, 351:315-17

Perusse, D., 1992, 'Cultural and Reproductive Success in Industrial Societies: Testion the Relationship at the Oroximate and Ultiamate Levels', *Behavioral and Brain Sciences*

Petrie, M., Halliday, T. and Sanders, C., 1991, 'Peahens Prefer Peacocks with Elaborate Trains', *Animal Behaviour*, 41:323-31

Pinker, S. and Bloom, P., 1992, 'Natural Language and Natural Selection', *The Adaptde Mind*, ed. J. H. Barkow, L. Cosmides and J. Tooby, Oxford University Press, New York, pp. 405-47

Pleszczynska, W. And Hansell, R. I. C., 1980, 'Polygyny and Decision Theory: Testion of a Model in Lark Buntings (*Calamospiza melanocorys*)', *American Naturalist*, 116:821-30

Pomiankowski, A., 1987, 'The Costs of Choice in Sexual Selection', *Journal of Theoretical Bilolgy*, 128:195-218

— 1990, 'How to Find the Top Male'.*Nature*, 347:616-17

— and Guilford, T., 1990, 'Mating Calls', *Nature*, 344:495-6

— Iwasa, Y. and Nee, S., 1991, 'The Evolution of Costly Mate Preferences I: Fisher and Biasde Mutation', *Evloution*, 45:1422-30

Posner, R. A., 1992, *Sex and Reason*, Harvard University Press, Cambridge, Massachusetts

Potts, R., 1991, 'Untying the Knot: Evolution of Early Human Behavior', *Man and Beast Revisited*, ed. M. H. Robinson and L. Tiger, Smithsonian, Washington, DC, pp. 41- 59

Potts, W. K., Manning, C. J. and Wakeland, E. K., 1991, 'Mating Patterns in Semi-natural Populations of Mice Influenced by MHC Genotype', *Nature*, 352:619-21

Pratto, F., Sidanius, J. and Stallworth,L. M., 1992, 'Sexual Selection, and the Sexual and Ethnic Basis of Social Hierarchy', *Social Stratification and Socioeconomic Inequality: A Comparative Analysis*, ed. J. Ellis, Praeger,New York

Pruett-Jones, S. G., Pruett-Jones, M. A. and Jones, H. I., 1990, 'Parasites and Sexual Selection in Birds of Paradise', *American Zoologist*, 30:287-98

Rands, M. R. W., Ridley, M.W. and Lelliott, A. D., 1984, 'The Social Organisation of Feral Peafowl', *Animal Behaviour*, 32:830-35

Rao, R., 1986, 'Move to Stop Sex-test Abortin', *Nature*, 324:202

Ray, T., 1992, 'Evolution and Optimization of Digital Organisms', unpublished manuscript, University of Delaware

Regalski, J. M. and Gaulin, S. J. C., 1992, 'Whom are Mexican Babies Said to Resemble? Monitoring and Fostering Paternal Confidence in the Yucatan', paper delivered to the fourth annual meeting of the Human Behavior and Evolution Society, Albuquerque, New Mexico, July 22-6, 1992

Ridley, M., 1978, 'Paternal Care', *Animal Behaviour*, 26:904-32

Ridley, M. W., 1981, 'How Did the Peacock Get His Tail?', *New Scientist*, 91:398-401

Ridley M. W. and Hill, D. A., 1987, 'Social Organization in the Pheasant (*Phasianus colchicus*): Harem Formation, Mate Selection and the Role of Mate Guarding', *Journal of Zoology*, 211:619-30

— Rands, M. R. W. and Lelliott, A. D., 1984, 'The Courtship Display of Feral Peafowl', *Journal of the World Pheasant Association*, 9:20-40

Rosenberg, N. and Birdzell, L. E., 1986, *How the West Grew Rich: The Economic Transformation of the Industrial World*, Basic Books, New York

Rossi, A. S., ed., 1985, *Gender and the Life Course*, Aldine, Hawthorne, New York

Ryan, M. J., 1991, 'Sexual Selection and Communication in Forgs', *Trends in Evolution and Ecology*, 6:351-5

Sadalla, E. K., Kenrick, D. T. and Vershure, B., 1987, 'Dominance and Heterosexual Attraction', *Journal of Personality and Social*

Psychology, 52:730-38

Schall, J. J., 1990, 'Virulence of Lizard Malaria: The Evolutionary Ecology of an Ancient Parasite-host Association', *Parasitology*, 100:S35-S52

Schmitt, J. and Antonovics, J., 1986, 'Experimental Studies of the Evolutionary Significance of Sexual Reproduction IV. Effect of Neighbor Relatedness and Aphid Infestation on Seedling Performance', *Evolution*, 40:830-36

Scruton, R., 1986, *Sexual Desire: A Philosophical Investigation*, Weidenfeld & Nicolson, London

Searcy, W. A., 1992, 'Song Repertoire and Mate Choice in Birds', *American Zoologist*, 32:71-80

Seger, J. and Hamilton, W. D., 1988, 'Parasites and Sex', *The Evolution of sex*, ed. R. E. Michod and B. R. Levin, Sinauer, Sunderland, Massachusetts, pp. 139-60

Seid, R. P., 1989, *Never too Thin: Why Women are at War With Their Bodies*, Columbia University Press, New York

Shaw, M. W., Hewitt, G. M. and Anderson, D. A., 1985, 'Polymorphism in the Rates of Meiotic Drive Acting on the B-chromosome of Myrmeleotettix maculatus', *Heredity*, 55:61-8

Shellberg, T., 1992, 'Tall Bishops and Genuflection Genes', paper delivered to the fourth annual meeting of the Human Behavior and Evolution Society, Albuquerque, New Mexico, July 22-6, 1992

Shepher, J., 1983, *Incest: A biosocial View*, Academic Press, Orlando

Short, R.V., 1979, 'Sexual Selection and its Component Parts, Somatic and Genital Selection, as Illustrated by Man and the Great Apes', *Advances in the Study of Behaviour*, 9:131-58

Silk, J.B., 1983, 'Local Resource Competition and Facultative Adjustment of Sex Ratios in Relation to Competitive Abilities', *American Naturalist*, 121:56-66

Sillen-Tullberg, B. and Møller, A.P., 1993, 'The Relationship between Concealed Ovulation and Mating Systems in Anthropoid Primates: A Phylogenetic Analysis', *American Naturalist*, 141:1-25

Silverman, I. and Eals, M., 1992, 'Sex Differences in Spatial Abilities: Evolutionary Theory and Data', *The Adapted Mind*, ed. J. H. Barkow, L. Cosmides and J. Tooby, Oxford University Press, New York, pp. 523-49

Simpson, M. J. A. and Simpson, A. E., 1982, 'Birth Sex Ratios and Social Rank in Rhesus Monkey Mothers', *Nature*, 300:440-41

Slagsvøld, T., Amundsen, T., Dale, S. and Lampe, H., 1992, 'Female-female Aggression Explains Polyterritoriality in Male Pied Flycatchers', *Animal Behaviour*, 43:397-407

Slater, P. J. B., 1983, 'The Buzby Phenomenon: Thrushes and Telephones', *Animal Behaviour*, 31:308-9

Small, M. F., 1992, 'What's Love Got to Do with It?', *Discover Magazine*, 13:46-51

— and Hrdy, S. B., 1986, 'Secondary Sex Ratios by Maternal Rank, Parity and Age in Captive Rhesus Macaques (*Macaca mulatta*)', *American Journal of Primatology*, 11:359-65

Smith, R. L., 1984, 'Human Sperm Competition', *Sperm Competition and the Evolution of Animal Mating Systems*, ed. R. L. Smith, Academic Press, Orlando, pp. 601-59

Smuts, R. W., 1993, 'Fat, Sex, Class, Adaptive Flexibility and Cultural Change', *Ethology and Sociobiology*, (in press)

Spandrel, S., (unpublished), 'How the Genome Learnt Mendelian

Genetics, or You Scratch My Back, I'll Stab Yours'

Spurrier, M. F., Boyce, M. S. and Manly, B. F. J., 1991, 'Effects of Parasites on Mate Choice by Captive Sage Grouse', *Ecology, Behavior and Evolution of Bird-parasite Interactions*, ed. J. E. Loye and M. Zuk, Oxford University Press, Oxford, pp. 389-98

Stearns, S. C., ed., 1987, *The Evolution of Sex and Its Consequences*, Birkhauser, Basel

Stebbins, G. L., 1950, *Variation and Evolution in Plants*, Columbia University Press, New York

Symington, M. M., 1987, 'Sex-ratio and Maternal Rank in Wild Spider Monkeys: When Daughters Disperse', *Behavioral Ecology and Sociobiology*, 20:421-5

Symons, D., 1979, *The Evolution of Human Sexuality*, Oxford University Press, Oxford

- 1987, 'An Evolutionary Approach: Can Darwin's View of Life Shed Light on Human Sexuality?', *Theories of Human Sexuality*, ed. J. H. Geer and W. O'Donohue, Plenum Press, New York, pp. 91-125

- 1989, 'The Psychology of Human Mate Preferences', *Behavioral and Brain Sciences*, 12:34-5

- 1992, 'On the Use and Misuse of Darwinism in the Study of Human Behavior', *The Adapted Mind*, ed. J. H. Barkow, L. Cosmides and J. Tooby, Oxford University Press, New York, pp. 137-59

Tannen, D., 1990, *You Just Don't Understand: Women and men in Conversation*, William Morrow, New York

Taylor, P. D. and Williams, G. C., 1982, 'The Lek Paradox is not Resolved', *Theoretical Population Biology*, 22:392-409

Thornhill, N. W., 1989a, 'Characteristics of Female Desirability:

Facultative Standards of Beauty', *Behavioral and Brain Sciences*, 12:35-6

— 1989b, 'The Evolutionary Significance of Incest Rules', *Ethology and Sociobiology*, 11:113-29

— 1990, 'The Comparative Method of Evolutionary Biology in the Study of the Societies of History', *International Journal of Contemporary Sociology*, 27:7-27

Thornhill, R. and Thornhill, N. W., 1983, 'Human Rape: An Evolutionary Analysis', *Ethology and Sociobiology*, 4:137-83

— and Sauer, P., 1992, 'Genetic Sire Effects on the Fighting Ability of Sons and Daughters and Mating Success of sons in a Scorpionfly', *Animal Behaviour*, 43:255-64

— and Thornhill, N.W., 1989, 'The Evolution of Psychological Pain', *Sociobiology and Social Sciences*, ed. R. J. Bell and N. J. Bell, Texas Tech University Press, Lubbock, pp. 73-103

Thorpe, W. H., 1954, 'The Process of Song-learning in the Chaffinch as Studied by means of the Sound Spectrograph', *Nature*, 173:465-9

— 1961, *Bird Song: The Biology of Vocal Communication in Birds*, Cambridge University Press, Cambridge

Tiersch, E. R., Beck, M. L. and Douglas, M., 1991, 'ZZW Autotriploidy in a Blue and Yellow Macaw', *Genetica*, 84:209-12

Tiger, L., 1991, 'Human Nature and the Psycho-industrial Complex', *Man and Beast Revisited*, ed. M. H. Robinson and L. Tiger, Smithsonian, Washington, DC, pp. 23-40

— and Sheper, J., 1977, *Women in the Kibbutz*, Penguin, London

Tooby, J., 1982, 'Pathogens, Polymorphism and the Evolution of Sex', *Journal of Theoretical Biology*, 97:557-76

- and Cosmides, L. M., 1989, 'The Innate Versus the Manifest: How Universal Does a Universal Have To Be?', *Behavioral and Brain Sciences*, 12:36-7
- and Cosmides, L. M., 1990, 'On the Universality of Human Nature and the Uniqueness of the Individual: The Role of Genetics and Adaptation', *Journal of Personality*, 58:17-67
- and Cosmides, L. M., 1992, 'The Psychological Foundations of Culture', *The Adapted Mind*, ed. J. H. Barkow, L. Cosmides and J. Tooby, Oxford University Press, New York, pp. 19-136

Traill, P.W., 1990. 'Why Should Lek Breeders be Monomorphic?' *Evolution*, 44:1837-52

Tripp, C. A., 1975, *The Homosexual Matrix*, Signet, New York

Trivers, R. L., 1971, 'The Evolution of Reciprocal Altruism', *Quarterly Review of Biology*, 46:35-57
- 1972, 'Parental Investment and Sexual Selection', *Sexual Selection and the Descent of Man*, ed. B. Campbell, Aldine-Atherton, Chicago, pp. 136-79
- 1985, *Social Evolution*, Benjamin-Cummings, Menlo Park, California
- 1991, 'Deceit and Self-deception: The Relationship between Communication and Consciousness', *Man and Beast Revisited*, ed. M. H. Robinson and L. Tiger, Smithsonian, Washington, DC, pp. 175-91
- and Willard, D., 1973, 'Natural Selection of Parental Ability to Vary the Sex-ratio of Offspring', *Science*, 179:90-91

Troy, S. and Elgar, M. A., 1991, 'Brush Turkey Incubation Mounds: Mate Attraction in a Promiscuous Mating System', *Trends in Ecology and Evolution*, 6:202-3

Unterberger, F. and Kirsch, W., 1932, 'Bericht über Versuche zur

Beeinflussung des Geschlechtsverhältnisses bei Kaninchen nach Unterberger', *Monatsschrift für Geburtshilfe und Gynäkologie*, 91:17-27

van Schaik, C. P. and Hrdy, S. B., 1991, 'Intensity of Local Resource Competition Shapes the Relationship between Maternal Rank and Sex Ratios at Birth in Cercopithecine Primates', *American Naturalist,* 138:1555-62

Van Valen, L., 1973, 'A New Evolutionary Law', *Evolutionary Theory*, 1:1-30

Veiga, J., 1992, 'Why are House Sparrows Predominantly Monogamous? A Test of Hypotheses', *Animal Behaviour*, 43:361-70

Vining, D. R., 1986, 'Social Versus Reproductive Success: The Central Theoretical Problem of Human Sociobiology', *Behavioral and Brain Sciences*, 9:167-87

Voland, E., 1988, 'Differential Infant and Child Mortality in Evolutionary Perspective: Data from Late 17th to 19th Century Ostfriesland (Germany)', *Human Reproductive Behavior*, ed. L. Betzig, M. Borgehoff Mulder and P. Turke, Cambridge University Press, Cambridge, pp. 253-61

– 1992, 'Historical Demography and Human Behavioral Ecology', paper delivered to the fourth annual meeting of the Human Behavior and Evolution Society, Albuquerque, New Mexico, July 22-6, 1992

Wallace, A. R., 1889, *Darwinism*, Macmillan, London

Ward, P. I., 1988, 'Sexual Dichromatism and Parasitism in British and Irish Freshwater Fish', *Animal Behaviour*, 36:1210-15

Warner, R. R., Robertson, D. R. and Leigh, E. G., 1975, 'Sex Change and

Sexual Selection', *Science*, 190:633-8

Weatherhead, P. L. and Robertson, R. J., 1979, 'Offspring Quality and the Polygyny Threshold: "The Sexy Son Hypothesis"', *American Naturalist*, 113:201-8

Webster, M. S., 1992, 'Sexual Dimorphism, Mating System and Body Size in New World Blackbirds (Icterinae)', *Evolution*, 46:1621-41

Wederkind, C., 1992, 'Detailed Information about Parasites Revealed by Sexual Ornamentation', *Proceedings of the Royal Society of London B*, 247:169-74

Weismann, A., 1889, *Essays upon Heredity and Kindred Biological Problems*, translated by E. B. Poulton, S. Schonland and A. E. Shipley, Clarendon Press, Oxford

Werren J. H., 1987, 'The Coevolution of Autosomal and Cytoplasmic Sex Ratio Factors', *Journal of Theoretical Biology*, 124:317-34

— 1991, 'The Paternal-sex-ratio Chromosome of Nasonia', *American Naturalist*, 137:392-402

— Skinner, S. W. and Huger, A. M., 1986, 'Male-killing Bacteria in a Parasitic Wasp', *Science*, 231:990-92

Westermarck, E. A., 1981, *The History of Human Marriage*, Macmillan, New York

Westneat, D. F., Sherman, P. W. and Morton, M. L., 1990, 'The Ecology of Extra-pair Copulations in Birds', *Current Ornithology*, 7:331-69

White, F., 1992, 'Eros of the Apes', *BBC Wildlife Magazine*, August 1992:39-47

Wiener, P., Feldman, M. W. and Otto, S. P., 1992, 'On Genetic Segregation and the Evolution of Sex', *Evolution*, 46:775-82

Williams, G. C., 1966, *Adaptation and Natural Selection: A Critique of Some Current Evolutionary Thought*, Princeton University Press,

Princeton

— 1975, *Sex and Evolution*, in Monographs in Population Biology, Princeton University Press, Princeton

— and Mitton, J. B., 1973, 'Why Reproduce Sexually?', *Journal of Theoretical Biology*, 39:545-54

Wilson, E. O., 1975, *Sociobiology: The New Synthesis*, Harvard University Press, Cambridge, Massachusetts

Wilson, E. O., 1978. *On Human Nature*, Harvard University Press, Cambridge, Massachusetts

Wilson, M. and Daly, M., 1992, 'The Man Who Mistook His Wife for a Chattel', *The Adapted Mind*, ed. J. H. Barkow, L. Cosmides and J. Tooby, Oxford University Press, New York, pp. 289-322

Wolf, A. P., 1966, 'Childhood Association and Sexual Attraction and the Incest Taboo: A Chinese Case', *American Anthropologist*, 68:883-98

— 1970, 'Childhood Association and Sexual Attraction: A Further Test of the Westermarck Hypothesis', *American Anthropologist*, 72:503-15

Wrangham, R. W., 1987, 'The Significance of African Apes for Reconstructing Human Social Evolution', *The Evolution of Human Behavior: Primate Models*, ed. W. G. Kinzey, SUNY Press, New York, pp. 51-71

Wright, S., 1931, 'Evolution in Mendelian Populations', *Genetics*, 16:97-159

Wynne-Edwards, V. C., 1962, *Animal Dispersion in Relation to Social Behaviour*, Oliver and Boyd, London

Yamamura, N., Hasegawa, T. and Ito, Y., 1990, 'Why Mothers do not Resist Infanticide: A Cost-benefit Genetic Model', *Evolution*, 44:1346-57

Zahavi, A., 1975, 'Mate Selection – a Selection for a Handicap', *Journal of Theoretical Biology*, 53:205-14

Zinsser, H., 1934, *Rats, Lice and History*, Macmillan, London

Zuk, M., 1991, 'Parasites and Bright Birds: New Data and a New Prediction', *Ecology, Behavior and Evolution of Bird-parasite Interactions*, ed. J. E. Loye and M. Zuk, Oxford University Press, Oxford, pp. 317-27

- 1992, 'The Role of Parasites in Sexual Selection: Current Evidence and Future Directions', *Advances in the Study of Behavior*, 21:39-68
- (in press), 'Immunology and the Evolution of Behavior', *Behavioral Mechanisms in Evolutionary Biology*, ed. L. Real, University of Chicago Press, Chicago
- Thornhill, R., Ligon, J. D. and Johnson, K., 1990, 'Parasites and Mate Choice in Red Junglefowl', *American Zoologist*, 30:235-44

 찾아보기(용어)

※책 이름의 경우 저자의 이름을 괄호 안에 표시하였습니다.

가

각인 433
간성間性 177
간통 154, 267, 294, 307, 309, 314, 330, 331, 335~339, 342~344, 346, 347, 349, 351, 352, 355, 356, 358, 360, 361, 363, 365, 491, 527
감수분열 61, 74, 85, 154, 156, 197
『거울 나라의 앨리스』(루이스 캐럴) 47
건강한 자손 이론 218
게놈 내의 분쟁 147
게이 유전자 403, 424, 425
게임 이론 279, 283, 335
결정적 시기 433~435, 440, 462
공유지의 비극 146, 157, 196
교차반응 163
귀향군인 효과 189, 190
근친상간 62, 365, 368, 428~434, 490
『급진주의자 펠릭스 홀트』(조지 엘리엇) 506

기생생물 48, 80, 113~118, 120~143, 163, 170, 230~232, 239~241, 256

나

『남자들이 생각하는 방법』(리암 허드슨, 버딘 자콧) 383
『남자를 토라지게 하는 말, 여자를 화나게 하는 말』(데보라 테넌) 384
『뇌의 성』(앤 모어, 데이비드 제셀) 388
『눈먼 시계공』(리처드 도킨스) 43

다

다형 현상 123, 124, 127, 128, 139
델로이데아 98, 99, 140, 141
『도구 제작자로서의 인간』(케네스 오클리) 492
도약 유전자 141, 152
돌연변이 48, 65, 66, 80~81, 83~87, 89~95, 109, 118, 131~133, 142, 151, 167, 174, 221, 222, 230, 256, 448, 500
동맹 이론

동성애 275~278, 327, 401~404, 424
동형접합체 123
『테스』(토머스 하디) 361
뒤엉킨 감독 이론 106~109, 112, 135, 136, 142

라

레크 역설 217, 230, 243
루시 472~474, 490, 498, 502, 517

마

마키아벨리 가설 507, 510, 513
면역체계 120, 125~127, 163, 240
모방 현상 224
무성생식 27, 73, 75, 77, 85, 88, 92, 93, 95, 100, 103, 107, 122, 130~133, 136~138, 141, 153
뮐러의 톱니바퀴 90~93, 108
미토콘드리아 159, 162, 425

바

변절자 가설 63, 90, 95, 109, 135
『보바리 부인』(귀스타브 플로베르) 330, 339
복권추첨 이론 101, 103
볼드윈 효과 382
붉은 여왕 14, 47~48, 110~115, 119, 121~125, 132~136, 138~144, 147, 156, 173, 192, 204, 230, 237, 245, 247, 258

사

『사모아의 성년』(마거릿 미드) 484
『사회생물학』(에드워드 윌슨) 52
사회생태학 284, 288, 291
『새로운 진화 법칙』(리 밴 베일런) 111
생명-식사 원리
성차별주의
『성과 진화』(조지 윌리엄스)
성별 배치 이론 178
성비 157, 170~171, 174~175, 179, 181~182, 185, 189~193, 197, 274, 306, 363
성선택 50~51, 201, 204, 206, 213, 217, 223, 228~230, 240, 251, 253, 255, 259
성염색체 157, 171~175, 178
성의 이형성 379
『성의 진화』(존 메이너드 스미스) 78
성적 매력이 있는 아들 이론 218
성적 선호 213, 401, 409, 442
셰헤라자데 효과 516~517
수렵-채집인 39, 287, 319, 345, 347, 370, 426, 495
『스스로 이룬 남성과 그의 파멸』(조너선 킹던)

아

알렉산더-험프리의 이론 507
암컷 선택 206, 208, 219, 248, 256, 259, 336
연관 불평형 80, 89

붉은 여왕

오스트랄로피테쿠스 288~289, 472~
　　　474, 497
용불용설 31~32
웨이슨 실험
『위험한 관계』(쇼데를로스 드 라클로)
유성생식 27, 73~74, 88, 92, 95, 100~
　　　107, 122, 130~138, 141, 153, 200
영아살해 189, 299, 321~324, 328, 351
유전자 복구 이론 95~96
유전자군群 92
유전체 61
유형성숙 497~500, 520~521
융합생식 161
이배성二倍性 84, 154
EEA 290~291, 293
이종교배 62, 83~84, 128, 153
EPC 335
이형접합체 123, 129
『인간 평론』(알렉산더 포프)
『인간의 계보와 성에 관한 선택』(찰스 다
　　　윈) 205
인공생명 118, 130
인종차별주의 417, 485
일부다처 62, 176, 180

자

자가접합 74
자연선택 27, 29, 43, 50~51, 62~63,
　　　68, 115, 148, 205, 255
『자연의 걸작품』(그레이엄 벨)
잠재성 돌연변이 86

장애 이론 228~229, 237
재조합 62, 81, 83~87, 93, 108, 121,
　　　156
『적응과 자연선택』(조지 윌리엄스)
『적응된 마음』(리다 코스미데스, 존 투비)
　　　476
전이인자 152
접합 137, 151, 153, 161
조건화 270, 377, 382
『종의 기원』(찰스 다윈) 30, 66, 105, 205
좋은 감각 이론 218
좋은 유전자 이론 218~219, 223~225,
　　　228~235, 252, 257
중립 돌연변이 86
질병 이론 132

차

친족선택 129

카

코티솔 239, 388, 403
쿨리지 효과
키부츠 393, 395~396, 430

타

터너 증후군 387, 391
테스토스테론 50, 190, 239~240, 286~
　　　296, 391~392, 401~403, 424
『통사 구조』(노엄 촘스키) 488
트리버스 이론 320
트리버스-윌러드 이론

티에라 118

파

페로몬 249
프로게스테론 387
플라스미드 153
피셔 이론 217~220, 223, 233, 235, 252

하

하렘 176, 180, 208, 262~263, 266~
  267, 269, 278~279, 284~285,
  288, 292~296, 302~306, 313,
  318, 325, 352, 415, 453, 518
『허영의 모닥불』(톰 울프) 353
헤롯 효과 320
호모 에렉투스 35, 292, 474, 492~493,
  497~498, 502
혼외 교미 335
환경론

 찾아보기(인명)

가

가슨, 피터 Garson, Peter 12
고드프리, 찰스 Godfray, Charles 12
고슬링, 모리스 Gosling, Morris 189
고틀리브, 앤소니 Gottlieb, Anchony 12
골드스타인, 데이비드 Goldstein, David 11
골린, 스티븐 Gaulin, Steven 12
골턴, 프랜시스 Galton, Francis 451
구달, 제인 Goodall, Jane 184, 297, 324, 510
굴드, 스티븐 제이 Gould, Stephen Jay 76, 481, 486, 497, 499
그랜트, 밸러리 Grant, valerie 11, 185, 190
그레픈, 앨런 Grafen, Alan 11, 154, 156~157
글레드힐, 바트 Gledhill, Bart 11
기거렌저, 게르트 Gigerenzer, Gerd 508~509
기무라, 모투 Gimura, Motoo 65~66
기번, 에드워드 Gibbon, Edward 304
기즐린, 마이클 Ghiselin, Michael 72~73, 75, 104~105
길퍼드, 팀 Guilford, Tim 11, 243, 246

나

네스, 랜돌프 Ness, Randolph 12
네이선스, 제레미 Nathans, Jeremy 11
노드보그, 매그너스 Nordborg, Magnus 11, 189
뉴버그, 폴 Neuburg, Paul 12
뉴턴, 폴 Newton, Paul 12

다

다윈, 에라스무스 Darwin, Erasmus 364
다윈, 찰스 Darwin, Charles 28, 50, 57, 66, 105, 110, 205, 378, 464, 473, 501
다윈, 커트 Darwin, Kurt 12
다이아몬드, 재러드 Diamond, Jared 226, 326
다트, 레이먼드 Dart Raymond 494
던바, 로빈 Dunbar, Robin 323
덩컨, 에마 Dunkan, Emma 12
데일리, 마틴 Daily, Martin 12, 357
데카르트, 르네 Descartes, René 480
도킨스, 리처드 Dawkins, Richard 12, 33, 116, 152, 191, 242, 507

찾아보기

도킨스, 매리언 Dawkins, Marian 12, 243
돕슨, 앤드루 Dobson, Andrew 12
되르너, 군터 Dörner, Gunte 402
뒤르켐, 에밀 Durkheim, Emil 483, 506, 528
디크만, 밀드레드 Dickemann, Mildred 194~195, 299

라

라마르크, 장-뱁티스트 Larmarck, Jean-Baptiste 31~32
라슨, 개리 Larson, Gary 116
라이블리, 커티스 Lively, Curtis 11, 95, 135~138
라이언, 마이클 Ryan, Michael 11, 247~248, 251, 254
라이트, 밥 Wright, Bob 12
라이트, 시월 Wright, Sewall 71
랭트리, 릴리 Langtry, Lillie 439
랭엄, 리처드 Wrangham, Richard 11, 323, 347
레갈스키, 진 Regalski, Jeanne 12
레비스트로스, 클로드 Lévi-Strauss, Claude 432
레이, 토머스 Ray, Tomas 118~119
레이들, 리처드 Ladle, Richard 12, 141
로렌츠, 콘라트 Lorentz, Konrad 433
로, 바비 Low, Bobbi 10, 244, 444, 457, 462
로즈, 마이클 Rose, Michael 151~152
로진, 폴 Rozin, Paul 460
로크, 존 Loke, John 483
로트카, 알프레드 Lotka, Alfred 139
루벤스, 피터 폴 Rubens, Peter Paul 426, 442
루소, 장-자크 Rousseau, Jean-Jacques 479, 482
리, 에그버트 Leigh, Egbert 11, 149, 158
리들리, 마크 Ridley, Mark 6
리처슨, 피터 Richerson, Peter 12
린하르트 R. Lienhart, R. 171

마

마, 데이비드 Marr, David 488
마스터스, 세스 Masters, Seth 12
말러, 피터 Maler, Peter 435
말리노프스키, 보로니슬로프 Malinowski, Bronislaw 360
매칼렉, 리처드 Machalek, Richard 12
매콜리 경 Lord Macaulay 507
매킴, 패트릭 McKim, Patric 12
맥기네스, 다이안 Mcguiness, Dianne 390
맥라클란, 애톨 McLachlan, Atholl 11
매코이, 셔먼 McCoy, Sherman 353
멀더, 모니크 보거호프 Mullder, Monique Borgehoff 11, 281
메셀슨, 매튜 Meselson, Matthew 11, 94, 99, 141
메이, 로버트 May, Robert 139
메이너드 스미스, 존 Maynard Smith, John 11, 60, 73~79, 99~100,

103, 140, 142, 178, 279
멘델, 그레고르Mendel, Gregor 66~67
모리스, 데스먼드Morris, Desmond 349
모어, 앤 Moir, Anne 388, 420
모턴, 올리버 Morton, Oliver 12
몬터규, 애슐리 Montagu, Ashely 497
묄러, 안더스Møller, Anders 11, 210, 233~235, 335, 339
뮐러, 헤르만Muller, Hermann 64, 90
미드, 마거릿Mead, Margaret 483~484
미치슨, 그레임Mitchison, Graeme 12
밀러, 제프리Miller, Geoffry 11~12, 512, 514~519
밀턴, 존Milton, John 28

바

바솔로, 알렉산드라Basolo, Alexandra 11, 548
바이스만, 아우구스트 Weismann, August 32~33, 58, 63~64
번, 리처드 Byrne, Richard 509
발로, 호레이스Barlow, Horace 11, 504, 506
배드콕, 크리스토퍼 Badcock, Christopher 11, 521
밴 베일런, 리 Van Valen, Leigh 11, 110
버멜랭, H. Vermeling, H 171
벅헤드, 팀Birkhead, Tim 335~338
버트, 오스틴 Burt, Austin 11, 108, 121, 142
버틀러, 새뮤얼Butler, Samuel 200

번스타인, 해리스Bernstein, Harris 81
벌리, 낸시 Burley, Nancy 188, 253, 339, 349
베딩턴, 로사Beddington, Rosa 11
베이가, 호세Veiga, Jos 354
베이커, 로빈 Baker, Robin 11, 340
베이트만, A. J. Bateman, A. J.
베일리, 마이클 Bailey, Michael 11
벡스트롬, 잭 Beckstrom, Jack 11
벤슈프, L. Benshoof, L 351
벨, 그레이엄Bell, Graham 11, 63, 91, 103, 105, 108, 129, 142
벨, 퀸틴Bell, Quentin
벨리스, 마크Bellis, Mark 11, 340~343
벳지그, 로라 Betzig, Laura 10, 12, 193, 300, 365
보드머, 월터Bodmer, Walter 139
보르지아, 체사레Borgia, Cesare 428
보이스, 마크Boyce, Mark 11~12, 233
볼드윈, 제임스 마크Baldwin, James Mark 382
볼테라, 비토Volterra, Vito 139
부디안스키, 스티븐Budiansky, Stephen 11
버스, 데이비드Buss, David 11
브라우닝, 존 Browning, John 11
브라운, 도널드Brown, Donald 11
브레머만, 한스 Bremermann, Hans 125, 127, 129
브라이언후크, 로버트 Vrijenhoek, Robert 137~138

찾아보기

브룩스, 리사Brooks, Lisa 59
블룸, 폴 Bloom, Paul 11, 499
빙엄, 로저Bingham, Roger 11

사

사리치, 빈센트Sarich, Vincent 12
새그넌, 나폴레옹Chagong, Napoleon 10, 309~310
서시, 윌리엄Searcy, William 252
선퀴스트, 멜Sunkist, Mel 180
세르파스, 제레미Cherfas, Jeremy 12
세이드, 로버타 Seid, Roberta 437
세즈노브스키, 테리 Sejnowsky, Terry 12
셰익스피어, 윌리엄 Shakespeare, William 26, 35~36, 52, 218, 506
손힐, 낸시Thornhill, Nancy 12, 367, 407, 432
손힐, 랜디Thornhill, Randy 11, 351
쇼트, 로저Short, Roger 331
스머츠, 로버트 Smuts, Robert 11, 439
스몰커, 레이첼Smolker, Rachel 12, 298
스몰, 메러디스Small, Meredith 320
스미스, 로버트Smith, Robert 350
스미스, 애덤 Smith, Adam 70, 149
스미스, 홀리Smith, Holly 498
스키너, B.F. Skinner, B. F. 484, 506, 528
스트라스만, 비벌리Strassmann, Beverly 12

시먼스, 도널드Symons Donald 11, 276 ~277, 290, 351, 383, 410
시모어, 미란다 Seymour, Miranda 12
시밍턴, 메그Symington, Meg 182~183
실버먼, 어윈Silverman, Irwin 380
심프슨, 월리스 Simpson, Wallis 442
싱, 디벤드라 Sing, Devendra 443

아

아낙사고라스Anaxagoras 186
아리스토텔레스Aristotle 186
아이언스, 윌리엄 Irons, William 11, 369
아퀴나스, 토마스Aquinas, Tomas 28
알렉산더, 리처드Alexander, Richard 11, 501
알트만, 진 Altmann, Jeanne 183
앤더슨, 로이 Anderson, Roy 139
앤더슨, 몰티Andersson, Malte 210
앤더슨, 앨런Anderson, Alun 11
에릭슨, 롤랜드Ericsson, Roland 187
엔들러, 존 Endler, John 11, 250
엘리스, 브루스Ellis, Bruce 11, 408, 410, 454, 457, 466
엘리스, 해블록Ellis, Havelock 462
엘리엇, 조지 Eliot, George 506
오스터드, 스티브Austad, Steve 180
오스트롬, 엘러너Ostrom, Elinor 11
오스틴, 제인Austen, Jane 466, 506
오이, 케네스 Oye, Kenneth 11
오클리, 케네스Oakely, Kenneth 492

붉은 여왕

오토, 새라 Otto, Sarah 11
올드리지, 에이드리언 Wooldridge, Adrian 12
울프, 톰 Wolfe, Tom 353, 437, 458, 506
월리스, 알프레드 Wallace, Alfred Russel
웨스터마크, 에드워드 Westermarck, Edward 429~431, 434
웰치, 데이비드 Welch, David 99
윈-에드워즈, V. C. Wynne Edwards, V. C. 66, 69, 71
윌러드, 댄 Willard, Dan 179
윌리엄스, 조지 Williams, George 11, 70~78, 142, 178
윌슨, 데이비드 Wilson, David 12
윌슨, 마고 Willson, Margo 11, 357
윌슨, 에드워드 Willson, Edward 12, 52
일스, 매리언 Eals, Marion 380

자

자콧, 버나딘 Jacot, Bernadine 383
자하비, 아모츠 Zahavi, Amotz 227~229
재니키, 존 Jaenike, John 129
저지, 데브라 Judge Debra 196
저크, 말린 Zuk, Marlene 11, 230
제셀, 데이비드 Jessel, David 388, 420
제이야커, 수레시 Jayakar, Suresh 129
제임스, 윌리엄 James, William 11
젠킨스, 셰릴 Jenkins, Cheryl 89
조지프, 알렉스 Joseph, Alex 281
존슨, 래리 Johnson, Larry 187

차

촘스키, 노엄 Chomsky, Noam 478, 488, 499

카

카, 에드워드 Carr, Edward 11
카, 제프리 Carr, Geoffrey 11
캐럴, 루이스 Carroll, Lewis 4
커크패트릭, 마크 Kirkpatrick, Mark 11, 89, 251~252, 254~255
케클러, 찰스 Keckler, Charles 11
켄릭, 더글러스 Kenrick, Douglas 409
코너, 리처드 Connor, Richard 11, 298, 512
코너, 멜빈 Konner, Melvin 377, 495
코스미데스, 리다 Cosmides, Reda 10, 158, 173, 419, 476, 507
코언, 프레드 Cohen, Fred 118
코트, 휴 Cott, Hugh 207
콘드라쇼프, 알렉세이 Kondrashov, Alexey 93~96, 132~133, 142
콜체스터, 니코 Colchester, Nico 12
쿨리지, 캘빈 Coolidge, Calvin 456
쿰, 요헨 Kumm, Jochen 11
크렙스, 존 Krebs, John 116, 242, 507
크로, 제임스 Crow, James 65, 93
크로닌, 헬레나 Cronin, Helena 10, 12, 217
크로퍼드, 찰스 Crawford, Charles 12
크룩, 존 Crook, John 504

크릭, 프랜시스Crick, Francis 12
클라크, 앨리스Clarke, Alice 12
클러턴-브록, 팀Clutton-Brock, Tim 11, 182
키신저, 헨리Kissinger, Henry
킨즐리, 마이클Kinsley, Michael 12
킹던, 조너선 Kingdon, Jonathan 383

타

타이거, 라이오넬Tiger, Lionel 45
태넌, 데보라Tannen, Deborah 384
테너, 에드워드Tenner, Edward 11
테일러, 제레미Taylor, Jeremy 12
토프, 윌리엄Thorpe, William
투비, 존Tooby, John 11, 129, 138, 158, 419, 476
트롤로프, 앤소니 Trollope, Anthony 506
트리버스, 로버트Trivers, Robert 11, 179
틴버겐, 니콜라스 Tinbergen, Nikolaas 435

파

파글리아, 카밀Paglia, Camille 401
패트리지, 린다Partridge, Linda 12
팔론, 에이프릴Fallon, April 460
퍼루시, 다니엘Perusse, Daniel 11
페트리, 매리언Petrie, Marion 12
펠젠스타인, 조 Felsenstein, Joe 142
포드, 헨리 Ford, Henry 503
포미안코프스키, 앤드 Pomiankowski, Andrew 11~12, 154, 233, 235, 254~255
포지오, 토마소Poggio, Tomaso 488
포츠, 웨인 Potts, Wayne 128
포프, 알렉산더Pope, Alexander
폭스, 로빈Fox, Robin 482
폴리, 로버트Foley, Robert 11, 287, 289
폴리오다키스, 마이크Polioudakis, Mike 12
프루스트, 마르셀Proust, Marcel 506
프래토, 펠리시아Pratto, Felicia 11
프랭크, 스티븐Frank, Stephen 11, 154
프레이저, 아치 Fraser, Archie 12
프로이트, 지그문트 Freud, Sigmund 428~432, 506
프로핏, 마지 Profet, Margie 11
플로베르, 귀스타브Gustave, Flaubert 330, 339
플린, 마크 Flinn, Mark 12
피셔, 로널드 Fisher, Ronald 64~65, 71, 212~213, 218, 221~228
피셔, 헬렌Fisher, Helen 416
피아제, 장Piaget, Jean 506, 528
핑커, 스티븐 Pinker, Stephen 12, 499

하

하디, 토마스Hardy, Thomas 361
하세가와, 도시카즈Hasegawa, Toshikazu 11
하이넨, 조엘Heinen, Joel 12
하팅, 존 Hartung, John 12, 300
할리데이, 팀Halliday, Tim 208

해머, 딘Hamer, Dean 11
해밀턴, 빌Hamilton, William 10, 12, 128~133, 142
허드슨, 리암Hudson, Liam 383
허드슨, 피터Hudson, Peter 12
허스트, 로렌스 Hurst, Lawrence 10, 12, 154, 161~162, 170, 424
헉슬리, 줄리안 Huxley, Julian 71, 207, 252
험프리, 니콜라스 Humphrey, Nicholas 67, 503~504, 512
헤이그, 데이비드 Haig, David 11, 154, 156, 424
호메로스Homer 305, 311
호크스, 크리스틴 Hawkes, Kristen 11
홀데인, J. B. S., Halldane, J. B. S 71, 124, 128~129
허디, 새라Hrdy, Sarah Blaffer 11, 320~321
홉스, 토머스Hobbes, Thomas 310, 479
회글룬트, 야콥 Höglund, Jako 210
휘탐, 프레드Whitam, Fred 11
휘텐, 앤드루Whiten, Andrew 509~510
흄, 데이비드Hum, David 528
히키, 도널Hickey, Donal 151~152
힐, 에이드리언Hill, Adrian 128
힐, 엘리자베스Hill. Elizabeth 11
힐, 킴 Hill, Kim 11, 291, 345
힐가르트, 니젤라Hillgarth, Nigella 12